模拟电子技术基础

主　编　唐　磊　卢印海　马玉志
副主编　董喜超　赵洪月
参　编　计耀伟　和　珊　李美璇

哈爾濱工程大學出版社
Harbin Engineering University Press

内容简介

本书系统阐述了模拟电子技术的基本理论及应用。全书内容共分9章,开篇为绪论,第1章介绍半导体二极管及其基本应用电路,涵盖PN结特性。第2章讲解双极型晶体三极管及其基本放大电路的原理及分析方法。第3章详述场效应晶体管及其基本放大电路。第4章聚焦多级放大电路的知识。第5章阐述模拟集成运算放大器的性能与特点。第6章探讨放大电路中的反馈机制及影响。第7章专注于集成运算放大器基本应用电路。第8章研究信号发生电路,正弦波振荡电路。第9章则是对直流稳压电源进行剖析。

本书可作为应用型本科、职业本科电子信息、自动化等相关工科专业模拟电路课程教材,通过深入浅出的讲解及清晰的原理图,帮助读者掌握模拟电子技术的核心知识,培养读者分析和设计模拟电路的能力,为后续深入学习和实际应用打下坚实基础。

图书在版编目(CIP)数据

模拟电子技术基础 / 唐磊, 卢印海, 马玉志主编.
哈尔滨 : 哈尔滨工程大学出版社, 2024. 8. -- ISBN
978-7-5661-4536-9

Ⅰ. TN710

中国国家版本馆 CIP 数据核字第 2024JV1528 号

模拟电子技术基础

MONI DIANZI JISHU JICHU

选题策划 石 岭
责任编辑 唐欢欢
封面设计 李海波

出版发行 哈尔滨工程大学出版社
社　　址 哈尔滨市南岗区南通大街 145 号
邮政编码 150001
发行电话 0451-82519328
传　　真 0451-82519699
经　　销 新华书店
印　　刷 哈尔滨市海德利商务印刷有限公司
开　　本 787 mm×1 092 mm　1/16
印　　张 17
字　　数 449 千字
版　　次 2024 年 8 月第 1 版
印　　次 2024 年 8 月第 1 次印刷
书　　号 ISBN 978-7-5661-4536-9
定　　价 49.00 元

http://www.hrbeupress.com
E-mail:heupress@hrbeu.edu.cn

前　言

在科技日新月异的当今时代，电子技术作为推动社会发展和变革的重要力量，正以惊人的速度不断演变和创新。模拟电子技术作为电子技术领域的基石，其重要性不言而喻。它不仅是电子信息类专业学生必修的核心课程，也是众多工程技术人员在实际工作中不可或缺的知识储备。

本书旨在为广大读者提供一个系统、全面且深入的学习平台，帮助大家开启探索模拟电子世界的大门。

模拟电子技术是一门既充满魅力又具有挑战性的学科。它的魅力在于，通过对各种电子元器件和电路的巧妙组合与设计，可以实现对电信号的精确处理和控制，从而创造出无数具有实用价值的电子设备和系统。然而，其挑战性也不容忽视，复杂的电路分析、微妙的器件特性以及严格的性能要求，都需要学习者具备扎实的理论基础、敏锐的思维能力和严谨的实践态度。

在编写本书的过程中，我们始终坚持以学生为中心的教学理念，力求做到内容丰富、结构合理、逻辑清晰、通俗易懂。为了帮助读者更好地理解和掌握相关知识，我们在教材中精心设计了大量的实例、图表和实验内容。这些实例均来源于实际工程应用，具有很强的针对性和实用性；图表简洁明了，能够直观地展示复杂的电路结构和信号关系；内容则注重培养读者的动手能力和创新思维，让读者在实践中加深对理论知识的理解。

本书涵盖了模拟电子技术的各个重要方面。从半导体物理基础到各类半导体器件的工作原理和特性，从基本放大电路的分析与设计到集成运算放大器的应用，从反馈电路的原理与作用到信号处理和变换电路的实现，每一个章节都紧密围绕着模拟电子技术的核心知识点展开，逐步引导读者构建起完整的知识体系。

此外，为了方便读者自学和复习，每章末尾都配备了丰富的习题和思考题目。既有对基本概念和原理的考查，也有对综合应用能力的挑战。通过认真思考和解答这些题目，读者可以进一步巩固所学知识，提高分析问题和解决问题的能力。

我们衷心希望，这本教材能够成为广大读者学习模拟电子技术的得力助手，帮助大家在这个充满挑战和机遇的领域中不断探索前行，为未来的学习和工作打下坚实的基础。全书由唐磊、卢印海、马玉志担任主编并统稿，由董喜超、赵洪月担任副主编，计耀伟、和珊、李美璇参加了编写。我们期待着读者在学习过程中能够提出宝贵的意见和建议，以便我们在今后的修订中不断完善和提高教材的质量，恳请读者批评指正。

唐　磊

哈尔滨信息工程学院

2024 年 7 月

目　　录

绪论 …… 1

第 1 章　半导体二极管及其基本应用电路 …… 6

1.1　半导体基础知识 …… 6

1.2　PN 结及其单向导电性 …… 9

1.3　半导体二极管 …… 13

1.4　其他类型的二极管 …… 20

1.5　本章小结 …… 25

1.6　思考题 …… 25

1.7　习题 …… 26

第 2 章　双极型晶体管及其基本放大电路 …… 28

2.1　双极型晶体管 …… 28

2.2　放大的概念与放大电路的主要性能指标 …… 35

2.3　共射极放大电路的组成及工作原理 …… 38

2.4　基本放大电路的分析方法 …… 40

2.5　晶体管三种组态基本放大电路的分析 …… 49

2.6　放大电路的频率响应概述 …… 57

2.7　本章小结 …… 58

2.8　思考题 …… 59

2.9　习题 …… 59

第 3 章　场效应晶体管及其基本放大电路 …… 65

3.1　结型场效应晶体管 …… 65

3.2　绝缘栅型场效应晶体管 …… 69

3.3　场效应晶体管基本放大电路 …… 72

3.4　场效应晶体管与双极型晶体管的比较 …… 78

3.5　本章小结 …… 78

3.6　思考题 …… 79

3.7　习题 …… 79

第 4 章　多级放大电路 …… 81

4.1　多级放大电路的耦合方式 …… 81

4.2 多级放大电路的分析 …… 84
4.3 差分放大电路 …… 86
4.4 本章小结 …… 98
4.5 思考题 …… 99
4.6 习题 …… 99
第5章 模拟集成运算放大器 …… 102
5.1 集成运算放大器概述 …… 102
5.2 模拟集成运算放大器中的电流源电路 …… 103
5.3 互补输出级功率放大电路 …… 107
5.4 模拟集成运算放大器的主要性能指标及其选择 …… 113
5.5 集成运算放大器的使用注意事项 …… 119
5.6 集成运算放大器举例 …… 122
5.7 本章小结 …… 123
5.8 思考题 …… 124
5.9 习题 …… 124
第6章 放大电路中的反馈 …… 130
6.1 反馈的基本概念与判断方法 …… 130
6.2 交流负反馈放大电路的四种基本组态 …… 135
6.3 深度负反馈对放大电路性能的影响 …… 137
6.4 负反馈放大电路的稳定性 …… 142
6.5 本章小结 …… 147
6.6 思考题 …… 148
6.7 习题 …… 149
第7章 集成运算放大器基本应用电路 …… 154
7.1 基本运算电路 …… 154
7.2 模拟乘法器及其在运算电路中的应用 …… 161
7.3 信息系统预处理中的放大电路 …… 166
7.4 有源滤波电路 …… 172
7.5 电压比较器 …… 180
7.6 本章小结 …… 186
7.7 思考题 …… 186
7.8 习题 …… 187

第 8 章　信号发生电路 …… 192

8.1　正弦波振荡电路 …… 192

8.2　非正弦波发生电路 …… 207

8.3　习题 …… 218

第 9 章　直流电源 …… 222

9.1　直流电源的组成 …… 222

9.2　整流电路 …… 223

9.3　滤波电路 …… 227

9.4　稳压管稳压电路 …… 232

9.5　串联型稳压电路 …… 236

9.6　开关型稳压电路 …… 241

9.7　本章小结 …… 245

9.8　思考题 …… 246

9.9　习题 …… 246

附录　实验 …… 251

实验一　基本放大电路测试 …… 251

实验二　差分放大电路测试 …… 254

实验三　负反馈放大电路测试 …… 258

实验四　集成运算放大器的基本应用 …… 261

绪　论

电子管(也称真空管)是应用最早的电子器件。电子管有密封的管壳,内部被抽成真空。第二代电子器件是晶体管,晶体管由于具有体积小、质量小、寿命长、功耗低等优点,在许多电子设备中基本取代了电子管。但由于晶体管过载能力较差,外加电压不能太高,受温度变化的影响较大,因而不能完全取代电子管。例如,示波器中的示波管目前仍采用电子管。随着半导体技术的发展,出现了能将许多晶体管和电阻等元件制作在同一块硅晶片上的电路,称为集成电路。集成电路的发展经历了小规模集成电路、中规模集成电路、大规模集成电路、超大规模集成电路、特大规模集成电路和巨大规模集成电路几个阶段。第一块集成电路上只有 4 只晶体管,而目前的集成电路已经可以在一片硅片上集成几千只甚至上亿只晶体管,同时集成电路的性能也向着高速度和低功耗方向发展。电子器件与常用的电阻器、电感器、电容器、变压器和开关等元件连接起来所组成的电路被称为电子电路。

电子技术是研究电子器件和电子电路工作原理及其应用的一门科学技术。集成电路的出现,使现代电子技术向着微小型化、智能化、高精度、高灵敏度、高功率等方向发展。目前电子技术已深入到国民经济的各个领域,电子技术与其他技术的交叉融合,又产生了一系列新兴学科。

电子技术基础课程是高等院校工科电类专业的一门专业技术基础课程,包括模拟电子技术基础和数字电子技术基础。该课程主要介绍电子器件,电子电路的基本概念、基本原理、基本分析方法及其基本应用。

本绪论首先简要地讨论信号与电子系统的基本概念,接着介绍本课程的主要内容和学习方法,以便为后续各章的学习提供必要的基础知识。

1. 信号及其表达

(1)信号

信号是信息的载体,或者说是信息的一种表达方式。语言、文字、图像等可用来表达信息,也是信息的一种载体。由于在很多情况下,这些表达信息的语言、文字、图像等不便于直接传输,因此,各种信息常用电信号来表达,即利用特定装置把各种信息转换为随时间变化的电压或电流。这种表达信息的电压或电流就是电信号。在电信号传递到目的地后,再利用相反的变换装置,把电信号还原成原来的信息。在电视系统中,发送端的变换器指的是把表达信息的景物和声音转换为电信号的装置,如图像传感器和传声器等;接收端的变换器则是把电信号转换为景物和声音的装置,如 LED 显示器和扬声器等。

能将各种非电信号转换为电信号的器件或装置称为传感器,如电视系统中的传声器,就是将声音信号转换为电信号的传感器;炉温测量系统中的热电偶,是将温度信号转换为电信号的传感器。传感器输出的电信号一般作为电子系统的输入,因此常将其描述为电子系统的信号源。常见的信号源可用戴维南等效电路或诺顿等效电路来表达,如图 0.1 所示,这两类等效电路可以互相转换。根据传感器的不同性质,使用不同的信号源表达形式。

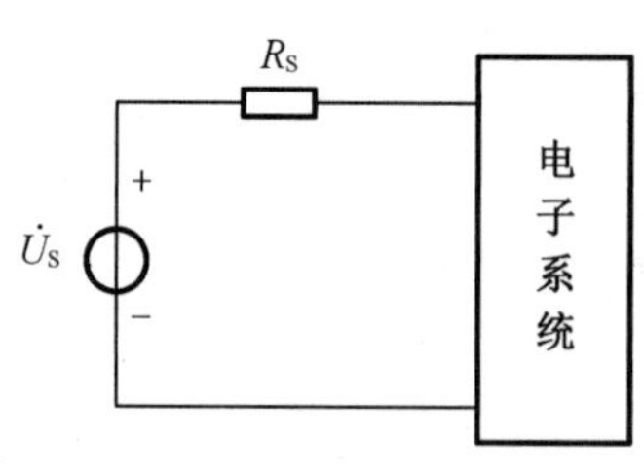

(a)戴维南等效电路

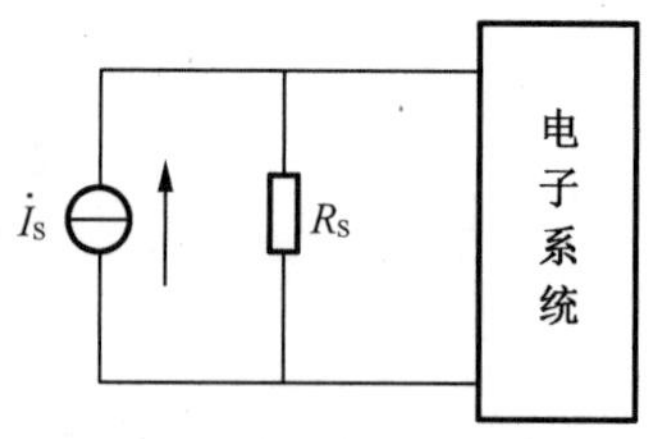

(b)诺顿等效电路

图 0.1　信号源的两类等效电路

(2)信号的表达

在驱动系统中工作的是系统中的信号,而电子系统的主要任务是对信号的处理和变换。通常,信号是随时间变化的,可表达为时间的函数,如前述的传声器输出的一段电压信号。信号中的特征参数是设计信号处理电路的重要依据,需要用适当的方法提取。

如果将信号表达为时间的函数,则称为信号的时域表达。例如常用的正弦电压信号,可用式(0.1)表示,其随时间变化的关系如图 0.2 所示。

$$u(t)=U_m\sin(\omega_0 t+\varphi) \tag{0.1}$$

式中　U_m——信号的幅值;

ω_0——信号的角频率,$\omega_0=2\pi f$(其中,f 为信号的频率);

t——信号的周期,$t=\dfrac{2\pi}{\omega_0}$;

φ——初相角。

由高等数学和电路的知识可知,任意周期性信号,只要满足狄里赫利条件,均可以分解成傅里叶级数。以图 0.3 所示的周期性方波为例,它的时域函数表达式为

$$u(t)=\begin{cases} U_S, t\in\left[nT,(2n+1)\dfrac{T}{2}\right] \\ 0, t\in\left[(2n+1)\dfrac{T}{2},(2n+1)T\right] \end{cases}, n=0,1,2,3,\ldots \tag{0.2}$$

式中　U_S——方波的幅值;

T——方波的周期。

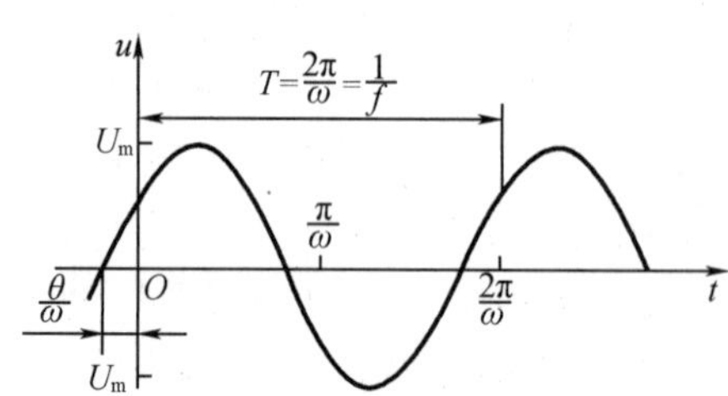

图 0.2　正弦信号的波形

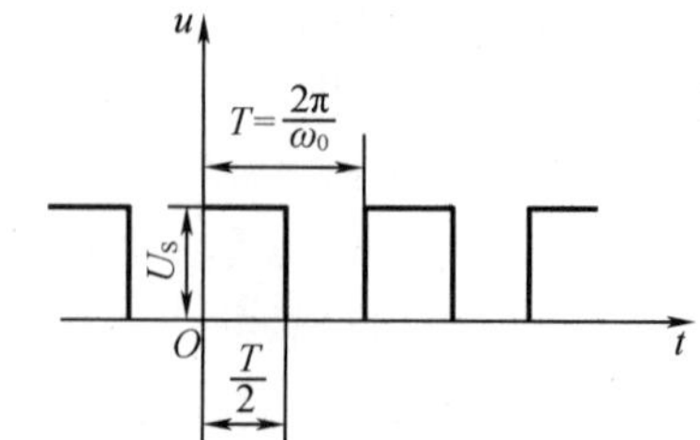

图 0.3　方波信号的波形

此方波信号的傅里叶级数为

$$u(t)=\frac{U_S}{2}+\frac{2U_S}{\pi}\left(\sin\omega_0 t+\frac{1}{3}\sin 3\omega_0 t+\frac{1}{5}\sin 5\omega_0 t+\frac{1}{7}\sin 7\omega_0 t+\ldots\right) \tag{0.3}$$

式中　$\frac{U_S}{2}$——方波中的直流分量；

ω_0——基波角频率，$\omega_0=\frac{2\pi}{T}$。

$\frac{2U_S}{\pi}\sin\omega_0 t$ 表示该方波信号的基波，其频率与方波信号相同。其他角频率为 $3\omega_0$、$5\omega_0$...的项称为方波信号的高次谐波分量，它们的角频率是基波角频率的整数倍。如果画出式(0.3)中各频率成分的幅值随角频率变化的关系，就得到了方波信号的幅值频率特性(简称幅频特性)，如图 0.4 所示。除幅频特性之外，常见信号中各频率成分的相位角也是频率的函数，称为相位频率特性(简称相频特性)。

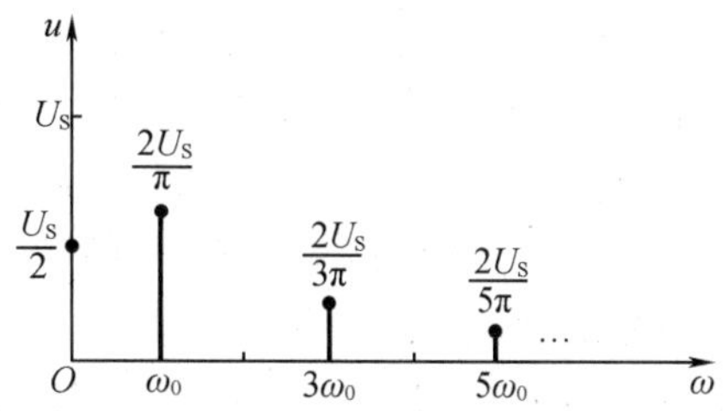

图 0.4　方波信号的幅频特性

由傅里叶级数的特性可知，许多周期信号的频谱都由直流分量、基波分量以及无穷多项高次谐波分量所组成。周期性信号的频谱表现为一系列离散频率(用频率)上的幅值，并且随着谐波次数的递增，信号幅值的总趋势是逐渐减小的。如果只截取 $N\omega_0$(N 为有限正值)频率以下的信号，则可以得到原周期信号的近似波形，N 越大，截取信号与实际信号的误差越小。虽然放大电路要处理各种特性的信号，但工程中常见的信号都可分解成傅里叶级数。为了使放大电路对信号表现出的特性有一个易于得到和理解的描述，在研究放大电路的特性时，常以正弦信号作为基本输入信号。

2. 电信号

信号是反映信息的物理量。信息需要借助某些物理量的变化来表示和传递。在人类生存的自然环境中，存在着各种各样的信息，例如温度、压力、湿度、流量、声音等。这些信息可以通过相应的传感器转换为电信号输入到电子系统中去。电信号容易传送和控制，所以其成为应用最为广泛的信号。电信号常常表示为随时间变化的电压 $u(t)$ 或电流 $i(t)$。电子电路中的信号均为电信号，以下简称为信号。

在电子电路中，将信号分为模拟信号和数字信号。模拟信号在时间和数值上均具有连续性，即对应于任意时间 t 均有确定的函数值 u 或 i，并且 u 或 i 的幅度是连续取值的；与模拟信号不同，数字信号在时间和数值上均具有离散性，通常采用的数字信号还具有双值性。例如，图 0.5(a)所示的正弦波信号是典型的模拟信号，图 0.5(b)所示则是典型的数字信号。可以采用模数转换电路将模拟信号转换为数字信号，也可以采用数模转换电路将数字信号转换为模拟信号。

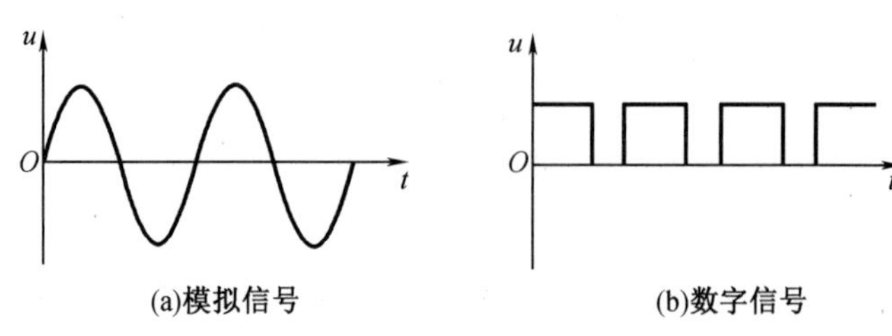

(a)模拟信号　　(b)数字信号

图 0.5　电信号波形

3. 模拟电路和数字电路

处理模拟信号的电子电路称为模拟电路,处理数字信号的电子电路称为数字电路或逻辑电路。

模拟电路主要包括放大电路、运算电路、波形发生电路、滤波电路、直流电源等。放大电路主要完成信号的电压、电流或功率放大,放大电路是模拟电路的基础;运算电路主要完成信号的加、减、乘、除、积分、微分、对数、指数等运算;波形发生电路主要用于产生正弦波、矩形波、三角波、锯齿波等;滤波电路用于保留信号中的有用频率成分,抑制其他频率成分;直流电源可将工频交流电转换成不同输出电压和电流的直流电。

数字电路主要研究数字信号的存储、变换、测量等内容,其主要包括门电路、组合数字电路、触发器、时序数字电路、半导体存储器、可编程逻辑器件、模数和数模转换电路等。

在模拟电路中晶体管均工作在放大区,在数字电路中晶体管均工作在饱和区或截止区,工作在开关状态;与模拟电路相比,数字电路体积小、便于集成;模拟电路抗干扰能力较弱,数字电路抗干扰能力较强。

4. 本课程的特点和学习方法

(1)模拟电路课程的特点

模拟电路课程是高等院校工科电类专业的一门重要的技术基础课,其教学目标是使学生初步掌握模拟电子电路的基本概念、基本电路和基本分析方法。该课程与数学、物理甚至电路课程有着明显的差别,其具有工程性和实践性强的特点。

由于模拟电路课程具有工程性强的特点,在分析模拟电路时常常需要从工程的角度分析问题和解决问题。在分析电子器件和电子电路时将根据信号的幅值和频率,选择模型及参数;在工程允许的范围内,忽略一些次要因素,对一些电子器件和电子电路进行合理的近似和估算。

由于模拟电路课程具有实践性强的特点,因此需要掌握常用电子器件的工作原理及性能参数;掌握常用模拟电路的分析和设计方法;掌握常用电子仪器的使用方法,并能够利用其完成模拟电路测试、故障判断及排除;能够采用电子电路仿真分析和设计软件 Proteus 或 Multisim 对模拟电路进行仿真分析,以提高分析和解决实际问题的能力。

(2)模拟电路课程的学习方法

在学习该课程时必须注重以下方面:

①重点掌握模拟电路课程中的基本概念、基本电路、基本分析方法。只有掌握基本概念,才能够不仅“知其然”,而且“知其所以然”;掌握一些基本电路的结构特点和功能特点;掌握模拟电路的一些基本分析方法,其中包括模拟电路的识别方法、性能参数的估算方法和描述方法等。

②能够应用电路的基本定理、基本定律分析和设计模拟电路,例如基尔霍夫电压定律、

基尔霍夫电流定律、戴维南定理、诺顿定理等。在模拟电路中,如果双极型晶体管工作在放大区,场效应晶体管工作在恒流区,则可以用其等效电路取代;如果理想集成运算放大器工作在线性区,则具有虚短、虚断的特点。

③由于模拟电路课程具有工程性强的特点,因此需要采用工程观点学习这门课程。模拟电路的分析与设计往往与工程背景有直接关系,难以进行精确的分析计算。常常要忽略一些次要因素,既使复杂的工程问题得到简化,又能满足实际工程的需要,这就是工程估算法。

④由于模拟电路课程具有实践性强的特点,因此应该十分注重实践教学环节,其中包括实验和课程设计。以实际操作实验为主,以仿真实验为辅,既能够培养学生的实际动手能力,又能够培养学生对电子电路的仿真能力。学生在实验中应该学会自学,特别是能够通过实验积极、主动地学习新知识。

第1章　半导体二极管及其基本应用电路

半导体二极管是最基本的电子器件，是集成电路的最小组成单元。本章介绍了半导体的基础知识，阐述了PN结及其单向导电性，重点介绍了半导体二极管的工作原理、特性曲线、主要参数及其基本应用电路，最后介绍了稳压二极管、发光二极管、光电二极管、变容二极管的特性及其应用。本章主要讨论如下问题：

(1)杂质半导体的导电性能强于本征半导体吗？为什么温度能够影响半导体的导电性能？

(2)PN结为什么具有单向导电性？当温度升高时PN结的伏安特性曲线如何变化？

(3)半导体二极管的理想模型、压降模型、折线化模型和小信号模型各适用于什么场合？

(4)稳压二极管是利用了PN结的什么特性制作的？在稳压二极管稳压电路中限流电阻起什么作用？

(5)发光二极管、光电二极管、变容二极管的工作原理如何？它们适用于什么场合？

1.1　半导体基础知识

按导电能力的不同，物体可分为导体、半导体和绝缘体。半导体的导电能力介于导体和绝缘体之间。半导体材料有硅(Si)、锗(Ge)、硒(Se)以及部分金属氧化物和硫化物。常用的半导体材料硅和锗的原子序数分别为14和32。它们外层有4个价电子，都是四价元素。硅和锗原子是电中性的，常用带有4个正电荷的正离子以及它周围的4个价电子来表示，其原子结构模型如图1.1.1所示。

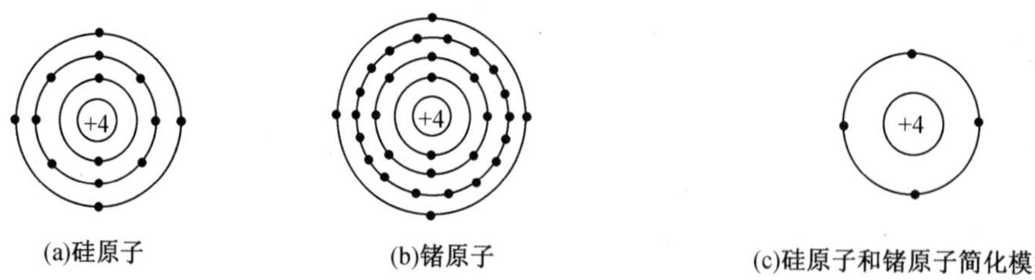

图1.1.1　硅原子和锗原子结构模型

在不同条件下，不同半导体材料的导电能力有很大差别。有些半导体材料在环境温度升高时导电能力显著增强，利用这种特性可以制作各种热敏电阻；有些半导体材料在受到光照时导电能力显著增强，利用这种特性可以制作各种光敏电阻；如果在纯净的半导体中掺入微量的某种杂质，其导电能力可以增加几十万乃至几百万倍，利用这种特性可以制作各种不同的半导体器件。为什么半导体的导电能力有如此大的差别呢？这就需要研究半导体材料的内部结构和导电机理。

1.1.1 半导体材料及其导电特性

导电能力介于导体和绝缘体之间的物质称为半导体。由于半导体具有热敏性、光敏性和掺杂性,因此由半导体制成的各种电子器件得到了非常广泛的应用。热敏性指半导体的导电性能随着温度的变化发生明显的改变,利用热敏性可制作成各种热敏电阻。光敏性指半导体的导电性能对光照比较敏感,利用光敏性可制作成光电二极管、光电晶体管及光敏电阻等多种类型的光电器件。掺杂性指在纯净的半导体中掺入微量的杂质元素,将会极大地改变半导体的导电性能,利用掺杂性可制作成各种不同用途的半导体器件,如二极管、晶体管和场效应晶体管等。常用的半导体材料有硅、锗和砷化镓(GaAs),其中硅是目前最常用的一种半导体材料。

1.1.2 本征半导体

1. 共价键结构

纯净的半导体经过一定的工艺过程被制作成晶体后,原子在空间形成排列整齐的晶格。原子之间靠得很近,原子最外层的价电子不仅受到自身原子核的束缚,还受到相邻原子核的吸引,使得每两个相邻原子之间共用一对价电子,从而形成了共价键结构。四价元素的共价键结构如图 1.1.2 所示。

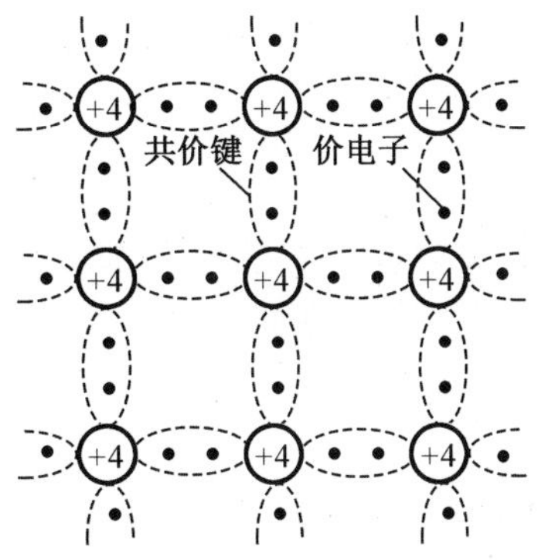

图 1.1.2 四价元素的共价键结构

2. 两种载流子

由于受到原子核的束缚,共价键中的价电子不能自由移动,只有获得足够的能量后才能挣脱共价键的束缚,成为自由电子。当半导体处于热力学温度 0 K 时,半导体中没有自由电子。当温度升高(大于 0 K)或受到光照时,有些价电子获得足够的能量,可挣脱共价键的束缚,成为自由电子。这种现象称为本征激发(也称热激发)。

价电子挣脱共价键的束缚成为自由电子后,就在原来共价键的位置上留下一个空位,这个空位称为空穴。邻近的价电子很容易填补这个空位,从而在这个价电子原来的位置上留下新的空位,如图 1.1.3 所示。由于带负电的电子依次填补空穴的作用与带正电荷的粒子做反方向运动的效果相同,所以可以把空穴看作带正电荷的载流子。电子和空穴的定向运动会形成电流,所以电子和空穴是可以运载电荷的粒子,称为载流子。空穴的电荷量与自由电子相同,其电荷极性与自由电子相反。

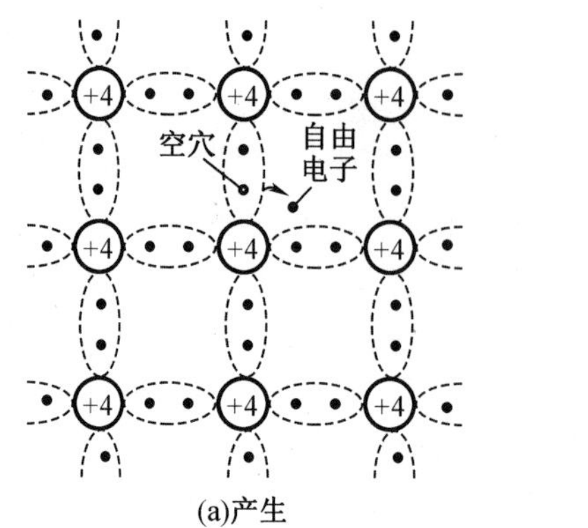

(a)产生

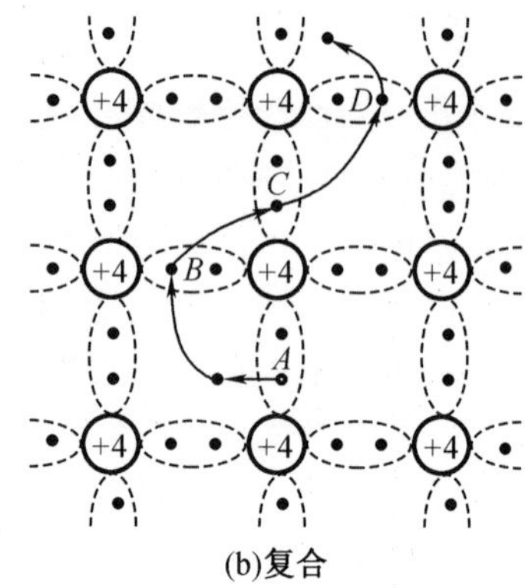

(b)复合

图 1.1.3　载流子的产生与复合

本征半导体中有两种载流子:带负电的自由电子和带正电的空穴。本征激发所产生的自由电子和空穴总是成对出现,称为电子-空穴对。自由电子在运动过程中如果与空穴相遇就会填补空穴,称为复合。在一定温度下,本征激发所产生的自由电子和空穴对,与复合的自由电子和空穴对数目相等,称为达到动态平衡。此时半导体中电子和空穴两种载流子的浓度不变且相等。

本征激发产生的载流子浓度与温度有关。温度越高,本征激发越强,产生的载流子的浓度越大,本征半导体的导电能力越强。但是靠本征激发产生的载流子数量较少,因此本征半导体的导电能力较弱,不能直接用来制造半导体器件。

1.1.3　杂质半导体

在本征半导体中掺入某种特定的微量杂质,可使半导体的导电性能明显增强。掺入杂质后的半导体称为杂质半导体。根据掺入杂质的元素不同,杂质半导体可分为 N 型半导体(电子型半导体)和 P 型半导体(空穴型半导体)。

1. N 型半导体

在本征半导体(硅或锗晶体)中掺入适量的五价元素,例如磷(P)、锑(Sb)、砷(As) ,就形成了 N 型半导体,也称电子型半导体。五价杂质原子的最外层有 5 个价电子,它与周围 4 个硅原子组成共价键时多余一个电子,如图 1. 1. 4 所示。这个多余的电子不受共价键的束缚,只受自身原子核的吸引,只需获得很少的能量就能脱离原子核的束缚,成为自由电子。五价的杂质原子可以提供自由电子,称为施主原子。失去自由电子的杂质原子在晶格上不能移动,并成为带有正电荷的正离子。同时 N 型半导体中也存在热激发产生的电子-空穴对。在 N 型半导体中,自由电子的浓度远大于空穴的浓度,因此称自由电子为多数载流子,简称多子;空穴则称为少数载流子,简称少子。在 N 型半导体中主要靠自由电子导电。

杂质半导体中多数载流子的浓度由杂质的量决定;而少数载流子的浓度则由本征激发决定,其浓度与温度有关。由掺杂所产生的载流子的浓度远远大于由本征激发所产生的载流子的浓度。

2. P 型半导体

在本征半导体(硅或锗晶体)中掺入适量的三价元素,例如硼(B)、镓(Ca)、铟(In)等,就形成了 P 型半导体,也称空穴型半导体。杂质原子的最外层有 3 个价电子,它与周围 4 个硅原子组成共价键时缺少一个电子，在共价键中产生一个空位，如图 1.1.5 所示。其他共价键中的价电子很容易填充这个空位，使杂质原子获得电子，并成为带有负电荷的负离子，同时在其他共价键中产生了一个空穴。三价杂质原子的空位吸引电子，并接收电子，因此称其为受主原子。P 型半导体中空穴是多数载流子，其数量主要由掺入杂质的浓度决定；自由电子是少数载流子，由热激发产生。少数载流子的浓度与温度有关。在 P 型半导体中主要靠空穴导电。

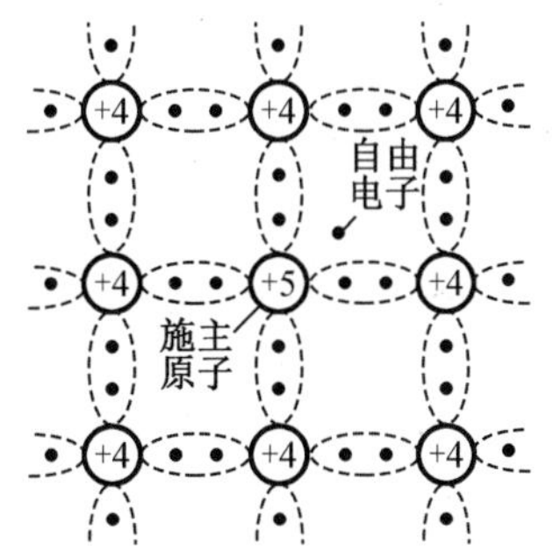

图 1.1.4 N 型半导体的共价键结构

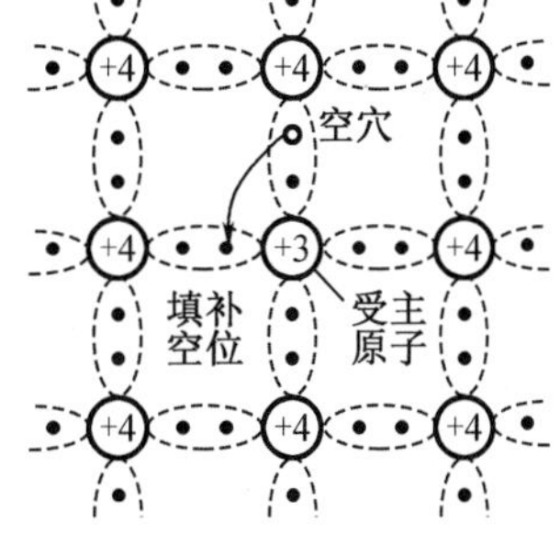

图 1.1.5 P 型半导体的共价键结构

N 型半导体和 P 型半导体呈电中性，因此可以用正离子和等量的自由电子表示 N 型半导体，可以用负离子和等量的空穴表示 P 型半导体。

1.2 PN 结及其单向导电性

通常在一块 N 型(P 型)半导体的局部掺入浓度较大的三价(五价)元素，使其局部成为 P 型(N 型)半导体。在 P 型半导体和 N 型半导体的交界面就形成了 PN 结。PN 结具有单向导电性和电容效应。

1.2.1 PN 结的形成过程

通过掺杂工艺将 P 型半导体和 N 型半导体制作在同一块硅片上。在 P 型半导体和 N 型半导体的交界面，两种载流子的浓度差很大。P 区内空穴的浓度远大于 N 区内空穴的浓度，N 区内自由电子的浓度远大于 P 区内自由电子的浓度。由于存在浓度差，所以 P 区内的空穴向 N 区扩散，N 区内自由电子向 P 区扩散。这种由于存在浓度差，载流子从浓度高的区域向浓度低的区域的运动称为扩散运动，如图 1.2.1(a)所示。载流子做扩散运动所形成的电流称为扩散电流。P 区内多数载流子——空穴向 N 区扩散，并与 N 区的自由电子复合。N 区内多数载流子——自由电子向 P 区扩散，并与空穴复合。扩散的结果是，在 P 型半导体与 N 型半导体的交界面上 P 区出现负离子区，N 区出现正离子区。这些不能移动的正、负离子就形成了空间电荷区，又称耗尽层，如图 1.2.1(b)所示。空间电荷区的 P 区侧是负离子区，空间电荷区的 N 区侧是正离子区，于是就形成了一个由 N 区指向 P 区的内电场。随着扩散运动的不断进行，空间电荷区变宽，内电场增强，并阻止扩散运动。

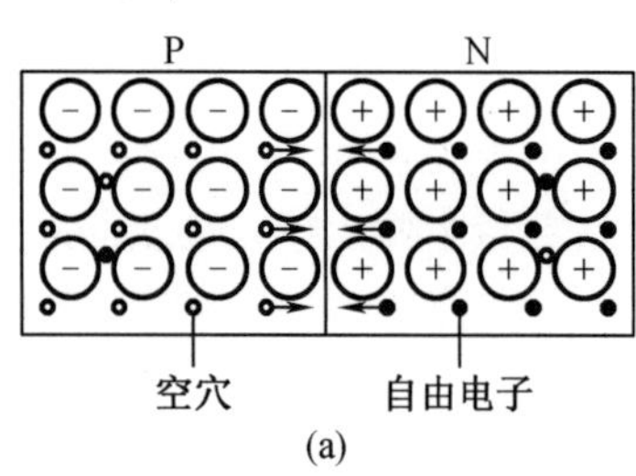

(a)

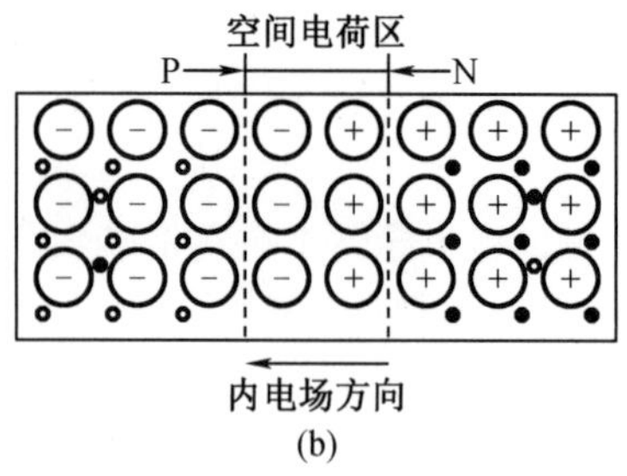

(b)

图 1.2.1　PN 结形成

在内电场的作用下,N 区内少数载流子——空穴向 P 区运动,P 区内少数载流子——自由电子向 N 区运动。在内电场的作用下少数载流子的运动称为漂移运动。载流子做漂移运动所形成的电流称为漂移电流。少数载流子的数目与温度有关,温度升高,本征激发增强,少数载流子的数目增加,漂移运动增强,漂移电流增大。

由于 P 区和 N 区的载流子存在浓度差,就形成了多子的扩散运动。由于多子的扩散运动,就形成了空间电荷区,形成了内电场。内电场阻碍多子的扩散运动,促进少子的漂移运动。漂移运动的方向正好与扩散运动的方向相反。扩散运动越强,内电场越强,对扩散运动的阻碍就越强,却对漂移运动的促进作用越强。扩散运动和漂移运动相互制约,使得从 P 区扩散到 N 区的多子空穴数目与从 N 区漂移到 P 区的少子空穴数目相等,从 N 区扩散到 P 区的多子电子数目与从 P 区漂移到 N 区的少子电子数目相等,扩散电流等于漂移电流,从而使扩散运动和漂移运动达到动态平衡,形成了 PN 结。此时,空间电荷区宽度不再发生变化,电流为零。

1.2.2　PN 结的单向导电性

PN 结正向偏置时,处于导通状态,呈低阻性;PN 结反向偏置时,处于截止状态,呈高阻性。这就是 PN 结的单向导电性。

1. PN 结外加正向电压

将 PN 结的 P 区接电源正极(或正极串电阻后的一端),将 PN 结的 N 区接电源负极串电阻后的一端(或电源负极),称 PN 结外加正向电压,又称 PN 结正向偏置,如图 1.2.2 所示。PN 结正向偏置时,外电场与内电场的方向相反,使空间电荷区变窄,削弱了内电场,使多子扩散运动加剧,少子的漂移运动减弱。外电路的电流等于扩散电流减去漂移电流。PN 结正向偏置时,扩散电流起主导作用,而漂移电流较小,此时外电路的电流约等于扩散电流,又称正向电流。PN 结正向偏置时,PN 结导通,PN 结因正向电流较大,呈低阻性。在图 1.2.2 中,接电阻 R 是为了限制回路电流,防止 PN 结因正向电流过大而损坏。

2. PN 结外加反向电压

将 PN 结的 P 区接电源负极(或负极串电阻后的一端),将 PN 结的 N 区接电源正极串电阻后的一端(或电源正极),称 PN 结外加反向电压,又称 PN 结反向偏置,如图 1.2.3 所示。PN 结反向偏置时,外电场与内电场的方向相同,使空间电荷区变宽,阻止多子的扩散运动,扩散电流显著减小;使少子的漂移运动增强。但是少子的数目很少,因此漂移电流(也称反向电流)也非常小,PN 结呈高阻性。此时近似认为 PN 结处于截止状态。温度一定时,因本征激发水平一定,反向电流近似为一定值,常称为反向饱和电流,用 I_S 表示。常温

下反向饱和电流 I_S 非常小。

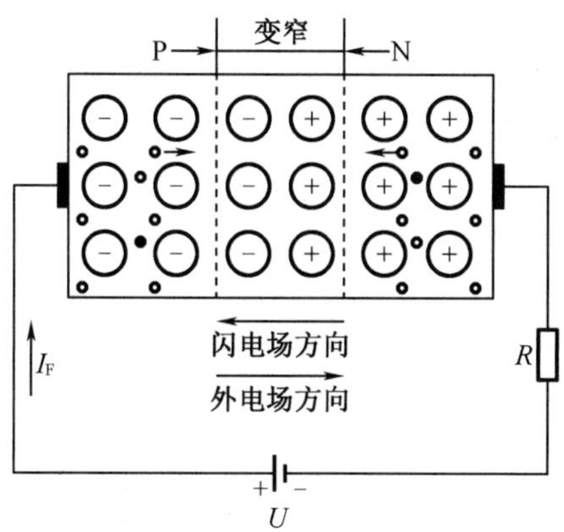

图 1.2.2 PN 结外加正向电压

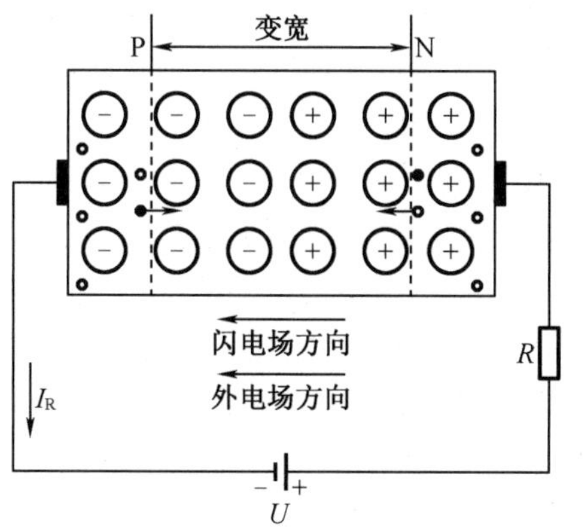

图 1.2.3 PN 结外加反向电压

1.2.3 PN 结的电容效应

当 PN 结的偏置电压发生变化时,PN 结空间电荷区内的电荷量及其两侧载流子的数目均发生变化。这种现象与电容器的充放电过程相似。这种电荷量随偏置电压变化的现象称为 PN 结的电容效应。按产生机理的不同,PN 结的结电容分为势垒电容和扩散电容。

1. 势垒电容 C_b

当 PN 结的偏置电压变化时,PN 结空间电荷区的宽度发生变化,也就是空间电荷区的电荷量发生改变。当 PN 结的偏置电压增大时,空间电荷区的电荷量减少;当 PN 结的偏置电压减小时,空间电荷区的电荷量增大。空间电荷区的宽度随偏置电压变化所等效的电容称为势垒电容,常用 C_b 表示。C_b 随偏置电压变化,如图 1.2.4 所示。C_b 具有非线性,它与结面积、空间电荷区的宽度、偏置电压等有关。利用 PN 结外加反向偏置电压中 C_b 随 U 变化的特性,可以制作变容二极管。

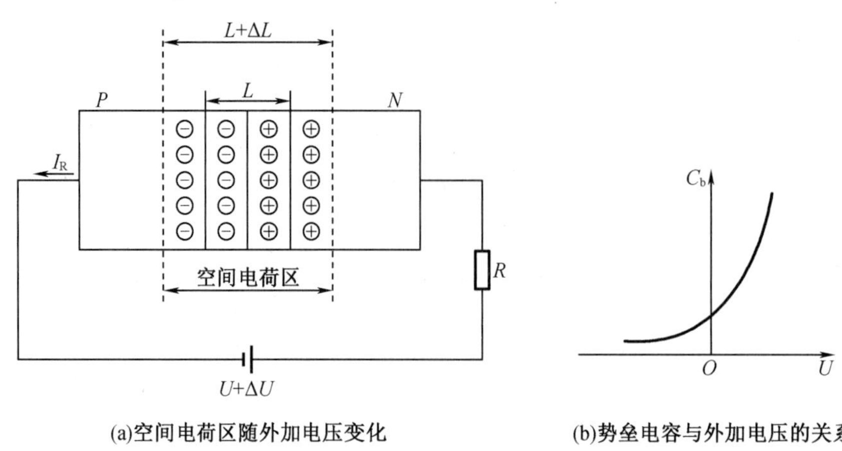

(a)空间电荷区随外加电压变化　　(b)势垒电容与外加电压的关系

图 1.2.4　PN 结势垒电容

2. 扩散电容 C_d

PN 结不加偏置电压时处于平衡状态,P 区和 N 区的少数载流子称为平衡少子;PN 结正向偏置时从 P 区扩散到 N 区的空穴和从 N 区扩散到 P 区的自由电子则称为非平衡少子。PN 结正向偏置,P 区和 N 区靠近空间电荷区的地方非平衡少子的浓度高,远离空间电荷区的地方非平衡少子的浓度低,形成非平衡少子的浓度分布梯度,从而形成扩散电流。这种分布与正向偏置电压 U 有关。当 PN 结的正向偏置电压增大时,非平衡少子的浓度增大,扩散电流增大,如图 1.2.5 所示。当 PN 结的正向偏置电压减小时,非平衡少子的浓度减小,扩散电流减小。在图 1.2.5 中 PN 结的正向偏置电压为 U 时,非平衡少子的浓度分布梯度如曲线 1 所示。当 U 增加到 $U+\Delta U$ 时,非平衡少子的浓度分布梯度如曲线 2 所示。图 1.2.5 中 n_p 为从 P 区扩散到 N 区的空穴的浓度;p_n 为从 N 区扩散到 P 区的电子的浓度。这种非平衡少子的浓度随正向偏置电压的变化所等效的电容称为扩散电容,通常用 C_d 表示。

PN 结的结电容为势垒电容和扩散电容之和。结电容一般较小, 通常为几皮法至几百皮法。当信号频率较低时,结电容的容抗很大,其作用可以忽略不计;在信号频率较高时,需要考虑结电容的影响。

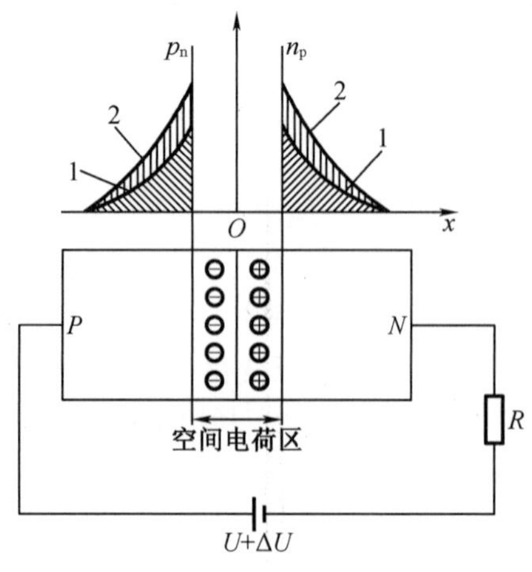

图 1.2.5　PN 结扩散电容

1.3 半导体二极管

将 PN 结用外壳封装起来,并加上电极引线就构成了半导体二极管(以下简称二极管)。由 P 区引出的电极称为阳极,由 N 区引出的电极称为阴极。半导体二极管的符号如图 1.3.1 所示。

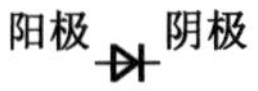

阳极 阴极

图 1.3.1 半导体二极管的符号

1.3.1 二极管的结构类型

二极管按结构不同分为点接触型、面接触型和平面型,其结构示意图如图 1.3.2 所示。

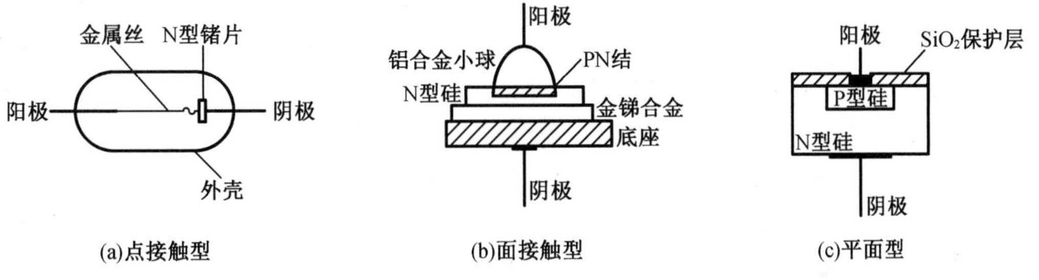

图 1.3.2 二极管的结构示意图

点接触型二极管的特点是 PN 结面积小,不能承受较大的反向电压和正向电流;结电容小,工作频率可达 100 MHz,适用于高频检波和小功率整流。面接触型二极管的特点是 PN 结面积较大,能够流过较大电流;结电容大,工作频率低,适用于大电流、低频率的场合,常用于低频整流电路中。平面型二极管采用集成电路工艺制成,这种结构形式常用于集成电路中。

1.3.2 二极管的伏安特性

与 PN 结一样,二极管也具有单向导电性。二极管的伏安特性与 PN 结的伏安特性类似,但略有区别。主要原因是二极管正向偏置时,存在半导体体电阻和引线电阻,使半导体二极管的正向电流比理想 PN 结正向电流小,正向压降比理想 PN 结正向压降大;反向偏置时,由于二极管表面存在漏电流,因此二极管的反向电流比 PN 结反向电流大。在近似分析时,仍然用 PN 结的电流方程式描述二极管的伏安特性。

实测硅二极管和锗二极管的伏安特性曲线如图 1.3.3 所示。由图 1.3.3 可知,二极管的伏安特性可分为正向特性和反向特性。

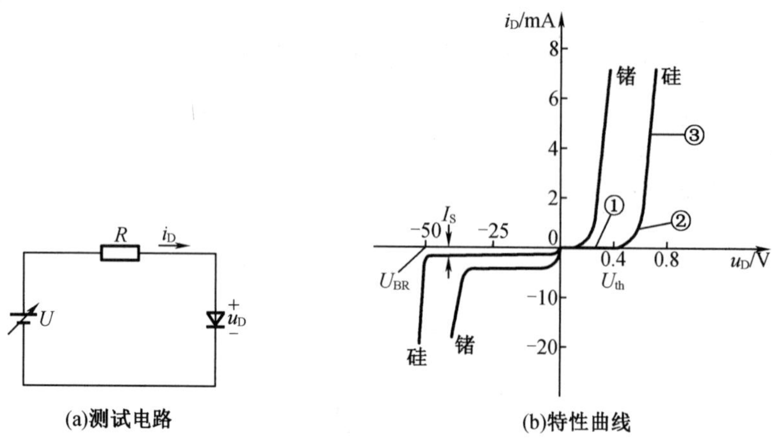

(a)测试电路 (b)特性曲线

图 1.3.3 二极管的伏安特性曲线

1. 正向特性

当 u_D>0 时,二极管处于正向特性区。正向特性区又分为三段:①段、②段和③段,如图 1.3.3(b)所示。

①段,当 $0<u_D<U_{th}$ 时,二极管的正向电压较小,流过二极管的正向电流几乎为零,见图 1.3.3 中曲线的①段。当二极管的正向电压超过某一值时,正向电流才从零开始随正向电压按指数规律增大。使二极管刚开始导通时的电压称为二极管的开启电压(或称死区电压)。二极管的开启电压的大小与二极管的材料及温度等因素有关。一般硅二极管的开启电压为 0.5 V 左右,锗二极管的开启电压为 0.1 V 左右。

②段,当 $u_D>U_{th}$ 且 u_D 较小时,开始出现正向电流,但二极管正向电流随 u_D 的增长速度较慢,见图 1.3.3 中曲线的②段。

③段,当 $u_D>U_{th}$ 且 u_D 较大时,二极管正向电流将迅速增大,即二极管正向电压随正向电流增加而增加很小,对应图 1.3.3 中曲线的③段。一般认为硅二极管的正向导通电压 U_D 为 0.6~0.8 V,一般取 U_D≈0.7 V;锗二极管的正向导通电压 U_D 为 0.1 ~0.3 V。

2. 反向特性

当 u_D<0 时,二极管处于反向特性区。反向特性区又分为两段,如图 1.3.3(b)的第三象限所示。当 $|u_D|<U_{BR}$ 时,反向电流很小,且基本不随反向电压的变化而变化,此时的反向电流称为反向饱和电流,用 I_S 表示。反向饱和电流由本征激发产生的少子浓度决定,与所加反向电压的大小无关,但随着温度的升高而增加。小功率的硅二极管的反向饱和电流一般小于 0.1 μA,锗二极管的反向饱和电流一般为几十微安。当 $|u_D|\geqslant U_{BR}$ 时,二极管反向击穿,反向电流急剧增加,U_{BR} 称为反向击穿电压。不同型号二极管的反向击穿电压差别较大,从几伏至几千伏。当 $|u_D|\geqslant U_{BR}$ 时,二极管具有反向击穿陡直的特性,具有稳压性能。正是利用二极管这一特性,制作了稳压二极管。

温度变化影响二极管的伏安特性,如图 1.3.4 所示。当环境温度升高时,二极管的正向特性曲线左移,二极管的反向特性曲线下移。室温条件下,温度每升高 1 ℃,二极管的正向压降减小 2~2.5 mV;温度每升高 10 ℃,二极管的反向饱和电流约增大一倍。

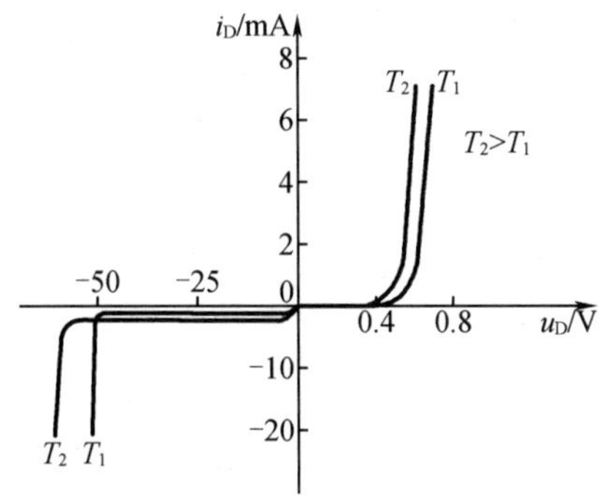

图 1.3.4　温度对二极管伏安特性曲线的影响

1.3.3　二极管的等效模型

二极管的伏安特性具有非线性,这给二极管应用电路的分析和设计带来了困难。在对实际二极管应用电路进行分析和设计时,常将二极管用线性模型等效,这种模型称为二极管的等效模型。常用的二极管等效模型有 4 种:理想模型、恒压降模型、折线化模型和小信号模型。

1. 理想模型

二极管的理想模型如图 1.3.5(a)所示。二极管正向导通时,其正向压降为零;二极管反向截止时,认为反向电阻为无穷大,反向电流为零,称为理想二极管。此时,理想二极管相当于理想开关。该模型主要用于信号幅值远远大于二极管的正向压降,可以忽略二极管正向压降和反向电流的电路中。

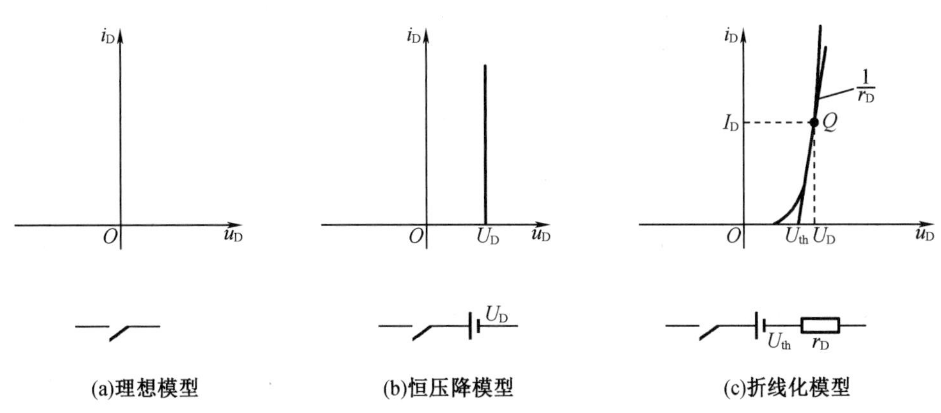

图 1.3.5　二极管的等效模型

2. 恒压降模型

二极管的恒压降模型如图 1.3.5(b)所示,认为二极管的正向压降为常数、反向电阻为无穷大、反向电流为零。此时,二极管可以用一个理想二极管串联一个恒压电源 U_D 表示。硅管的正向压降 U_D 为 0.7 V。

3. 折线化模型

二极管的折线化模型如图 1.3.5(c)所示,二极管的伏安特性用两条直线表示。当二极管正向偏置电压大于开启电压 U_{th} 时，电流 i_D 与电压 u_D 呈线性关系，其直线斜率为$\frac{1}{r_D}$；当二极管正向偏置电压小于开启电压 U_{th} 时，电流 i_D 为零。此时，二极管可以用一个理想二极管串联一个恒压源 U_{th} 和一个电阻 r_D 表示。

设二极管工作在正向特性曲线某点 $Q(U_D,I_D)$，所对应的电阻 r_D 为

$$r_D=\frac{U_D-U_{th}}{I_D} \tag{1.3.1}$$

比较二极管的理想模型、恒压降模型和折线化模型可知，二极管的折线化模型更接近真实模型，误差较小。但在实际应用中常采用恒压降模型。

4. 小信号模型

图 1.3.6(a)所示为硅二极管实用电路，其直流等效电路如图 1.3.6(b)所示。将二极管等效为恒压降模型，求解直流电路可以确定二极管的静态工作点 $Q(U_D,I_D)$。取 $U_D=0.7$ V，则

$$I_D=\frac{V_{CC}-U_D}{R}=\frac{V_{CC}-0.7}{R} \tag{1.3.2}$$

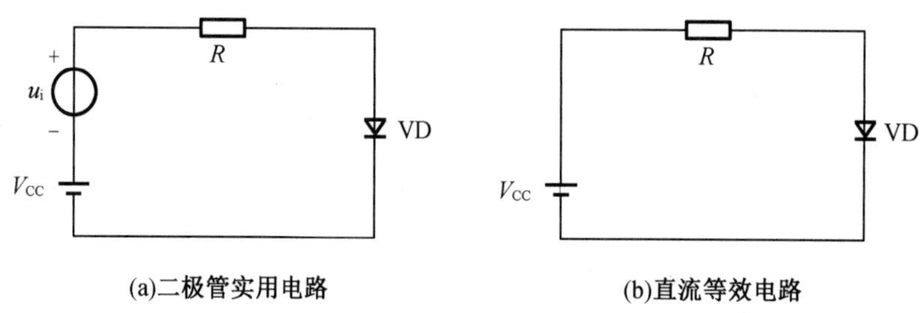

图 1.3.6　二极管实用电路及其直流等效电路

在低频小信号作用下，在静态工作点 Q 附近，二极管呈现的电阻称为动态电阻 r_d，如图 1.3.7 所示。图 1.3.8 中，在静态工作点 $Q(U_D,I_D)$ 附近电压和电流的微小变化量分别为 Δu_d 和 Δi_d，则定义动态电阻为

$$r_d=\frac{\Delta u_d}{\Delta i_d} \tag{1.3.3}$$

$$\frac{1}{r_d}=\frac{di_D}{du_D}=\frac{d[I_S(e^{\frac{u_D}{U_T}}-1)]}{du_D}\approx\frac{I_S e^{\frac{u_D}{U_T}}}{U_T}\approx\frac{I_D}{U_T}$$

所以

$$r_d=\frac{U_T}{I_D} \tag{1.3.4}$$

式中，I_D 为二极管静态工作点的电流值；室温下(T = 300 K)，$U_T\approx$ 26 mV。

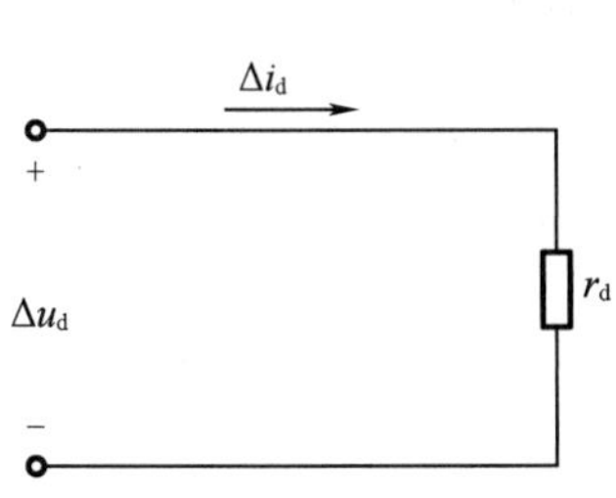

图 1.3.7 二极管的小信号模型

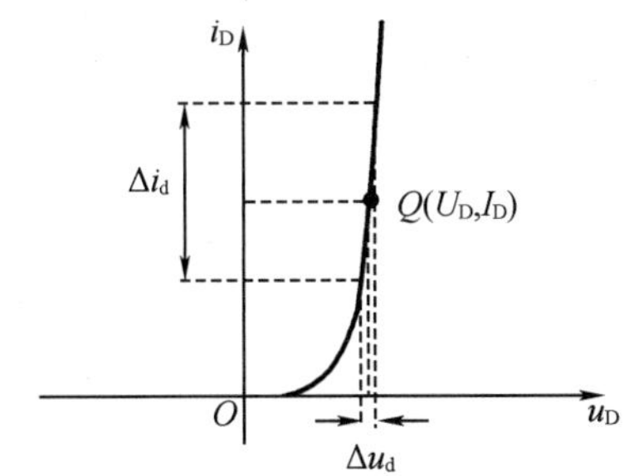

图 1.3.8 二极管的动态电阻的物理意义

1.3.4 二极管应用电路举例

1. 整流电路

利用二极管的单向导电性,将交流电压转换成单向脉动的直流电压,称为整流。通常在整流电路中,可将二极管视为理想二极管。

[**例 1.3.1**] 二极管构成的电路如图 1.3.9(a)所示。输入为工频交流电,它的有效值 $U_2=15$ V,频率 $f=50$ Hz。试画出输出电压波形,并计算输出电压的平均值。

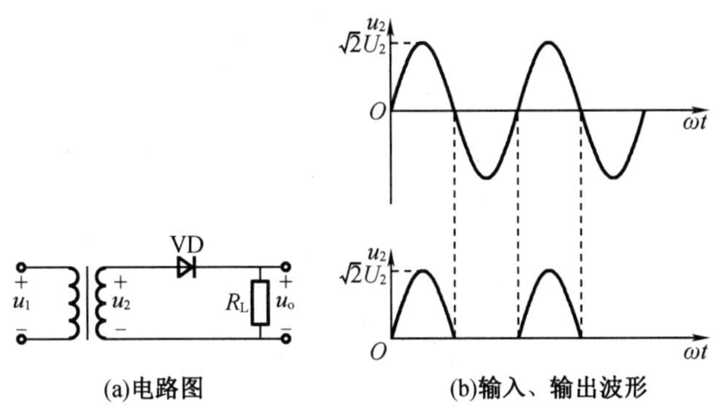

(a)电路图 (b)输入、输出波形

图 1.3.9 半波整流电路和输入、输出波形

解 因变压器二次电压的有效值为 15 V,远远大于二极管的正向压降,所以可以忽略二极管的正向压降,视其为理想二极管。在 u_2 的正半周,二极管 VD 导通,输出电压 $u_o=u_2$。在 u_2 的负半周,二极管 VD 截止,输出电压 $u_o=0$ V,其输入、输出电压波形如图 1.3.9(b)所示。该电路称为半波整流电路,将正弦交流电压转换成有单向脉动的直流电压。

对输出电压进行积分,可求出输出电压的平均值:

$$U_{o(AV)}=\frac{1}{2\pi}\int_0^{2\pi}\sqrt{2}U_2\sin\omega t\mathrm{d}(\omega t)=\frac{1}{2\pi}\int_0^{\pi}\sqrt{2}U_2\sin\omega t\mathrm{d}(\omega t)$$

$$U_{o(AV)}=\frac{\sqrt{2}}{\pi}U_2\approx 0.45U_2=6.75\ \text{V}$$

2. 限幅电路

在电子电路中常采用二极管限幅电路,使信号在预定电平范围内有选择地传输一部分信号。

[**例 1.3.2**] 在图 1.3.10 中，$V_{CC}=5$ V，$u_2=10\sin\omega t$(V)，二极管 VD 为理想二极管。试分别画出对应图 1.3.10(a)(b)电路的输出电压 u_o 的波形。

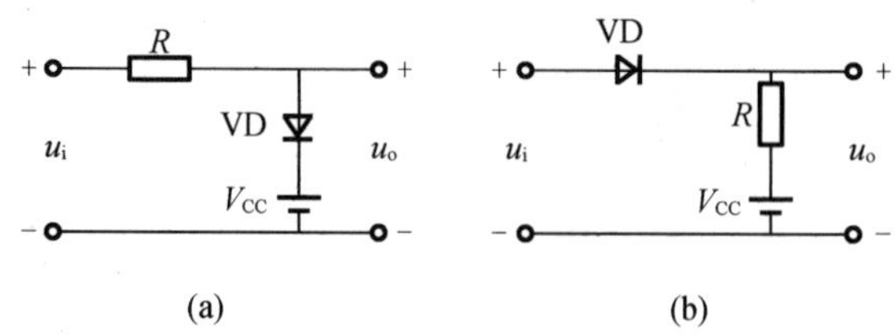

图 1.3.10 例 1.3.2 电路图

解 根据题意，图中二极管 VD 可以看成理想模型，正向压降为 0 V，反向电流为 0 A。

对于图 1.3.10(a)，当 $u_i \geq V_{CC}$ 时，二极管导通，所以输出电压 $u_o=V_{CC}$；当 $u_i<V_{CC}$ 时，二极管截止，$u_o=u_i$。

对于图 1.3.10(b)，当 $u_i \geq V_{CC}$ 时，二极管导通，这时 $u_o=u_i$；当 $u_i<V_{CC}$ 时，二极管截止，$u_o=V_{CC}$。

输出电压 u_o 的波形如图 1.3.11 所示。

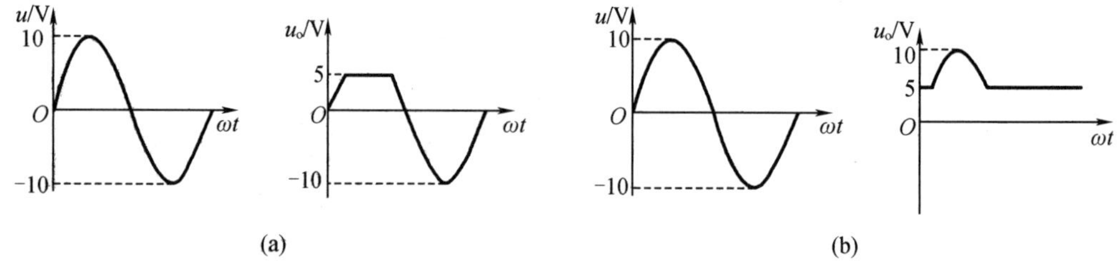

图 1.3.11 例 1.3.2 解图

3. 开关电路

在数字电路中，利用二极管的单向导电性可以制作二极管与门电路，如图 1.3.12 所示。

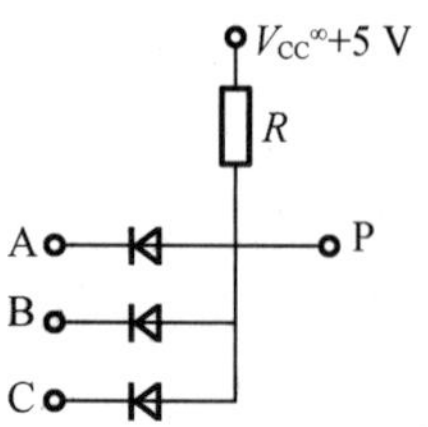

图 1.3.12 二极管与门电路

当输入 $u_A=u_B=u_C=5$ V 时，二极管均截止，输出 $u_P=5$ V；当 u_A、u_B 和 u_C 有一个为 0 V，其余等于 5 V 时，输入电压为 0 V 的那个输入端所连接的二极管导通，其他二极管截止，输出 $u_P=0.7$ V。同理，将输入端 u_A、u_B 和 u_C 所有的取值组合列入表 1.3.1。

由表 1.3.1 可知，图 1.3.12 所示电路只有输入全为高电平(5 V)时，输出高电平

(5 V)；只要其中一个输入端输入为低电平(0 V)，输出就为低电平(0.7 V)。

该电路完成了与门的逻辑功能。

表 1.3.1　与门输入、输出电压关系

序号	u_C/V	u_B/V	u_A/V	u_P/V
1	0	0	0	0.7
2	0	0	5	0.7
3	0	5	0	0.7
4	0	5	5	0.7
5	5	0	0	0.7
6	5	0	5	0.7
7	5	5	0	0.7
8	5	5	5	5

1.3.5　二极管的主要参数

为描述二极管的性能，常引用以下几个主要参数：

1. 最大整流电流 I_F

I_F 是二极管长期运行时允许通过的最大正向平均电流，其值与 PN 结面积及外部散热条件等有关。在规定散热条件下，二极管正向平均电流若超过此值，则将因结温升过高而烧坏。

2. 最高反向工作电压 U_R

U_R 是二极管工作时允许外加的最大反向电压，超过此值时，二极管有可能因反向击穿而损坏。通常 U_R 为击穿电压 U_{BR}的一半。

3. 反向电流 I_R

I_R 是二极管未击穿时的反向电流。I_R 越小，二极管的单向导电性越好。I_R 对温度非常敏感。

4. 最高工作频率 f_M

f_M 是二极管工作的上限截止频率。超过此值时，由于结电容的作用，二极管将不能很好地体现单向导电性。

应当指出，由于制造工艺所限，半导体器件参数具有分散性，同一型号管子的参数值也会有相当大的差距，因而手册上往往给出的是参数的上限值、下限值或范围。此外，使用时应特别注意手册上每个参数的测试条件，当使用条件与测试条件不同时，参数也会发生变化。

在实际应用中，应根据管子所用场合，按其承受的最高反向电压、最大正向平均电流、工作频率、环境温度等条件，选择满足要求的二极管。

1.4 其他类型的二极管

1.4.1 稳压二极管及其基本应用电路

稳压二极管是一种利用特殊工艺制造的面接触型硅半导体二极管，其在反向击穿时，在一定的电流范围内具有稳压特性，广泛应用于限幅电路和直流电源的稳压电路之中。

1. 稳压二极管的伏安特性

稳压二极管简称稳压管，其符号如图 1.4.1(a)所示，伏安特性曲线如图 1.4.1(b)所示。稳压二极管的伏安特性与普通二极管相似，其正向特性为指数曲线。若稳压二极管外加反向电压，当反向电压增大到反向击穿电压时，稳压二极管反向击穿。此时如果反向电流控制在一定范围内，则其反向击穿特性陡直，几乎平行于纵轴，呈现很好的稳压特性。

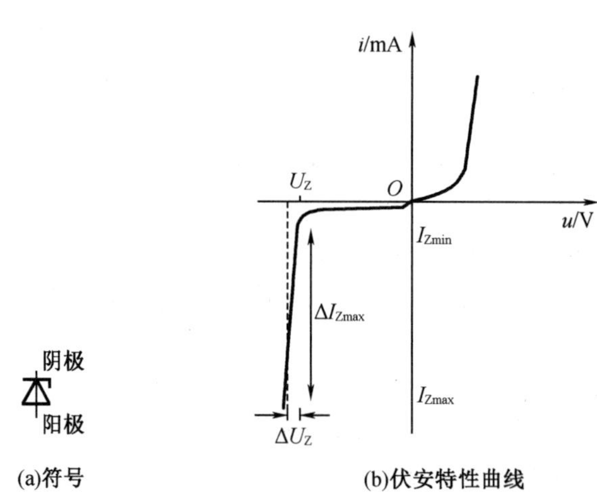

(a)符号 (b)伏安特性曲线

图 1.4.1 稳压二极管的符号及伏安特性曲线

2. 稳压二极管的主要参数

(1)稳定电压 U_Z

稳定电压 U_Z 是稳压二极管在规定电流下的反向击穿电压。例如，稳压二极管 2CW52 的稳定电压为 3.2~4.5 V。

(2)稳定电流 I_{Zmin} 和 I_{Zmax}

I_{Zmin} 是稳压二极管工作在稳压状态时的最小稳定工作电流。当反向电流 $I_Z < I_{Zmin}$ 时，稳压二极管处于反向截止状态，没有稳压特性。I_{Zmax} 是稳压二极管工作在稳压状态时的最大稳定工作电流。当反向电流 $I_Z > I_{Zmax}$ 时，稳压二极管可能被烧毁。例如，稳压二极管 2CW52 的 $I_{Zmin}=10$ mA，$I_{Zmax}=55$ mA。

(3)额定功耗 P_{Zmax}

稳压二极管的额定功耗 $P_{Zmax}=U_Z \cdot I_{Zmax}$。稳压二极管的管耗超过 P_{Zmax} 时，会因结温过高而烧毁。由额定功耗可以确定稳压二极管的最大工作电流 $I_{Zmax}=\frac{P_{Zmax}}{U_Z}$。例如，稳压二极管 2CW52 的 $P_{Zmax}=0.25$ W。

(4)动态电阻 r_Z

r_Z 是稳压二极管工作在稳压区时，其两端电压的变化量与其电流变化量之比，即

$$r_Z=\frac{\Delta U_Z}{\Delta I_Z}$$

可见，r_Z 越小，稳压二极管的稳压性能越好。一般地，r_Z 从几欧至几十欧。例如，稳压二极管 2CW52 的 $r_Z<70\ \Omega$。

(5)温度系数 α

温度系数 α 表示温度变化 1 ℃时，稳压值 U_Z 的变化量。当稳压值 $U_Z<4$ V 时，齐纳击穿占主导地位，温度系数 α 为负值；当稳压值 $U_Z>7$ V 时，雪崩击穿占主导地位，温度系数 α 为正值；当稳压值在 4~7 V 时，齐纳击穿、雪崩击穿均有，温度系数 α 近似为零。例如，稳压二极管 2CW52 的 $\alpha\geqslant-8\times10^{-4}$ V/℃

3. 稳压二极管稳压电路

稳压二极管组成的稳压电路如图 1.4.2 所示。该电路由稳压二极管 VD_Z、限流电阻 R 和负载电阻 R_L 组成。限流电阻 R 的作用是使稳压二极管 VD_Z 工作在稳压区，即电路的工作电流 $I_{Zmin}\leqslant I_Z\leqslant I_{Zmax}$，同时保护稳压二极管不会过流损坏。该电路负载 R_L 与稳压二极管两端并联，因而称为并联式稳压电路。

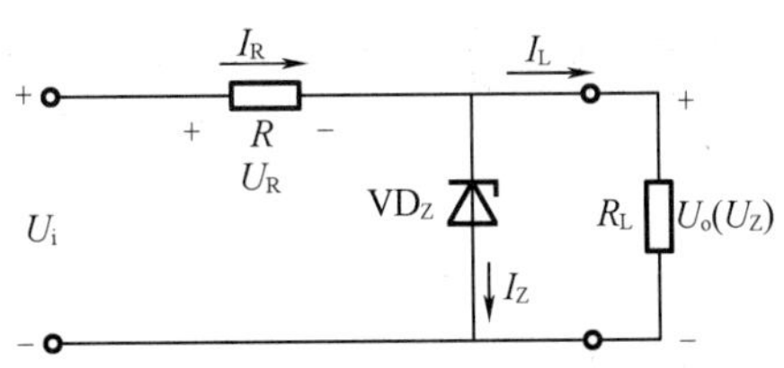

图 1.4.2　稳压二极管稳压电路

(1)稳压原理

稳压二极管稳压电路的作用是当输入电压 U_i 发生变化或负载电阻 R_L 发生变化时，负载上的电压 U_o 基本保持不变。以下分两种情况来讨论其稳压原理。

若输入电压 U_i 发生变化，负载电阻 R_L 不变。设 U_i 增大，输出电压 U_o 也将随之上升 ($U_o=U_Z$)，稳压管的工作电流 I_Z 也随之增大。因 $I_R=I_Z+I_L$，所以 I_R 增大，U_R 增大，从而使 U_o 减小。只要参数选择合适，U_R 的电压增量就可以与 U_i 的电压增量相等，从而使 U_o 基本不变。具体稳压过程如下：

$$U_i\uparrow\longrightarrow U_o(U_Z)\uparrow\longrightarrow I_Z\uparrow\longrightarrow I_R\uparrow\longrightarrow U_R\uparrow$$
$$U_o\downarrow\longleftarrow$$

若输入电压 U_i 不变，负载电阻 R_L 变小，即负载电流 I_L 增大，则电流 I_R 增大，U_R 增大，从而使输出电压 $U_o(U_o=U_Z)$ 减小。而 $U_o(U_o=U_Z)$ 减小，会使 I_Z 急剧减小，于是 I_R 减小，$U_R=I_RR$ 减小，U_o 增大。U_o 先减小、后增大，最后保持基本不变，其稳压过程如下：

$$R_L\downarrow\longrightarrow I_L\uparrow\longrightarrow I_R\uparrow\longrightarrow U_R\uparrow\longrightarrow U_o\downarrow\ (U_i\text{不变})\longrightarrow I_Z\downarrow\longrightarrow I_R\downarrow$$
$$U_o\uparrow\longleftarrow U_R\downarrow\longleftarrow$$

综上所述，在稳压二极管稳压电路中，利用稳压二极管的电流调整作用，通过限流电阻 R 上的电压的变化进行补偿，实现稳压的目的。显然，稳压二极管的击穿特性越陡(即动态

电阻越小），稳压性能越好；限流电阻 R 越大，稳压性能越好。这是一个有差调节系统，即最终稳压值与理想值存在一定的偏差。

（2）限流电阻的确定

限流电阻的选择必须使稳压管的工作电流小于等于稳压管的最大稳定工作电流，大于等于最小稳定工作电流，即 $I_{Zmin} \leqslant I_Z \leqslant I_{Zmax}$。稳压管的工作电流小于 I_{Zmin} 时，稳压性能变差；稳压管的工作电流大于 I_{Zmax}时，稳压二极管的功耗超标。

由图 1.4.2 可知

$$I_R = \frac{U_i - U_Z}{R}$$

$$I_Z = I_R - I_L$$

即

$$I_Z = I_R - I_L = \frac{U_i - U_Z}{R} - I_L$$

当输入电压 U_i 最大且负载电流最小时，流过稳压二极管的电流 I_Z 最大，此时 $I_Z \leqslant I_{Zmax}$，则得到

$$\frac{U_{imax} - U_z}{R} - I_{Lmin} \leqslant I_{Zmax} \tag{1.4.1}$$

当输入电压 U_i 最小且负载电流最大时，流过稳压二极管的电流 I_Z 最小，此时 $I_Z \geqslant I_{Zmin}$，则得到

$$\frac{U_{imin} - U_z}{R} - I_{Lmax} \geqslant I_{Zmin} \tag{1.4.2}$$

联立式(1.4.1)和式(1.4.2)，解方程组

$$R_{min} \leqslant R \leqslant R_{max}$$

式中

$$R_{min} = \frac{U_{imax} - U_Z}{I_{Zmax} + I_{Lmin}}$$

$$R_{max} = \frac{U_{imin} - U_Z}{I_{Zmin} + I_{Lmax}}$$

[例 1.4.1] 在图 1.4.2 中，设 U_i = 30 V 且波动范围为 10%，稳压二极管的 U_Z = 12 V，I_{Zmin} = 5 mA，I_{Zmax} = 20 mA，输出电流 I_L 为 0~5 mA。试计算电阻 R 的取值范围。

解 （1）当 U_i 最大、I_L 最小时，I_Z 最大，此时要求 $I_Z \leqslant I_{Zmax}$，即

$$\frac{U_{imax} - U_Z}{R} - I_{Lmin} \leqslant I_{Zmax}$$

$$R \geqslant \frac{U_{imax} - U_Z}{I_{Zmax} + I_{Lmin}} = \frac{33\ \text{V} - 12\ \text{V}}{20\ \text{mA}} = 1.05\ \text{k}\Omega$$

（2）当 U_i 最小、I_L 最大时，I_Z 最小，此时要求 $I_Z \geqslant I_{Zmin}$，即

$$\frac{U_{imin} - U_Z}{R} - I_{Lmax} \geqslant I_{Zmin}$$

$$R \leqslant \frac{U_{imin} - U_Z}{I_{Zmin} + I_{Lmax}} = \frac{27\ \text{V} - 12\ \text{V}}{10\ \text{mA}} = 1.5\ \text{k}\Omega$$

故 1.05 kΩ ≤ R ≤ 1.5 kΩ，可取 R = 1.2 kΩ。

(3)基准稳压二极管

基准稳压二极管简称基准源。基准源一般是指击穿电压十分稳定,电压温度系数经过补偿了的稳压二极管。基准源也称为参考源。这种稳压二极管采用一种埋层工艺,稳压性能优良,有的还加有温度控制电路,使其温度系数小于 10^{-6} V/℃。

基准源 LM336 有 3 个管脚,1 管脚为微调端,2 管脚为正端,3 管脚为负端。基准源 LM336 的典型电路如图 1.4.3 所示。R_1 起限流作用,保证基准源 LM336 工作在稳定工作电流范围内(推荐 1~5 mA)。R_1 太大,LM336 就不能工作在反向击穿段,稳压效果不好。R_1 太小,则回路电流太大, LM336 可能烧毁。通过调整 R_2 电位器,可以调整输出电压。为了获得比较理想的电压调整范围,R_2 的阻值在 10~20 kΩ 之间比较适中。

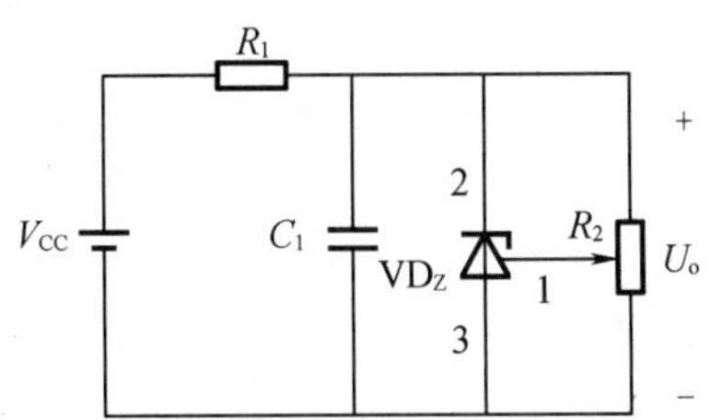

图 1.4.3 基准源 LM336 的典型电路

1.4.2 发光二极管

发光二极管通常由砷化镓、磷化镓和磷砷化镓等化合物制成,其符号如图 1.4.4 所示。发光二极管也具有单向导电性。当发光二极管外加正向电压,使得正向电流足够大时才发光。构成发光二极管的材料不同,发出光的波长不同,光的颜色也就不相同。发光二极管可以发出红外光及红色、黄色、绿色、蓝色和白色光。红色发光二极管的开启电压为 1.6~1.8 V,黄色发光二极管的开启电压为 2.0~2.4 V,绿色发光二极管的开启电压为 2.2~2.4 V。正向电流越大,发光越强。使用时,不要超过最大功耗、最大正向电流和反向击穿电压等极限参数。发光二极管被广泛用作显示器件。

图 1.4.4 发光二极管的符号

1.4.3 光电二极管

光电二极管是远红外线接收管,是一种将光能与电能进行转换的器件。在无光照的情况下,光电二极管具有单向导电性。当光电二极管外加正向电压时,其伏安特性与普通二极管相同,其电流与电压成指数关系;当光电二极管外加反向电压时,其反向电流(称为暗电流)与照度成正比,其特性曲线是一组近似平行于横轴的直线。光电二极管的符号如图 1.4.5(a)所示,其伏安特性曲线如图 1.4.5(b)所示。

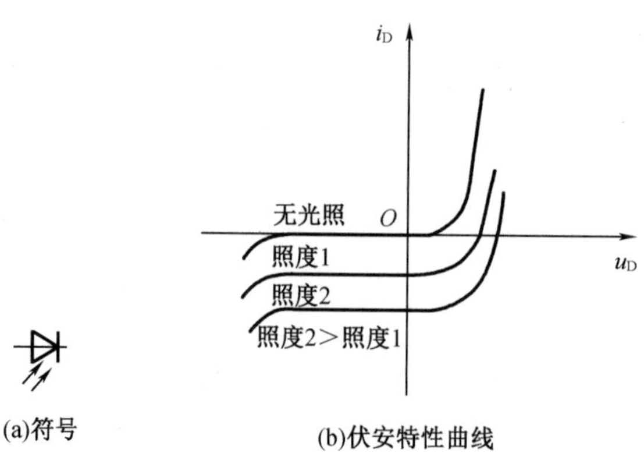

图 1.4.5　光电二极管的符号及其特性曲线

光电二极管外加反向电压的电路如图 1.4.6 所示。光电二极管的反向电压与光照的照度成正比,电阻 R 将电流的变化转换成电压的变化,这样就可以将光信号转换成电信号。

在光电传输系统中,可以利用发光二极管将电信号转换成光信号,通过光缆传输,然后再用光电二极管将光信号转换成电信号。红外发光二极管与红外接收管可以组成光电对管(例如 RPR220),也称光电传感器。红外发光二极管的管压降约为 1.4 V,工作电流一般小于 20 mA。红外发光二极管发出红外光,红外接收管接收到红外光时,其输出电平和电流发生变化。光电对管的实用电路如图 1.4.7 所示。

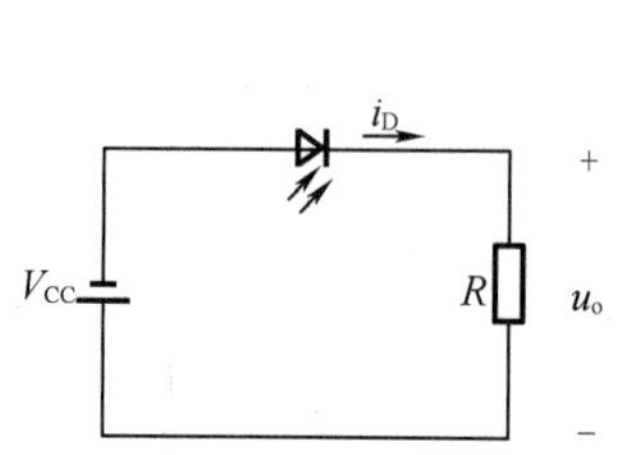

图 1.4.6　光电二极管外加反向电压的电路

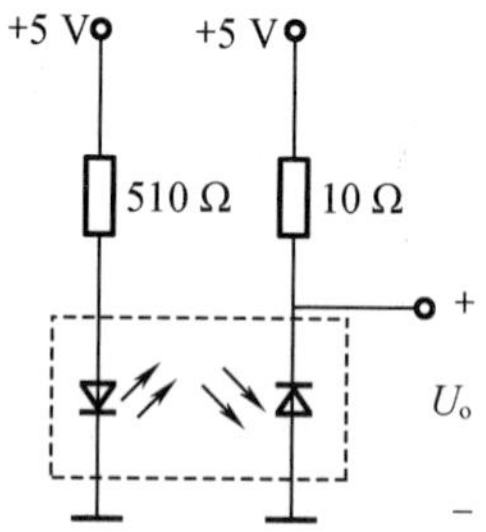

图 1.4.7　光电对管的实用电路

1.4.4　变容二极管

PN 结结电容的大小除了与材料、结构、尺寸和工艺有关外,还与外加电压有关。利用 PN 结的结电容随反向电压的增加而减小的特点可以制作成变容二极管,其符号如图 1.4.8 所示。变容二极管的电容值一般在 5~300 pF 之间。变容二极管的电容最大值与最小值之比称为变容比,其值可达 20 以上。变容二极管常用于彩色电视机的电子调谐器,通过改变变容二极管的结电容来改变谐振频率,从而实现频道的选择。

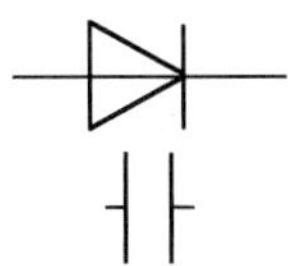

图 1.4.8 变容二极管的符号

1.5 本章小结

本章介绍了半导体材料的基础知识，阐述了 PN 结及其单向导电性，重点介绍了半导体二极管的工作原理、特性曲线、主要参数及其基本应用电路，最后介绍了稳压二极管、发光二极管、光电二极管、变容二极管的特性和应用。

本征半导体是化学成分纯净、结构完整的半导体。当温度为绝对零度时，本征半导体中没有载流子，也不导电；当温度升高时，本征半导体原子最外层的价电子发生本征激发，产生两种载流子（自由电子和空穴），且它们成对出现，称为电子-空穴对。自由电子和空穴的浓度相等。本征激发产生的载流子浓度与温度有关，温度越高，本征激发越强，产生的载流子的浓度越高。靠本征激发产生的载流子数量较少，因此本征半导体的导电能力较弱。在本征半导体中掺入某种特定元素，可使半导体的导电性能明显增强。掺入杂质的本征半导体称为杂质半导体。杂质半导体中多数载流子的浓度由掺杂浓度决定；而少数载流子由本征激发产生，其浓度与温度有关。在本征半导体中掺入适量五价元素，例如磷，形成 N 型半导体，也称电子型半导体。在 N 型半导体中，自由电子为多数载流子，空穴为少数载流子。在本征半导体中掺入适量三价元素，例如硼、镓、铟等，形成 P 型半导体，也称为空穴型半导体。在 P 型半导体中，空穴为多数载流子，自由电子为少数载流子。

在一块 N 型（P 型）半导体的局部掺入浓度较大的三价（五价）元素，使其局部成为 P 型（N 型）半导体。由于两种杂质半导体中的载流子存在浓度差，因而产生多子的扩散运动；多子扩散运动形成内电场，内电场的方向阻碍多子的扩散运动，使少子的漂移运动增强；当扩散运动与漂移运动达到动态平衡时，形成稳定的空间电荷区，在 P 型半导体和 N 型半导体的交界面就形成了 PN 结。PN 结具有单向导电性和电容效应。

在 PN 结上加上引线和封装，就成为半导体二极管。半导体二极管的伏安特性分为正向特性和反向特性。当 $u_D>0$ 时，二极管处于正向特性区。当 $0<u_D\leqslant U_{th}$（开启电压）时，$i_D\approx0$；当 $u_D>U_{th}$ 且 u_D 较小时，开始出现正向电流，但电流随 u_D 的增长变化缓慢；当 $u_D>U_{th}$ 且 u_D 较大时，正向电流迅速增加，即二极管两端的电压随电流变化很小。当 $u_D<0$ 时，二极管处于反向特性区。

1.6 思考题

（1）本征半导体中有几种载流子？它们的浓度如何？

（2）本征半导体中载流子的浓度由哪些因素决定，为什么？

（3）杂质半导体的导电性能强于本征半导体吗，为什么？

（4）为什么温度能够影响半导体的导电性能？

（5）如何理解 PN 结的单向导电性？

（6）如果要使 PN 结处于正向偏置，PN 结与外接电源如何连接？

（7）如何理解势垒电容 C_b、扩散电容 C_d 的物理本质？

1.7 习　　题

1. 判断：

(1)如果在 P 型半导体中掺入足够量的五价元素，可将其改型为 N 型半导体。(　　)

(2)因为 P 型半导体的多子是空穴，所以它带正电。(　　)

(3)PN 结在无光照、无外加电压时，结电流为零。(　　)

(4)处于放大状态的晶体管，集电极电流是多子漂移运动形成的。(　　)

2. 选择：

(1)在本征半导体中加入________元素可形成 N 型半导体，加入________元素可形成 P 型半导体。

A. 五价　　B. 四价　　C. 三价

(2)当温度升高时，二极管的反向饱和电流将________。

A. 增大　　B. 不变　　C. 减小

(3)PN 结加正向电压时，空间电荷区将________。

A. 变窄　　B. 基本不变　　C. 变宽

(4)稳压二极管的稳压区是其工作在________时。

A. 正向导通　　B. 反向截止　　C. 反向击穿

3. 电路如图 T1.1 所示，已知 $u_i = 10\sin \omega t(\mathrm{V})$，试画出 u_i 与 u_o 的波形。设二极管正向导通电压可忽略不计。

4. 电路如图 T1.2 所示，已知 $u_i = 5\sin \omega t(\mathrm{V})$，二极管导通电压 $U_D = 0.7\ \mathrm{V}$。试画出 u_i 与 u_o 的波形，并标出幅值。

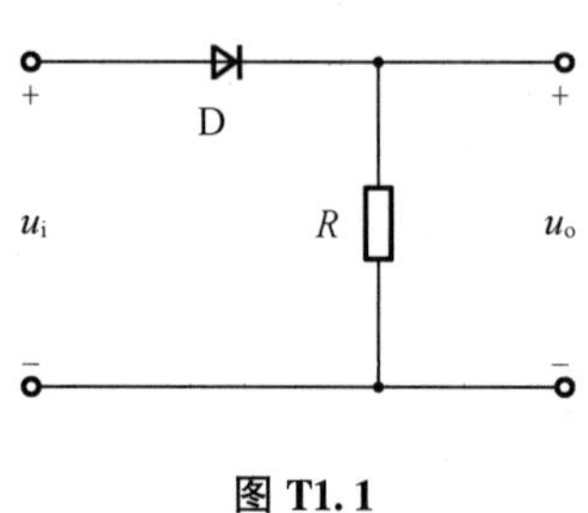

图 T1.1

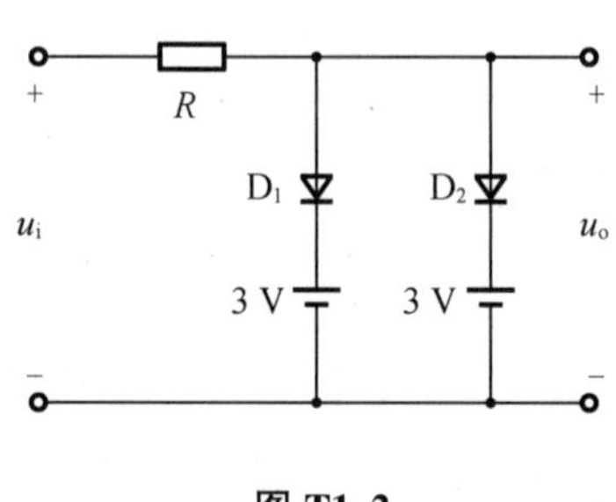

图 T1.2

5. 电路如图 T1.3 所示，二极管导通电压 $U_D = 0.7\ \mathrm{V}$，常温下 $U_T = 26\ \mathrm{mV}$，电容 C 对交流信号可视为短路；u_i 为正弦波，有效值为 10 mV。试问二极管中流过的交流电流有效值为多少？

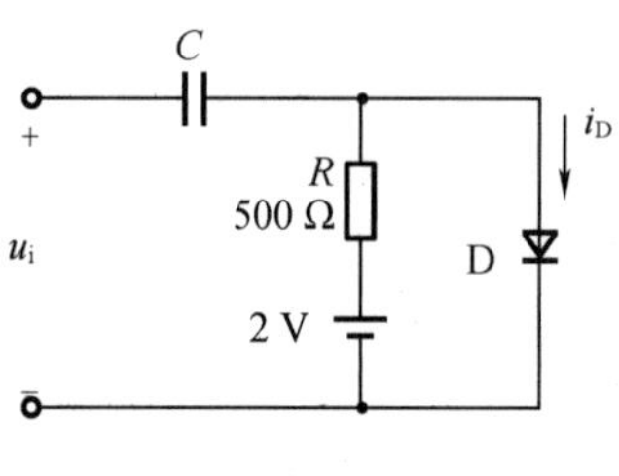

图 T1.3

6. 现有两只稳压二极管，它们的稳定电压分别为 6 V 和 8 V，正向导通电压为 0.7 V。试问：

(1)将它们串联相接，则可得到几种稳压值，各为多少？

(2)将它们并联相接，则又可得到几种稳压值，各为多少？

7. 已知图 T1.4 所示电路中稳压管的稳定电压 U_Z = 6 V，最小稳定电流 I_{Zmim} = 5 mA，最大稳定电流 I_{Zmax} = 25 mA。

(1)分别计算 U_i 为 10 V、15 V、35 V 三种情况下输出电压 U_o 的值；

(2)若 U_i = 35 V 时负载开路，则会出现什么现象，为什么？

8. 在图 T1.5 所示电路中，发光二极管导通电压 U_D = 1.5 V，正向电流在 5~15 mA 时才能正常工作。

试问：

(1)开关 S 在什么位置时发光二极管才能发光？

(2) R 的取值范围是多少？

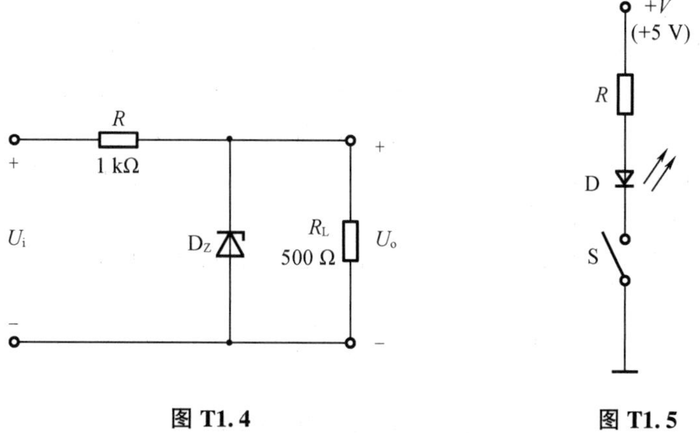

图 T1.4　　　　图 T1.5

9. 求解图 T1.6 所示各电路的输出电压值，设二极管导通电压 U_D = 0.7 V。

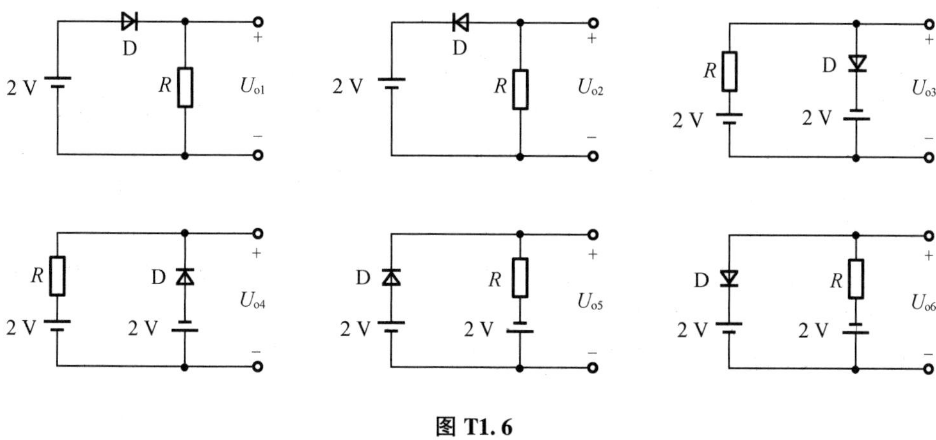

图 T1.6

第 2 章　双极型晶体管及其基本放大电路

晶体管有两大类型,一是双极型晶体管(bipolar junction transistor,BJT),二是场效应晶体管(field effect transistor,FET)。双极型晶体管有两种载流子参与导电,因此而得名。双极型晶体管又称为半导体三极管、晶体三极管,简称晶体管。双极型晶体管本质上是一个电流控制电流源(current control current source,CCCS)器件;场效应晶体管是利用输入回路的电场效应来控制输出回路电流的一种半导体器件,本质上是电压控制电流源(voltage control current source,VCCS)器件。场效应晶体管由于仅靠半导体中的一种载流子导电,故又称单极型晶体管。

本章介绍了双极型晶体管的结构及其电流放大作用、双极型晶体管特性曲线及主要参数,阐述了放大电路的组成、工作原理及主要技术指标,重点介绍了双极型晶体管三种组态基本放大电路的分析方法。本章主要讨论如下问题:

(1)双极型晶体管是如何实现电流放大作用的?双极型晶体管的输出特性曲线可以分为几个区域?工作在各区域的条件及特点是什么?

(2)放大电路放大的本质是什么?放大电路的组成原则是什么?放大电路的主要技术指标有哪些?

(3)如何分析和设计三种组态双极型晶体管基本放大电路?

2.1　双极型晶体管

2.1.1　双极型晶体管的结构及类型

双极型晶体管(以下简称晶体管)的结构示意图和符号如图 2.1.1 所示,有两种结构类型:NPN 型和 PNP 型。中间部分称为基区,与基区相连接的电极称为基极,用 b 表示;左侧称为发射区,与发射区相连接的电极称为发射极,用 e 表示;右侧称为集电区,与集电区相连接的电极称为集电极,用 c 表示。基区与发射区之间的 PN 结称为发射结;基区与集电区之间的 PN 结称为集电结。

晶体管结构特点:基区很薄且掺杂浓度最低;发射区的掺杂浓度高,集电区掺杂浓度比发射区低很多,集电结面积大于发射结面积。

在 NPN 型和 PNP 型晶体管符号中,发射极上的箭头表示发射结加正向偏置电压时,发射极电流的方向。

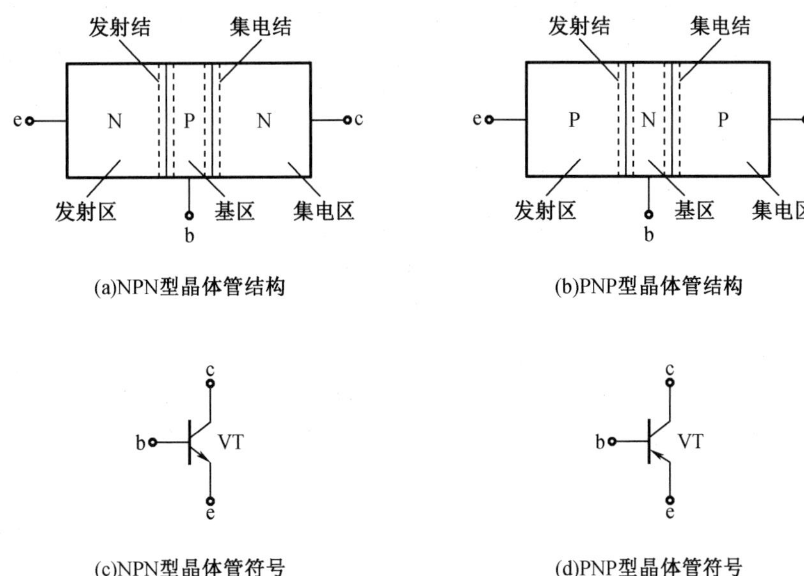

图 2.1.1　晶体管的结构和符号

2.1.2　晶体管的电流放大作用

为使晶体管具有电流放大作用,发射结应加正向偏置电压,集电结应加反向偏置电压。现以 NPN 型晶体管共基组态为例,说明晶体管内部载流子的运动与电流放大作用,如图 2.1.2 所示。

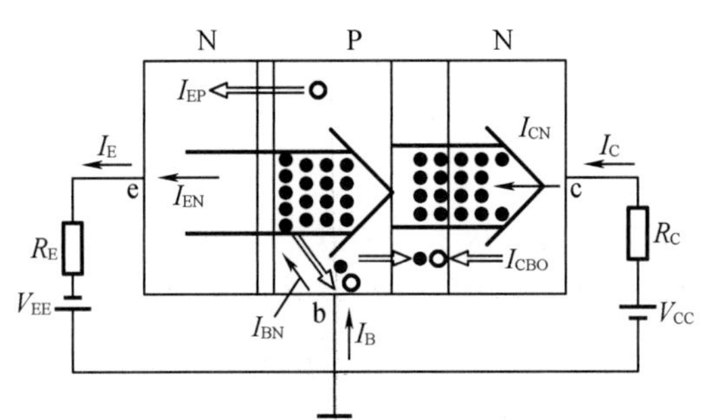

图 2.1.2　晶体管的电流放大作用

1. 晶体管内部载流子的传输

发射结外加正向偏置电压,从发射区将有大量的电子向基区扩散,形成电子电流 I_{EN}。同时,空穴将从基区向发射区扩散,形成空穴电流 I_{EP}。因为发射区的掺杂浓度远大于基区的掺杂浓度,所以 $I_{EN} \gg I_{EP}$。图中双线箭头方向是载流子的运动方向,实线箭头代表电流方向。空穴电流的方向与空穴运动方向相同,电子电流的方向与电子的运动方向相反。

因基区的空穴浓度低,所以进入基区的电子极少部分与基区的空穴复合,被复合的电子形成的电流是 I_{BN}。又因基区很薄,所以在集电结反偏电压的作用下,电子在基区停留的时间很短,很快就运动到了集电区,被集电区所收集,形成集电极电子电流 I_{CN}。另外,由于集电结在反偏电压的作用下，基区的少子电子和集电区的少子空穴在内电场的作用下形成漂移电流 I_{CBO}，该电流也称为集电结反向饱和电流。I_{CBO} 的大小取决于少数载流子的浓度，受温度影响较大。

2. 晶体管的电流放大作用

根据以上分析，可得如下电流关系：

$$I_E = I_{EN} + I_{EP} \text{ 且有 } I_{EN} \gg I_{EP}$$

$$I_{EN} = I_{CN} + I_{BN} \text{ 且有 } I_{CN} \gg I_{BN}$$

$$I_C = I_{CN} + I_{CBO}$$

$$I_B = I_{EP} + I_{BN} - I_{CBO}$$

$$I_E = I_{EP} + I_{EN} = I_{EP} + I_{CN} + I_{BN} = (I_{CN} + I_{CBO}) + (I_{BN} + I_{EP} - I_{CBO}) = I_C + I_B \tag{2.1.1}$$

通常把被集电区收集的电子所形成的电流 I_{CN} 与发射极电流 I_E 之比称为共基极直流电流放大系数 $\bar{\alpha}$，即

$$\bar{\alpha} = \frac{I_{CN}}{I_E} \tag{2.1.2}$$

通常 $\bar{\alpha}$ 的值小于 1，但 $\bar{\alpha} \approx 1$，一般 $\bar{\alpha} \approx 0.9 \sim 0.99$。

根据式(2.1.1)和式(2.1.2)，有

$$I_C = I_{CN} + I_{CBO} = \bar{\alpha} I_E + I_{CBO} = \bar{\alpha}(I_C + I_B) + I_{CBO}$$

于是

$$I_C = \frac{\bar{\alpha} I_B}{1 - \bar{\alpha}} + \frac{I_{CBO}}{1 - \bar{\alpha}}$$

令

$$\bar{\beta} = \frac{\bar{\alpha}}{1 - \bar{\alpha}} \tag{2.1.3}$$

则

$$I_C = \bar{\beta} I_B + (1 + \bar{\beta}) I_{CBO} = \bar{\beta} I_B + I_{CEO} \tag{2.1.4}$$

式(2.1.4)中 I_{CEO} 称为晶体管穿透电流，其表达式为

$$I_{CEO} = (1 + \bar{\beta}) I_{CBO} \tag{2.1.5}$$

通常 I_{CEO} 很小，可以忽略。则由式(2.1.4)可得

$$\bar{\beta} \approx \frac{I_C}{I_B} \tag{2.1.6}$$

$\bar{\beta}$ 称为共发射极直流电流放大系数。$\bar{\beta} \gg 1$，一般从几十至几百。$\bar{\beta}$ 可用于描述晶体管电流放大作用。

2.1.3 晶体管的共射特性曲线

共发射极接法的晶体管的特性曲线包括输入特性曲线和输出特性曲线。可以用晶体管特性图示仪测得晶体管的输入、输出特性曲线。

1. 输入特性曲线

晶体管的输入特性曲线是用于描述管压降 u_{CE} 一定的情况下，基极电流 i_B 和发射结电压 u_{BE} 之间的函数关系，即

$$i_B = f(u_{BE}) \mid u_{CE} = \text{const}$$

NPN 型晶体管的共射输入特性曲线如图 2.1.3 所示。当 $U_{CE} = 0$ 时，发射结加正向偏置电压，晶体管的共射输入特性曲线与半导体二极管的正向特性曲线相似，i_B 和 u_{BE} 呈指数关系。

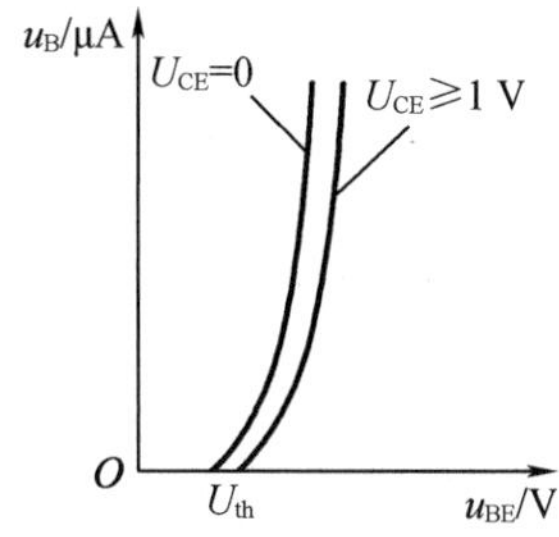

图 2.1.3 NPN 型晶体管的共射输入特性曲线

当 U_{CE} 较小时，随着 U_{CE} 的增加，特性曲线向右移动。这是因为随着 U_{CE} 的增加，集电结的内电场增强，收集电子的能力提高，减少了基区内电子复合的机会，致使同样的 u_{BE} 下 i_B 减小。

当 $U_{CE} \geqslant 1$ V 时，集电结收集电子的能力已经很强，可以认为发射区发射到基区的电子基本上被集电区所收集，以至于 U_{CE} 再增加，i_B 也不再明显减小。工程上通常认为 $U_{CE} \geqslant 1$ V 的所有曲线重合，近似用 $U_{CE} = 1$ V 的一条曲线代表 $U_{CE} \geqslant 1$ V 的所有曲线。

2. 输出特性曲线

输出特性曲线是用于描述基极电流 i_B 一定的情况下，集电极电流和管压降 u_{CE} 之间的函数关系，即

$$i_B = f(u_{CE}) \mid I_B = \text{const}$$

NPN 型晶体管的共射输出特性曲线如图 2.1.4 所示，它是以 I_B 为参变量的一组特性曲线。对于某一条特性曲线，当 $U_{CE} = 0$ 时，因集电极无收集作用，$I_C = 0$。随着 u_{CE} 的增大，集电结内电场增强，集电区收集电子的能力逐渐增强，i_C 随 u_{CE} 的增加而增加。当 u_{CE} 增加到使集电结反偏电压较大时，运动到集电结的电子基本上都被集电结收集，此后 u_{CE} 再增加，集电极电流也没有明显的增加，特性曲线进入与 u_{CE} 轴基本平行的区域。输出特性曲线可以分为三个区域。

(1) 截止区

晶体管工作在截止区时，发射结正偏且小于开启电压，或发射结反偏，集电结反偏。晶体管的共射输出特性曲线位于 $I_B = 0$ 那条曲线下方的区域称为截止区。在截止区 $I_B = 0$，$i_C = i_{CEO}$。小功率管的 i_{CEO} 通常很小，可以忽略，即 $i_C \approx 0$。

(2) 放大区

晶体管工作在放大区时，发射结正偏且大于开启电压，集电结反偏。在放大区，特性曲

线几乎平行于横轴且等间距,随 u_{CE} 的增加略向上倾斜;i_C 随 i_B 的增加而线性增加,而与 u_{CE} 无关,即 $i_C=\beta i_B$。

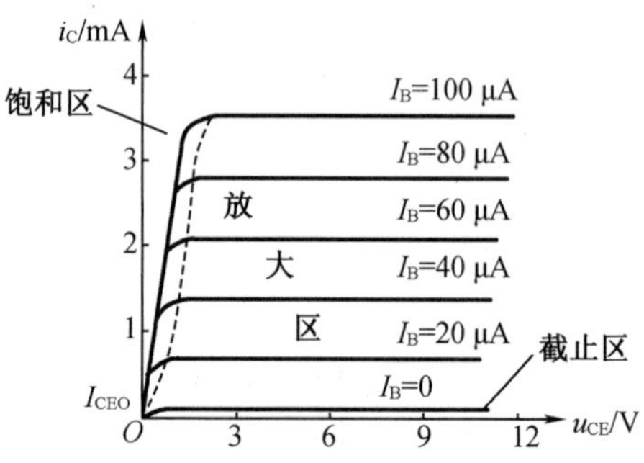

图 2.1.4　NPN 型晶体管的共射输出特性曲线

(3)饱和区

晶体管工作在饱和区时,发射结正偏且大于开启电压,集电结正偏。在饱和区 $u_{BE}>u_{th}$ 且 $u_{CE}\leqslant u_{BE}$。集电结内电场被削弱,集电结收集载流子的能力减弱。在饱和区,i_C 由 i_B 和 u_{CE} 决定。当 i_B 增大时,i_C 增大不多或基本不变,$i_C<\beta i_B$,但 i_C 随 u_{CE} 增大而迅速增大。在饱和区 u_{CE} 的数值较小,称为晶体管的饱和压降 u_{CES}。通常认为 u_{CES} 越小,其饱和程度越深。对小功率管,常取 $u_{CES}\approx0.3$ V。

当小功率晶体管 $u_{CE}=u_{BE}$ 时,认为其处于临界饱和状态或临界放大状态。图 2.1.4 中的虚线为临界饱和线,是放大区和饱和区的分界线。

2.1.4　晶体管的主要参数

晶体管的参数可用来表征其性能优劣和适用范围,是合理选择和使用晶体管的重要依据。晶体管的参数分为直流参数、交流参数和极限参数三类。

1. 晶体管的直流参数

(1)直流电流放大系数

①共发射极直流电流放大系数 $\bar{\beta}$

$$\bar{\beta}=\frac{I_C-I_{CEO}}{I_B}\approx\frac{I_C}{I_B}\Big|\,u_{CE}=\text{const}$$

在图 2.1.5 所示晶体管共射输出特性曲线的放大区内取 Q 点,则 $\bar{\beta}=\dfrac{I_{CQ}}{I_{BQ}}$。

②共基极直流电流放大系数 $\bar{\alpha}$

$$\bar{\alpha}=\frac{I_C-I_{CBO}}{I_E}\approx\frac{I_C}{I_E}\Big|\,U_{CB}=\text{const}$$

(2)极间反向电流

①集电结的反向饱和电流 I_{CBO}

I_{CBO} 是发射极开路时集电结的反向饱和电流。一般 I_{CBO} 很小,小功率的硅管 I_{CBO} 小于

1 μA，而小功率的锗管 I_{CBO} 为 10 μA 左右。

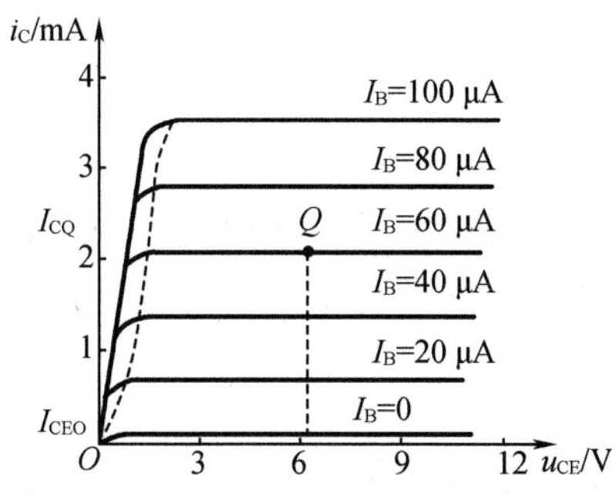

图 2.1.5 $\bar{\beta}$ 的求取

②穿透电流 I_{CEO}

I_{CEO} 为基极开路时集电极与发射极之间的穿透电流，$I_{CEO}=(1+\bar{\beta})I_{CBO}$。小功率的硅管 I_{CEO} 在几微安以下，而小功率的锗管 I_{CEO} 约在几十到几百微安。

I_{CBO}、I_{CEO} 是由少数载流子的漂移运动所形成的电流，受温度影响最大。一般温度每增加 10 ℃，I_{CBO}、I_{CEO} 增加 1 倍。

2. 晶体管的交流参数

(1)交流电流放大系数

①共发射极交流电流放大系数 β

$$\beta=\frac{\Delta i_C}{\Delta i_B}\bigg|\,U_{CE}=\text{const} \tag{2.1.7}$$

在图 2.1.6 所示晶体管共射输出特性曲线上，作垂直于横轴的直线，求 $\beta=\frac{\Delta i_C}{\Delta i_B}$。由于在晶体管共射输出特性曲线的放大区，特性曲线几乎平行于横轴且等间距，因此 β 为常数，且 $\beta=\bar{\beta}$。

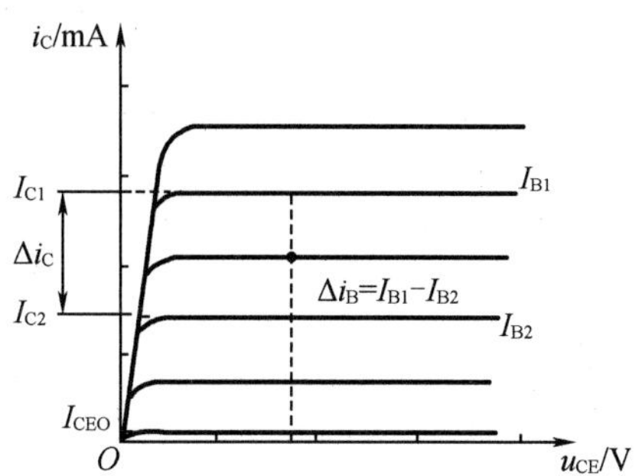

图 2.1.6 β 的求取

晶体管的 β 值随温度的升高而增大，其温度系数

$$\frac{\Delta\beta/\beta}{\Delta T}=(0.5\sim1)\%/℃ \tag{2.1.8}$$

②共基极交流电流放大系数 α

$$\alpha = \frac{\Delta i_C}{\Delta i_E} \mid U_{CB} = \text{const} \tag{2.1.9}$$

同样,可以近似认为 $\alpha = \overline{\alpha}$。

(2)特征频率 f_T

由于晶体管结电容和载流子渡越基区时间的影响,共发射极交流电流放大系数 β 是信号频率的函数。当信号频率高到一定程度时,β 将会下降。β 下降到 1 时所对应的信号频率称为晶体管的特征频率,用 f_T 表示。

(3)共射截止频率 f_β

低频时共发射极交流电流放大系数为 β_0。当信号频率高到一定程度时,β 将会下降。β 下降到 $\beta_0/\sqrt{2}$ 时所对应的信号频率称为晶体管的共射截止频率 f_β。

(4)共基截止频率 f_α

低频时共基极交流电流放大系数为 α_0。当信号频率高到一定程度时,α 将会下降。α 下降到 $\alpha_0/\sqrt{2}$ 时所对应的信号频率称为晶体管的共基截止频率 f_α。

特征频率、共射截止频率和共基截止频率三者之间大致满足如下关系:

$$f_\alpha \approx f_T = \beta_0 \cdot f_\beta \tag{2.1.10}$$

3. 晶体管的极限参数

(1)集电极最大允许电流 I_{CM}

当集电极电流 I_C 增加到一定程度时,β 就要下降。使 β 明显减小时的 I_C 即为集电极最大允许电流 I_{CM}。

(2)集电极最大允许功耗 P_{CM}

集电结耗散功率 $p_C = i_C = u_{CE}$,使集电结发热,结温升高。当 $p_C > P_{CM}$ 时,集电结会因过热而性能变坏或被烧毁。P_{CM} 表示集电结上最大允许耗散功率。

(3)反向击穿电压

反向击穿电压表示晶体管电极间承受反向电压的能力,测试电路如图 2.1.7 所示。

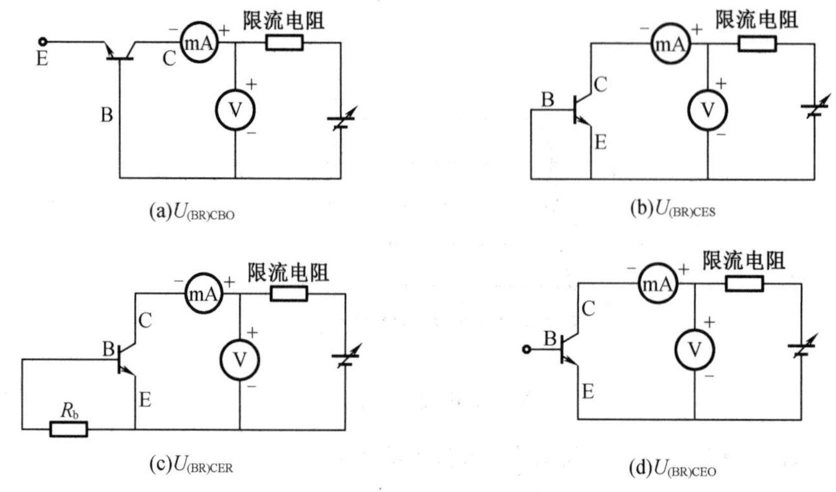

图 2.1.7 晶体管的击穿电压的测试电路

①$U_{(BR)CBO}$——发射极开路时的集电极-基极间的反向击穿电压,即集电结的击穿电压。

②$U_{(BR)EBO}$——集电极开路时发射极-基极间的反向击穿电压,即发射结的击穿电压。

③$U_{(BR)CEO}$——基极开路时集电极-发射极间的击穿电压。

④$U_{(BR)CER}$——B、E 间接有电阻时的集射极间的击穿电压。

⑤$U_{(BR)CES}$——B、E 间短路时的集射极间的击穿电压。

几个击穿电压之间有如下关系:

$$U_{(BR)CBO} \approx U_{(BR)CES} > U_{(BR)CER} > U_{(BR)CEO} > U_{(BR)EBO}$$

为了保证晶体管安全工作,需要限制它的工作电压、工作电流和功率损耗。由晶体管的极限参数 P_{CM}、I_{CM} 和 $U_{(BR)CEO}$ 确定晶体管的过损耗区、过流区和击穿区,如图 2.1.8 所示。使用晶体管时,应避免使其进入上述三个区域,以保证晶体管工作在安全工作区。

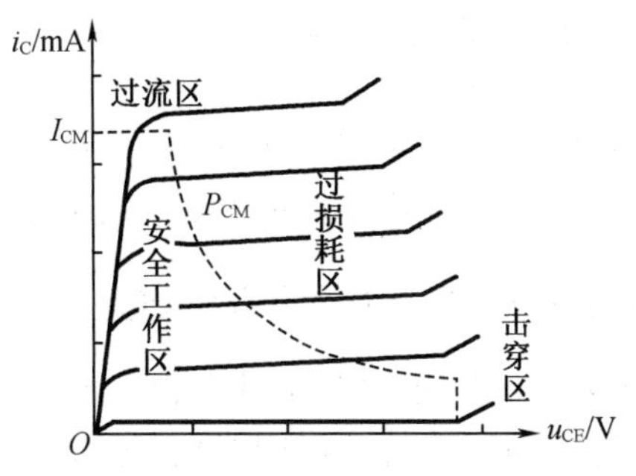

图 2.1.8　晶体管的安全工作区

2.2　放大的概念与放大电路的主要性能指标

2.2.1　放大的概念

放大现象存在于各种场合,例如,利用放大镜放大微小物体,这是光学中的放大;利用杠杆原理用小力移动重物,这是力学中的放大;利用变压器将低电压转换为高电压,这是电学中的放大。研究它们的共同点,一是将原物形状或大小的差异按一定比例放大,二是放大前后能量守恒,例如,杠杆原理中前后端做功相同,理想变压器的一次功率(也称原边功率)、二次功率(也称副边功率)相同等。

基本放大电路是放大电路中最基本的结构形式,是构成复杂放大电路的基本单元。基本放大电路一般是指由一个双极型晶体管(BJT)或场效应晶体管(FET)所组成的放大电路,可以将其看成一个含有受控源的双端口网络,其结构框图如图 2.2.1 所示。u_s 为信号源的源电压,R_s 为信号源内阻,u_i 为放大电路的输入电压,u_o 为放大电路的输出电压,R_L 为负载电阻。

放大电路的作用主要体现在以下方面:

放大电路主要利用输入信号对双极型晶体管或场效应晶体管的控制作用,使输出信号在电压或电流的幅度上得到了放大。放大的前提条件是不失真,即只有在不失真的前提下放大才有意义。

输出信号的能量主要是由直流电源提供的,只是经过双极型晶体管或场效应晶体管的控制作用,将直流电源的能量转换成输出信号的能量。放大的本质是能量的控制与转换。

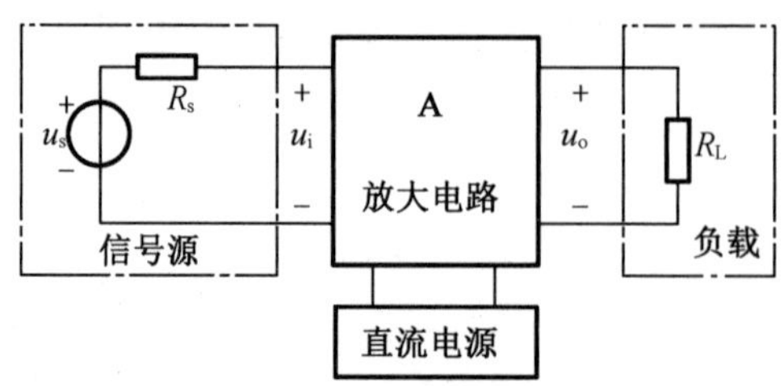

图 2.2.1　放大电路结构框图

2.2.2　放大电路的主要性能指标

图 2.2.2 所示为放大电路的结构示意图。对于信号而言,任何一个放大电路均可看成一个两端口网络。左边为输入端口,当内阻为 R_s 的正弦波信号源 $\dot{U}_s$ 作用时,放大电路得到输入电压 $\dot{U}_i$,同时产生输入电流 $\dot{I}_i$;右边为输出端口,输出电压为 $\dot{U}_o$,输出电流为 $\dot{I}_o$,R_L 为负载电阻。不同放大电路在 $\dot{U}_s$ 和 R_L 相同的条件下,$\dot{U}_i$、$\dot{I}_i$、$\dot{U}_o$、$\dot{I}_o$ 将不同,说明不同放大电路从信号源索取的电流和获得的不同,且对同样信号的放大能力也不同;同一放大电路在幅值相同、频率不同的 $\dot{U}_s$ 作用下,$\dot{U}_o$ 也将不同,即同一放大电路对不同频率信号的放大能力也存在差异。为了反映放大电路的各方面性能,引出如下主要性能指标。

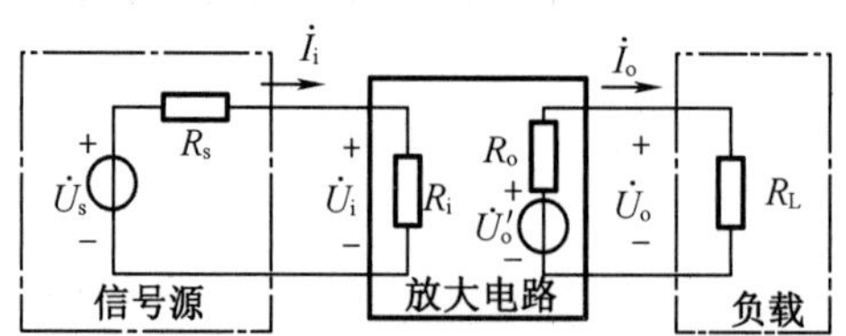

图 2.2.2　放大电路结构示意图

1. 放大倍数

在不同的应用场合下,放大电路的增益不同,其中包括电压增益(或称电压放大倍数)、电流增益(或称电流放大倍数)、互阻增益、互导增益和功率增益(或称功率放大倍数)。放大电路的增益通常按正弦量定义,这是因为正弦量便于测量,便于判断失真,而且任何非正弦信号都可以通过傅里叶分析,分解为不同频率的正弦信号。

电压增益为

$$\dot{A}_{uu}=\frac{\dot{U}_o}{\dot{U}_i} \tag{2.2.1}$$

电流增益为

$$\dot{A}_{ii}=\frac{\dot{I}_o}{\dot{I}_i} \tag{2.2.2}$$

互阻增益为

$$\dot{A}_{ui}=\frac{\dot{U}_o}{\dot{I}_i} \tag{2.2.3}$$

互导增益为

$$\dot{A}_{iu}=\frac{\dot{I}_o}{\dot{U}_i} \tag{2.2.4}$$

功率增益为

$$A_p=\frac{P_o}{P_i}=\frac{U_oI_o}{U_iI_i} \tag{2.2.5}$$

2. 输入电阻 R_i

输入电阻是从放大电路的输入端看进去的等效电阻。输入电阻是描述放大电路从信号源吸取电流大小的参数。输入电阻 R_i 越大,放大电路从信号源吸取的电流越小,放大电路的性能越好。

R_i 的表达式为

$$R_i=\frac{U_i}{I_i} \tag{2.2.6}$$

3. 输出电阻 R_o

输出电阻是从放大电路的输出端看进去的电压源等效内阻。输出电阻是描述放大电路带负载能力的参数。输出电阻 R_o 越小,表明放大电路带负载的能力越强,放大电路的性能越好。R_o 的求解方法有两种。

为了测试放大电路的输出电阻,可以先测试负载开路时的输出电压 $\dot{U}'_o$,再测试负载电阻为 R_L 时的输出电压 $\dot{U}_o$,则

$$\dot{U}_o=\frac{R_L}{R_o+R_L}\dot{U}'_o \tag{2.2.7}$$

解得

$$R_o=\left(\frac{\dot{U}'_o}{\dot{U}_o}-1\right)R_L \tag{2.2.8}$$

为了求解放大电路的输出电阻,令输入信号源电压 $\dot{U}_s=0$,负载开路,在输出端加入电压 $\dot{U}_o$,此时输出电流为 $\dot{I}_o$,则

$$R_o=\frac{\dot{U}_o}{\dot{I}_i}\Bigg|_{\substack{\dot{U}_s=0\\ R_L=\infty}} \tag{2.2.9}$$

4. 非线性失真系数

放大器件均具有非线性特性，但它们的线性放大范围有一定的限度，当输入信号幅度超过一定值后，输出电压将会产生非线性失真。输出波形中的谐波成分总量与基波成分之比称为非线性失真系数 D。设基波幅值为 A_1，谐波幅值为 A_2、A_3……，则

$$D=\sqrt{\left(\frac{A_2}{A_1}\right)^2+\left(\frac{A_3}{A_1}\right)^2+\ldots} \tag{2.2.10}$$

5. 最大不失真输出电压

最大不失真输出电压定义为当输入电压再增大就会使输出波形产生非线性失真时的输出电压。实测时，需要定义非线性失真系数的额定值，比如 10%，输出波形的非线性失真系数刚刚达到此额定值时的输出电压即为最大不失真输出电压，一般以有效值 U_{om} 表示，也可以用峰-峰值 U_{pp} 表示，$U_{pp}=2\sqrt{2}U_{om}$。

6. 通频带

通频带用于衡量放大电路对不同频率信号的放大能力。由于放大电路中电容、电感及半导体器件结电容等电抗元件的存在，在输入信号频率较低或较高时，放大倍数的数值会下降并产生相移。一般情况下，放大电路只适用于放大某一个特定频率范围内的信号。图 2.2.3 所示为某放大电路放大倍数的数值与信号频率的关系曲线，称为幅频特性曲线，图中 $\dot{A}_m$ 为中频放大倍数。

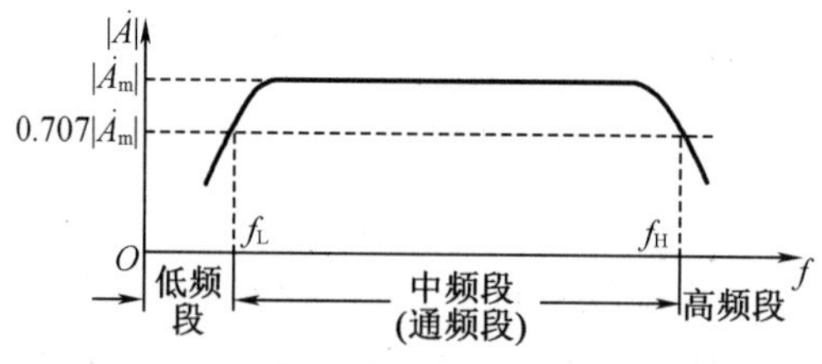

图 2.2.3 放大电路幅频特性曲线

当信号频率下降到一定程度时，放大倍数的数值明显下降，使放大倍数的数值等于 0.707 倍 $|\dot{A}_m|$ 的频率称为下限截止频率 f_L。当信号频率上升到一定程度时，放大倍数数值也将减小，使放大倍数的数值等于 0.707 倍 $|\dot{A}_m|$ 的频率称为上限截止频率 f_H。f 小于 f_L 的部分称为放大电路的低频段，f 大于 f_H 的部分称为放大电路的高频段，而 f_L 与 f_H 之间形成的频带称为中频段，也称为放大电路的通频带 f_{bw}。

7. 输出功率

放大电路向负载提供的输出功率为

$$P_o=\frac{U_{om}}{\sqrt{2}}\cdot\frac{I_{om}}{\sqrt{2}}=\frac{1}{2}U_{om}I_{om} \tag{2.2.11}$$

2.3 共射极放大电路的组成及工作原理

2.3.1 共射极放大电路的组成

晶体管共射极放大电路如图 2.3.1 所示。从晶体管的基极对地输入信号，集电极对地

输出信号,发射极作为输入、输出的公共端。

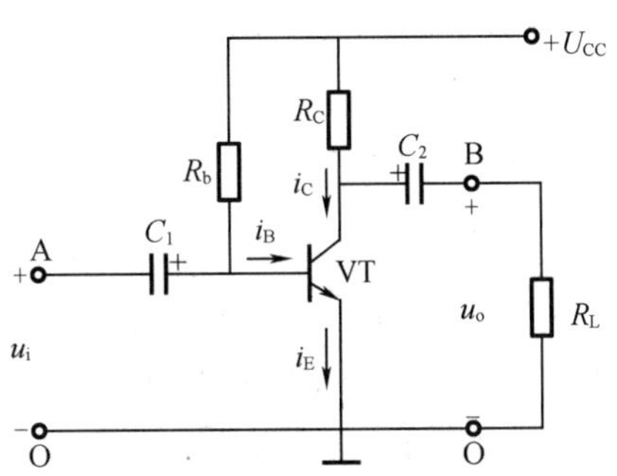

图 2.3.1 共射极放大电路

(1)VT 为放大管,起电流放大作用,是放大电路的核心部件。

(2)U_{CC} 为晶体管基极和集电极提供偏置电压,使晶体管工作在放大状态。

(3)R_b 为基极的偏置电阻,它和 U_{CC} 为基极提供一个合适的偏置电流。R_b 的取值一般在几十千欧至几百千欧。

(4)R_C 为集电极负载电阻,它的作用是将集电极电流变化转化为集射极间的电压变化,这个变化的电压就是放大器的输出电压。即通过 R_C 把晶体管的电流放大作用转换成电压放大作用。

(5)C_1、C_2 分别为输入和输出耦合电容。它们能使交流信号顺利通过,同时隔断信号源和输入端、晶体管的集电极和负载之间的直流通路,避免相互影响而改变各自的工作状态。C_1、C_2 的容量比较大,一般是几微法至几十微法的电解电容,连接时应该注意它们的极性。

2.3.2 共射极放大电路的工作原理

如图 2.3.1 所示,待放大的输入信号 u_i 从电路的 A、O 两点(称为放大电路的输入端)输入,放大电路的输出信号 u_o 由 B、O 两点(称为放大电路的输出端)输出。输入的交流信号 u_i 通过电容 C_1 加到晶体管的发射结,变化的 u_i 产生变化的基极电流 i_b,使基极的总电流 i_B 发生变化;集电极电流 i_C 也随之发生变化,并在集电极电阻 R_C 上产生压降 i_CR_C,集电极电压 $u_{CE}=U_{CC}-i_CR_C$,通过 C_2 耦合,输出电压 u_o。如果电路参数选择适当,则 u_o 的变化幅度将比 u_i 的变化幅度大很多倍,由此说明晶体管对 u_i 进行了放大。

从 $u_{CE}=U_{CC}-i_CR_C$ 中可以看出,i_C 增大时,u_{CE} 反而减小。电路中,u_{BE}、i_B、i_C 和 u_{CE} 都是随 u_i 的变化而变化的,它们变化的作用顺序如下:

$$u_i \to u_{BE} \to i_B \to i_C \to u_{CE}$$

从上面的分析可知,放大作用实际是利用晶体管的基极对集电极的控制作用来实现的。即在输入端加上一个能量较小的信号,通过晶体管的基极电流去控制集电极电路的电流,从而将直流电源 U_{CC} 的能量转换为所需要的形式供给负载。因此,放大器是一种能量控制器件。

2.4 基本放大电路的分析方法

2.4.1 直流通路和交流通路

通常在放大电路中,直流电源的作用和交流信号的作用总是共存的,即静态电流、电压和动态电流、电压总是共存的。但是由于电容、电感等电抗元件的存在使直流量所流经的通路与交流信号所流经的通路不完全相同,因此,为了研究问题方便,常把直流电源对电路的作用和输入信号对电路的作用区分开来,分成直流通路和交流通路。

直流通路是在直流电源作用下直流电流流经的通路,也就是静态电流流经的通路,用于研究静态工作点。对于直流通路:①电容视为开路;②电感线圈视为短路(即忽略线圈电阻);③信号源视为短路,但应保留其内阻。

交流通路是输入信号作用下交流信号流经的通路,用于研究动态参数。对于交流通路:①容量大的电容(如耦合电容)视为短路;②无内阻的直流电源(如 V_{CC})视为短路。

图 2.4.1 共射基本放大电路,图 2.4.2 所示为直流通路和交流通路。

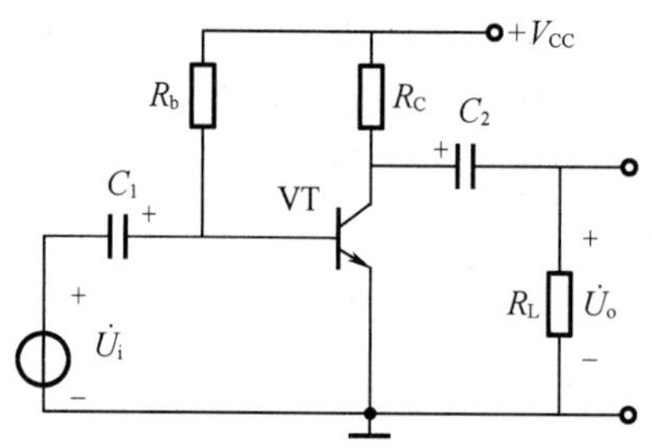

图 2.4.1 共射基本放大电路

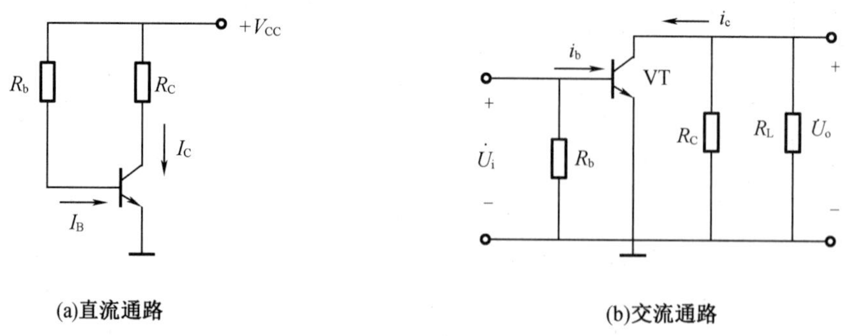

图 2.4.2 直流通路和交流通路

对图 2.4.2(a)所示直流通路进行静态分析,可得表示其直流工作状态的 3 个参数:I_{BQ}、I_{CQ} 和 U_{CEQ}(称为静态工作点)。只要电路参数设置合理,就能够保证放大电路具有合适的静态工作点,保证放大电路在不失真的情况下放大输入信号。

当输入正弦交流信号 u_i 时，其作用于晶体管的发射结，使得发射结电压在直流电压 U_{BEQ} 的基础上叠加一个交流信号 $u_{be}=u_i$，即 $u_{BE}=U_{BEQ}+u_{be}$。由于晶体管的发射结存在正弦交流电压 u_{be}，使得基极电流在直流电流 I_{BQ} 的基础上叠加一个正弦交流电流 i_b，即 $i_B=I_{BQ}+i_b$。根据晶体管基极电流对集电极电流的控制作用，使集电极电流 $i_C=I_{CQ}+i_c$，且 $I_{CQ}=\beta I_{BQ}$，$i_c=\beta i_b$。集电极电流变化引起晶体管管压降的变化，$u_{CE}=U_{CEQ}+u_{be}$，$u_{ce}=-i_c(R_C//R_L)$。耦合电容 C_2 起到“隔直通交”作用，在负载上得到了放大了的交流输出电压信号 $u_o=u_{ce}=-i_c(R_C//R_L)$。

放大电路中 u_i、u_{BE}、i_B、i_C、u_{CE} 和 u_o 的波形如图 2.4.3 所示。

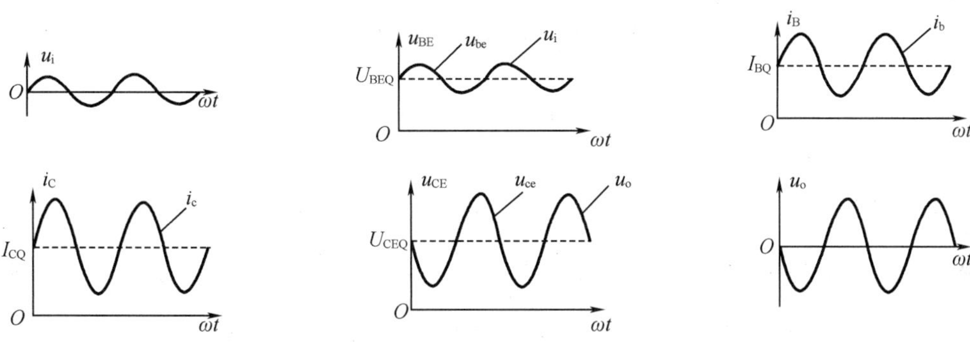

图 2.4.3 放大电路的电压和电流信号

2.4.2 图解法

1. 静态分析

采用图解法对晶体管基本放大电路进行静态分析，就是利用晶体管的输入、输出特性曲线和放大电路的输入、输出回路方程，通过作图求解放大电路的静态工作点。

分压偏置共射基本放大电路如图 2.4.4 所示。首先画出分压偏置共射基本放大电路的直流通路，如图 2.4.4(b)所示；从基极断开，基极输入回路用戴维南定理进行变换，变换后的等效直流通路如图 2.4.4(c)所示。

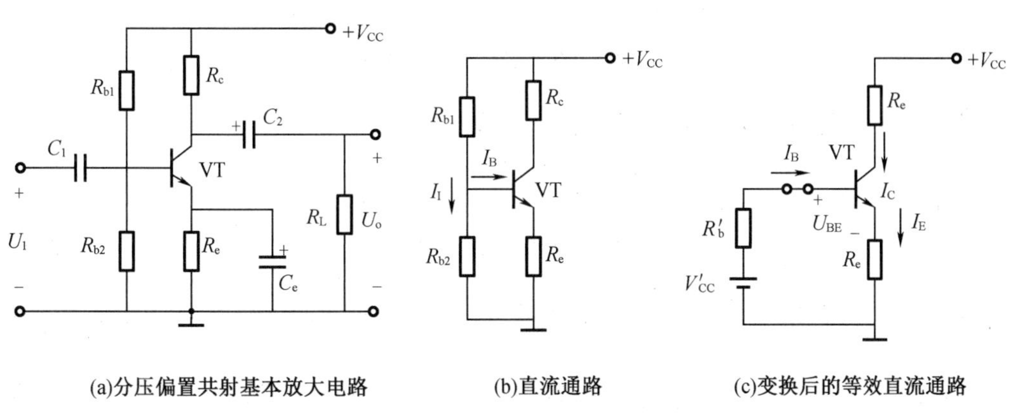

(a)分压偏置共射基本放大电路　(b)直流通路　(c)变换后的等效直流通路

图 2.4.4 分压偏置共射基本放大电路

根据戴维南定理,等效开路电压 V'_{CC} 和等效内阻 R'_b 分别为

$$V'_{CC}=\frac{V_{CC}R_{b2}}{R_{b1}+R_{b2}} \tag{2.4.1}$$

$$R'_b=\frac{R_{b1}R_{b2}}{R_{b1}+R_{b2}} \tag{2.4.2}$$

在图 2.4.4(c)中,列写输入回路方程:

$$I_BR'_b+U_{BE}+I_ER_e=V'_{CC} \tag{2.4.3}$$

$$I_E=(1+\beta)I_B \tag{2.4.4}$$

将式(2.4.4)代入式(2.4.3),得

$$I_BR'_b+U_{BE}+(1+\beta)I_BR_e=V'_{CC} \tag{2.4.5}$$

化简,得

$$I_BR_b+U_{BE}=V'_{CC} \tag{2.4.6}$$

式中,$R_b=R'_b+(1+\beta)R_e$。

已知晶体管的输入、输出特性曲线,如图 2.4.5 所示。在晶体管输入特性曲线的坐标系内画出式(2.4.6)所确定的直线。过$\left(0,\frac{V'_{CC}}{R_b}\right)$点,作斜率为$-\frac{1}{R_b}$的直线,即为式(2.4.6)所确定的直线,称为输入直流负载线。输入直流负载线与晶体管的输入特性曲线交于静态工作点 Q,如图 2.4.5(a)所示。此时静态工作点 Q 所对应的晶体管的基极电流和发射结电压分别为 I_{BQ} 和 U_{CEQ}。

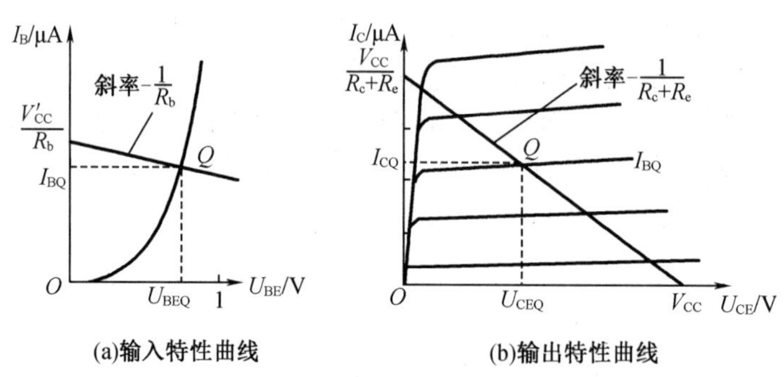

图 2.4.5 静态工作点的图解分析

在图 2.4.5(b)中,列写输出回路方程:

$$I_cR_e+U_{CE}+I_ER_e=V_{CC} \tag{2.4.7}$$

由于 $I_C\approx I_E$,所以对式(2.4.7)化简,得

$$I_C(R_c+R_e)+U_{CE}=V_{CC} \tag{2.4.8}$$

在晶体管输出特性曲线的坐标系内,画出式(2.4.8)所确定的直线。连接$\left(0,\frac{V_{CC}}{R_c+R_e}\right)$和$(V_{CC},0)$两点,即得到斜率为$-\frac{1}{R_c+R_e}$的直线,称为输出回路的直流负载线。输出回路的直流负载线与晶体管的输出特性曲线交于静态工作点 Q,如图 2.4.5(b)所示。此时静态工作点

Q 所对应的晶体管集电极电流和管压降分别为 I_{CQ} 和 U_{CEQ}。直流负载线是静态工作点 Q 的运动轨迹。

2. 动态分析

晶体管基本放大电路的动态图解法就是在晶体管的特性曲线坐标系内通过作图的方法，求解放大电路的放大倍数和最大不失真输出信号幅度，讨论输出信号的波形失真情况。分压偏置共射基本放大电路的交流通路如图 2.4.6 所示。

(1)交流负载线

由图 2.4.6 所示分压偏置共射基本放大电路的交流通路，可得交流输出电压为

$$u_o = u_{ce} = -i_c R'_L \tag{2.4.9}$$

式中，$R'_L = R_C // R_L$。

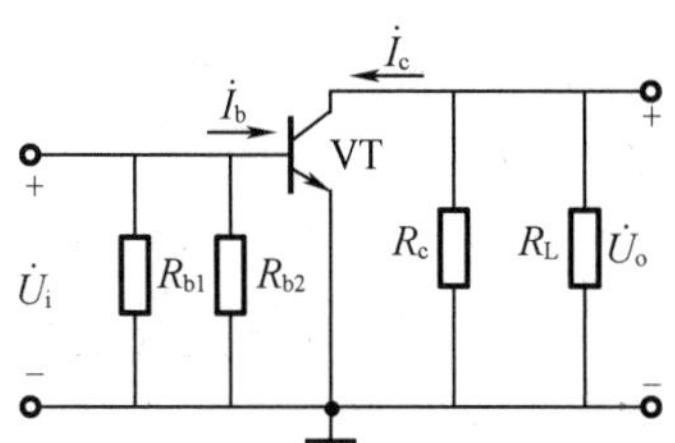

图 2.4.6　分压偏置共射基本放大电路的交流通路

静态时($u_i=0$)，晶体管的基极电流、集电极电流和管压降分别为 I_{BQ}、I_{CQ} 和 U_{CEQ}。因此在晶体管输出特性曲线的坐标系内，过 Q 点作斜率为$-\dfrac{1}{R'_L}$的线，即为输出交流负载线，如图 2.4.7 所示。

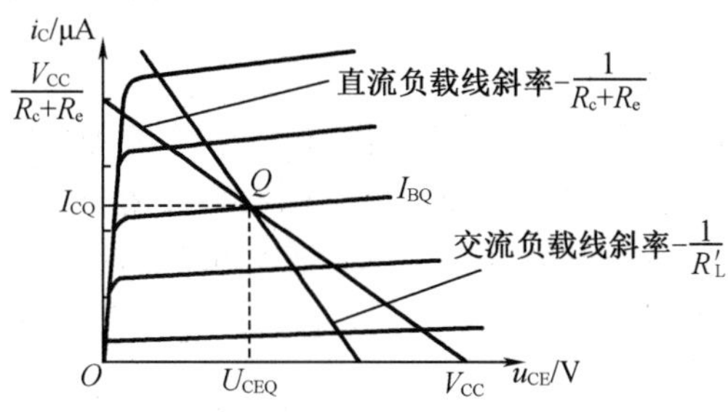

图 2.4.7　输出直流负载线和交流负载线

交流负载线是动态信号所遵循的负载线，与直流负载线相交于静态工作点 Q。交流负载线能够描述放大电路输出信号的范围。

(2)电压放大倍数分析

当输入正弦交流信号 u_i 时，其作用于晶体管的发射结，使得发射结电压在直流偏置电压 U_{BEQ} 的基础之上叠加一个交流信号 $u_{be}=u_i$，即 $u_{BE}=U_{BEQ}+u_{be}$。由于晶体管的发射结存在正弦交流电压 U_{be}，使得基极电流在直流电流 I_{BQ} 的基础上叠加一个正弦交流电流 i_b，即 $i_B=I_{BQ}+i_b$。在晶体管的输入特性曲线上找到 I_{BQ} 和 i_b，根据晶体管基极对集电极电流的控制作用，使集电极电流 $i_c=I_{CQ}+i_c$ 且 $i_c=\beta i_b$。集电极电流变化引起晶体管管压降的变化 $u_{CE}=U_{CEQ}+$

u_{ce}，$u_{ce}=-i_c\cdot(R_C//R_L)$。在晶体管的输出特性曲线上找到 i_C 和 u_{ce}。在负载上得到了的交流输出电压信号 $u_o=u_{ce}=-i_c\times(R_C//R_L)$，放大电路中 u_i、u_{be}、i_b、i_c、u_{ce} 和 u_o 的波形如图 2.4.8 所示。由图 2.4.8 可以大致确定放大电路的放大倍数为

$$A_u=\frac{u_o}{u_i}=\frac{u_{ce}}{u_{be}} \tag{2.4.10}$$

由以上分析可知：

①共射基本放大电路的输入、输出信号变化方向相反。当输入信号 u_i 增大时，输出信号减小；当输入信号 u_i 减小时，输出信号增大。

②共射基本放大电路的电压放大倍数与静态工作点 Q 的位置有关。在晶体管输入特性曲线上 Q 点愈高，曲线愈陡，在同样的输入信号 u_i 作用下，i_b 越大，因此电压放大倍数愈大。

③采用图解法分析放大电路的放大倍数较为烦琐，而且误差较大。

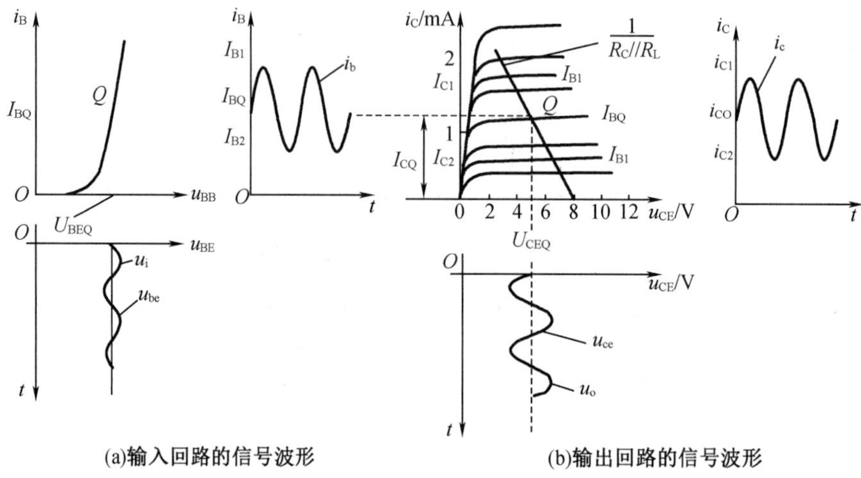

(a)输入回路的信号波形
(b)输出回路的信号波形

图 2.4.8　共射基本放大电路输入、输出回路信号波形图

(3)波形非线性失真分析

当输入电压为正弦波时，若静态工作点合适且输入信号幅值较小，则晶体管 b-e 间的动态电压为正弦波，基极动态电流也为正弦波，如图 2.4.9(a)所示。在放大区内集电极电流随基极电流按 β 倍变化，并且 i_C 与 u_C 将沿负载线变化。当 i_C 增大时，u_{CE} 减小；当 i_C 减小时，u_{CE} 增大。由此得到动态管压降 u_{CE}，即输出电压 u_o、u_o 与 u_i 反相，如图 2.4.9(b)所示。

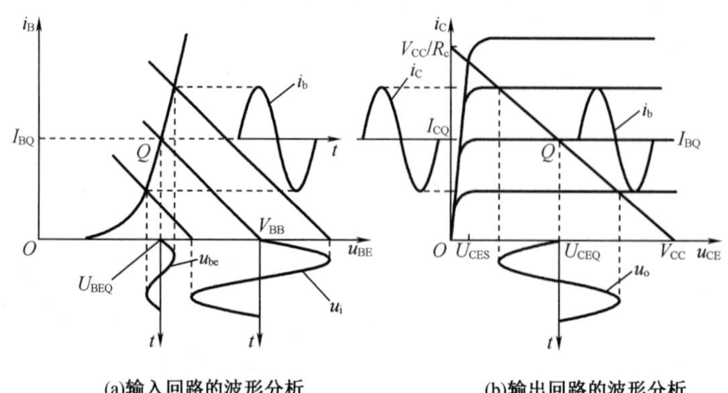

(a)输入回路的波形分析
(b)输出回路的波形分析

图 2.4.9　共射基本放大电路的波形分析

当 Q 点过低时，在输入信号负半周靠近峰值的某段时间内，晶体管 b-e 间电压总量 u_{BE} 小于其开启电压 U_{on}，晶体管截止。因此基极电流 i_b 将产生底部失真，如图 2.4.10(a)所示。集电极电流 i_C 和集电极电阻 R_C 上电压的波形必然随 i_b 产生同样的失真；而由于输出电压 u_o 与 R_C 上电压的变化相位相反，从而导致 u_o 波形产生顶部失真，如图 2.4.10(b)所示。因晶体管截止而产生的失真称为截止失真。

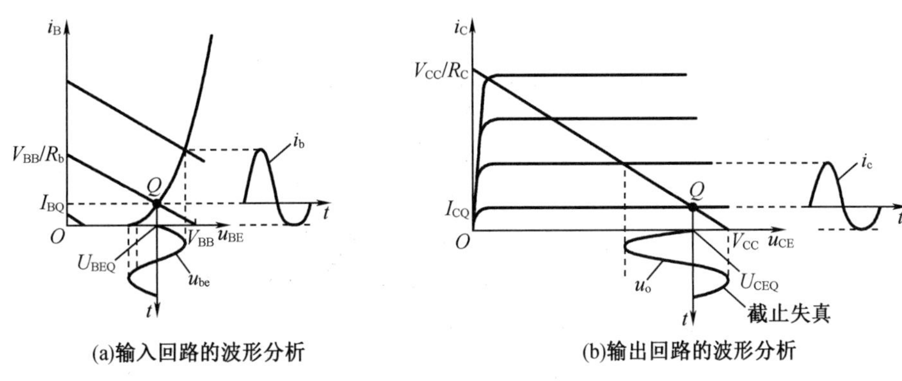

图 2.4.10　共射基本放大电路的截止失真

当 Q 点过高时，虽然基极动态电流 i_b 为不失真的正弦波，如图 2.4.11(a)所示，但是输入信号正半周靠近峰值的某段时间内晶体管进入了饱和区，导致集电极动态电流 i_C 产生顶部失真，集电极电阻 R_C 上的电压波形随之产生同样的失真。由于输出电压 u_o 与 R_C 上电压的变化相位相反，从而导致 u_o 波形产生底部失真，如图 2.4.11(b)所示。因晶体管饱和而产生的失真称为饱和失真。为了消除饱和失真，就要适当降低 Q 点。为此，可以增大基极电阻 R_b 以减小基极静态电流 I_{BQ}，从而减小集电极静态电流 I_{CQ}；也可以减小集电极电阻 R_C 以改变负载线斜率，从而增大管压降 U_{CEQ}；或者更换一只 β 较小的晶体管，以便在同样的 I_{BQ} 情况下减小 I_{CQ}。

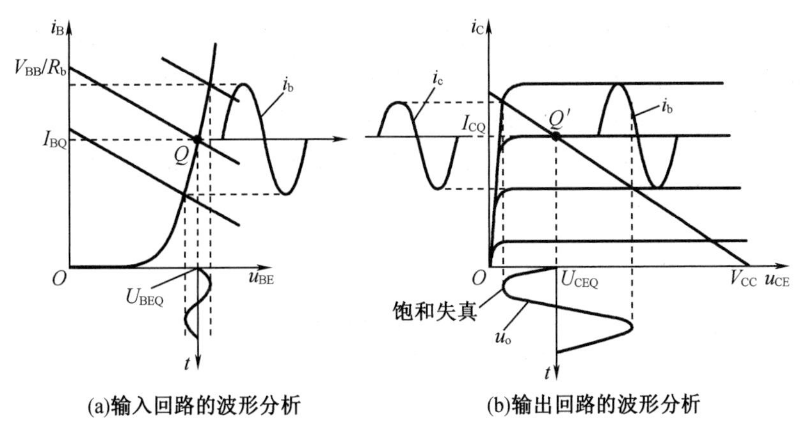

图 2.4.11　共射基本放大电路的饱和失真

综上所述，若想放大电路的输出信号不失真，需要保证如下两点：

①静态工作点 Q 要设置在输出特性曲线放大区的中间部位。

②要有合适的交流负载线。

(4)放大电路的最大不失真输出信号幅度

放大电路的最大不失真输出信号幅度是指放大电路的输出信号非线性失真系数不超过额定值时的输出信号的最大值,一般用 U_{onmax} 或 I_{oomax} 表示。

由图 2.4.12 可知,放大电路的最大不失真信号输出幅度为

$$U_{\text{onmax}}=\min\left[U_{\text{CEQ}}-U_{\text{CES}},I_{\text{CQ}}R'_{\text{L}}\right] \tag{2.4.11}$$

式中,U_{CES} 为双极型晶体管的饱和压降。

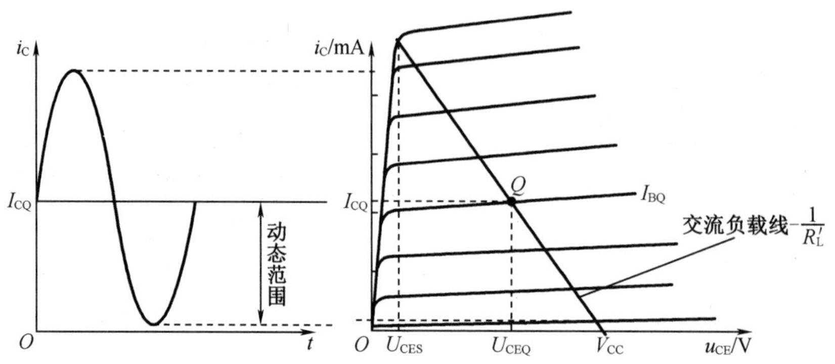

图 2.4.12 放大电路的最大不失真信号输出幅度

2.4.3 微变等效电路法

晶体管电路分析的复杂性在于其特性的非线性,如果能在一定条件下将特性线性化,即用线性电路来描述其非线性特性,建立线性模型,就可应用线性电路的分析方法来分析晶体管电路了。针对应用场合的不同和所分析问题的不同,同一只晶体管有不同的等效模型。这里首先简单介绍晶体管在分析静态工作点时所用的直流模型;然后重点阐述用于低频小信号时的 h 参数等效模型,以及使用该模型分析动态参数的方法。

1. 晶体管低频小信号模型

在低频小信号作用下,可以将晶体管看成一个线性有源双端口网络。根据输入、输出端口的电压、电流关系,求出双端口网络的 h 参数,从而得到晶体管的 h 参数等效电路,也称晶体管的微变等效电路或晶体管的低频小信号模型。

共射组态的晶体管等效为双端口网络,如图 2.4.13 所示,其中 u_{BE}、i_{B} 和 u_{CE}、i_{C} 表示输入端口和输出端口的电压、电流。

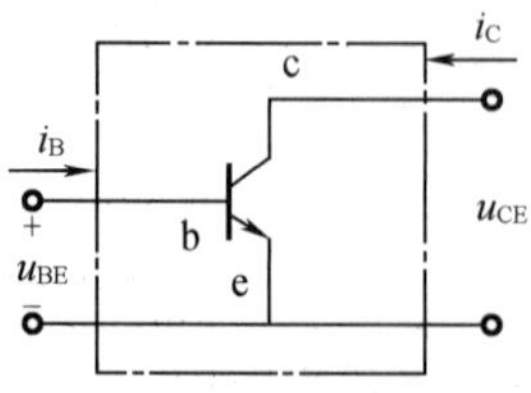

图 2.4.13 将晶体管看成双端口网络

根据晶体管的输入和输出特性曲线,端口特性可以用下列函数表示:

$$\begin{cases} u_{BE}=f(i_B, u_{CE}) \\ i_C=f(i_B, u_{CE}) \end{cases} \tag{2.4.12}$$

式中，u_{BE}、i_B 和 u_{CE}、i_C 都是直流量和交流量的叠加。

在低频小信号作用下，在静态工作点 Q 对式(2.4.12)取全微分，得

$$\begin{cases} du_{BE}=\left.\dfrac{\partial u_{BE}}{\partial i_B}\right|_{V_{CE}} \cdot \left.\dfrac{di_B+\partial u_{BE}}{\partial u_{CE}}\right|_{I_B} \cdot du_{CE} \\ di_C=\left.\dfrac{\partial i_C}{\partial i_B}\right|_{V_{CE}} \cdot di_B=\left.\dfrac{\partial i_C}{\partial u_{CE}}\right|_{I_B} \cdot du_{CE} \end{cases} \tag{2.4.13}$$

式中，du_{BE} 和 du_{CE} 表示 u_{BE} 和 u_{CE} 的变化量；di_B 和 di_C 表示 i_B 和 i_C 的变化量。

在低频正弦信号作用下，可将式(2.4.13)写成复数形式：

$$\begin{cases} \dot{U}_{bc}=h_{11}\dot{I}_b+h_{12}\dot{U}_{ce} \\ \dot{I}_e=h_{21}\dot{I}_b+h_{22}\dot{U}_{ce} \end{cases}$$

式中，$h_{11}=\left.\dfrac{\partial u_{BE}}{\partial i_B}\right|_{U_{CE}}$；$h_{12}=\left.\dfrac{\partial u_{BE}}{\partial u_{CE}}\right|_{i_B}$；$h_{21}=\left.\dfrac{\partial i_C}{\partial i_B}\right|_{U_{CE}}$；$h_{22}=\left.\dfrac{\partial i_C}{\partial u_{CE}}\right|_{I_B}$。

h_{11} 是管压降 U_{CE} 为常数时发射结电压 u_{be} 与基极电流 i_b 的比值。h_{11} 的物理意义如图 2.4.14(a)所示，其为晶体管输入特性曲线在 Q 点处切线斜率的倒数，称为输入电阻 r_{be}。h_{11} 的量纲为 Ω。根据 PN 结的内部结构，并利用 PN 结的电流方程可以推导出

$$r_{be}=r'_{bb}+(1+\beta)\frac{U_T}{I_{EQ}} \tag{2.4.14}$$

式中，r'_{bb} 是晶体管的基区体电阻。小功率管的基区体电阻一般为 200~300 Ω；室温 27 ℃ 时，$U_T \approx 26$ mV。

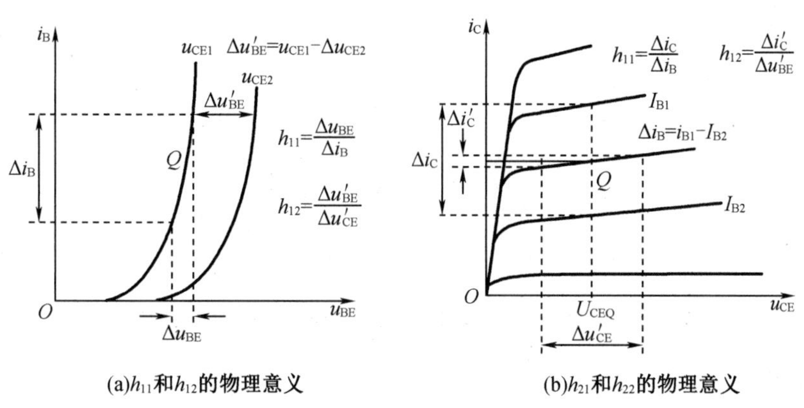

图 2.4.14 晶体管 h 参数的物理意义

h_{12} 是基极电流 I_B 为常数时发射结电压 u_{be} 与管压降 u_{ce} 的比值。h_{12} 的物理意义如图 2.4.14(a)所示，称为电压反馈系数。

h_{21} 是管压降 U_{CE} 为常数时集电极电流 i_c 与基极电流 i_b 的比值。h_{21} 的物理意义如图 2.4.14(b)所示，其为晶体管的电流放大系数 β。

h_{22} 是基极电流 I_B 为常数时集电极电流 i_c 与管压降 u_{CE} 的比值。h_{22} 的物理意义如图

2.4.14(b)所示,其为晶体管 c-e 之间输出电阻的倒数,记作$\frac{1}{r_{ce}}$。h_{22} 的量纲为 S。

h_{11}、h_{12}、h_{21} 和 h_{22} 称为晶体管的 h 参数。h 参数的大小与静态工作点 Q 所在的位置有关。晶体管的 h 参数等效电路如图 2.4.15(a)所示。通常情况下 h_{12} 很小,一般不大于 10^{-4},可以忽略不计。r_{ce} 一般在几百千欧以上,因此 h_{22} 可以忽略不计。于是晶体管的简化 h 参数等效电路如图 2.4.15(b)所示。

在晶体管的低频小信号模型中没有考虑晶体管结电容的影响。这是因为晶体管结电容非常小,在低频小信号的条件下晶体管结电容的容抗非常大,近似看成开路。因此晶体管的低频小信号模型只适合应用于放大电路的低频和中频段,不适合应用于高频放大电路中。

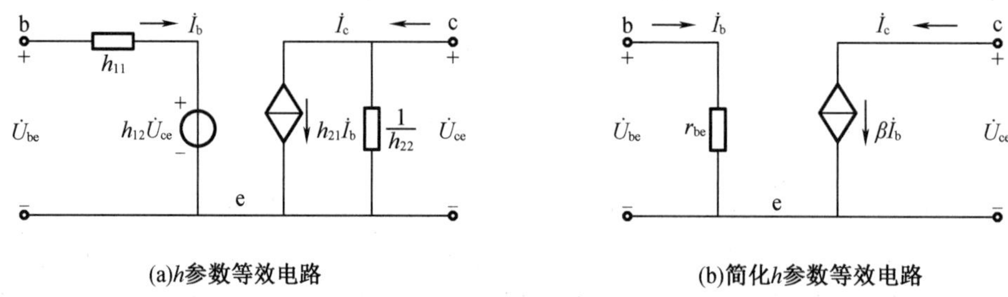

图 2.4.15 晶体管 h 参数等效电路

2. 采用微变等效电路法对共射基本放大电路进行动态分析

利用 h 参数等效模型可以求解放大电路的电压放大倍数、输入电阻和输出电阻。在放大电路的交流通路中,用 h 参数等效模型取代晶体管便可得到放大电路的交流等效电路。分压偏置共射基本放大电路的交流通路如图 2.4.1 所示。将分压偏置共射基本放大电路中的晶体管用其简化 h 参数等效电路代替,得到分压偏置共射基本放大电路的微变等效电路,如图 2.4.16 所示。

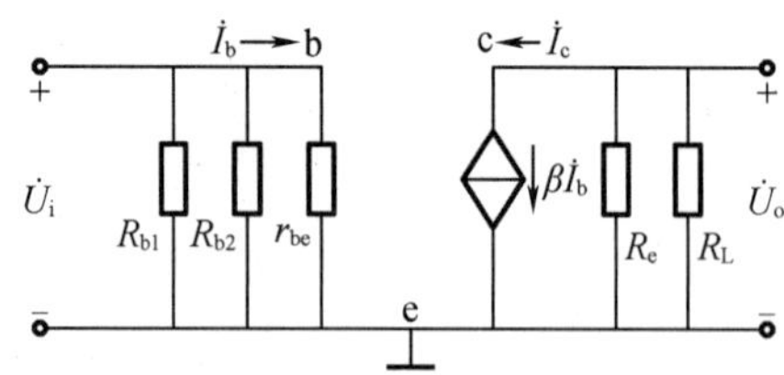

图 2.4.16 分压偏置共射基本放大电路的微变等效电路

(1)电压放大倍数

由输入回路,得

$$\dot{U}_i = \dot{I}_b r_{be}$$

由输出回路,得

$$\dot{U}_o = -\dot{I}_C (R_C // R_L)$$

分压偏置共射基本放大电路的电压放大倍数为

$$\dot{A}_{u}=\frac{\dot{U}_{o}}{\dot{U}_{i}}=\frac{-\dot{I}_{C}(R_{C}/\!/R_{L})}{\dot{I}_{b}r_{be}}=-\frac{\beta R'_{L}}{r_{be}} \tag{2.4.15}$$

式中，$r_{be}=300\ \Omega+(1+\beta)\dfrac{26\ \text{mV}}{I_{E}(\text{mA})}$，$I_E$ 为发射极静态工作点的值；$R'_{L}=R_{C}/\!/R_{L}$。

由式(2.4.15)可知，分压偏置共射基本放大电路的输入信号和输出信号相位相反；放大倍数 $|\dot{A}_u|>1$，说明电路具有电压放大能力；由于 $\dot{I}_C=\beta\dot{I}_b$，因此电路具有电流放大能力。

(2)输入电阻 R_i

输入电阻是从放大电路的输入端看进去的等效电阻，其表达式为

$$R_{i}=\frac{\dot{U}_{i}}{\dot{I}_{i}}=R_{b1}/\!/R_{b2}/\!/r_{be} \tag{2.4.16}$$

(3)输出电阻 R_o

对于负载电阻 R_L，放大电路可以等效成一个带有内阻的电压源。输出电阻是从放大电路的输出端看进去的信号源等效内阻，其表达式为

$$R_{o}=\frac{U_{o}}{I_{o}}\bigg|_{\substack{\dot{U}_{S}=0\\ R_{L}=\infty}}=R_{C} \tag{2.4.17}$$

2.5 晶体管三种组态基本放大电路的分析

2.5.1 温度对静态工作点的影响

从上节的分析可以看出，静态工作点不但决定了电路是否会产生失真，而且还影响着电压放大倍数、输入电阻等动态参数。实际上，电源电压的波动、元件的老化以及由温度变化所引起晶体管参数的变化，都会造成静态工作点的不稳定，从而使动态参数不稳定，有时电路甚至无法正常工作。在引起 Q 点不稳定的诸多因素中，温度对晶体管参数的影响是最为主要的。

在图2.5.1中，实线为晶体管在20 ℃时的输出特性曲线，虚线为40 ℃时的输出特性曲线。由图可知，当环境温度升高时，晶体管的电流放大系数 β 增大，穿透电流 I_{CEO} 增大；这一切集中地表现为集电极电流 I_{CQ} 明显增大，共射电路中晶体管的管压降 U_{CE} 将减小，Q 点沿直流负载线上移到 Q'，向饱和区变化；而要想使之回到原来位置，必须减小基极电流 I_{BQ}。可以想象，当温度降低时，Q 点将沿直流负载线下移，向截止区变化，要想使之基本不变，则必须增大 I_{BQ}。

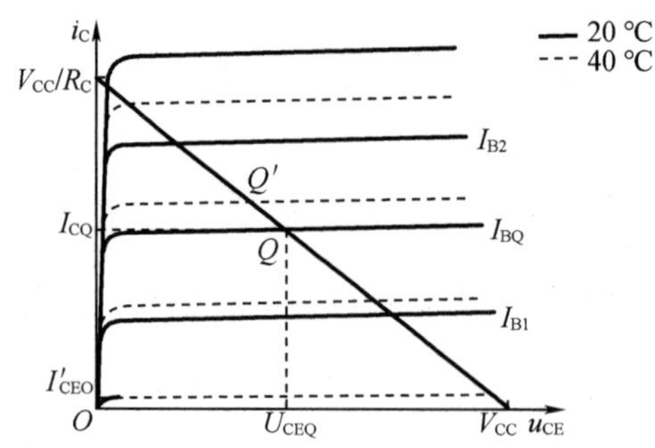

图 2.5.1　晶体管在不同环境温度下的输出特性曲线

2.5.2　分压偏置式静态工作点稳定电路的分析

基极分压式发射极偏置晶体管放大电路如图 2.5.2 所示。

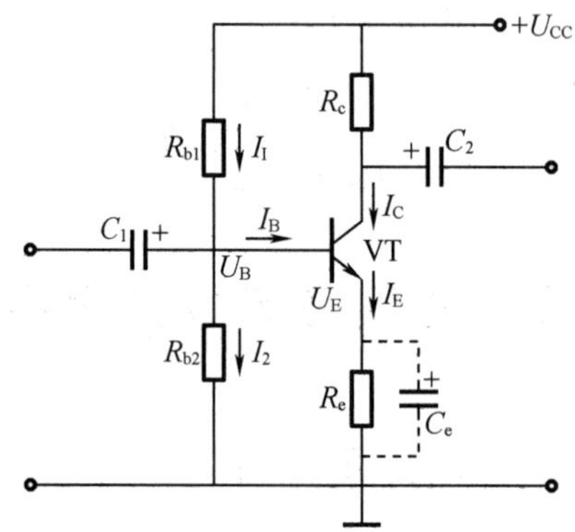

图 2.5.2　基极分压式发射极偏置晶体管放大电路

1. 电路的基本特点

(1)利用 R_{b1} 和 R_{b1} 分压来固定基极电位 U_B。由图 2.5.2 可得

$$I_1=I_2+I_B$$

当电路满足条件 $I_2 \gg I_B$,则

$$I_1 \approx I_2=\frac{U_{CC}}{R_{b1}+R_{b2}}$$

$$U_B=I_2R_{b2}=\frac{U_{CC}}{R_{b1}+R_{b2}}R_{b2}$$

由以上推导可知,只要电阻 R_{b1}、R_{b2} 适当小,就可使 $I_2 \gg I_B$,从而使 U_B 电位不变。U_B 电位由电源 U_{CC} 和分压电阻 R_{b1}、R_{b2} 决定,而与晶体管的参数无关,使得 U_B 不随温度的变化而变化。

(2)利用发射极电阻 R_e 产生发射极电位 U_E,以反馈控制输入回路,自动调整工作点,使 I_B 基本不变。

因为

$$U_{BE}=U_B-U_E=U_B-I_ER_e$$

$$I_C\approx I_E=\frac{U_B-U_{BE}}{R_e}$$

当 $U_B \gg U_{BE}$ 时，可得

$$I_C\approx I_E\approx\frac{U_B}{R_e}$$

已知 U_B 不变，所以 R_e 固定不变时，I_C、I_E 也不变。

由上可知，只要满足 $I_2 \gg I_B$，$U_B \gg U_{BE}$ 这两个条件，则 U_B、I_C、I_E 均与晶体管参数无关，不受温度变化的影响，静态工作点得以保持不变。在估算时，一般选取如下：

硅管：$I_2=(5\sim10)I_B$；$U_B=3\sim5$ V；

锗管：$I_2=(10\sim20)I_B$；$U_B=1\sim3$ V。

电路稳定静态工作点的物理过程如下：

$$t(℃)\uparrow\rightarrow I_C\uparrow\rightarrow I_E\uparrow\rightarrow U_E\uparrow\rightarrow U_{BE}\downarrow\rightarrow I_B\downarrow\rightarrow I_C\downarrow$$

R_e 越大，稳定性能越好。但是 R_e 越大，必须使 U_E 增大。当 U_{CC} 为某一定值时，管压降 U_{CE} 就会减小，影响放大电路的正常工作，故应兼顾几个方面的要求。在小电流情况下，R_e 为几百欧到几千欧；在大电流情况下，R_e 为几欧到几十欧。实际使用时，常在 R_e 上并联一个大容量的电解电容 C_e，如图 2. 5. 2 中虚线所示。电容 C_e 对直流信号可看成开路，不影响静态工作；对交流信号起短路作用，可避免因交流信号在 R_e 上产生压降而降低其电压放大倍数的缺点。C_e 称为发射极旁路电容。

2. 静态工作点分析

因 $I_2 \gg I_B$，故先计算 I_B 比较困难，一般是从计算 U_B 入手。将图 2. 5. 2 中的电容 C_1、C_2 开路，即可得到对应的直流通路，如图 2. 5. 3 所示。

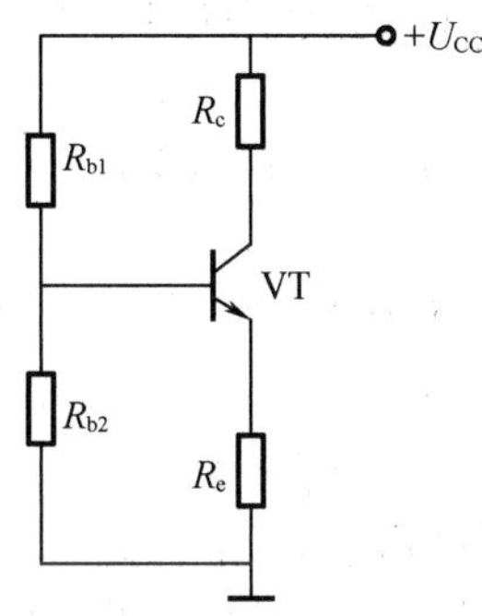

图 2. 5. 3　基极分压式发射极偏置晶体管放大电路的直流通路

由直流通路可做如下计算：

$$U_B=I_2R_{b2}=\frac{U_{CC}}{R_{b1}+R_{b2}}R_{b2}$$

$$I_C\approx I_E=\frac{U_B-U_{BE}}{R_e}$$

可得

$$I_B=\frac{I_C}{\beta}$$

$$U_{CE}=U_{CC}-I_CR_e-I_ER_e\approx U_{CC}-I_C(R_C+R_e)$$

3. 放大电路的动态分析

若接入旁路电容 C_e，则图 2.5.2 所示的放大电路的小信号模型等效电路如图 2.5.4(a) 所示。由图可知

$$\dot{A}_u=\frac{\dot{U}_o}{\dot{U}_i}=\frac{-\beta\dot{I}_bR'_L}{\dot{I}_br_{be}}=\frac{-\beta R'_L}{r_{be}}\qquad R'_L=R_L//R_C,R_i=R_{b1}//R_{b2}//r_{be}$$

由于 $R_{b1}\gg r_{be}$，$R_{b2}\gg r_{be}$，所以有 $R_i=r_{be}$，$R_o\approx R_C$。

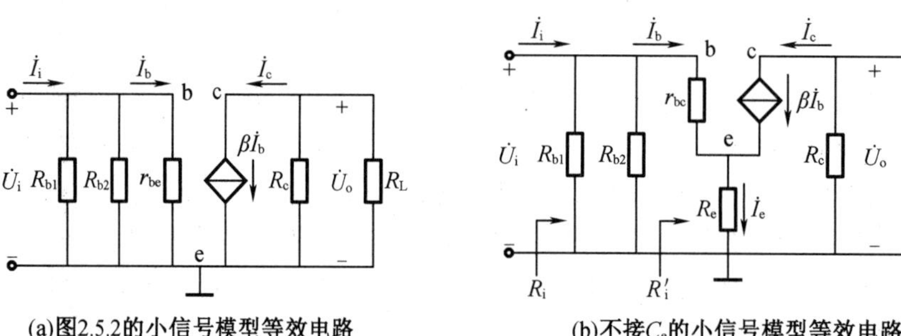

(a)图2.5.2的小信号模型等效电路

(b)不接C_e的小信号模型等效电路

图 2.5.4　小信号模型等效电路

若不接旁路电容，则不接 C_e 的小信号模型等效电路如图 2.5.4(b) 所示。由图可知

$$\dot{A}_u=\frac{\dot{U}_o}{\dot{U}_i}=\frac{-\beta\dot{I}_bR'_L}{\dot{I}_b[r_{be}+(1+\beta)R_e]}=\frac{-\beta R'_L}{r_{be}+(1+\beta)R_e}$$

在图 2.5.4(b) 中，先计算出

$$R_i=r_{be}+(1+\beta)R_e$$

故输入电阻

$$R_i=R'_i//R_{b1}//R_{b2}$$

输出电阻

$$R_o\approx R_c$$

由以上计算公式很容易看出，旁路电容 C_e 是否接入电路，不会影响输出电阻的大小，但会影响电压放大倍数和输入电阻的数值。即不接旁路电容 C_e 时，电压放大倍数下降了，但提高了放大电路的输入电阻；接入旁路电容 C_e 时，其电压放大倍数、输入电阻与基本共发射极晶体管放大电路相同。

2.5.3　共集基本放大电路的分析

图 2.5.5(a) 所示为共集电极晶体管放大电路，图 2.5.5(b)(c) 分别是它的直流通路和交流通路。由交流通路可见，负载电阻 R_L 接在晶体管发射极上，输入电压 u_i 加在基极和地

即集电极之间，而输出电压 u_o 从发射极和集电极之间取出，所以集电极是输入、输出回路的共同端。因为 u_o 从发射极输出，所以共集电极晶体管放大电路又称为射极输出器。

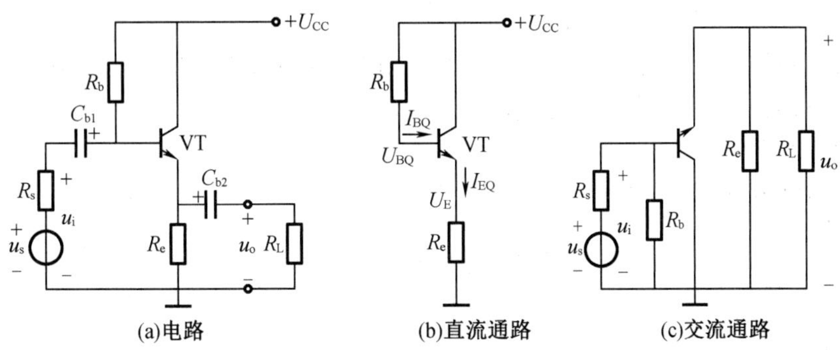

图 2.5.5 共集电极晶体管放大电路

1. 静态分析

由图 2.5.5(b)可知，由于电阻 R_e 对静态工作点具有自动调节作用，故该电路的 Q 点基本稳定。由直流通路可得

$$\begin{cases} I_B = \dfrac{U_{CC}-U_{BE}}{R_b+(1+\beta)R_e} \\ I_E \approx I_C = \beta I_B \\ U_{CE} = U_{CC} - I_E R_e \end{cases} \tag{2.5.1}$$

2. 动态分析

用晶体管的 h 参数小信号模型取代图 2.5.5(c)中的晶体管，即可得到共集电极晶体管放大电路的小信号等效电路，如图 2.5.6 所示。

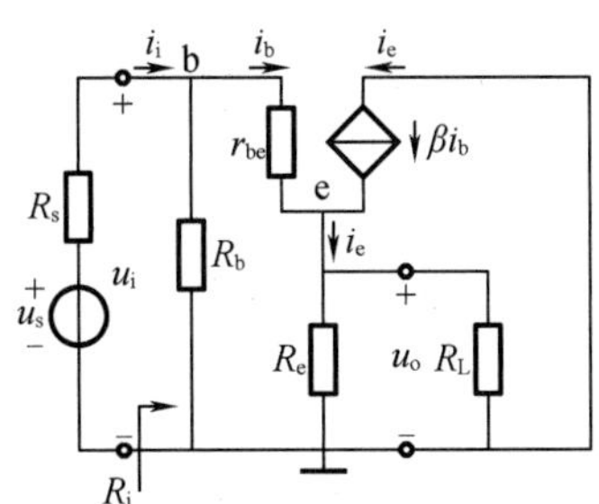

图 2.5.6 共集电极晶体管放大电路的小信号等效电路

根据电压放大倍数 $\dot{A}_u$、输入电阻 R_i 的定义，可分别得到 $\dot{A}_u$、R_i 的表达式。

(1)电压放大倍数 $\dot{A}_u$

$$\dot{A}_u = \frac{u_o}{u_i} = \frac{(1+\beta)i_b R'_L}{i_b[r_{be}+(1+\beta)R'_L]} = \frac{(1+\beta)R'_L}{r_{be}+(1+\beta)R'_L} \quad R'_L = R_e /\!/ R_L \tag{2.5.2}$$

式(2.5.2)表明，电压放大倍数接近 1，但恒小于 1。输出电压 u_o 和输入电压 u_i 相位相同，具有跟随作用。

(2)输入电阻 R_i

$$R_i=\frac{U_i}{I_i}=\frac{u_i}{\frac{u_i}{R_b}+\frac{u_i}{r_{be}+(1+\beta)R'_L}}=R_b//[r_{be}+(1+\beta)R'_L] \tag{2.5.3}$$

通常 R_b 的阻值很大,同时$[r_{be}+(1+\beta)R'_L]$也比共发射极晶体管放大电路的输入电阻大得多。因此,共集电极晶体管放大电路的输入电阻较高。

(3)输出电阻 R_o

计算输出电阻 R_o 的等效电路如图 2.5.7 所示。输出电阻按定义表示为

$$R_i=\frac{u_t}{i_t}\,|\,u_s=0,R_L=\infty$$

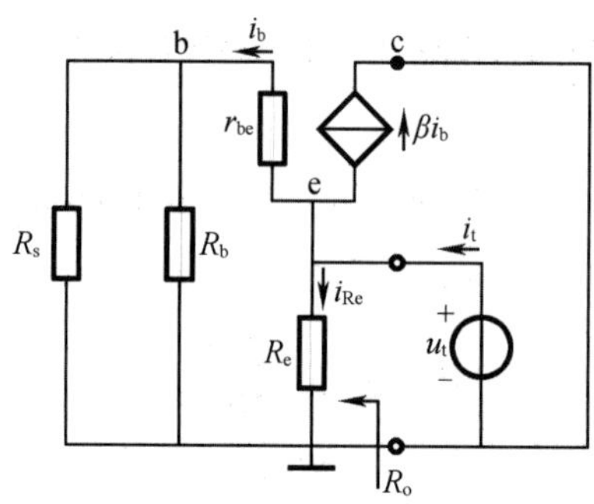

图 2.5.7　计算输出电阻 R_o 的等效电路

在测试电压 u_t 的作用下,相应的测试电流为

$$i_t=i_b+\beta i_b+iR_e=u_t\left(\frac{1}{R'_s}+\beta\frac{1}{R'_s+r_{be}}+\frac{1}{R_e}\right)\qquad R'_s=R_s//R_b$$

由此可得输出电阻

$$R_o=R_e//\frac{R'_s+r_{be}}{1+\beta} \tag{2.5.4}$$

通常

$$R_e\gg\frac{R'_s+r_{be}}{1+\beta}$$

所以

$$R_o\approx\frac{R'_s+r_{be}}{1+\beta}$$

可见共集电极晶体管放大电路的输出电阻是很低的,由此也说明它具有恒压输出特性。

综上所述,共集电极晶体管放大电路的特点是,电压放大倍数接近 1,输出电压和输入电压相位相同;输入电阻高,输出电阻低。

2.5.4　共基基本放大电路的分析

图 2.5.8(a)所示为共基极晶体管放大电路,图 2.5.8(b)是它的交流通路。由交流通

路可见，负载电阻 R_L 接在晶体管集电极上，输入电压 u_i 加在发射极和基极之间，而输出电压 u_o 从集电极和基极之间取出，基极是输入、输出回路的共同端，所以称为共基极晶体管放大电路。图中，R_e 是发射极电阻，它的作用有两个：一是构成晶体管发射极的直流电流回路，二是将基极和发射极的交流电路隔开。因为晶体管的基极是交流接地的，如若晶体管的发射极也直接接地，发射极和基极就等电位，输入信号就无法加到晶体管的发射极上。

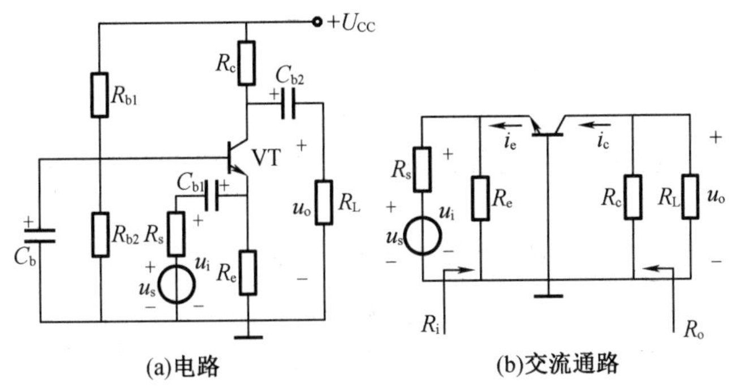

图 2.5.8　共基极晶体管放大电路

1. 静态分析

图 2.5.9 所示为共基极晶体管放大电路的直流通路。它与基极分压式发射极偏置晶体管放大电路的直流通路是一样的，因而 Q 点的求法相同。

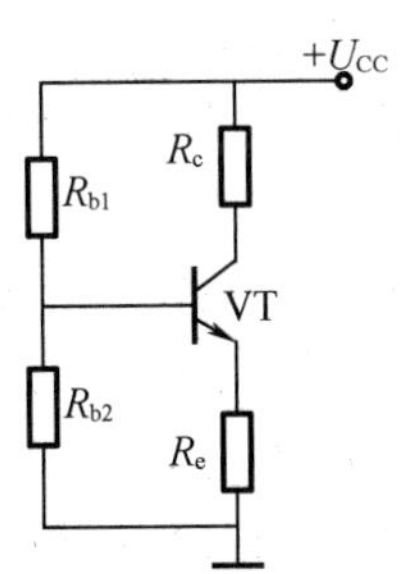

图 2.5.9　共基极晶体管放大电路的直流通路

2. 动态分析

用晶体管的 h 参数小信号模型取代图 2.5.8(b) 中的晶体管，即可得到共基极晶体管放大电路的小信号等效电路，如图 2.5.10 所示。

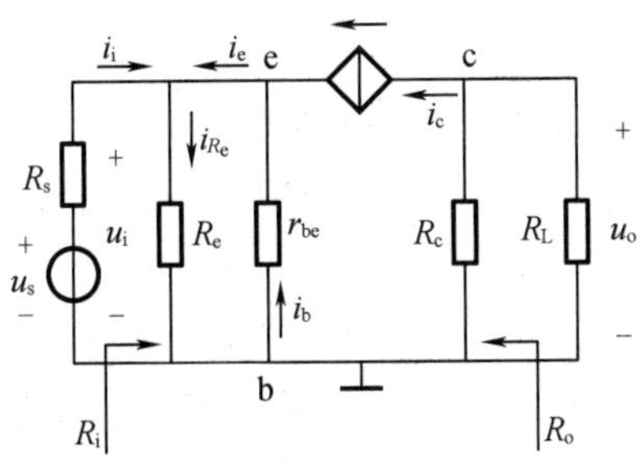

图 2.5.10　共基极晶体管放大电路的小信号等效电路

(1)电压放大倍数 A_u

$$\dot{A}_u=\frac{u_o}{u_i}=\frac{-\beta i_b R'_L}{-i_b r_{be}}=\frac{\beta R'_L}{r_{be}} \qquad R'_L=R_C/\!/R_L \tag{2.5.5}$$

式(2.5.5)表明,只要电路参数选择适当,共基极放大电路也具有电压放大作用,而且输出电压和输入电压相位相同。

(2)输入电阻 R_i

$$R_i=\frac{u_i}{i_i}=\frac{u_i}{\dfrac{u_i}{R_e}-(1+\beta)\dfrac{-u_i}{r_{be}}}=R_e/\!/\frac{r_{be}}{1+\beta} \tag{2.5.6}$$

共基极晶体管放大电路的输入电阻远小于共发射极晶体管放大电路的输入电阻。

(3)输出电阻 R_o

由图 2.5.10 可以得出,共基极晶体管放大电路的输出电阻为

$$R_o \approx R_C \tag{2.5.7}$$

式(2.5.7)表明,共基极晶体管放大电路的输出电阻与共发射极晶体管放大电路的输出电阻相同。

2.5.5 三种组态基本放大电路的性能比较

1. 三种组态的判别

一般输入信号加在晶体管的哪个电极,输出信号就从哪个电极取出。共发射极晶体管放大电路中,信号由基极输入,集电极输出;共集电极晶体管放大电路中,信号由基极输入,发射极输出;共基极晶体管放大电路中,信号由发射极输入,集电极输出。

2. 三种组态的特点及用途

(1)共发射极晶体管放大电路既能放大电流又能放大电压,输入电阻在三种组态中居中,输出电阻较大,频带较窄,适用于低频情况下,作为多级放大电路的中间级。

(2)共集电极晶体管放大电路只能放大电流不能放大电压,是三种组态中输入电阻最大、输出电阻最小的电路,并具有电压跟随的特点,频率特性好,常用于电压放大电路的输入级和输出级,在功率放大电路中也常被采用。

(3)共基极晶体管放大电路只能放大电压不能放大电流,输入电阻小,电压放大倍数和输出电阻与共发射极晶体管放大电路相当,是三种组态中高频特性最好的电路,常作为宽频带放大电路,在模拟集成电路中也兼有电位移动的功能。

2.5.6 复合管

当输出功率较大时,要求输出级功率晶体管提供较大的集电极电流 i_C,但大功率管的 β 值一般都不大,这就要求输出级的前一级为它提供较大的基极驱动电流 i_B,即末前级也应该是一个功率放大级。为了得到高 β 的功率放大管,往往采用复合管。

复合管的接法:把两个晶体管按一定方式组合起来可构成复合管。组成复合管的条件是使用复合起来的晶体管都处于放大状态,即满足发射结正偏、集电结反偏。前一个晶体管的电流方向和后一个晶体管的基极电流方向必须一致。复合管的具体连接方式有四种,如图 2.5.11 所示。

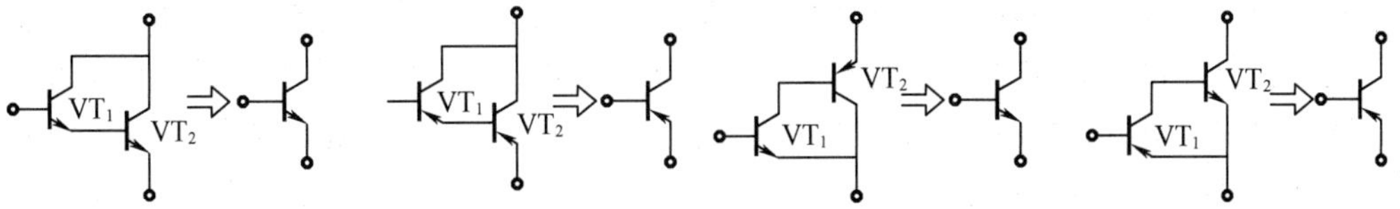

(a)NPN+NPN→NPN　(b)PNP+PNP→PNP　(c)NPN+PNP→NPN　(d)PNP+NPN→PNP

图 2.5.11　四种类型的复合管

2.6　放大电路的频率响应概述

电子电路中要处理的信号一般不是单一频率的，而是包含丰富的频率成分，如心电信号、语音信号、图像信号等。放大电路中，由于耦合电容、器件极间电容的存在，电路的增益是信号频率的函数，这种函数称为频率响应或频率特性。每一个具体的放大电路，只对特定频段的信号进行正常放大，因此，必须根据信号的频率范围，选择具有与之相应的频率特性的放大电路，才能获得满意的放大效果。本章主要讲述放大电路频率响应的基本概念，介绍双极结型晶体管和场效应晶体管的高频等效模型，并讨论放大电路的频率响应特性。

在前面的放大电路分析中假设，当静态分析时，耦合电容、射极旁路电容可以看作开路；当动态分析时，耦合电容、射极旁路电容可以看作短路。但在电路中，当信号的频率由某一数值向零变化时，其电容不可能从短路立即变为开路，而且对双极型晶体管和场效应晶体管中存在的极间电容，在分析时也没有考虑其作用。实际上，电路中的电容和器件的极间电容对电路的响应具有重要的影响。

放大电路的所有增益，如电压增益、电流增益等均是电路中信号频率的函数。一般情况下，放大电路的增益$|\dot{A}|$与频率的关系如图 2.6.1 所示。其中，横轴以 $\lg f$ 分度，但常标注f；纵坐标轴采用$20\lg|\dot{A}|$分度，单位为分贝(dB)，称为对数坐标。由于放大电路中，信号的频率会从几赫兹到上百兆赫兹变化，而放大电路的增益可从几倍到上百万倍变化，因此采用对数坐标系，可在同一坐标系清晰地表达非常宽的范围；同时，采用此坐标系，可以让多级放大电路中的各级放大电路增益的乘法运算转换为加法运算，简化运算和求解过程。

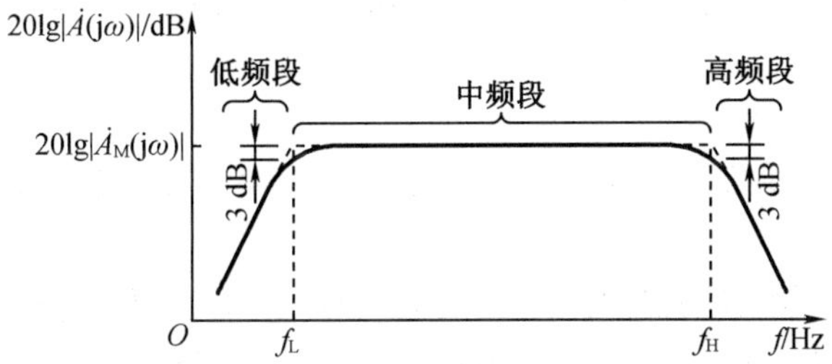

图 2.6.1　放大电路的增益$|\dot{A}|$与频率的关系

由图 2.6.1 可以看出，放大电路的增益随频率的不同而不同。通常根据频率从小到大的变化，将整个频率范围分为低频段、中频段和高频段，一般 $f<f_L$ 的频段称为低频段，$f>f_H$

的频段称为高频段，而$f_L<f<f_H$的部分称为中频段。在低频段，增益随着频率的减小而逐步降低，这主要是由于耦合电容、旁路电容等对增益的影响越来越大；在高频段，增益随着频率的增大而逐步降低，这主要是器件的极间电容的影响。而在中频段，增益基本不随频率而改变，这主要是由于耦合电容、旁路电容等近似短路，而器件的极间电容近似开路，对增益的影响可以忽略。当$f=f_L$和$f=f_H$时，增益比中频段增益降低了 3 dB，即该增益是中频段增益的 0.707 倍。将f_L和f_H之间的频率范围定义为放大电路增益的带宽f_{BW}，简称为放大电路的带宽，定义为$f_{BW}=f_H-f_L$，单位为 Hz。带宽是一个放大电路增益不损失地放大信号的频率范围。例如，一个音频信号的范围为 20 Hz<f<20 kHz，则为了使放大以后的信号完整地反映原有信号，所设计的放大电路的f_L必须小于 20 Hz，f_H必须大于 20 kHz。

从上述分析可见，放大电路中的每一类电容，都会对频率响应的某一频段产生影响。例如，电路中的耦合电容和旁路电容主要影响放大电路的低频响应，对高频响应的影响可以忽略；器件的极间电容主要影响放大电路的高频响应，而对低频响应的影响可以忽略。因此，为了简化分析，需在不同的频段寻找不同的等效电路，如低频等效电路、高频等效电路等，通过求该电路的传递函数和时间常数，求得电路的频率响应。

2.7 本章小结

本章介绍了晶体管的结构、工作原理、特性曲线和主要参数，学习了放大电路的组成原则、性能指标和分析方法。现就各部分归纳如下：

1. 放大的概念

在电子电路中，放大的对象是变化量，常用的测试信号是正弦波。放大的本质是在输入信号的作用下，通过有源元件（晶体管）对直流电源的能量进行控制和转换，使负载从电源中获得的输出信号能量比信号源向放大电路提供的能量大得多，因此放大的特征是功率放大，表现为输出电压大于输入电压，或者输出电流大于输入电流，或者二者兼而有之。放大的前提是不失真，换言之，如果电路输出波形产生失真便谈不上放大。

2. 放大电路的组成原则

（1）放大电路的核心元件是有源元件。

（2）供电电源电压的数值、极性及其他电路参数应使晶体管工作在放大区，即建立起合适的静态工作点，保证即使输入信号幅值最大，电路也不产生失真。

（3）输入信号应能够有效地作用于有源元件的输入回路，即晶体管的 b-e 回路；输出信号应能够作用于负载之上。

3. 放大电路的主要性能指标

（1）放大倍数A_u：输出变化量幅值与输入变化量幅值之比，或二者的正弦交流量之比，用以衡量电路的放大能力。

（2）输入电阻R_i：从输入端看进去的等效电阻，反映放大电路从信号源索取电流的大小。

（3）输出电阻R_o：从输出端看进去的等效输出信号源的内阻，说明放大电路的带负载能力。

（4）最大不失真输出信号幅度U_{onmax}：未产生截止失真和饱和失真时，最大输出电压信号的正弦有效值或峰-峰值。

（5）下限、上限截止频率f_L和f_H，通频带f_{BW}：均为频率响应参数，反映电路对信号频率的适应能力。

4. 放大电路的分析方法

(1)静态分析就是求解静态工作点 Q,在输入信号为零时,晶体管各电极间的电流与电压的交点就是 Q 点。可用估算法或图解法求解。

(2)动态分析就是求解各动态参数和分析输出波形。通常,利用 h 参数等效电路计算小信号作用时的 $\dot{A}_u$、R_i 和 R_o,利用图解法分析 U_{onmax} 和失真情况。

放大电路的分析应遵循“先静态,后动态”的原则,只有静态工作点合适,动态分析才有意义;Q 点不但影响电路输出是否失真,而且与动态参数密切相关,稳定 Q 点非常必要。

5. 晶体管基本放大电路

晶体管基本放大电路有共射、共集、共基三种接法。共射放大电路既能放大电流又能放大电压,输入电阻居三种电路之中,输出电阻较大,适用于一般放大电路。共集放大电路只放大电流不放大电压,具有电压跟随作用;因输入电阻高而常作为多级放大电路的输入级,因输出电阻低而常作为多级放大电路的输出级,并可作为中间级起隔离作用。共基电路只放大电压不放大电流,具有电流跟随作用,输入电阻小;高频特性好,适用于宽频带放大电路。

2.8 思 考 题

(1)为使 NPN 型晶体管和 PNP 型晶体管工作在放大状态,应分别在外部加什么样的电压?

(2)怎样用万用表判断出某一晶体管的三个电极和类型(NPN 或 PNP)?

(3)利用等效电路法求解出的电压放大倍数,输入电阻和输出电阻都是在中频段小信号下的参数,在大信号作用下这些参数有变化吗,为什么?

(4)“若输入信号为直流信号,则用直流通路分析电路;若输入信号为交流信号,则用交流通路分析电路。”这种说法正确吗,为什么?

2.9 习 题

1. 用万用表直流电压挡测得电路中晶体管各极对地电位如图 T2.1 所示,试判断晶体管分别处于哪种工作状态(饱和、截止、放大)。

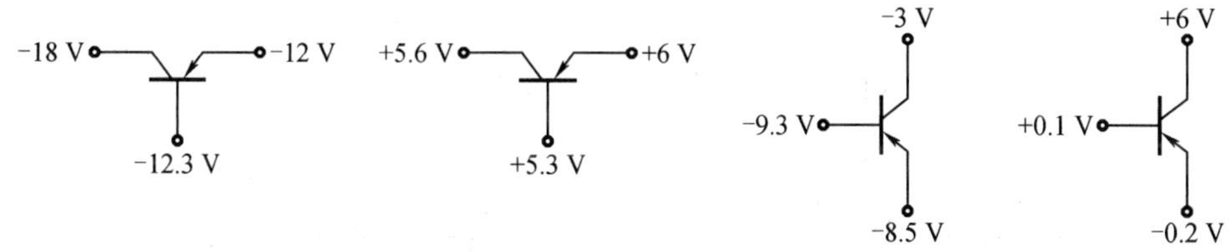

图 T2.1

2. 测得放大电路中六只晶体管三个极的直流电位如图 T2.2 所示。分析并在圆圈中画出晶体管的图形符号,写出详细的分析过程,分别说明它们是硅管还是锗管。

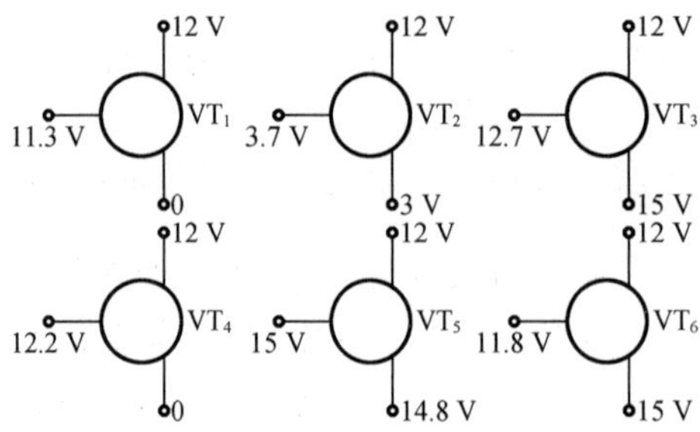

图 T2.2

3. 已知晶体管的 $\beta=50$,分析图 T2.3 所示各电路中晶体管的工作状态。

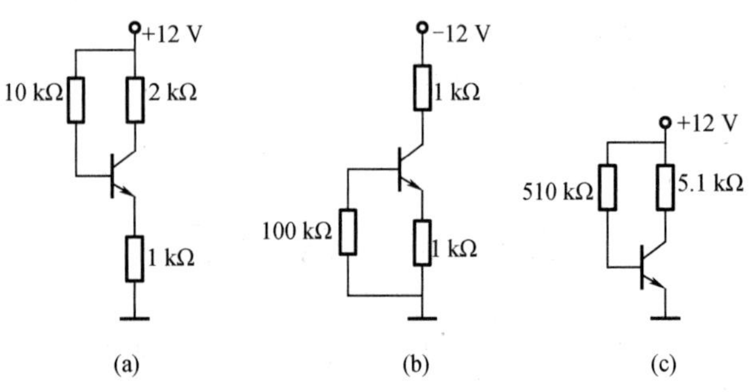

图 T2.3

4. 分别改正图 T2.4 所示各电路中的错误,使它们有可能放大正弦波信号。要求保留电路原来的共射接法。

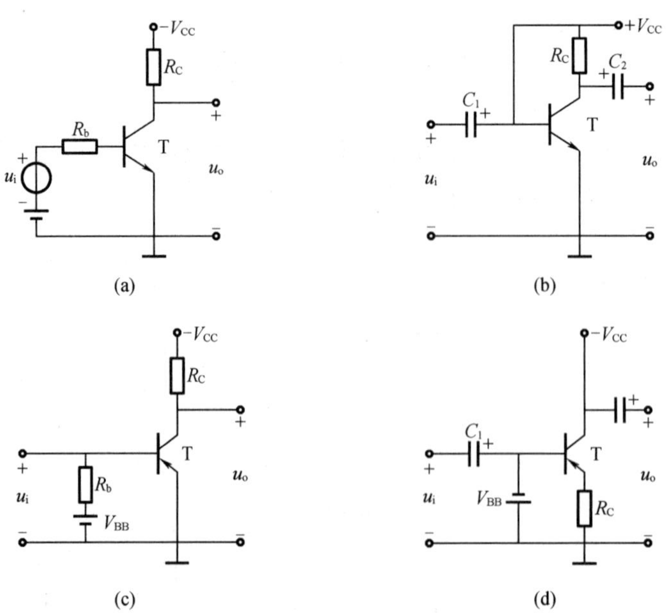

图 T2.4

5. 分别画出图 T2.5 所示各电路的直流通路和交流通路。

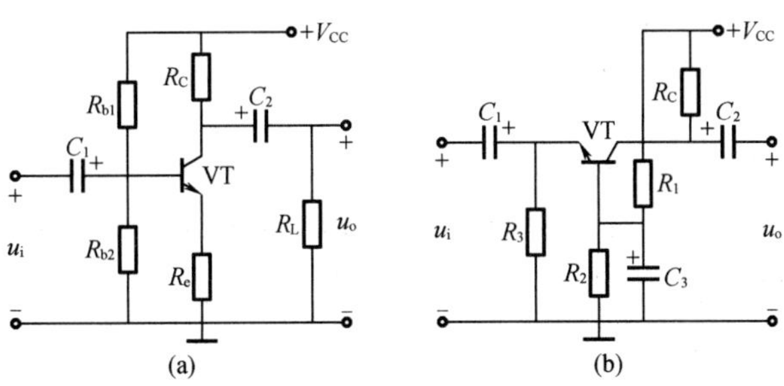

图 T2.5

6. 放大电路如图 T2.6 (a)所示,晶体管的输出特性曲线以及放大电路的交、直流负载线如图 T2.6 (b)所示。设 $U_{BE}=0.6\ V$,$r'_{bb}=300\ \Omega$,试问:

(1)计算 R_b、R_C、R_L。

(2)若不断加大输入正弦波电压的幅值,该电路先出现截止失真还是饱和失真?刚出现失真时,输出电压的峰-峰值为多大?

(3)计算放大电路的输入电阻、电压放大倍数 A_u 和输出电阻。

(4)若电路中其他参数不变,只更换一个 β 值为原值一半的晶体管,这时 I_{BQ}、I_{CQ}、U_{CEQ} 以及 $|A_u|$将如何变化?

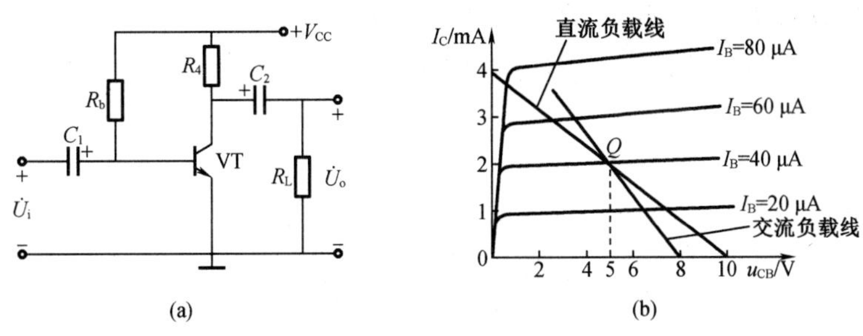

图 T2.6

7. 电路如图 T2.7 所示,晶体管的$\beta=80$,$r'_{bb}=100\ \Omega$。分别计算 $R_L=\infty$ 和 $R_L=3\ k\Omega$ 时的 Q 点、$\dot{A}_u$、R_i 和 R_o。

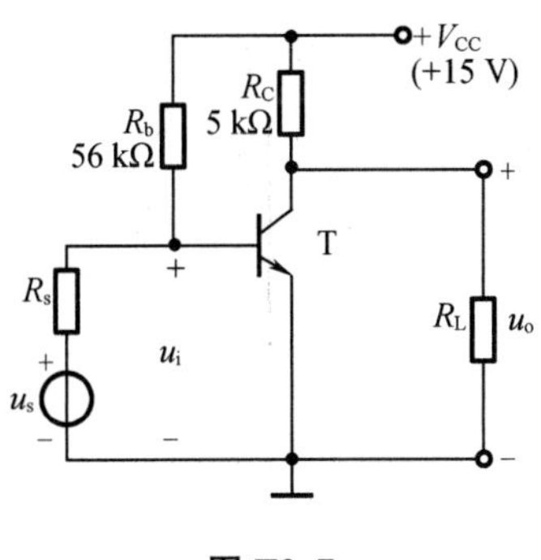

图 T2.7

8. 共射基本放大电路如图 T2.8 所示。设晶体管的 $\beta=100$，$U_{BEQ}=-0.2\ V$，$V_{CC}=10\ V$，$r'_{bb}=200\ \Omega$，C_1、C_2 足够大。

(1)计算静态时的 I_{BQ}、I_{CQ} 和 U_{CEQ}；

(2)计算晶体管的 r_{be} 值；

(3)求出中频电压放大倍数 $\dot{A}_u$；

(4)若输出电压波形出现底部削平的失真，那么晶体管是产生了截止失真还是饱和失真？若要使失真消失，应该调整电路中的哪个参数？

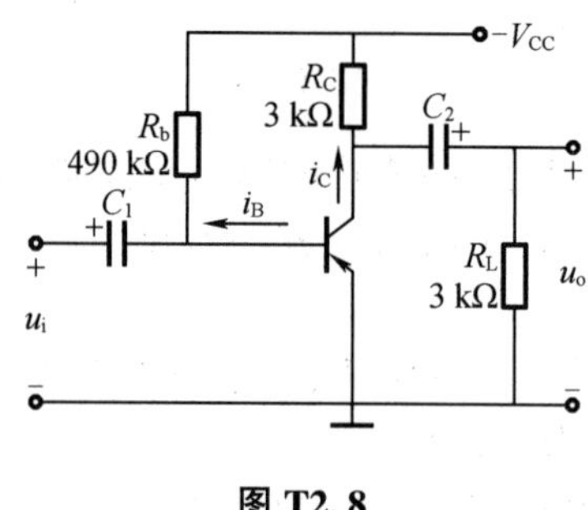

图 T2.8

9. 电路如图 T2.9 所示，晶体管 $\beta=100$，$r'_{bb}=100\ \Omega$。

(1)求电路的 Q 点、$\dot{A}_u$、R_i 和 R_o。

(2)若改用 $\beta=200$ 的晶体管，则 Q 点如何变化？

(3)若电容 C_e 开路，则将引起电路的哪些动态参数发生变化，如何变化？

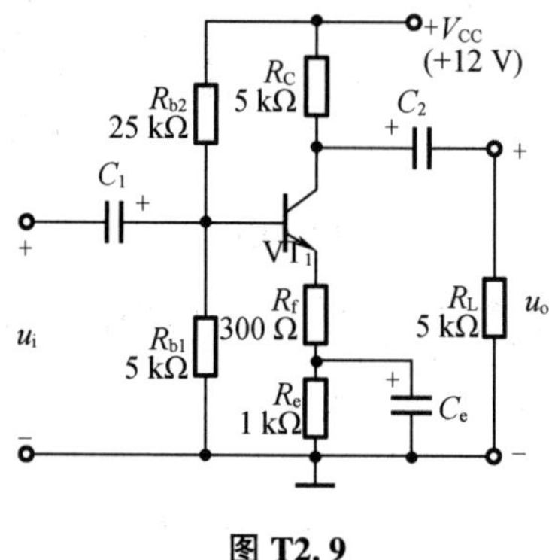

图 T2.9

10. 已知共基放大电路如图 T2.10 所示。晶体管的 $U_{BE}=0.7\ V$，$\beta=100$。计算该放大电路的静态工作点、中频电压放大倍数、输入电阻和输出电阻。

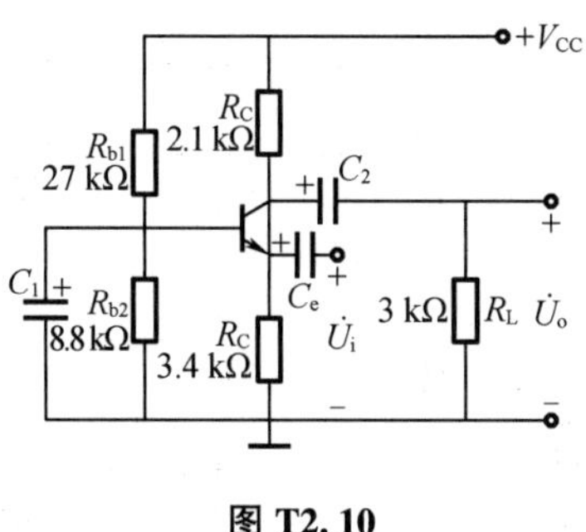

图 T2.10

11. 共集基本放大电路如图 T2.11 (a)所示。其输出波形产生了如图 T2.11 (b)所示的失真。请问该失真属于饱和失真还是截止失真？消除该种失真最有效的方法是什么？如晶体管改为 PNP 管，若出现的仍为底部失真，上面的答案又怎样？

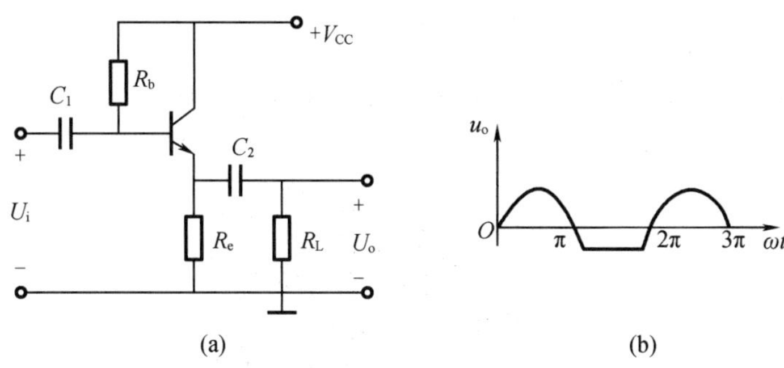

图 T2.11

12. 在图 T2.12 所示电路中，已知晶体管的 $\beta = 100$，$U_{BEQ} = 0.6\ V$，$r'_{bb} = 100\ \Omega$，$V_{CC} = 10\ V$。

(1)求静态工作点；

(2)画出中频微变等效电路；

(3)求 $\dot{A}_u$ 和 $\dot{A}_{us}$；

(4)求 R_i 和 R_o。

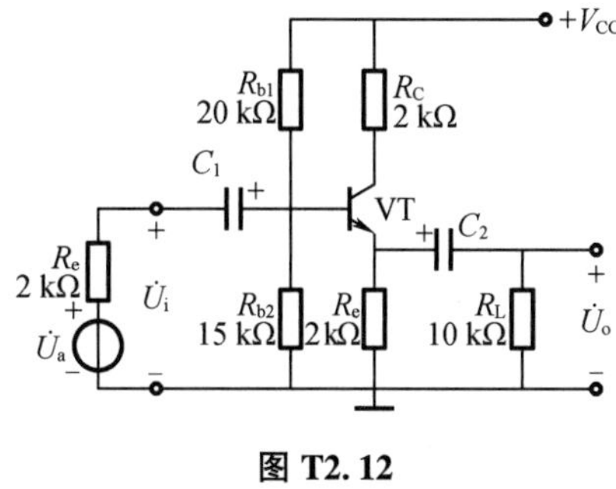

图 T2.12

13. 电路如图 T2.13 所示，晶体管 $\beta = 80$，$r_{be} = 1\ \Omega$。

(1)求出 Q 点；

(2)分别求出 $R_L=\infty$ 和 $R_L=3\ k\Omega$ 时电路的 $\dot{A}_u$、R_i 和 R_o。

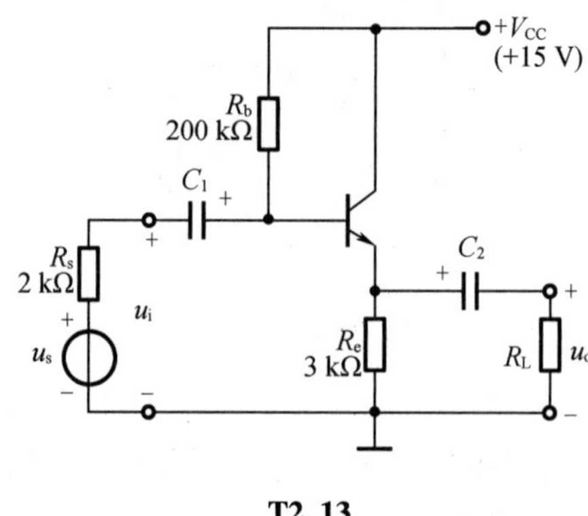

T2.13

14.电路如图 T2.14 所示,晶体管的 $\beta=60$,$r'_{bb}=100\ \Omega$。

(1)求解 Q 点、$\dot{A}_u$、R_i 和 R_o。

(2)设 $U_s=10$ mV(有效值),求 U_i、U_o;若 C_3 开路,求 U_i、U_o。

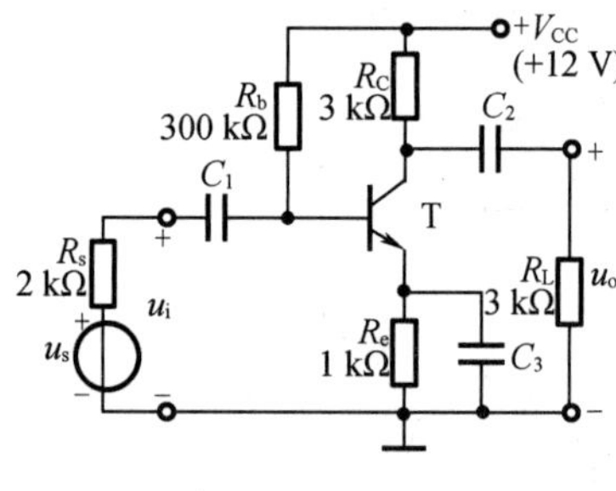

T2.14

第3章　场效应晶体管及其基本放大电路

场效应晶体管是利用输入回路的电场效应来控制输出回路电流的一种半导体器件，属于电压控制型器件。场效应管几乎仅靠半导体中的一种载流子导电，故又称为单极型晶体管。其输入电阻很高，可高达 $10^7 \sim 10^{15}\,\Omega$。此外，场效应管还具有体积小、质量小、寿命长、噪声低、热稳定性好、抗辐射能力强等优点，因而广泛地应用于各种电子电路之中。尤其是在大规模和超大规模集成电路中得到了广泛的应用。

场效应管按照结构可分为结型场效应管和绝缘栅型场效应管。

本章首先介绍各类场效应管的结构、工作原理、特性曲线及性能参数，然后介绍场效应管基本放大电路与各种放大电路器件性能的比较。

3.1　结型场效应晶体管

结型场效应管按结构可分为 N 沟道和 P 沟道两种类型，图 3.1.1(a)是 N 沟道的实际结构图，图 3.1.1(b)为 N 沟道和 P 沟通对应的符号。

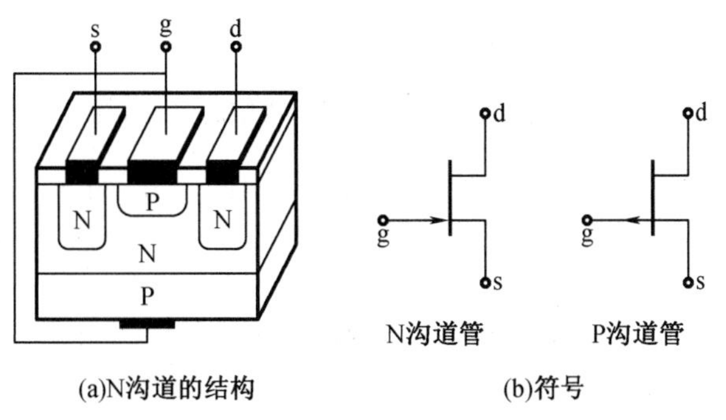

图 3.1.1　结型场效应管的结构和符号

图 3.1.2 所示为 N 沟道结型场效应管的结构示意图。图中，在同一块 N 型半导体上制作两个高掺杂的 P 区，并将它们连接在一起，所引出的电极称为栅极 g，N 型半导体的两端分别引出两个电极，一个称为漏极 d，一个称为源极 s。P 区与 N 区交界面形成耗尽层，漏极与源极间的耗尽层区域称为导电沟道。

3.1.1　结型场效应管的工作原理

为使 N 沟道结型场效应管能正常工作，应在其栅-源之间加负向电压（即 $u_{GS}<0$），以保证耗尽层承受反向电压；在漏-源之间加正向电压 u_{DS}，以形成漏极电流 i_D。$u_{GS}<0$，既保证了栅-源之间内阻很高的特点，又实现了 u_{GS} 对沟道电流的控制。

下面通过栅-源电压 u_{GS} 和漏-源电压 u_{DS} 对导电沟道的影响来说明管子的工作原理。

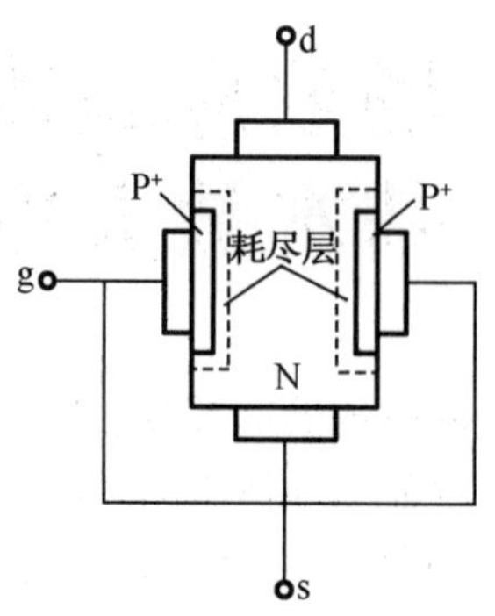

图 3.1.2　N 沟道结型场效应管的结构示意图

1. 当 $u_{DS}=0$(即 d、s 短路)时，u_{GS} 对导电沟道的控制作用

当 $u_{DS}=0$ 且 $u_{GS}=0$ 时，耗尽层很窄，导电沟道很宽，如图 3.1.3(a)所示。

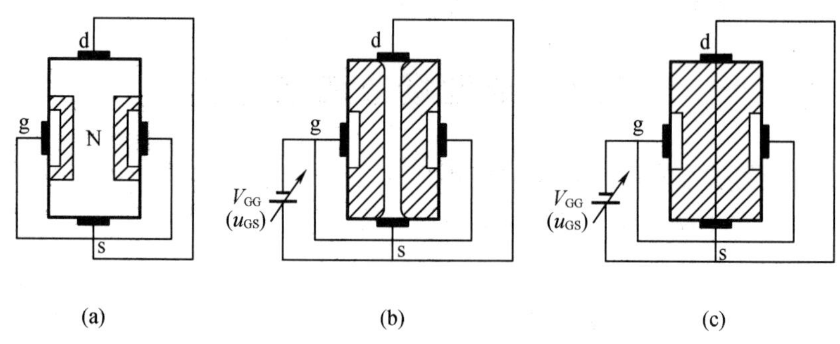

图 3.1.3　$u_{DS}=0$ 时，u_{GS} 对导电沟道的控制作用

当 $|u_{GS}|$ 增大时，耗尽层加宽，沟道变窄，如图 3.1.3(b)所示，沟道电阻增大。当 $|u_{GS}|$ 增大到某一数值时，耗尽层闭合，沟道消失，如图 3.1.3(c)所示，沟道电阻趋于无穷大，称此时 u_{GS} 的值为夹断电压 $u_{GS(off)}$。

2. 当 u_{GS} 为 $u_{GS(off)}$ ~0 中某一固定值时，u_{DS} 对漏极电流 i_D 的影响

当 u_{GS} 为 $u_{GS(off)}$ ~0 中某一确定值时，若 $u_{GS}=0$，则虽然存在由 u_{GS} 所确定的一定宽度的导电沟道，但由于 d-s 间电压为零，多子不会产生定向移动，因而漏极电流 i_D 为零。

若 $u_{DS}>0$，则有电流 i_D 从漏极流向源极，从而使沟道中各点与栅极间的电压不再相等，而是沿沟道从源极到漏极逐渐增大，造成靠近漏极一边的耗尽层比靠近源极一边的宽，即靠近漏极一边的导电沟道比靠近源极一边的窄，如图 3.1.4(a)所示。

因为栅-漏电压 $u_{GD}=u_{GS}-u_{DS}$，所以当 u_{DS} 从零逐渐增大时，u_{GD} 逐渐减小，靠近漏极一边的导电沟道必将随之变窄。但是，只要栅-漏间不出现夹断区域，沟道电阻仍基本取决于栅-源电压 u_{DS}，因此，电流 i_D 将随 u_{DS} 的增大而线性增大，d-s 呈现电阻特性。而一旦 u_{DS} 的增大使 u_{GD} 等于 $u_{GS(off)}$，则漏极一边的耗尽层就会出现夹断区，如图 3.1.4(b)所示，称 $u_{GD}=u_{GS(off)}$ 为预夹断。若 u_{DS} 继续增大，则 $u_{GD}<u_{GS(off)}$，耗尽层闭合部分将沿沟道方向延伸，即夹断区加长，如图 3.1.4(c)所示。这时，一方面自由电子从漏极向源极定向移动所受阻力加大(只能从夹断区的窄缝以较高速度通过)，i_D 减小；另一方面，随着 u_{DS} 的增大，使 d-s 间的纵向电场增强，也必然导致 i_D 增大。实际上，上述 i_D 的两种变化趋势相抵消，u_{DS} 的增

大几乎全部降落在夹断区,用于克服夹断区对 i_D 形成的阻力。因此,从外部看,在 $u_{GD}<u_{GS(off)}$ 的情况下,当 u_{DS} 增大时 i_D 几乎不变,即 i_D 几乎仅仅取决于 u_{DS},这表现出 i_D 的恒流特性。

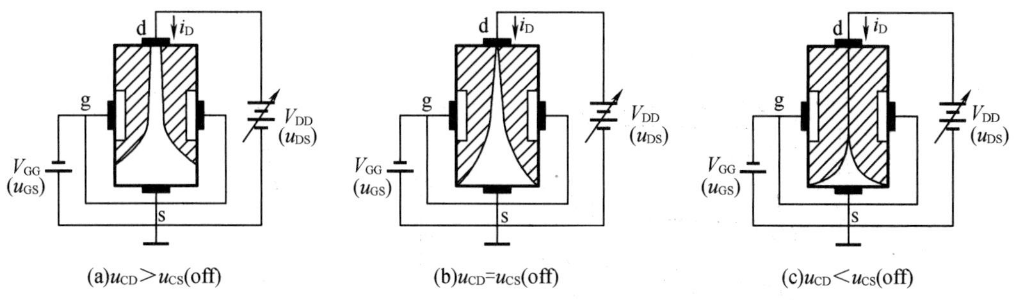

图 3.1.4 $u_{GS(off)}<u_{GS}<0$ 且 $u_{DS}>0$ 的情况

3. 当 $u_{GD}<u_{GS(off)}$ 时,u_{DS} 对 i_D 的控制作用

在 $u_{GD}=u_{GS}-u_{DS}>u_{GS(off)}$,即 $u_{DS}>u_{GS}-u_{GS(off)}$ 的情况下,当 u_{DS} 为一常量时,对应于确定 u_{GS},就有确定的 i_D。此时,可以通过改变 u_{GS} 来控制 i_D 的大小。由于漏极电流受栅-源电压的控制,故称场效应管为电压控制元件。与晶体管用$\beta(=\Delta i_C/\Delta i_B)$来描述动态情况下基极电流对集电极电流的控制作用相类似。场效应管用 g_m 来描述动态的栅-源电压对漏极电流的控制作用,g_m 称为低频跨导:

$$g_m=\left.\frac{\Delta i_D}{\Delta u_{DS}}\right|_{u_{DS}=\mathrm{const}} \tag{3.1.1}$$

由以上分析可知:

(1)在 $u_{GD}=u_{GS}-u_{DS}>u_{GS(off)}$ 的情况下,即当 $u_{DS}<u_{GS}-u_{GS(off)}$(即 g-d 间未出现夹断)时,对应于不同的 u_{GS},d-s 间等效成不同阻值的电阻。

(2)当 u_{DS} 使 $u_{GD}=u_{GS(off)}$ 时,d-s 之间预夹断。

(3)当 u_{DS} 使 $u_{GD}<u_{GS(off)}$ 时,i_D 几乎仅仅决定于 u_{GS},而与 u_{DS} 无关。此时可以把 i_D 近似看成 u_{GS} 控制的电流源。

(4)当 $u_{GS}<u_{GS(off)}$ 时,管子截至,$i_D=0$。

3.1.2 结型场效应管的特性曲线及参数

1. 输出特性

结型场效应管的输出特性是指在栅源电压 u_{GS} 一定的情况下,漏极电流 i_D 与漏极电压 u_{DS} 之间的关系,即

$$i_D=f(u_{DS})\big|_{u_{GS}=\mathrm{const}} \tag{3.1.2}$$

场效应管(MOSFET)的输出特性曲线如图 3.1.5(a)所示。对应于一个 u_{GS},就有一条曲线,因此输出特性曲线为一簇曲线。场效应管有三个工作区:可变电阻区、恒流区和截止区。

(1)可变电阻区(非饱和区):图 3.1.5(a)中虚线为预夹断轨迹,它是各条曲线上使 $u_{GD}=u_{GS}-u_{GS(Off)}$ 的点连接而成的。u_{GS} 越大,预夹断时 u_{DS} 的值越大。预夹断轨迹左边的区域称为可变电阻区,该区域中的曲线可以近似为不同斜率的直线。当 u_{GS} 为定值时,斜率为

对应的定值,斜率的倒数对应 d-s 间的等效电阻。通过控制 u_{GS} 的电压大小可以改变漏-源等效电阻的阻值,故称此区域为可变电阻区。

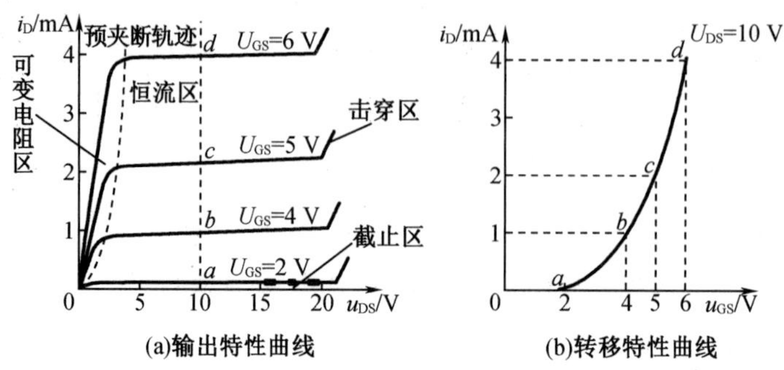

图 3.1.5 MOS 场效应管的输出特性曲线和转移特性曲线

(2)恒流区(饱和区):图 3.1.5(a)中预夹断轨迹右侧的区域表示恒流区。当 $u_{DS}>u_{GS}-u_{GS(off)}$(即 $u_{GD}<u_{GS(off)}$)时,各曲线近似为一簇平行的直线。当 u_{DS} 增大时,i_D 增加得很小。因此,将 i_D 近似为控制电压 u_{GS} 的控制电流源,所以该区域为恒流区。当利用放大作用时,应使场效应管工作在该区域。

(3)截止区(夹断区):$u_{GS}<u_{GS(off)}$ 时,无导电沟道,$i_D\approx 0$,该区域称为截止区,也称为夹断区。另外,当 u_{DS} 增大到一定程度时,漏极电流会骤然增大,管子将被击穿,对应于图 3.1.5(a)中输出特性曲线右侧上翘部分,称为击穿区,应避免使场效应管进入这一区域。

2. 转移特性

转移特性曲线是在漏源电压 u_{DS} 一定的条件下,栅源电源 u_{GS} 对漏极电流 i_D 的控制特性,即

$$i_D=f(u_{GS})\big|_{u_{DS}=\text{const}} \tag{3.1.3}$$

当场效应管工作在恒流区时,由于输出特性曲线可以近似为横轴的一组平行线,所以可以用一条转移特性曲线代替恒流区的所有曲线。在输出特性曲线的恒流区,作垂直于横轴的一条直线,与输出特性曲线交于 a、b、c、d 各点。由每一个点,可得到一组 i_D 和 u_{GS} 的坐标值。建立 u_{GS}-i_D 坐标系,连接各点所得到的曲线即为 MOS 场效应管的转移特性曲线,如图 3.1.5(b)所示。

由于恒流区内,i_D 受 u_{GS} 的影响很小,因此在恒流区内,不同 u_{GS} 下的转移特性曲线基本重合。

N 沟道增强型 MOS 场效应管的转移特性曲线可用如下表达式描述:

$$i_D=I_{DO}\left(\frac{u_{GS}}{U_{GS(th)}}-1\right)^2 \tag{3.1.4}$$

式中,I_{DO} 是 $u_{GS}=2U_{GS(th)}$ 时所对应的 i_D。

3.2 绝缘栅型场效应晶体管

绝缘栅型场效应管的栅极因与源极、栅极与漏极之间均采用 SiO_2 绝缘层隔离而得名。又因栅极为金属铝,故又称为 MOS 管。它的栅-源间电阻比结型场效应管大得多,可达 $10^{10}\ \Omega$ 以上,还因为它比结型场效应管温度稳定性好、集成化时工艺简单,而广泛用于大规模和超大规模集成电路中。

与结型场效应管相同,MOS 管也有 N 沟道和 P 沟道两类,但每一类又分为增强型和耗尽型两种,因此 MOS 管的四种类型为 N 沟道增强型管、N 沟道耗尽型管、P 沟道增强型管和 P 沟道耗尽型管。凡栅-源电压 u_{GS} 为零时漏极电流也为零的管子均属于增强型管,凡栅-源电压 u_{GS} 为零时漏极电流不为零的管子均属于耗尽型管。下面讨论它们的工作原理及特性。

3.2.1 N 沟道增强型场效应管

1. 结构

N 沟道增强型场效应管的结构和图形符号如图 3.2.1(a)(b)所示。它以一块掺杂浓度较低、电阻率较高的 P 型半导体薄片作为衬底,利用扩散的方法在 P 型硅中形成两个高掺杂的 N^+ 区。然后在 P 型硅表面生长一层很薄的二氧化硅绝缘层,并在二氧化硅的表面及 N^+ 区的表面上分别安置三个铝电极作为栅极 g、源极 s 和漏极 d,就成了 N 沟道增强型场效应晶体管。

由于栅极与源极、漏极均无电触,故称绝缘栅极。图 3.2.1(b)是 N 沟道增强型场效应晶体管的图形符号。箭头方向表示由 P(衬底)指向 N(沟道)。对于 P 沟道场效应晶体管,其箭头方向与上述相反。

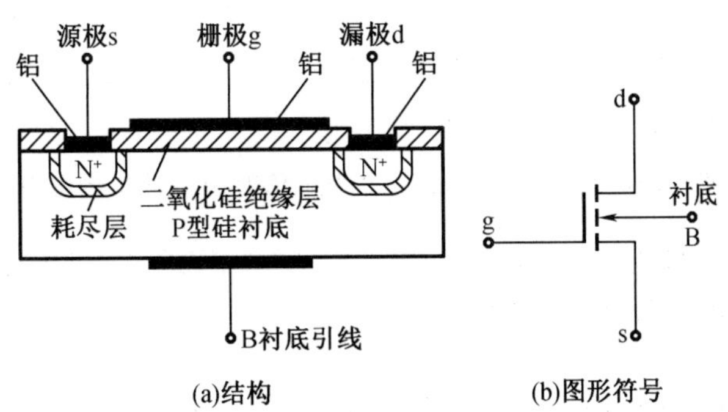

(a)结构　　(b)图形符号

图 3.2.1 N 沟道增强型场效应管

2. 工作原理

当栅-源之间不加电压时,漏-源之间是两只背向的 PN 结,不存在导电沟道,因此即使漏-源之间加电压.也不会有漏极电流。

当 $u_{DS}=0$ 且 $u_{GS}>0$ 时,由于 SiO_2 的存在,栅极电流为零。但是栅极金属层将聚集正电荷,它们排斥 P 型衬底靠近 SiO_2 一侧的空穴,使之剩下不能移动的负离子区,形成耗尽层,如图 3.2.2(a)所示。当 u_{GS} 增大时,一方面耗尽层增宽,另一方面将衬底的自由电子吸引到耗尽层与绝缘层之间，形成一个 N 型薄层，称为反型层，如图 3.2.2(b)所示。这个反型层就构成了漏-源之间的导电沟道。使沟道刚刚形成的栅-源电压称为开启电压 $U_{GS(th)}$。u_{GS} 越大，反型层越厚，导电沟道电阻越小。

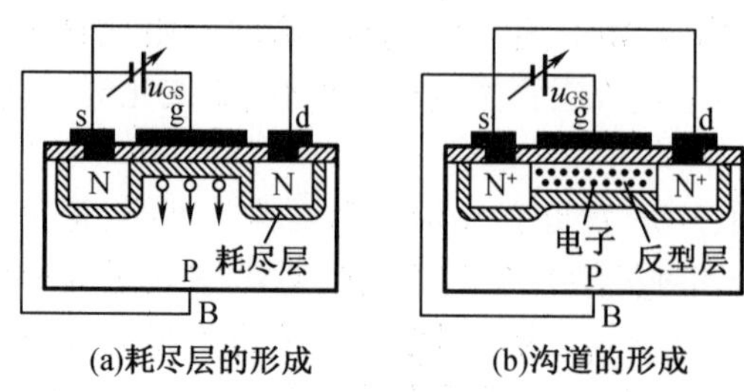

(a)耗尽层的形成　　(b)沟道的形成

图 3.2.2　$u_{DS}=0$ 时，u_{DS} 对导电沟道的影响

当 u_{GS} 是大于 $U_{GS(th)}$ 的一个确定值时，若在 d-s 之间加正向电压，则将产生一定的漏极电流。此时 u_{DS} 的变化对导电沟道的影响与结型场效应管相似。即当 u_{DS} 较小时，u_{DS} 增大使 i_D 线性增大，沟道沿源-漏方向逐渐变窄，如图 3.2.3 (a)所示。一旦 u_{DS} 增大到使 $U_{GD}=U_{GS(th)}$(即 $U_{DS}=U_{GS}-U_{GS(th)}$)时，沟道在漏极一侧出现夹断点，称为预夹断，如图 3.2.3(b)所示。如果 u_{DS} 继续增大，夹断区随之延长，如图 3.2.3(c)所示。而且 u_{DS} 的增大部分几乎全部用于克服夹断区对漏极电流的阻力。从外部看，i_D 几乎不因 u_{DS} 的增大而变化，管子进入恒流区，几乎仅取决于 u_{GS}。

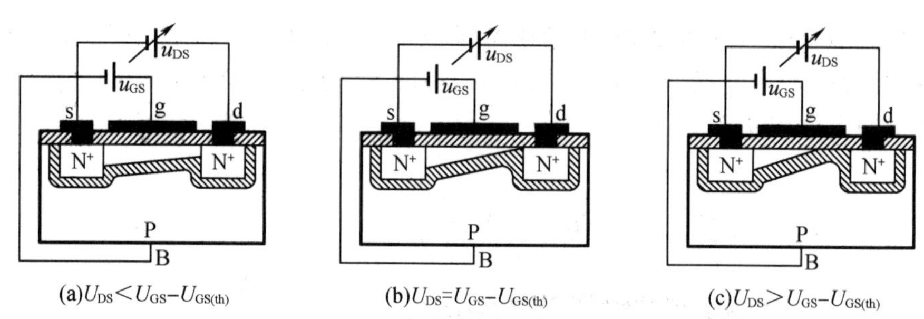

(a)$U_{DS}<U_{GS}-U_{GS(th)}$　　(b)$U_{DS}=U_{GS}-U_{GS(th)}$　　(c)$U_{DS}>U_{GS}-U_{GS(th)}$

图 3.2.3　u_{GS} 为大于 $U_{GS(th)}$ 的某一值时，u_{DS} 对 i_D 的影响

在 $U_{DS}>U_{GS}-U_{GS(th)}$ 时，对应于每一个 u_{GS} 就有一个确定的 i_D。此时，可将此状态下的场效应管视为电压 u_{GS} 控制的电流源。

3. 特性曲线

N 沟道增强型 MOS 场效应晶体管的输出特性如图 3.2.4(a)所示，图 3.2.4(b)是它的转移特性。

与结型场效应晶体管一样，图 3.2.4(a)所示输出特性同样可分为三个不同区域：可变电阻区、恒流区、击穿区。

在恒流区内，N 沟道增强型 MOS 场效应管的 i_D 可近似地表示为

$$i_D=I_{DO}\left(\frac{u_{GS}}{U_T}-1\right)^2 \qquad u_{GS}>U_T \tag{3.2.1}$$

式中，I_{DO} 是 $u_{GS}=2U_T$ 时的 i_D 值。

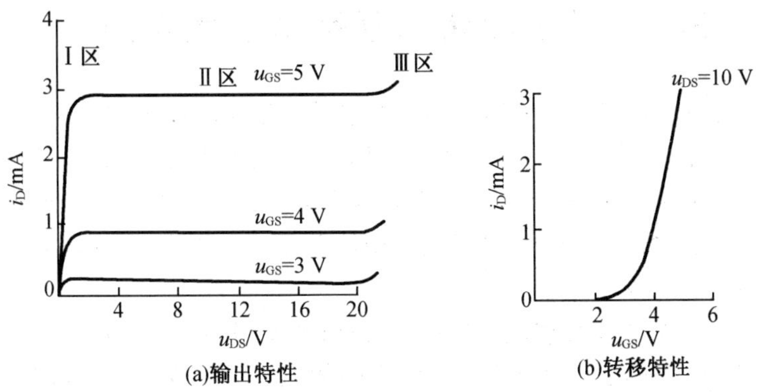

(a)输出特性　　(b)转移特性

图 3.2.4　N 沟道增强型 MOS 场效应晶体管特性曲线

3.2.2　N 沟道耗尽型场效应晶体管

如果在制造 MOS 管时,在 SiO_2 绝缘层中加入大量正离子,那么即使 $u_{GS}=0$, 在正离子作用下 P 型衬底表层也存在反型层,即漏-源之间存在导电沟道。只要在漏-源之间加正向电压,就会产生漏极电流,如图 3.2.5(a)所示。并且,u_{GS} 为正时,反型层变宽,沟道电阻变小,i_D 增大;反之,u_{GS} 为负时,反型层变窄,沟道电阻变大,i_D 减小。而当 u_{GS} 从零减小到一定值时,反型层消失,漏-源之间导电沟道消失,$i_D=0$。此时的 u_{GS} 称为夹断电压 $U_{GS(th)}$。与 N 沟道结型场效应管相同,N 沟道耗尽型 MOS 管的夹断电压也为负值。但是, 前者只能在 $u_{GS}<0$ 的情况下工作,而后者的 u_{GS} 可以在正、负值的一定范围内实现对 i_D 的控制,且仍保持栅-源间有非常大的绝缘电阻。

耗尽层 MOS 管的符号如图 3.2.5(b)所示。

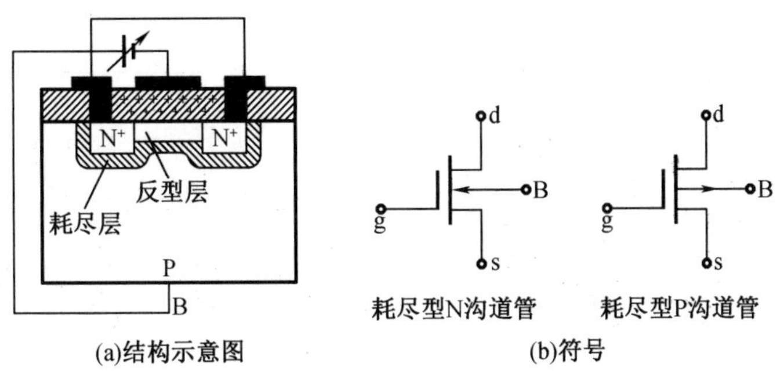

(a)结构示意图　　(b)符号

图 3.2.5　N 沟道耗尽型 MOS 管结构示意图及符号

3.3 场效应晶体管基本放大电路

在实际应用中，有时信号源非常微弱且内阻较大，只能提供微安级甚至更小的信号电流。因此，只有在放大电路的输入电阻达到几兆欧、几十兆欧甚至更大时，才能有效地获得信号电压。双极型晶体管共集基本放大电路的输入电阻最大仅为几百千欧。场效应管的栅源间电阻非常大，可达 $10^7 \sim 10^{15}\Omega$，可以认为栅极电流基本为零，因此场效应管放大电路的输入电阻可满足上述要求。

场效应管和双极型晶体管相类似，双极型晶体管的基极 B、发射极 E、集电极 C 与场效应管的栅极 G、源极 S 和漏极 D 相对应。它们之间的主要区别在于：场效应管是电压控制型器件，靠栅源电压的变化控制漏极电流的变化，放大作用以跨导 g_m 来体现；双极型晶体管是电流控制型器件，靠基极电流的变化来控制集电极电流的变化，放大作用由电流放大系数 β 来体现。场效应管基本放大电路也有三种组态，即共栅组态基本放大电路、共源组态基本放大电路和共漏组态基本放大电路，与双极型晶体管基本放大电路的共基组态基本放大电路、共射组态基本放大电路和共集组态基本放大电路相对应。

3.3.1 场效应晶体管放大电路的静态分析

根据放大电路的组成原则，在场效应管放大电路中，必须设置合适的静态工作点，使管子在信号作用时始终工作在恒流区，电路才能正常放大。场效应管基本放大电路的偏置形式有两种：分压偏置和自给偏压。

1. 分压偏置电路

场效应管共源分压偏置基本放大电路如图 3.3.1 所示。这种偏置电路适合任何类型的场效应管放大电路。

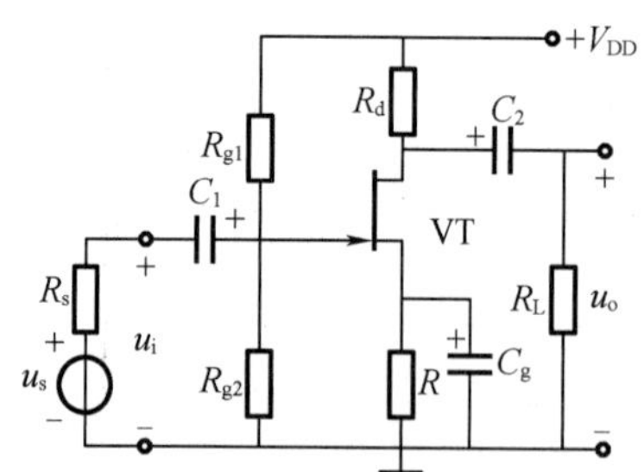

(a)N沟道结型场效应管分压偏置电路

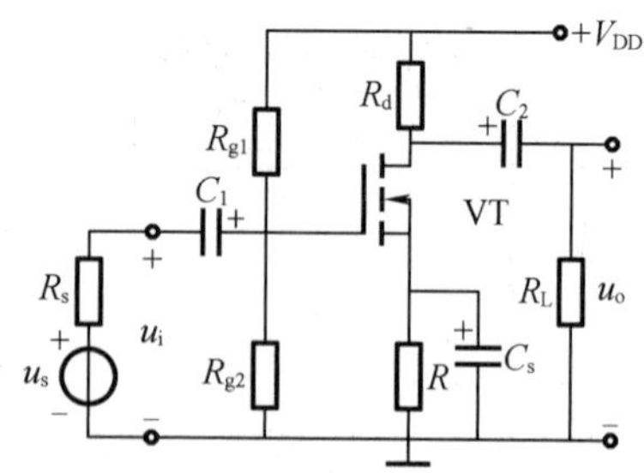

(b)N沟道增强型绝缘栅场效应管分压偏置电路

图 3.3.1 场效应管共源分压偏置电路

将图 3.3.1(a)电路的耦合电容 C_1、C_2 旁路电容 C_s 断开，就得到其直流通路，如图 3.3.2 所示。图中 R_{g1}、R_{g2} 是栅极偏置电阻，R 是源极电阻，R_d 是漏极负载电阻。根据图 3.3.2 可写出下列方程：

$$U_G = \frac{R_{g2} V_{DD}}{R_{g1} + R_{g2}} \tag{3.3.1}$$

$$U_{GSQ}=U_G-U_S=U_G-I_{DQ}R \tag{3.3.2}$$

$$I_{DQ}=I_{DSS}\left(1-\frac{U_{GSQ}}{U_{GS(off)}}\right)^2 \tag{3.3.3}$$

$$U_{DSQ}=V_{DD}-I_{DQ}(R_d+R) \tag{3.3.4}$$

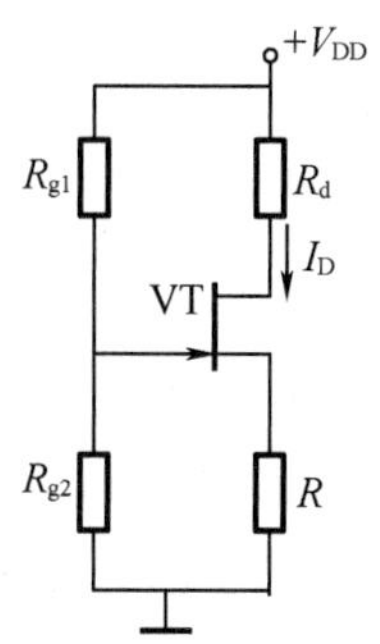

图 3.3.2　N 沟道结型场效应管分压偏置电路的直流通路

将式(3.3.1)～式(3.3.4)联立方程组,可以求解静态工作点 I_{DQ}、U_{GSQ} 和 U_{DSQ}。式(3.3.3)是二次方程,会有两个解,需要从中确定一个合理的解。一般可根据静态工作点是否合理、栅源电压是否超出了夹断电压、漏源电压是否进入饱和区等情况来确定。

注意式(3.3.3)表示的结型场效应管和耗尽型绝缘栅场效应管的漏极电流方程,而对于增强型绝缘栅场效应管,其漏极电流方程为

$$I_{DQ}=I_{DO}\left(\frac{U_{GSQ}}{U_{GS(th)}}-1\right)^2 \tag{3.3.5}$$

式中,I_{DO} 是 $U_{GS}=2U_{GS(th)}$ 时所对应的 I_D。

2. 自给偏压电路

图 3.3.3(a) 所示为 N 沟道结型场效应晶体管共源放大电路,也是典型的自给偏压电路。N 沟道结型场效应晶体管只有在栅源电压 $U_{GS}<0$ 时电路才能正常工作,那么图示电路中 U_{GS} 为什么会小于零呢?

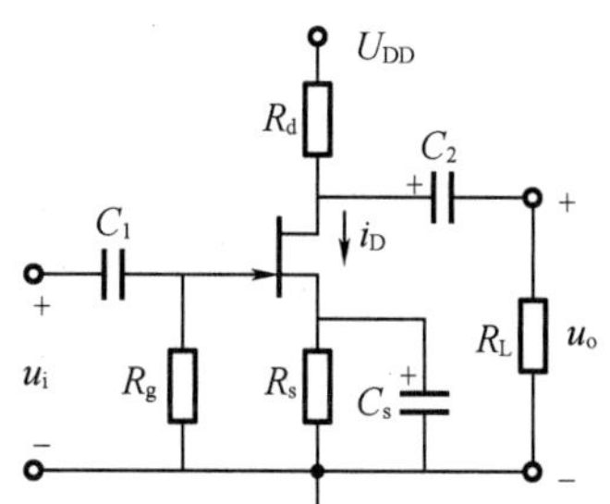

(a)由N沟道结型场效应晶体管组成的电路

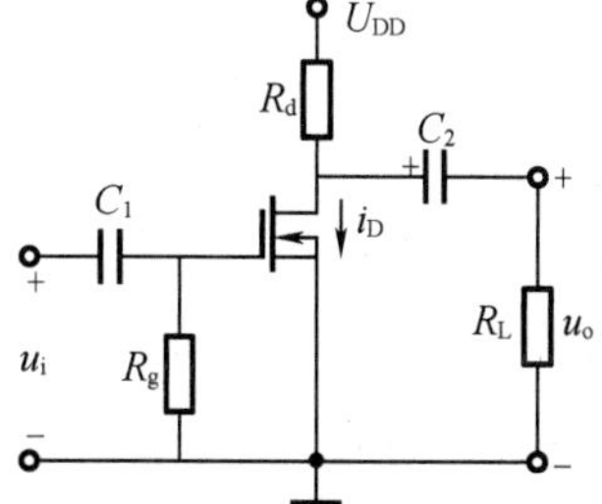

(b) 由N沟道耗尽型MOS场效应晶体管组成的电路

图 3.3.3　自给偏压共源放大电路

在静态时,由于场效应晶体管栅极电流为零,因而电阻 R 的电流为零,栅极电位 U_{GQ} 也就为零;而漏极电流 I_{DQ} 流过源极电阻 R_g 必然产生电压,使源极电位 $U_{SQ}=I_{DQ}R_s$,因此栅源极间静态电压为

$$U_{GSQ}=U_{GQ}-U_{SQ}=-I_{DQ}R_S \tag{3.3.6}$$

$$i_D=i_{DSS}\left(1-\frac{u_{gs}}{U_P}\right)^2 \tag{3.3.7}$$

可见,电路是靠源极电阻上的电压为栅源极提供一个负偏压的,固称为自给偏压。将式(3.3.6)与结型场效应晶体管的电流方程式(3.3.7)联立,即可解出 I_{DQ} 和 U_{DSQ} 如下:

$$I_{DQ}=I_{DSS}\left(1-\frac{u_{GS}}{U_P}\right)^2 \tag{3.3.8}$$

$$U_{DSQ}=U_{DD}-I_{DQ}(R_d+R_g) \tag{3.3.9}$$

也可用图解法求解 Q 点。

图 3.3.3(b)所示电路是自给偏压的一种特例,其中 $U_{GSQ}=0$。图中采用沟道耗尽型 MOS 场效应管,因此其栅源极间电压在小于零、等于零和大于零的一定范围内均能正常工作。求解 Q 点时,可先在转移特性上求得 $U_{GS}=0$ 时的 i_D,即 I_{DQ};然后利用式(3.3.4)求出管压降 U_{DSQ}。

3.3.2 场效应晶体管放大电路的动态分析

1. 场效应晶体管的低频小信号等效模型

利用 h 参数等效模型,将场效应晶体管看成一个二端口网络,栅极与源极之间看成输入端口,漏极与源极之间看成输出端口。以 N 沟道增强型 MOS 场效应晶体管为例,可以认为栅极电流为零,栅源极间只有电压存在。而漏极电流 i_D 是 u_{GS}、u_{DS} 的函数,即

$$i_D=f(u_{GS},u_{DS})$$

研究动态信号作用时,用全微分来表示

$$i_D=\left.\frac{\partial i_D}{\partial u_{GS}}\right|_{U_{DS}}.\,du_{GS}+\left.\frac{\partial i_D}{\partial u_{GS}}\right|_{U_{DS}}.\,du_{GS} \tag{3.3.10}$$

令式(3.3.10)中

$$\left.\frac{\partial i_D}{\partial u_{GS}}\right|_{U_{DS}}=g_m \tag{3.3.11}$$

$$\left.\frac{\partial i_D}{\partial u_{GS}}\right|_{U_{DS}}=\frac{1}{r_{ds}} \tag{3.3.12}$$

当信号幅值较小时,管子的电流、电压只在 Q 点附近变化,因此可以认为在 Q 点附近的特性是线性的,g_m 与 r_{ds} 近似为常数。用交流信号 $\dot{I}_d$、$\dot{U}_{gs}$ 和 $\dot{U}_{ds}$ 取代变化量 di_D、du_{GS} 和 du_{DS},式(3.3.10)可写成

$$\dot{I}_d=g_m\dot{U}_{gs}+\frac{1}{r_{ds}}\dot{U}_{ds} \tag{3.3.13}$$

根据式(3.3.13)可构造出 MOS 场效应晶体管的低频小信号作用下的等效模型,如图 3.3.4 所示。输入回路栅源极间相当于开路;输出回路与晶体管的 h 参数等效模型相似,是一个电压 $\dot{U}_{gs}$ 控制的电流源和一个电阻 r_{ds} 并联。

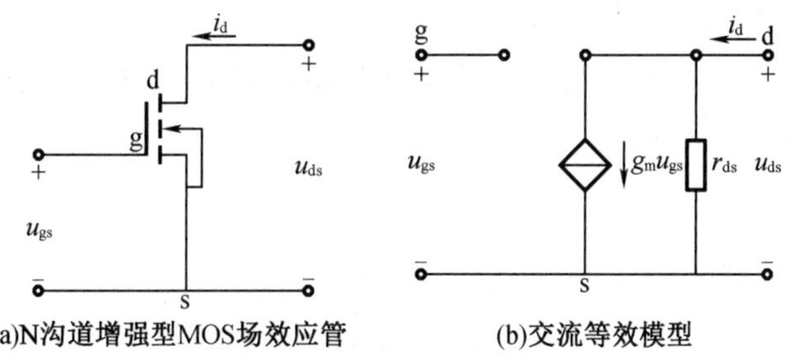

(a)N沟道增强型MOS场效应管　　(b)交流等效模型

图 3.3.4　MOS 场效应晶体管的低频小信号作用下的等效模型

可以从场效应晶体管的转移特性和输出特性曲线上求出 g_m 和 r_{ds},如图 3.3.5 所示。从转移特性可知,g_m 是 $U_{DS}=U_{DSQ}$ 那条转移特性曲线上 Q 点处的导数,即以 Q 点为切点的切线率。在小信号作用时可用切线来等效 Q 点附近的曲线。由于 g_m 是输出回路电流与输入回路电压之比,故称为跨导,其量纲是电导的量纲。

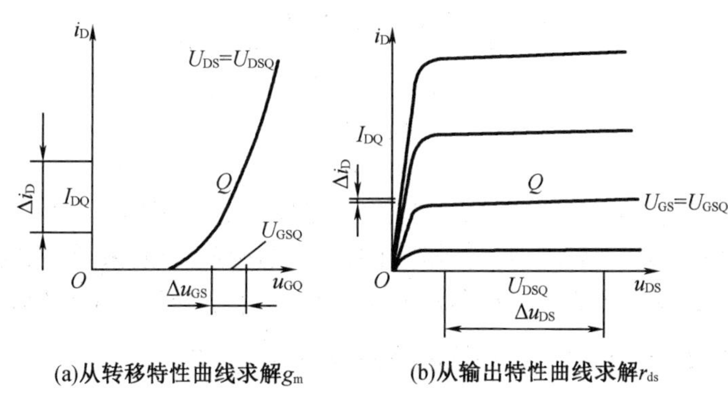

(a)从转移特性曲线求解g_m　　(b)从输出特性曲线求解r_{ds}

图 3.3.5　从特性曲线求解 g_m 和 r_{ds}

从输出特性可知,r_{ds} 是 $U_{DS}=U_{DSQ}$ 这条输出特性曲线上 Q 点处斜率的倒数,它描述曲线上翘的程度,r_{ds} 越大,曲线越平。通常 r_{ds} 在几千兆之间,如果外电路的电阻较小时,也可忽略 r_{ds} 中的电流,将输出回路只等效成一个受控电流源。

对 N 沟道增强型 MOS 场效应晶体管的电流方程式(3.3.14) 求导可得出 g_m 的表达式(3.3.15)

$$i_D=I_{DO}\left(\frac{u_{GS}}{U_T}-1\right)\qquad u_{GS}>U_T \tag{3.3.14}$$

式中,I_{DO} 是 $u_{GS}=2U_T$ 时的 i_D 值。

$$g_m=\frac{\partial i_D}{\partial u_{GS}}\bigg|_{U_{DS}}=\frac{2I_{DO}}{U_T}\left(\frac{u_{GS}}{U_T}\right)\bigg|_{U_{DS}}=\frac{2}{U_T}\sqrt{I_{DO}i_D} \tag{3.3.15}$$

在小信号作用时,可用 I_{DQ} 来近似 i_D,得出

$$g_m\approx\frac{2}{U_T}\sqrt{I_{DO}I_{DQ}} \tag{3.3.16}$$

式(3.3.16)表明,g_m 与 Q 点紧密相关,Q 点越高,g_m 越大。因此,场效应晶体管放大电路与晶体管放大电路相同,Q 点不仅影响是否会产生失真,而且影响着电路的动态参数。

2. 基本共源放大电路的动态分析

图 3.3.4 所示基本共源放大电路的交流等效电路如图 3.3.6 所示，图中采用了 MOS 场效应晶体管的简化模型，即认为 $r_{ds}=\infty$。

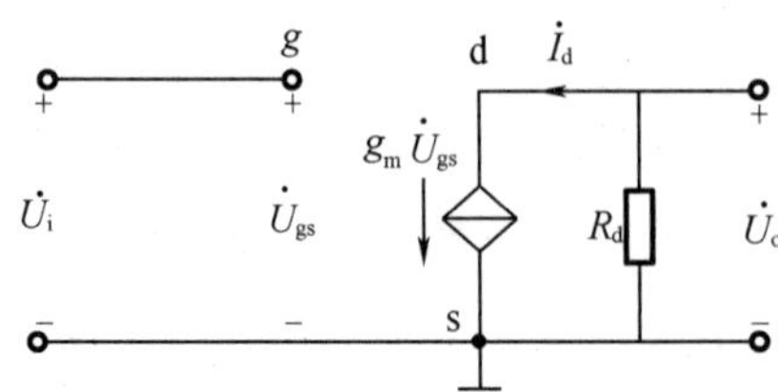

图 3.3.6　基本共源放大电路的交流等效电路

根据电路可得

$$\dot{A}_u=\frac{\dot{U}_o}{\dot{U}_i}=\frac{-\dot{I}_d R_d}{\dot{U}_{gs}}=-\frac{g_m\dot{U}_{gs}R_d}{\dot{U}_{gs}}=-g_m R_d \tag{3.3.17}$$

$$R_i=\infty \tag{3.3.18}$$

$$R_o=R_d \tag{3.3.19}$$

与晶体管共发射极放大电路类似，共源放大电路具有一定的电压放大能力，且输出电压与输入电压反相，只是共源放大电路比晶体管共发射极放大电路的输入电阻大得多。

[**例 3.3.1**]　已知图 3.3.7 所示电路中，$U_{GG}=6\ \text{V}$，$U_{DD}=12\ \text{V}$，$R_d=3\ \text{k}\Omega$；场效应晶体管开启电压 $U_T=4\ \text{V}$，$I_{DO}=10\ \text{mA}$。试估算电路的 Q 点、$\dot{A}_u$ 和 R_o。

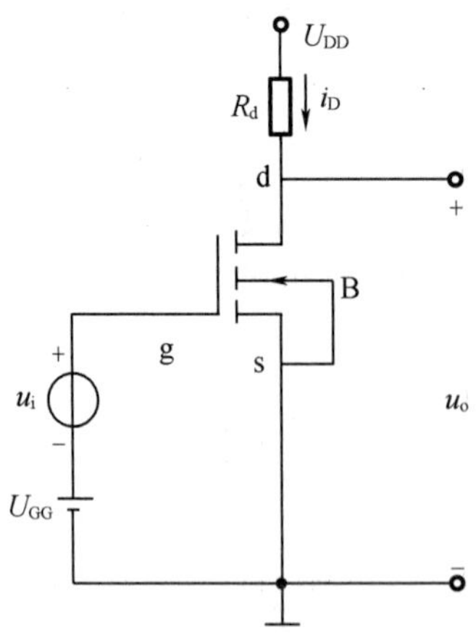

图 3.3.7　基本共源放大电路

解　(1) 估算静态工作点：已知 $U_{GS}=U_{GG}=6\ \text{V}$，根据式(3.3.8)、式(3.3.9)可以得出

$$I_{DQ}=I_{DO}\left(\frac{U_{GG}}{U_T}-1\right)^2=10\times\left(\frac{6}{4}-1\right)^2\ \text{mA}=2.5\ \text{mA}$$

$$U_{DSQ}=U_{DD}-I_{DQ}R_d=(12-2.5\times3)\ \text{V}=4.5\ \text{V}$$

(2)估算 $\dot{A}_u$ 和 R_o

$$g_m \approx \frac{2}{U_T}\sqrt{I_{DO}I_{DQ}} = \frac{2}{4}\sqrt{10\times 2.5}\ \text{mS} = 2.5\ \text{mS}$$

$$\dot{A}_u = -g_m R_d = -2.5\times 3 = -7.5$$

$$R_o = R_d = 3\ \text{k}\Omega$$

由以上分析可知,要提高共源放大电路的电压放大能力,最有效的方法是增大漏极静态电流以增大 g_m。

3. 基本共漏放大电路的动态分析

基本共漏放大电路如图 3.3.8(a)所示,图 3.3.8(b)是它的交流等效电路。

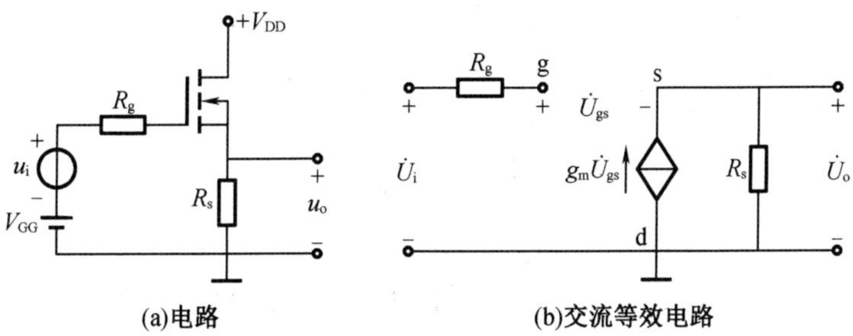

图 3.3.8　基本共漏放大电路

可以利用输入回路方程和场效应管的电流方程联立:

$$V_{GG} = U_{GSQ} + I_{DQ}R_s$$

$$I_{DQ} = I_{DO}\left(\frac{U_{GSQ}}{U_{GS(th)}} - 1\right)^2$$

求出漏极静态电流 I_{DQ} 和栅-源静态电压 U_{GSQ},再根据输出回路方程求出管压降:

$$U_{DSQ} = V_{DD} - I_{DQ}R_s \tag{3.3.20}$$

从图 3.3.8(b)可得动态参数为

$$\dot{A}_o = \frac{\dot{U}_o}{\dot{U}_i} = \frac{\dot{I}_d R_s}{\dot{U}_{gs} + \dot{I}_d R_s} = \frac{g_m \dot{U}_{gs} R_s}{\dot{U}_{gs} + g_m \dot{U}_{gs} R_s} = \frac{g_m R_s}{1 + g_m R_s} \tag{3.3.21}$$

分析输出时,将输入端短路,在输出端加交流电压 U_o,如图 3.3.9 所示,然后求出 I_o,则 $R_o = U_o / I_o$。

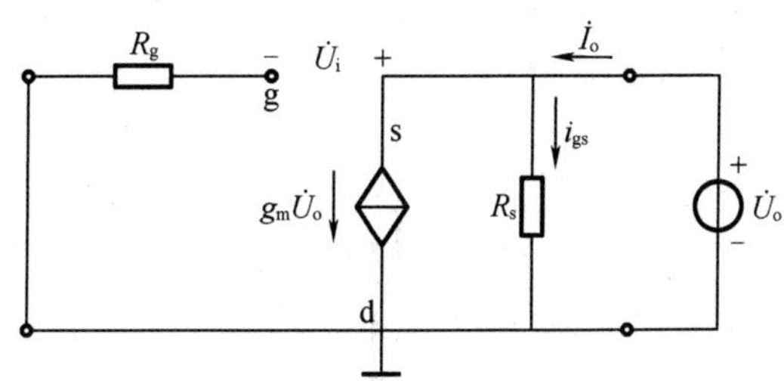

图 3.3.9　求解基本共漏放大电路的输出电阻

由图 3.3.9 可知

$$\dot{A}_o=\frac{\dot{U}_o}{\dot{U}_i}+\dot{I}_d=\frac{\dot{U}_o}{\dot{R}_s}+g_m\dot{U}_o$$

所以

$$R_o=R_s//\frac{1}{g_m} \tag{3.3.22}$$

[**例 3.3.2**] 电路如图 3.3.8 所示，已知场效应管的开启电压 $U_{GS(th)}=3\ \text{V}$，$I_{DO}=8\ \text{mA}$；$R_s=3\ \text{k}\Omega$；静态 $I_{DQ}=2.5\ \text{mA}$，场效应管工作在恒流区。试估算电路的 $\dot{A}_u$、R_i 和 R_o。

解 首先求出 g_m：

$$g_m=\frac{2}{U_{GS(th)}}\sqrt{I_{DO}I_{DQ}}=\left(\frac{2}{3}\sqrt{8\times 2.5}\right)\text{mS}\approx 2.98\ \text{mS}$$

然后根据式(3.3.20)、式(3.3.21)、式(3.3.22)可得

$$\dot{A}_u=\frac{g_mR_s}{1+g_mR_s}\approx\frac{2.98\times 3}{1+2.98\times 3}\approx 0.899$$

$$R_o=R_s//\frac{1}{g_m}\approx\left(\frac{3\times\frac{1}{2.98}}{3+\frac{1}{2.98}}\right)\text{k}\Omega\approx 0.302\ \text{k}\Omega=302\ \Omega$$

3.4 场效应晶体管与双极型晶体管的比较

场效应晶体管(单极型晶体管)与双极型晶体管相比，最突出的优点是可以组成高输入电阻的放大倍数。此外，由于它还有噪声低、温度稳定性好、抗辐射能力强等优于晶体管的特点，而且便于集成化，可构成低功耗电路，所以被广泛地应用于各种电子电路中。

3.5 本 章 小 结

本章首先介绍了场效应管的结构、工作原理和特性曲线，然后阐述了场效应管基本放大电路的静、动态分析，最后介绍了场效应管基本放大电路的频率响应。主要内容如下：

1. 场效应管(FET)是利用输入回路的电场效应来控制输出回路电流的一种半导体器件，属于电压控制型器件。场效应管是用栅源电压来控制沟道宽度改变漏极电流，仅靠半导体中的一种载流子导电，故又称为单极型晶体管。场效应管输入电阻高、体积小、质量小、寿命长、噪声低、热稳定性好、抗辐射能力强。

场效应管按其结构分为结型场效应管 JFET 和绝缘栅型场效应管 IGFET(或称金属-氧化物-半导体场效应管 MOSFET)。根据参与导电的载流子的种类不同，场效应管又可以分为电子作为载流子的 N 沟道场效应管和空穴作为载流子的 P 沟道场效应管。

场效应管的输出特性曲线可分为可变电阻区、截止区和恒流区，在放大电路中，应使其工作在恒流区。场效应管的参数也分为直流参数($U_{GS(th)}$ 或 $U_{GS(off)}$、I_{DSS}、R_{GS})、交流参数(g_m、极间电容)和极限参数(I_{DM}、击穿电压、P_{DM})三类。

2. 场效应管和双极型晶体管相类似，双极型晶体管的基极 b、发射极 e 和集电极 c 分别与场效应管的栅极 g、源极 s 和漏极 d 相对应。它们之间的主要区别在于：场效应管是电压控制型器件，靠栅源之间电压的变化控制漏极电流的变化，放大作用以跨导 g 来体现；双极型晶体管是电流控制型器件，靠基极电流的变化来控制集电极电流的变化，放大作用由电流放大系数来体现。场效应管基本放大电路也有三种组态，即共栅组态基本放大电路、共源组态基本放大电路和共漏组态基本放大电路，分别与双极型晶体管基本放大电路的共基组态基本放大电路、共射组态基本放大电路和共集组态基本放大电路相对应。

场效应管基本放大电路的静、动态分析方法与双极型晶体管基本放大电路类似。

3. 由于场效应管各极之间存在极间电容，因而其高频小信号模型与晶体管类似，场效应管基本放大电路的高频响应也与双极型晶体管相似。

3.6 思 考 题

(1) 场效应管放大电路的偏置有哪些类型，都适合哪些种类的场效应管？

(2) 场效应管放大电路的静态计算如何进行？试举例说明。

(3) 试画出场效应管低频微变等效电路，其中各参数的物理意义如何？

(4) 如何进行场效应管放大电路的动态分析？试举例说明。

(5) 试比较共射和共源基本放大电路。

(6) 共漏基本放大电路有何特点？请将其与共集基本放大电路进行比较。

(7) 试画出场效应管高频小信号模型，其中各参数的物理意义如何？

(8) 试画出场效应管基本放大电路全频段的幅、相频特性曲线。

3.7 习 题

1. 某场效应晶体管在恒流区内的转移特性和用该管构成的恒流源电路如图 T3.1 所示，要求恒流值 $i_D = 2$ mA，图解确定 U_{GG} 的值。

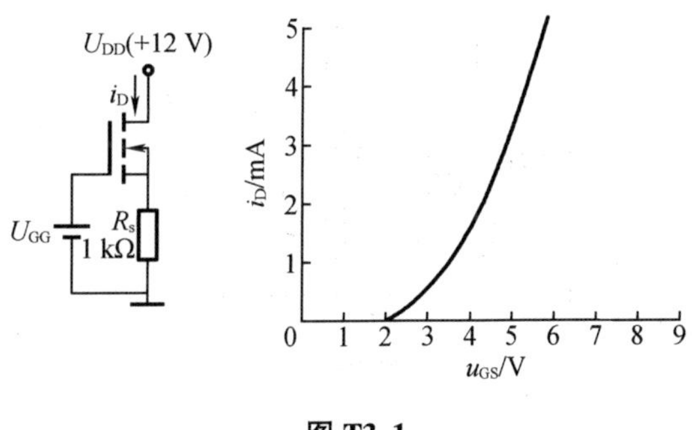

图 T3.1

2. 已知图 T3.2 所示电路中场效应管的转移特性如图 T3.2(b)所示。求解电路的 Q 点和 A_u。

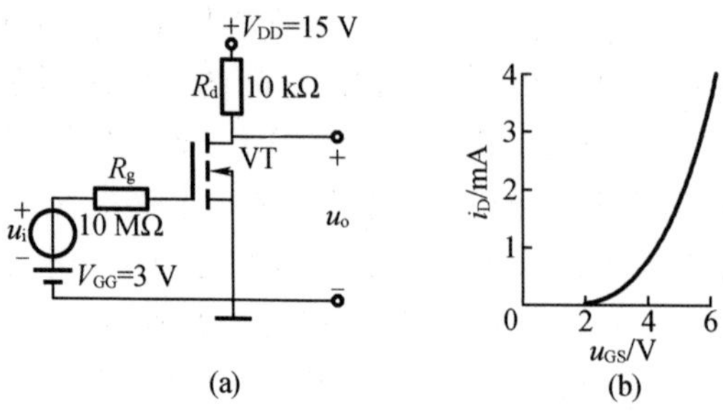

图 T3.2

3. 电路如图 T3.3 所示,设 MOS 管的参数为 $U_{GS(th)}=1\ V$, $I_{DO}=500\ \mu A$。电路参数为 $V_{DD}=5\ V$, $-V_{SS}=-5\ V$, $R_d=10\ k\Omega$, $R=0.5\ k\Omega$, $I_{DQ}=0.5\ mA$。若流过 R_{g1}、R_{g2} 的电流是 I_{DQ} 的 1/10,试确定 R_{g1} 和 R_{g2} 的值。

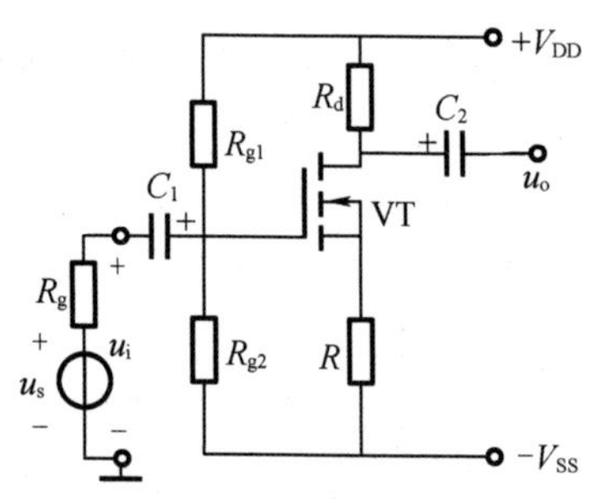

图 T3.3

4. 场效应管放大电路如图 T3.4 所示,其中 $R_{g1}=300\ k\Omega$, $R_{g2}=120\ k\Omega$, $R_{g3}=100\ M\Omega$, $R_s=R_d=10\ k\Omega$, C_s 的容量足够大, $V_{DD}=16\ V$,设 FET 的饱和电流 $I_{DSS}=1\ mA$,夹断电压 $U_P=U_{GS(off)}=-2\ V$,求静态工作点,然后用中频微变等效电路法求电路的电压放大倍数。若 C_s 开路,再求电压放大倍数。

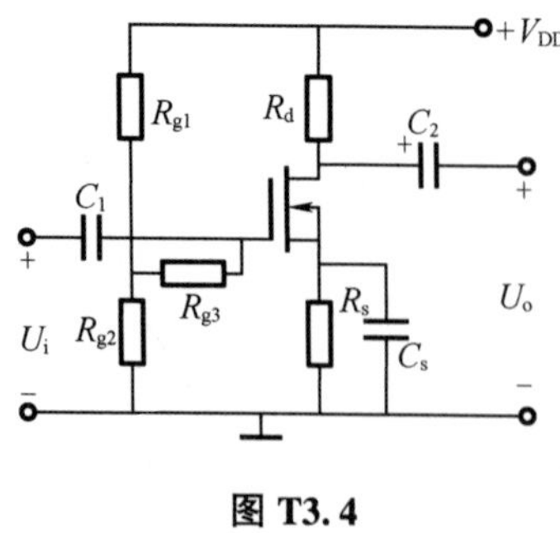

图 T3.4

第 4 章　多级放大电路

在实际应用中，常对放大电路的性能提出多方面的要求。例如，要求一个放大电路输入电阻大于 2 MΩ，电压放大倍数大于 2 000，输出电阻小于 100 Ω。仅靠前面所讲的任何一种放大电路都不可能同时满足上述要求，这时就可选择多个基本放大电路，将它们合理连接构成多级放大电路。

4.1　多级放大电路的耦合方式

基本放大电路的放大倍数通常只能达到几十倍至一二百倍。在要求放大倍数更高时，需要由多个基本放大电路级联成多级放大电路。多级放大电路的级与级之间、信号源与放大电路之间、放大电路与负载之间的连接均称为耦合。多级放大电路中有四种常见的耦合方式：直接耦合、阻容耦合、变压器耦合和光电耦合。

4.1.1　直接耦合

将前一级放大电路的输出端直接接到后一级放大电路的输入端，称为直接耦合，如图 4.1.1 所示。

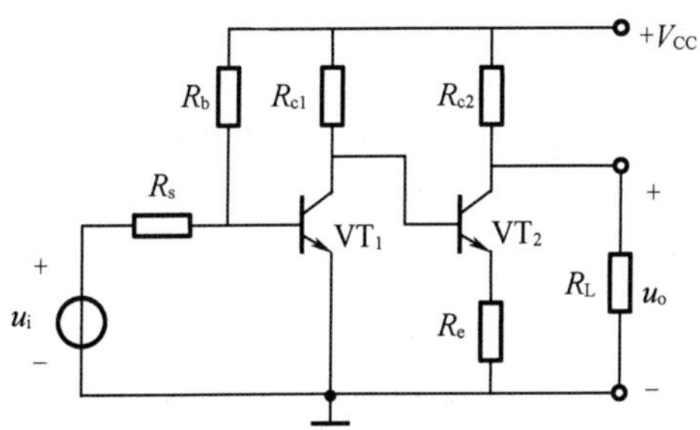

图 4.1.1　直接耦合放大电路

直接耦合放大电路的优点：

(1) 放大电路中无耦合电容，因此低频特性好，能放大缓慢变化的低频信号和直流信号。

(2) 在集成电路中采用直接耦合方式，易于集成。

直接耦合放大电路的缺点：

(1) 直接耦合放大电路前后级之间存在直流通路，各级静态工作点相互影响，因而这类电路的分析、设计和调试比较烦琐。

(2) 直接耦合放大电路存在零点漂移现象，即放大电路输入为零时，输出不为零且随时间缓慢变化的现象。

4.1.2 阻容耦合

将放大电路前一级的输出通过一个电容与后一级的输入连接起来的方式称为阻容耦合。由于连接前后两级的耦合电容起隔直通交的作用,因此阻容耦合适用于只要求放大交流信号的放大电路。图 4.1.2 所示为两级阻容耦合放大电路,其中 C_1、C_2 和 C_3 分别是信号源与放大电路输入端之间、前后级之间以及输出端与负载之间的耦合电容。

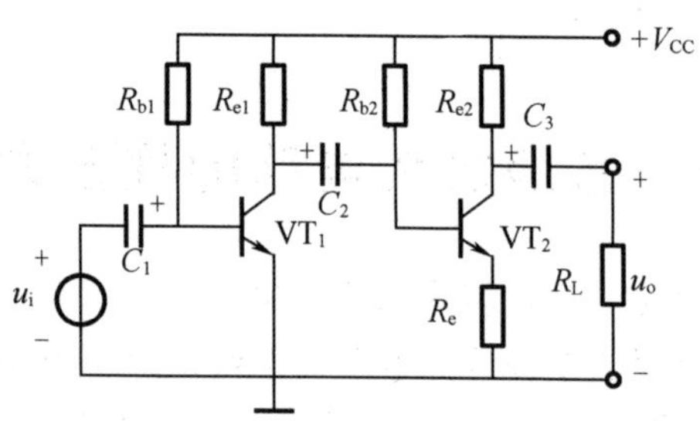

图 4.1.2 阻容耦合放大电路

阻容耦合放大电路的优点:

(1)各级之间用电容连接,各级静态工作点相互独立。在求解静态工作点时可按单级处理,给设计、计算和调试带来方便。

(2)阻容耦合放大电路不易集成。因为在集成工艺中,难于制造大容量电容。

4.1.3 变压器耦合

将放大电路前级的输出端通过变压器接到后级的输入端或负载电阻上,称为变压器耦合。图 4.1.3 所示为两级变压器耦合放大电路,其中变压器 Tr_1 用于前后级之间的连接,Tr_2 用于输出端与负载电阻之间的连接。

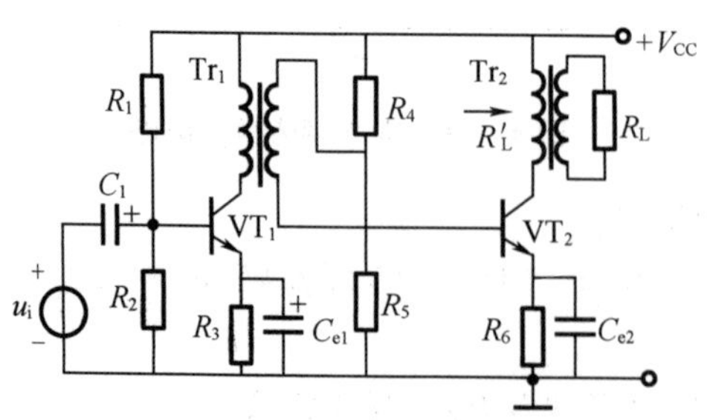

图 4.1.3 变压器耦合放大电路

变压器耦合放大电路的优点:

(1)和阻容耦合放大电路一样,各级放大电路的静态工作点相互独立,便于分析、设计和调试。

(2)与前两种耦合方式相比较,变压器耦合的最大优点是可以进行阻抗变换,使负载上得到最大的输出功率。忽略变压器的一、二次侧电阻,变压器 Tr_2 耦合的等效变换图如图 4.1.4 所示。一次侧和二次侧的匝比 $n = N_1 : N_2$(N_1、N_2 分别为变压器一次侧和二次侧的线圈匝数);R_L 为负载电阻;R'_L 为负载折算到变压器 Tr_2 一次侧的等效电阻。根据功率守恒原理,可得 R'_L 与 R_L 之间的关系为

$$R'_L = \left(\frac{I_2}{I_1}\right)^2 R_L \tag{4.1.1}$$

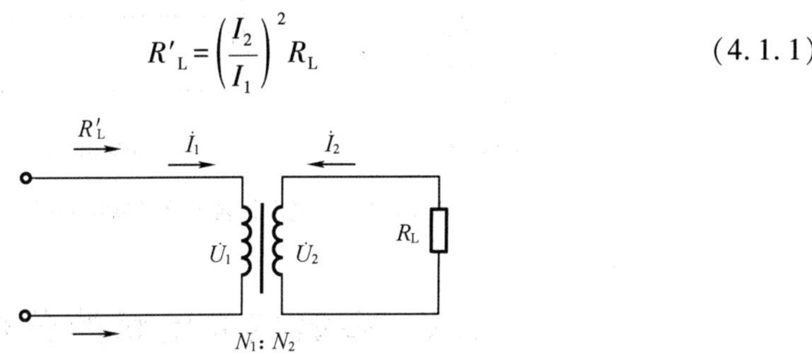

图 4.1.4 变压器等效电路

由于变压器二次绕组电流与一次绕组电流之比等于变压器匝比,所以

$$R'_L = \left(\frac{I_2}{I_1}\right)^2 R_L = n^2 R_L \tag{4.1.2}$$

在负载电阻 R_L 较小时,通过适当地配置变压器的匝比 n 可以使负载获得足够大的功率。例如,在图 4.1.3 中二级放大器的负载 R_L 为阻值为 8 Ω 的扬声器,如不经过变压器 Tr_2 直接接到 VT_2 管的集电极上,因为扬声器的电阻 R_L 太小,难以与放大电路阻抗匹配。经过变压器 Tr_2 阻抗变换以获得最佳匹配后,才可能获得最大的输出功率。因此,变压器耦合经常用于功率放大电路中。

变压器耦合放大电路的缺点:

(1)高频、低频性能都比较差。信号频率较低时损耗严重,无法传递直流信号;信号频率较高时,由于漏感和分布电容的影响,高频特性变坏。

(2)变压器耦合电路不能传送直流信号和缓慢变化的低频信号。

(3)变压器需要用绕组和铁芯,体积大,不能集成。

4.1.4 光电耦合

级间利用光电耦合器来传送信号的方式称为光电耦合。光电耦合器的内部结构如图 4.1.5(a)所示。该器件将发光元件(发光二极管)与光敏元件(光电晶体管)相互绝缘地组合在一起。在输入回路发光二极管将电信号转换成光信号;在输出回路光电晶体管将光信号转换成电信号。输入回路和输出回路实现了电气隔离,可以抑制电干扰。图 4.1.5(b)为光电耦合器的传输特性,它描述了当发光二极管的电流为一个常量 i_D 时,光电晶体管集电极电流 i_C 与管压降 u_{CE} 之间的函数关系,即

$$i_C = f_{(u_{CE})} \big|_{I_D = \text{const}}$$

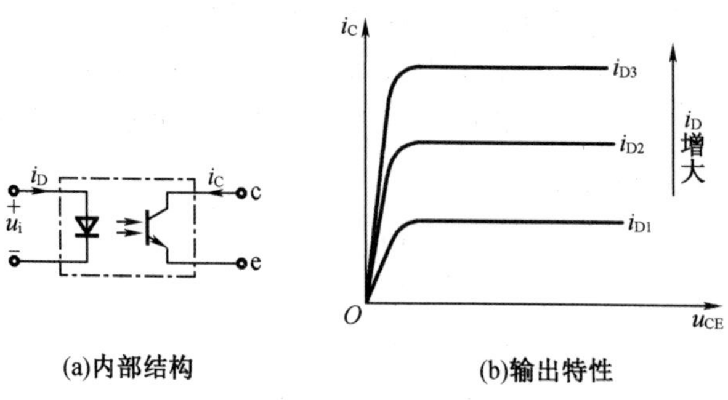

图 4.1.5　光电耦合器及其输出特性

4.2　多级放大电路的分析

一个 N 级放大电路的交流等效电路可用图 4.2.1 所示方框图表示。由图可知，放大电路中前级的输出电压就是后级的输入电压，即 $\dot{U}_{o1}=\dot{U}_{i2}$，$\dot{U}_{o2}=\dot{U}_{i3}$，…，$\dot{U}_{oN-1}=\dot{U}_{iN}$，所以，多级放大电路的电压放大倍数为

$$\dot{A}_u=\frac{\dot{U}_{o1}}{\dot{U}_i}\frac{\dot{U}_{o2}}{\dot{U}_{i2}}\cdots\frac{\dot{U}_o}{\dot{U}_{iN}}=\dot{A}_{u1}\dot{A}_{u2}\cdots\dot{A}_{uN} \tag{4.2.1}$$

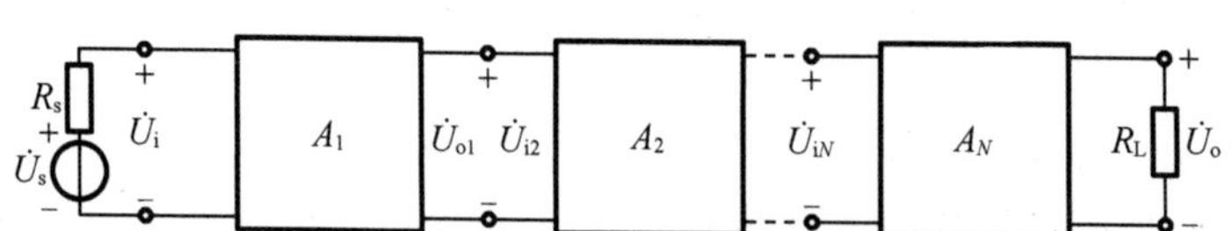

图 4.2.1　N 级放大电路的交流等效电路图

式(4.2.1)表明，多级放大电路的电压放大倍数等于组成它的各级放大电路的电压放大倍数之积。对于第一级到第(N-1)级，每一级的放大倍数均应该是以后级输入电阻作为负载时的放大倍数。

根据放大电路的输入电阻的定义，多级放大电路的输入电阻就是第一级的输入电阻，即

$$R_i=R_{i1}$$

根据放大电路的输出电阻的定义，多级放大电路的输出电阻就是最后一级的输出电阻，即

$$R_o=R_{o1}$$

应当注意，当共集放大电路作为输入级(即第一级)时，它的输入电阻与其负载，即与第二级的输入电阻有关；而当共集放大电路作为输出级(即最后一级)时，它的输出电阻与其信号源内阻，即与倒数第二级的输出电阻有关。

当多级放大电路的输出波形产生失真时，应首先确定是在哪一级先出现的失真，然后再判断是产生了饱和失真还是截止失真，进而采用合适的方法消除这种失真。

[例 4.2.1]　已知图 4.2.2 所示电路中，$R_1 = 15\ \text{k}\Omega$，$R_2 = R_3 = 5\ \text{k}\Omega$，$R_4 = 2.3\ \text{k}\Omega$，$R_5 = 100\ \text{k}\Omega$，$R_6 = R_L = 5\ \text{k}\Omega$，晶体管的 β 均为 150，$r_{be1} = 4\ \text{k}\Omega$，$r_{be2} = 2.2\ \text{k}\Omega$，$U_{BEQ1} = U_{BEQ2} = 0.7\ \text{V}$，试估算电路的 Q 点、$\dot{A}_u$、R_i 和 R_o。

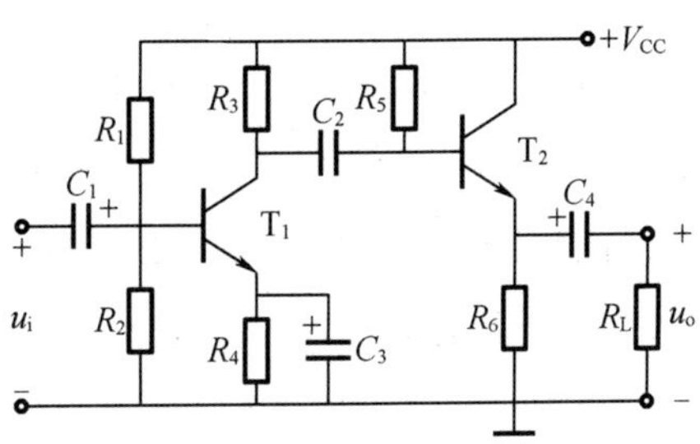

图 4.2.2　两级阻容耦合放大电路

解　(1)求解 Q 点：由于电路采用阻容耦合方式，所以每一级的 Q 点都可以按单管放大电路来求解。

第一级为典型的 Q 点稳定电路，根据参数取值可以认为

$$U_{BQ1} = \frac{R_1}{R_1 + R_2} V_{CC} = \frac{5}{15+5} \times 12 = 3\ \text{V}$$

$$I_{EQ1} = \frac{U_{BQ1} - U_{BEQ1}}{R_4} \approx \frac{3-0.7}{2.3} = 1\ \text{mA}$$

$$I_{BQ1} = \frac{I_{EQ1}}{1+\beta_1} = \frac{1}{151} \approx 0.0067\ \text{mA} = 6.7\ \mu\text{A}$$

$$U_{CEQ1} \approx V_{CC} - I_{EQ1}(R_3 + R_4) = 12 - 1 \times (5+2.3) = 4.7\ \text{V}$$

第二级为共集放大电路，根据其基极回路方程求出 I_{BQ2}，便可得到 I_{EQ2} 和 U_{CEQ2}。即

$$I_{BQ2} = \frac{V_{CC} - U_{BEQ2}}{R_5 + (1+\beta_2) R_6} = \frac{12-0.7}{100+151\times 5} = 0.013\ \text{mA} = 13\ \mu\text{A}$$

$$I_{EQ2} = (1+\beta_2) I_{BQ2} = 151 \times 13 = 1963\ \mu\text{A} \approx 2\ \text{mA}$$

$$U_{CEQ2} \approx V_{CC} - I_{EQ2} R_6 = 12 - 2\times 5 = 2\ \text{V}$$

画出图 4.2.2 所示电路的交流等效电路如图 4.2.3 所示。

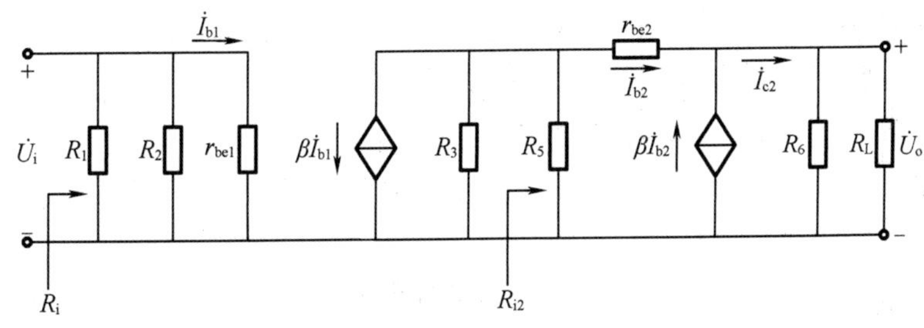

图 4.2.3　图 4.2.2 所示电路的交流等效电路

为了求出第一级的电压放大倍数 $\dot{A}_u$，首先应求出其负载电阻，即第二级的输入电阻：

$$R_{i2}=R_5//\{r_{be2}[(1+\beta_2)(R_6//R_L)]\}\approx 79\ \text{k}\Omega$$

$$\dot{A}_{u1}=-\frac{\beta_1(R_3//R_{i2})}{r_{be1}}=-\frac{150\times\frac{5\times 79}{5+79}}{4}\approx -176$$

$$\dot{A}_{u2}=\frac{(1+\beta_2)(R_6//R_L)}{r_{be2}+(1+\beta_2)(R_6//R_L)}=\frac{151\times 2.5}{2.2+151\times 2.5}\approx 0.994$$

将 $\dot{A}_{u1}$ 与 $\dot{A}_{u2}$ 相乘，便可得出整个电路的电压放大倍数为

$$\dot{A}_u=\dot{A}_{u1}\dot{A}_{u2}=-175$$

根据输入电阻的物理意义，可知

$$R_i=R_1//R_2//r_{be1}=1.94\ \text{k}\Omega$$

电路的输出电阻 R_o 与第一级的输出电阻 R_3 有关，即

$$R_o=R_6//\frac{R_3//R_5+r_{be2}}{1+\beta_2}=\frac{2.2+5}{1+150}\approx 0.0477\ \text{k}\Omega=47.7\ \Omega$$

4.3 差分放大电路

4.3.1 直接耦合多级放大电路的温漂

工业控制中的很多物理量均为模拟量，如温度、流量、压力、长度等，通过各种不同传感器转化成的电量也均为变化缓慢的非周期性信号，而且比较微弱，因而这类信号一般均需通过直接耦合放大电路放大后才能驱动负载。只有克服直接耦合放大电路存在的问题才能使之实用。

1. 零点漂移现象及其产生的原因

人们在实验中发现，在直接耦合放大电路中，即使将输入端短路，用灵敏的直流表测量输出端，也会有变化缓慢的输出电压，如图 4.3.1 所示。这种输入电压为零而输出电压的变化不为零的现象称为零点漂移现象。

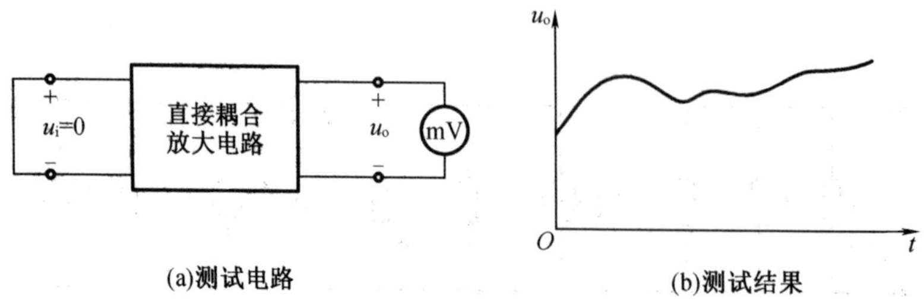

图 4.3.1　零点漂移现象

在放大电路中，任何元件参数的变化，如电源电压的波动、元件的老化、半导体元件参数随温度变化而产生的变化，都将使输出电压产生漂移。在阻容耦合放大电路中，这种缓慢变化的漂移电压都将降落在耦合电容之上，而不会传递到下一级电路进一步放大。但

是，在直接耦合放大电路中，由于前后级直接相连，前一级的漂移电压会和有用信号一起被送到下一级。而且逐级放大，以至于有时在输出端很难区分什么是有用信号，什么是漂移电压，因而放大电路不能正常工作。采用高质量的稳压电源和使用经过老化实验的元件就可以大大减小因此而产生的漂移。由温度变化所引起的半导体器件参数的变化就成为产生零点漂移现象的主要原因。因此，零点漂移也称为温度漂移，简称温漂。

2. 抑制温度漂移的方法

对于直接耦合放大电路，如果不采取措施抑制温度漂移，从理论分析上它的性能再优良，也不能成为实用电路。因为从某种意义上讲，零点漂移就是 Q 点的漂移，因此抑制温度漂移的方法如下：

(1)在电路中引入直流负反馈。

(2)采用温度补偿的方法，利用热敏元件来抵消放大管的变化。

(3)采用特性相同的管子，使它们的温漂相互抵消，构成“差分放大电路”。这个方法也可归结为温度补偿。

4.3.2 差分放大电路的组成

差分放大电路是由两个特性完全相同的晶体管 VT_1 和 VT_2 组成的对称电路。典型差分放大电路如图 4.3.2 所示。晶体管 VT_1 和 VT_2 及其相应的两个半边电路完全对称，电路参数完全相等，即

$$\beta_1=\beta_2=\beta \qquad r_{be1}=r_{be2}=r_{be} \qquad I_{CBO1}=I_{CBO2}=I_{CBO}$$
$$U_{BE1}=U_{BE2}=U_{BE} \qquad R_{c1}=R_{c2}=R_c \qquad R_{s1}=R_{s2}=R_s$$

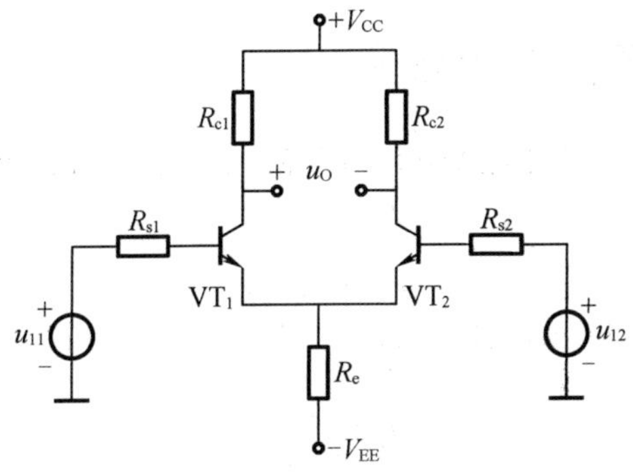

图 4.3.2 差分放大电路

差分放大电路采用双电源$+V_{CC}$ 和$-V_{EE}$ 的供电形式，可增加输出信号的最大不失真输出幅度，即扩大电路的线性放大范围。R_{s1} 和 R_{s2} 为基极电阻，也可认为是信号源内阻。R_s 和 R_e 为晶体管 VT_1 和 VT_2 确定合适的偏置电流 I_{B1} 和 I_{B2}。两部分对称电路之间通过射极公共电阻 R_e 耦合在一起，起到稳定 I_E、抑制温漂的作用。

4.3.3 差分放大电路的输入输出方式

差分放大电路有两个输入端：反相输入端和同相输入端。在规定的正方向条件下，输出信号 u_o 与输入信号 u_{I1} 的极性相反，称加入 u_{I1} 的放大电路输入端为反相输入端；输出信

号 u_o 与输入信号 u_{I2} 的极性相同,称加入 u_{I2} 的放大电路输入端为同相输入端。输入信号从晶体管的两个基极加入称为双端输入;如信号从一个晶体管的基极对地加入,另一个晶体管极接地,称为单端输入。

差分放大电路有两个输出端:集电极 C_1 和集电极 C_2。从集电极 C_1 和集电极 C_2 之间输出信号称为双端输出;从一个集电极对地输出信号称为单端输出。

将差分放大电路的输入方式和输出方式组合起来,电路有四种输入输出方式:

(1)双端输入双端输出;

(2)双端输入单端输出;

(3)单端输入双端输出;

(4)单端输入单端输出。

双端输入双端输出放电路如图 4.3.2 所示,其余三种输入输出方式如图 4.3.3 所示。

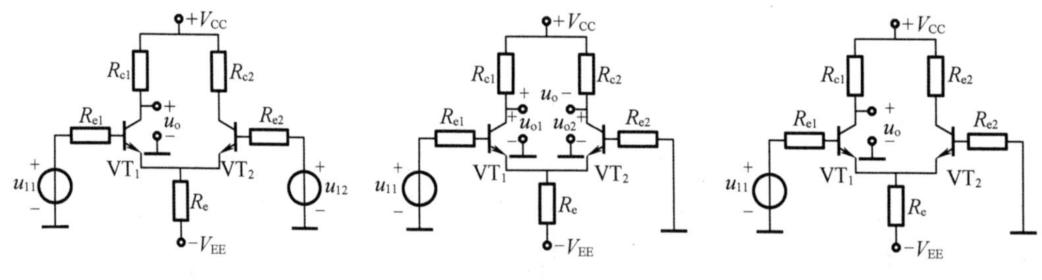

图 4.3.3　差分放大电路其余三种输入输出方式

4.3.4　差模信号与共模信号

在图 4.3.2 所示的差分放大电路中有两个输入信号 u_{I1}、u_{I2},定义差分放大电路的差模输入信号为

$$u_{Id}=u_{I1}-u_{I2} \tag{4.3.1}$$

定义差分放大电路的共模输入信号为

$$u_{Ic}=\frac{u_{I1}+u_{I2}}{2} \tag{4.3.2}$$

它是两个输入信号的算术平均值。

在上述定义下,有

$$u_{I1}=u_{Ic}+\frac{1}{2}u_{Id}$$

$$u_{I2}=u_{Ic}-\frac{1}{2}u_{Id}$$

即任意两个输入信号均可表示为差模和共模信号的组合。

差分放大电路的输入信号可分为三种情况(以图 4.3.2 为例):若输入信号 u_{I1} 和 u_{I2} 的幅度相等、极性相反,则称为差模输入,如图 4.3.4(a)所示。若输入信号 u_{I1} 和 u_{I2} 的幅度相等、极性相同,则称为共模输入,如图 4.3.4(b)所示。若两个输入电压既不是差模信号,也不是共模信号，而是幅度和极性任意的信号，则相当于一组差模信号叠加在共模信号上，共同加在差分放大电路的输入端。

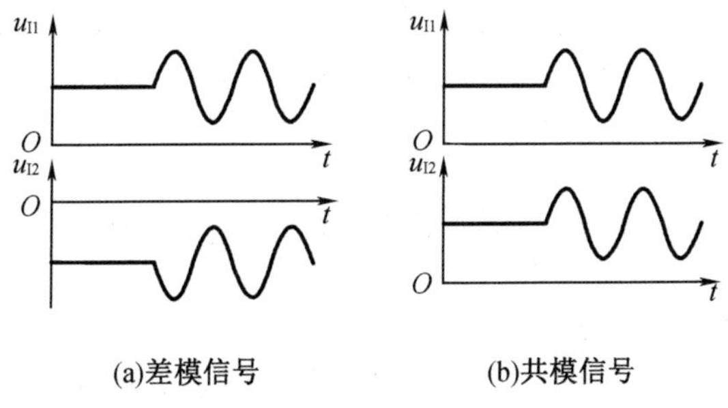

(a)差模信号　　(b)共模信号

图 4.3.4　差模信号和共模信号

在差模信号和共模信号同时存在的情况下，对于线性放大电路，可利用叠加定理得出输出电压

$$\Delta u_o = A_{ud} \cdot \Delta A_{Id} + A_{uc} \cdot \Delta A_{Ic} \tag{4.3.3}$$

式中，Δu_o 是 u_o 与静态值之差，即 u_o 的变化量。本节中其他量加"Δ"的意义与此相同。

A_{ud} 为差分放大电路的差模电压放大倍数，其值为

$$A_{ud} = \frac{\Delta u_{od}}{\Delta u_{Id}} \tag{4.3.4}$$

A_{uc} 为差分放大电路的共模电压放大倍数，其值为

$$A_{uc} = \frac{\Delta u_{oc}}{\Delta u_{Ic}} \tag{4.3.5}$$

差分放大电路对差模信号和共模信号的放大示意图分别如图 4.3.5(a)和图 4.3.5(b)所示。对于图 4.3.5(a)，在差模输入信号作用下，晶体管 VT_1 相的输入信号增大，则集电极电流 i_{C1} 增大，电压 u_{C1} 减小。而晶体管 VT_2 的输入信号减小，则集电极电流 i_{C2} 减小，集电极电压 u_{C2} 增加，所以两集电极之间有输出，即 $\Delta u_o \neq 0$；对于图 4.3.5(b)，在共模输入信号作用下，u_{C1} 和 u_{C2} 变化幅度相同、方向相同，所以两集电极之间无输出，即 $\Delta u_o = 0$。因此差分放大电路对差模信号放大能力强，对共模信号放大能力弱(理想情况下无放大作用)。

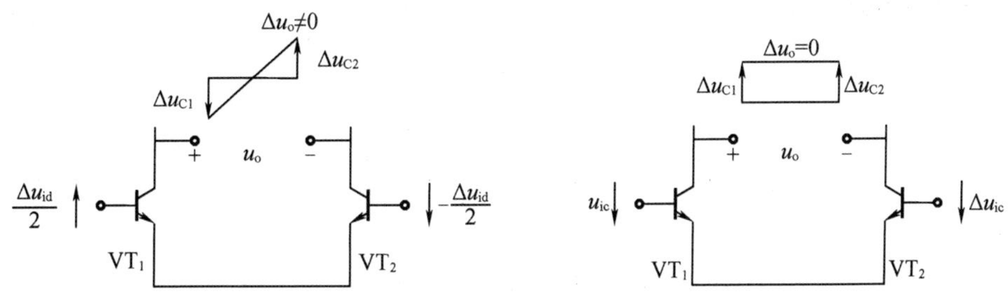

(a)差模输入时集电极的输出　　(b)共模输入时集电极的输出

图 4.3.5　差模和共模输入时差分放大电路的输出

在差分放大电路中，晶体管的特性和参数是对称的，电路中电阻参数 R_s 和 R_c 也是对称的。当温度变化时，虽然 VT_1 和 VT_2 管的静态工作点会受到影响，即两个晶体管同时产生温漂，但是 I_B、I_C 和 U_{CE} 的变化方向相同，并且变化量相等。由于温度的变化同时作用在两个晶体管 VT_1 和 VT_2 上，所以温度对差分放大电路中晶体管的影响相当于给差分放大电路加入了共模信号。对于双端输出的差分放大电路，u_{C1} 和 u_{C2} 的变化量相同，即 $\Delta u_o=0$。因此差分放大电路能够有效地抑制温漂。

4.3.5　差分放大电路的分析及主要性能指标

1. 差分放大电路的差模动态分析

在基本放大电路中，基极偏置电阻接电源（高电位点），发射极通过电阻接地（低电位点）。而在图 4.3.2 中，发射极电阻接 $-V_{EE}$，是电路中的最低电位点。当差分放大电路处于静态时，输入信号 $u_{I1}=u_{I2}=0$，R_{s1}、R_{s2} 一端接地，零电位高于 $-V_{EE}$。所以，R_{s1}、R_{s2} 可以起基极偏置电阻的作用，由 $-V_{EE}$ 向基极提供偏置电流。静态下，差分放大电路的直流通路如图 4.3.6 所示。

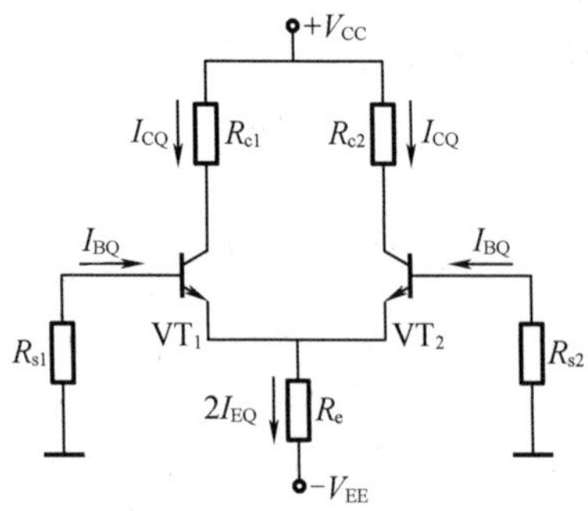

图 4.3.6　差分放大电路直流通路

在差分放大电路中，电路参数具有对称性，因此可以只对其中一半电路进行计算。静态时，由于电路的对称性，$U_{CQ1}=U_{CQ2}$。在求基极电流时，在发射极电阻 R_e 中流过的电流 $I_{R_e}=I_{EQ1}+I_{EQ2}=2I_{EQ}$，发射极电阻 R_e 的压降为 $2I_{EQ}R_e$，所以单边计算时要用 $2R_e$ 代替发射极电阻，以保证发射极电压的一致性。对图 4.3.6 的电路列出 VT_1 的输入回路的 KVL 方程：

$$I_{BQ}R_s+U_{BEQ}+2(1+\beta)I_{BQ}R_e=V_{EE} \tag{4.3.6}$$

整理得

$$I_{BQ1}=I_{BQ2}=I_{BQ}=\frac{V_{EE}-U_{BEQ}}{R_s+2(1+\beta)R_e} \tag{4.3.7}$$

同时可得

$$I_{CQ1}=I_{CQ2}=I_{CQ}=\beta I_{BQ} \tag{4.3.8}$$

$$U_{CEQ}=V_{CC}+V_{EE}-I_{CQ}R_C-2I_{EQ}R_e\approx V_{CC}+V_{EE}-I_{CQ}(R_C+2R_e) \tag{4.3.9}$$

$$U_{CQ1}=U_{CQ2}=V_{CC}-I_{CQ}R_C \tag{4.3.10}$$

$$U_o=U_{CQ1}-U_{CQ2}=0\ \text{V} \tag{4.3.11}$$

(1)差模电压放大倍数

①双端输入双端输出差模电压放大倍数

双端输入双端输出时,差分放大电路如图 4.3.7 所示。双端输入时,将 u_I 加在两个输入端之间,则由于电路的对称性,u_I 均匀分配给两个输入端,每个晶体管得到 u_I 信号的一半,即

$$u_{I1}=-u_{I2}=\frac{u_I}{2}=\frac{u_{Id}}{2} \tag{4.3.12}$$

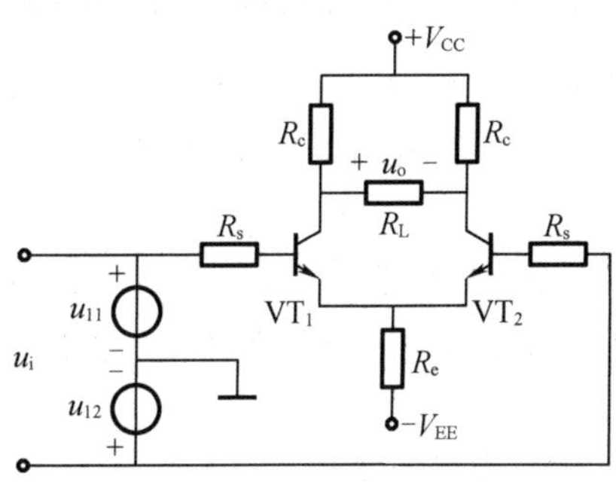

图 4.3.7　双端输入双端输出差分放大电路

显然,这样相当于只有差模信号输入。

此时,晶体管 VT_1 和 VT_2 的集电极电流在静态直流电流基础上分别叠加增量 Δi_{C1} 和 Δi_{C2},基极电流在静态直流基础上分别叠加了一个由输入量 u_{I1} 和 u_{I2} 引起的增量 Δi_{B1} 和 Δi_{B2},发射极电流在静态直流基础上分别叠加增量 Δi_{E1} 和 Δi_{E2}。

由于电路对称,各电流在两个晶体管上的变化幅度相同极性相反,即

$$\begin{aligned}\Delta i_{C1}&=-\Delta i_{C2}\\ \Delta i_{B1}&=-\Delta i_{B2}\\ \Delta i_{E1}&=-\Delta i_{E2}\end{aligned} \tag{4.3.13}$$

可见,输出电压 $u_o=u_{C1}-u_{C2}\neq 0$,即在两输出端之间有信号输出,且流过发射极电阻 R_e 上的交流电流 $\Delta i_E=\Delta i_{E1}+\Delta i_{E2}=0$,即 R_e 上的交流压降为零,VT_1 和 VT_2 的发射极电位为一个恒定不变的电压,故 R_e 对差模信号可视为交流短路。

图 4.3.7 的微变等效电路如图 4.3.8 所示。负载电阻 R_L 接于两管集电极之间,两端电压变化量相同,但方向相反。所以负载电阻 R_L 的中点电位不变,相当于交流地。将 R_L 分为相等的两部分,相当于左半边电路和右半边电路负载各取 $R_L/2$。在双端输入双端输出情况下,两管基极之间的输入是单边的两倍,两管集电极输出也是单边输出的两倍,所以此时差放的差模电压放大倍数与单管放大电路的电压放大倍数相同,即

$$A_{ud}=\frac{\frac{1}{2}\Delta U_{od}}{\Delta u_{id}}=-\frac{\beta R'_L}{R_s=r_{be}} \tag{4.3.14}$$

式中,$R'_L=R_e//\frac{1}{2}R_L$。

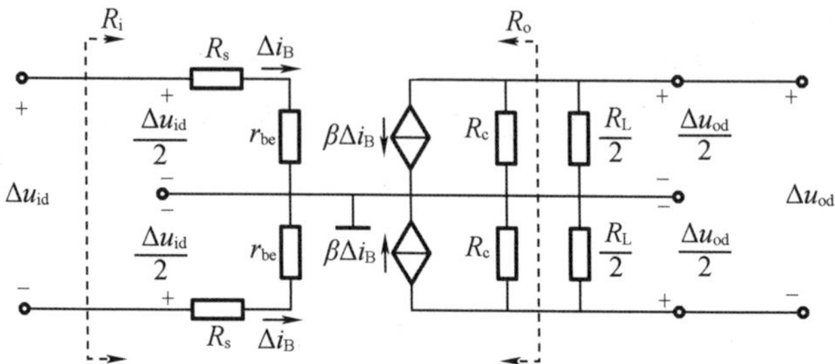

图 4.3.8　双端输入双端输出差放电路的差模微变等效电路

在双端输入双端输出的情况下，如果电路完全对称，则图 4.3.7 的双端输入双端输出差分放大电路与单边共射基本放大电路的电压增益是相等的（指共射基本放大电路对信号源的电压增益）。

当加入共模信号时，两管集电极电位将产生同方向、等幅度的变化，所以双入双出差分放大电路的输出电压为零，则共模电压放大倍数等于零，即 $A_{uc}=0$。可见该电路是用成倍的元器件换取了抑制共模信号的能力。

②双端输入单端输出差模电压放大倍数

从晶体管 VT_1、VT_2 的一个集电极对地输出电压，称为单端输出，如图 4.3.9 所示。

此时，由于只取出一个晶体管的集电极电压变化量，所以双端输入单端输出电压放大倍数只有双端输入双端输出时的一半，即

$$A_{ud1}=\frac{\Delta u_{od1}}{\Delta u_{id}}=-\frac{\beta R'_L}{2(R_s+r_{be})} \tag{4.3.15}$$

$$A_{ud2}=\frac{\Delta u_{od2}}{\Delta u_{id}}=-\frac{\beta R'_L}{2(R_s+r_{be})} \tag{4.3.16}$$

式中，$R'_L=R_e /\!/ \frac{1}{2}R_L$。

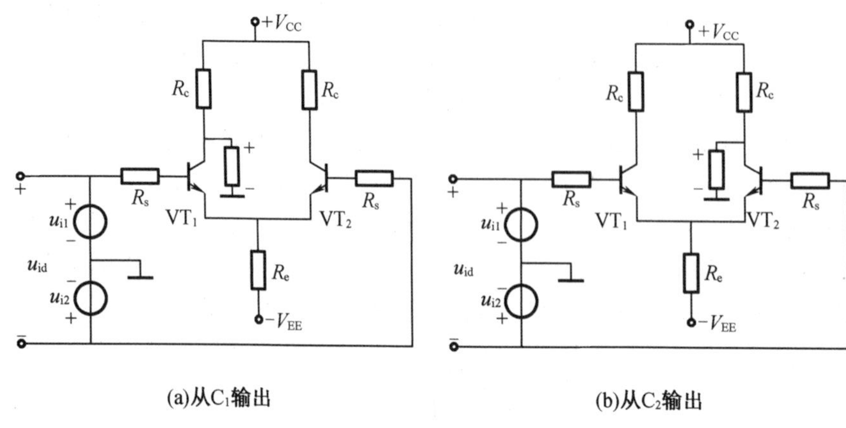

(a)从C_1输出　　(b)从C_2输出

图 4.3.9　双端输入单端输出差分放大电路

这种方式可用于将双端信号转换为单端信号，集成运放的中间级有时就采用这种接法。因等效到左右半边电路的输入信号反相，所以从集电极 C_1 端输出信号与输入信号反

相;从集电极 C_2 端输出信号则与输入信号同相。

③单端输入双端输出差模电压放大倍数

在实际系统中,有时要求放大电路的一个输入端接地,即输入是单端信号,如图 4.3.10 所示。图 4.3.10(a)中,$u_{i1}=u_{i2}$、$u_{i2}=0$(或 $u_{i1}=0$、$u_{i2}=u_i$),这种输入方式称为单端输入。可以将其进行等效变换,把原来的信号分解成共模信号和差模信号,信号分解如下:

$$u_{ic}=\frac{u_{i1}+u_{I2}}{2}=\frac{u_I}{2} \tag{4.3.17}$$

$$u_{id}=u_{i1}-u_{i2}=u_I \tag{4.3.18}$$

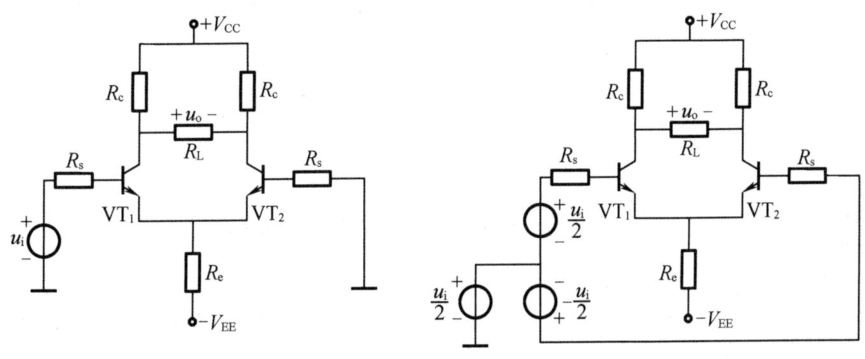

图 4.3.10 单端输入双端输出差分放大电路

于是,可以这样来理解,所输入的单端信号可以等效为在差放的两端接入了共模信号 $\frac{u_i}{2}$,接入的差模信号为$\frac{u_i}{2}$和$\frac{u_i}{2}$。此时,共模输入信号 $u_{ic}=\frac{u_i}{2}$,差模输入信号 $u_{id}=u_i$。加在 VT_1 基极上的信号相当于 $u_{i1}=u_{ic}+\frac{u_{id}}{2}=\frac{u_i}{2}+\frac{u_i}{2}=u_i$,即两个$\frac{u_i}{2}$相加;而加在 VT_2 基极上的信号相当于 $u_{i1}=u_{ic}+\frac{u_{id}}{2}=\frac{u_i}{2}-\frac{u_i}{2}=0$,即一个$\frac{u_i}{2}$和一个$-\frac{u_i}{2}$相加。进行这样的变换后,电路重画于图 4.3.10(b)。

由于输入信号中有差模和共模信号两部分,所以输出信号也由两部分组成,表达式见式(4.3.6)。将图 4.3.10(b)和图 4.3.7 进行比较,就差模信号而言,单端输入时电路的工作状态与双端输入时的工作状态一致,故单端输入双端输出的差模电压放大倍数与双端输入双端输出的差模电压放大倍数相同。单端输入双端输出的其他指标也与双端输入双端输出电路相同。

④单端输入单端输出差模电压放大倍数

单端输入单端输出的差分放大电路如图 4.3.11 所示。通过以上分析可知:单端输入时差分电路的工作状态与双端输入时的工作状态一致,所以单端输入单端输出的差模电压放大倍数与双端输入单端输出的差模电压放大倍数相同。单端输入单端输出的其他指标也与双端输入单端输出电路相同。

(2)差模输入电阻

在讨论差模输入电阻时,参照双端输入双端输出差分放大电路的微变等效电路(图 4.3.8)。不论是单端输入还是双端输入,差模输入电阻 R_{id} 的计算公式如下:

$$R_{id}=2(R_s+r_{be}) \tag{4.3.19}$$

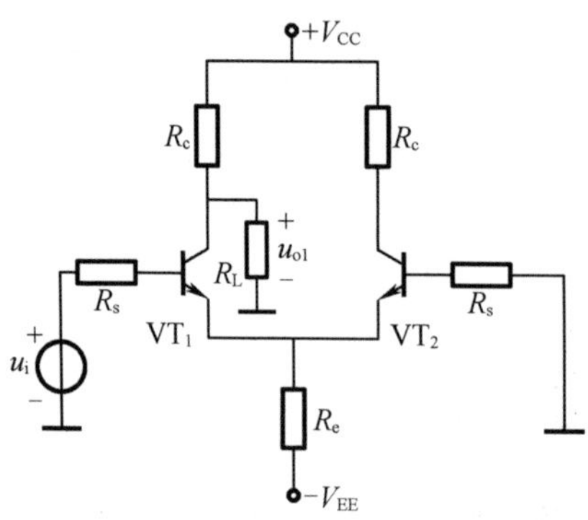

图 4.3.11 单端输入单端输出差分放大电路

(3)输出电阻

在讨论输出电阻时,参照双端输入双端输出差分放大电路的微变等效电路(图 4.3.8)。单端输出时输出电阻为

$$r_{od}=R_c \tag{4.3.20}$$

双端输出时输出电阻为

$$R_{od}=2R_c \tag{4.3.21}$$

2. 差分放大电路的共模动态分析

差分放大电路的输入信号中常常既有差模信号,又有共模信号。本节讨论共模信号作用到差分放大电路上的情况。在差分放大电路中,无论是温度变化,还是电源电压的波动都会引起两管集电极电流向相同方向变化,其效果相当于在两个输入端加入了共模信号。由于电路具有对称性,在理想情况下可使双端输出电压不变,从而抑制了共模信号。

(1)共模电压放大倍数 A_{uc}

当图 4.3.12 所示电路的两个输入端接入共模输入电压,即 $u_{Ic1}=u_{Ic2}=u_{Ic}$ 时,VT$_1$、VT$_2$ 两晶体管的电流或同时增加或同时减少,因此流过 R_e 的电流的变化量为一只晶体管发射极电流变化量的两倍。因电路是对称的,故只需对半边电路进行动态分析,相当于每个晶体管的发射极接的电阻为 $2R_e$。共模输入时,差分放大电路的微变等效电路如图 4.3.13 所示。

在电路完全对称的条件下,双端输出时的共模电压可认为等于 0 V,所以双端输出时共模电压放大倍数为

$$A_{uc}=\frac{\Delta u_{oc}}{\Delta u_{Ic}}=\frac{\Delta u_{oc1}-\Delta u_{oc2}}{\Delta u_{Ic}}\approx 0 \tag{4.3.22}$$

虽然要达到电路完全对称很困难,但是有些不完全对称的差分电路抑制共模信号的能力仍然很强。共模信号就是漂移信号或者是伴随输入信号加入电路的干扰信号,所以共模电压增益越小,说明电路抑制共模信号的性能越好。

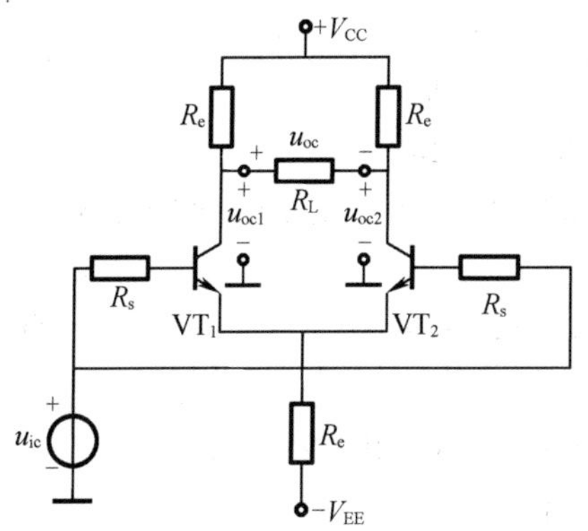

图 4.3.12　共模输入下的差分放大电路

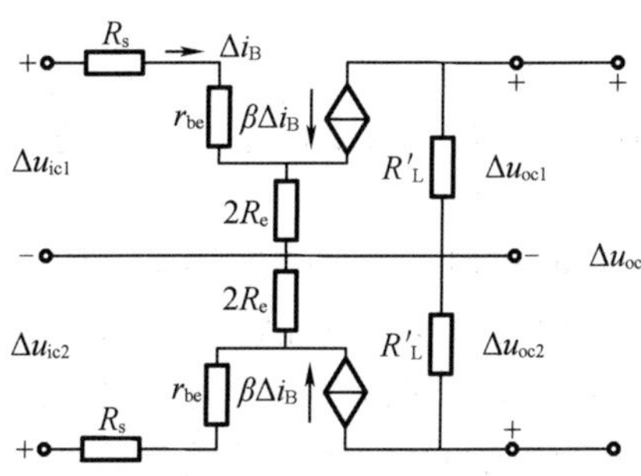

图 4.3.13　共模输入下的微变等效电路

单端输出时共模放大倍数表示两个集电极任一端对地的共模输出电压与共模输入电压之比，即

$$A_{uc1}=A_{uc2}=\frac{\Delta u_{Oc1}}{\Delta u_{Ic}}=-\frac{\beta R'_L}{R_s+r_{be}+(1+\beta)\cdot R_e} \tag{4.3.23}$$

式中，$R'_L=R_c//R_L$。

$(R_s+r_{be})\ll 2(1+\beta)R_e$ 时，

$$A_{uc1}\approx-\frac{R'_L}{2R_e} \tag{4.3.24}$$

由公式(4.3.27)可知，R_e 越大，单端输出差分放大电路的共模电压放大倍数越小，对共模信号的抑制能力越强，故称 R_e 为共模抑制电阻。

综上所述，差分放大电路对共模信号具有很强的抑制能力。若差分放大电路完全对称，则双端输出的共模电压增益为零，对共模信号可以完全抑制；而在单端输出且 R_e 较大时，A_{uc1} 远远小于 1，对共模电压信号仍然有很强的抑制能力。因此差分放大电路能够有效抑制共模信号，也能够有效抑制零点漂移。

(2)共模抑制比

差分放大电路很难做到完全对称，即使是双端输出，零点漂移也不能完全被克服，但将受到很大的抑制。在实际应用中，为了衡量差分放大电路抑制共模信号的能力(抑制零漂的能力)，制定了一项技术指标，称为共模抑制比 K_{CMR}(CMR 为 common mode rejection Ratio 的缩写)。共模抑制比定义为差模电压放大倍数 A_{ud} 与共模电压放大倍数 A_{uc} 之比的绝对值，即

$$K_{CMR}=\left|\frac{A_{ud}}{A_{uc}}\right| \tag{4.3.25}$$

或者用分贝数表示为

$$K_{CMR}=201\text{ g}\left|\frac{A_{ud}}{A_{uc}}\right|(\text{dB}) \tag{4.3.26}$$

在差分放大电路中，若电路完全对称，则双端输出的共模电压放大倍数 $A_{uc}=0$。单端输出时共模抑制比的表达式为

$$K_{CMR}=\left|\frac{A_{ud}}{A_{uc}}\right|=\frac{\dfrac{-\beta R'_L}{2(R_s+r_{be})}}{\dfrac{\beta R'_L}{R_s+r_{be}+(1+\beta)\cdot R_e}}\approx\frac{\dfrac{\beta R'_L}{2(R_s+r_{be})}}{\dfrac{R'_L}{2R_e}}\approx\frac{\beta R_e}{R_s+r_{be}} \tag{4.3.27}$$

式(4.3.30)表明，R_e 越大 K_{CMR} 越大，共模抑制能力越强。增大 R_e 是提高 K_{CMR} 的有效手段。

[**例 4.3.1**]　在图 4.3.14 所示的差分放大电路中，$V_{CC}=V_{EE}=6\ V$，$\beta=50$，$U_{BE}=0.7\ V$，输入电压 $u_{I1}=7\ mV$，$u_{I2}=7\ mV$。要求：

①计算晶体管的静态电流 I_B、I_C 及各电极的电位 U_E、U_C 和 U_B；

②把输入电压分解为共模分量 u_{ic} 和差模分量；

③求单端共模输出的电压变化量 Δu_{oc1} 和 Δu_{oc2}；

④求单端差模输出的电压变化量 Δu_{od1} 和 Δu_{od2}；

⑤求单端总输出的电压变化量 Δu_{o1} 和 Δu_{o2}；

⑥求双端共模输出 Δu_{oc}、双端差模输出 Δu_{od} 和双端总输出的电压变化量 Δu_o；

⑦求单端输出时的共模抑制比。

解　①静态时，$u_{i1}=u_{i2}=0$，可画出图 4.3.14 所示电路的半边直流通路，如图 4.3.15 所示。于是有

$$R_b+U_{BEQ}+2R_eI_{EQ}=V_{EE}$$

$$I_{BQ}=\frac{V_{EE}}{R_b+(1+\beta)R_e}=0.01\ mA$$

$$I_{CQ}=\beta I_{BQ}=50\times0.01=0.5\ mA$$

$$I_{EQ}=(1+\beta)I_{BQ}=51\times0.01=0.51\ mA$$

$$U_{CEQ}=V_{CC}+V_{EE}-I_{CQ}R_c-2I_{EQ}R_e\approx V_{CC}+V_{EE}-I_{CQ}(R_c+2R_e)=4.35\ V$$

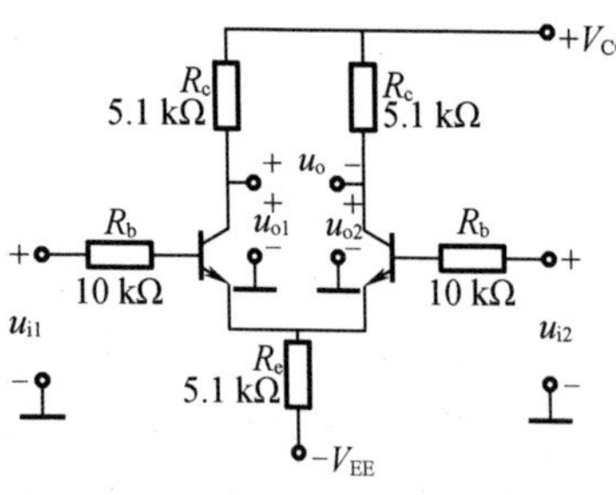

图 4.3.14　例 4.3.1 图

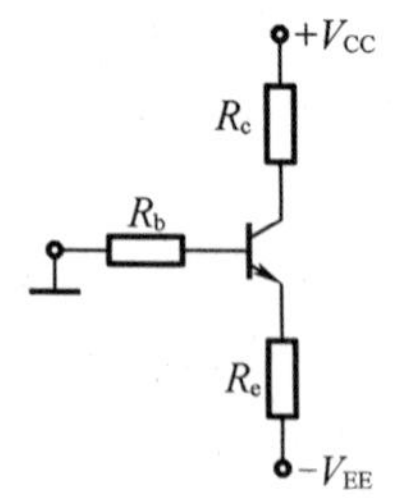

图 4.3.15　半边直流通路

②共模输入电压信号 u_{ic} 和差模输入电压信号 u_{id} 分别为

$$u_{ic}=\frac{u_{i1}+u_{i2}}{2}=5\ mV$$

$$u_{id}=u_{i1}-u_{i2}=4\ mV$$

③单端共模输出电压为

$$\Delta u_{oc1}=\Delta u_{oc2}=-\beta\frac{R_c}{R_b+r_{be}+2(1+\beta)R_e}\Delta u_{Ic}$$

式中，$r_{be}=r_{bb'}+(1+\beta)\dfrac{U_T}{I_{EQ}}=300\ \Omega+(1+50)\dfrac{26\ \text{mV}}{0.51\ \text{mA}}=2\ 900\ \Omega$

$$\Delta u_{oc1}=\Delta u_{oc2}=-2.39\ \text{mV}$$

④单端差模输出电压为

$$\Delta u_{od1}=-\frac{\beta R_c}{2(R_b+r_{be})}\Delta u_{id}=-39.8\ \text{mV}$$

$$\Delta u_{od2}=-\Delta u_{od1}=39.8\ \text{mV}$$

⑤单端总输出电压为

$$\Delta u_{o1}=\Delta u_{oc1}+\Delta u_{od1}=-42.19\ \text{mV}$$

$$\Delta u_{o2}=\Delta u_{oc2}+\Delta u_{od2}=37.41\ \text{mV}$$

⑥双端总输出电压为

$$\Delta u_{oc}=\Delta u_{oc1}-\Delta u_{oc2}=0$$

$$\Delta u_{od}=\Delta u_{od1}-\Delta u_{od2}=-79.6\ \text{mV}$$

$$\Delta u_{o}=\Delta u_{o1}-\Delta u_{o2}=-79.6\ \text{mV}$$

⑦单端输出时的共模抑制比

$$K_{CMR}=\left|\frac{A_{ud}}{A_{uc}}\right|=\frac{R_b+r_{be}+2(1+\beta)R_e}{2(R_b+r_{be})}=20.8$$

4.3.6　恒流源差分放大电路

由以上分析可知，为提高差分放大电路的共模抑制比，应加大 R_e。但 R_e 增大，为保证电路有合适的静态工作点，则应提高负电源电压，这种方法是不经济的。同时，集成电路制造大电阻也很困难，因此常常利用恒流源作有源负载来代替电阻 R_e 成为具有恒流源负载的差分放大电路，如图 4.3.16 所示。VT_3、VD_Z、R 和 R_e 组成恒流源电路，提供恒定电流 I_{C3}。由图可知，U_Z 是稳定的，故 U_{E3} 也是基本稳定的，所以 I_{E3} 也是稳定的，于是 I_{C3} 是稳定的。

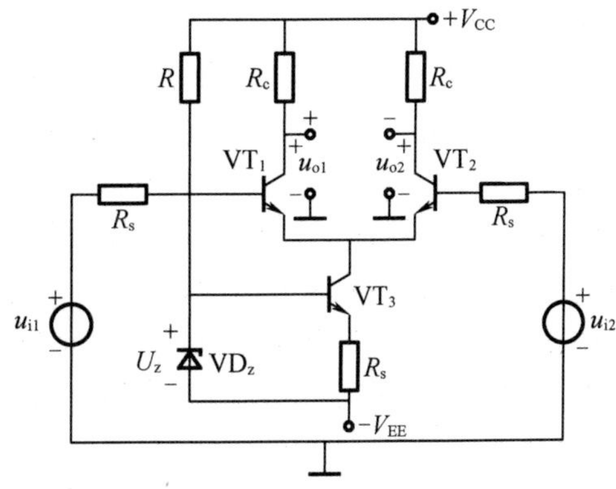

图 4.3.16　恒流源差分放大电路

恒流源的动态电阻很大，对共模信号有很强的抑制作用，可以大大提高共模抑制比。在差模信号作用下，引起一管电流增加，另一管电流等量减少，两电流之和仍为 I_{C3}。因此，恒流源电路对差模信号可视为交流短路，不影响差模信号的放大。同时恒流源的管压降只有几伏,可不必提高负电源电压。

【例 4.3.2】 电路如图 4.3.16 所示,电源 $V_{CC}=V_{EE}=15\ V$,电阻 $R=20\ k\Omega$,$R_s=1\ k\Omega$,$R_C=20\ k\Omega$,$R_e=5.3\ k\Omega$;稳压管 VD_Z 的稳压电压 $U_Z=6\ V$,各晶体管的发射结压降 U_{BE} 均为 0.7 V,β 均为 100,$r'_{bb}=300\ \Omega$。要求:

(1)试确定电路的静态工作点 I_{C1}、U_{CE1};

(2)计算差模电压放大倍数。

解:(1) 计算电路的静态工作点

$$I_{E3}=\frac{U_Z-U_{BE}}{R_e}=1\ mA$$

$$I_{E1}=I_{E2}=\frac{I_{C3}}{2}\approx\frac{I_{E3}}{2}=0.5\ mA$$

$$I_{C1}=I_{C2}\approx I_{E1}=0.5\ mA$$

$$U_{C1}=U_{C2}=V_{CC}-I_{C1}R_C=5\ V$$

$$U_{C1}=U_{B1}-U_{BE1}=-I_{B1}R_s-U_{BE1}=\frac{I_{C1}R_s}{\beta}-U_{BE1}\approx-0.7\ V$$

于是

$$U_{CE1}=U_{C1}-U_{E1}=5.7\ V$$

(2)计算差模电压放大倍数

$$r_{be1}=r'_{bb}+(1+\beta)\times\frac{26\ mV}{I_{E1}}=5.6\ k\Omega$$

$$A_{ud}=\frac{\Delta u_o}{\Delta_{iD}}=-\frac{\beta R_C}{R_s+r_{be}}=-\frac{100\times20}{5.6+1}=-303$$

4.4 本章小结

本章首先介绍了多级放大电路的耦合方式、组成及分析方法,然后重点讨论差分放大电路工作原理及分析方法。

1. 多级放大电路一般有阻容耦合、变压器耦合、直接耦合、光电耦合四种耦合方式,耦合电路必须保证晶体管的静态工作点和信号的传输。由于制造上的原因,在集成运算放大器中采用的是直接耦合方式,而直接耦合多级放大电路存在零点漂移现象。

2. 多级放大电路电压放大倍数等于各级的电压放大倍数的乘积,计算时应考虑前后级的相互影响。具体计算时有两种方法:其一为输入电阻法,在计算前一级的电压增益时,把后一级的输入电阻作为前一级的负载;其二为开路电压法,在计算后一级的增益时,先计算前一级空载时的输出电压和输出电阻,并把它们分别作为后一级的信号源电压和信号源内阻。

3. 差分放大电路利用晶体管和电路参数的对称性来抑制温度漂移。分析时将输入信号等效为差模信号和共模信号的叠加,分别计算其差模电压放大倍数和共模电压放大倍数,二者之比为共模抑制比(K_{CMR})。共模抑制比越高,抑制温漂的能力越强。为提高 K_{CMR},在集成电路中经常应用恒流源电路作有源负载。

4. 差分放大电路的分析从静态和动态两方面进行,动态分析时又分为模信号输入和共模信号输入两种情况。静态计算的原则同基本放大电路。动态分析根据电路的输入、输出方式不同而有所区别。因为单端输入可以等级成双端输入,所以双入双出、单入双出的电压增益、输入电阻的表达式相同;而双入单出、单入单出的电压增益、输出电阻的表达式相同。

4.5 思考题

1. 差分放大电路的最主要特点是什么?它为何具备这一特定功能?

2. 何为差模信号?何为共模信号?如何将差分放大电路的两个输入端所加的任意信号等效为差模信号和共模信号的组合?

3. 差分放大电路共有几种输入输出方式?

4. 在差分放大电路中电阻 R_e 在做差模和共模动态分析时等效方法相同吗?

5. 在差分放大电路中,用恒流源代替 R_e 有何好处?

4.6 习题

1. 选择

(1) 直接耦合放大电路存在零点漂移的原因是________。

A. 元件老化　　B. 晶体管参数受温度影响

C. 放大倍数不够稳定　　D. 电源电压不稳定

(2) 集成放大电路采用直接耦合方式的原因是________。

A. 便于设计　　B. 放大交流信号　　C. 不易制作大容量电容

(3) 差分放大电路的差模信号是两个输入端信号的________,共模信号是两个输入端信号的________。

A. 差　　B. 和　　C. 平均值

(4) 用恒流源取代长尾式差分放大电路中的发射极电阻 R_e,将使电路的________。

A. 差模放大倍数数值增大

B. 抑制共模信号能力增强

C. 差模输入电阻增大

(5) 通用型集成运放适用于放大________。

A. 高频信号　　B. 低频信号　　C. 任何频率信号

(6) 集成运放的输入级采用差分放大电路是因为可以________。

A. 减小温漂　　B. 增大放大倍数　　C. 提高输入电阻

(7) 为增大电压放大倍数,集成运放的中间级多采用________。

A. 共射放大电路

B. 共集放大电路

C. 共基放大电路

(8) 集成运放的末级采用互补输出级是为了________。

A. 电压放大倍数大

B. 不失真输出电压大

C. 带负载能力强

2. 设图 T4.1 所示各电路的静态工作点均合适，分别画出它们的交流等效电路，并写出 $\dot{A}_u$、R_i 和 R_o 的表达式。

3. 电路如图 T4.2 所示，晶体管的 β 为 200，$r_{be}=3\ \mathrm{k\Omega}$，场效应管的 g_m 为 15 mS；Q 点合适。求解 $\dot{A}_u$、R_i 和 R_o。

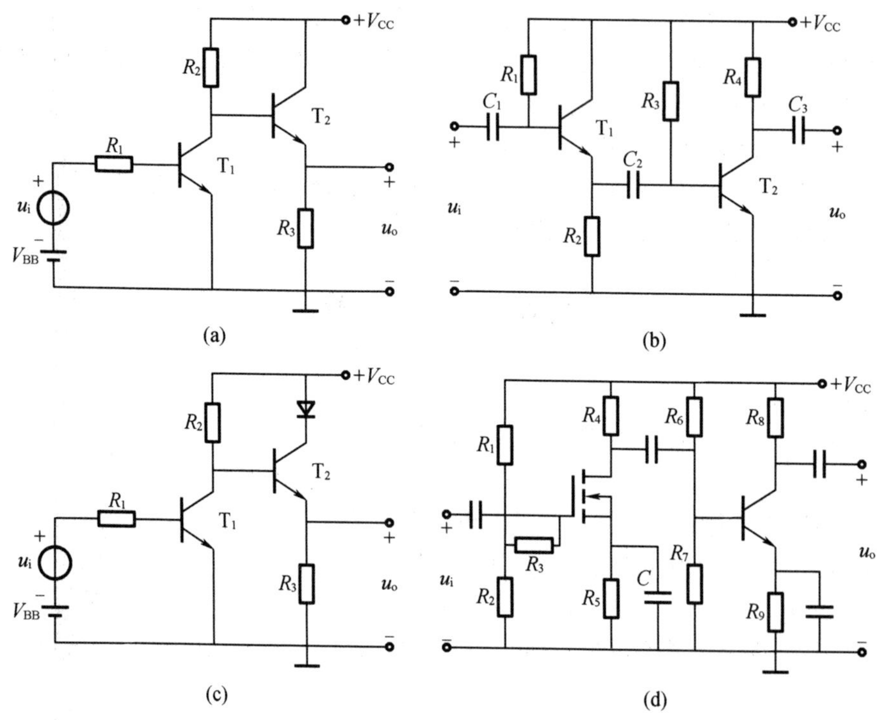

图 T4.1

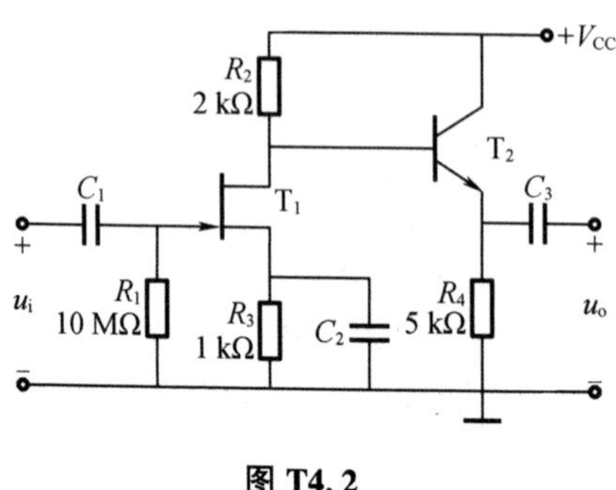

图 T4.2

4. 图 T4.3 所示电路参数理想对称，晶体管的 β 均为 100，$r_{bb'}=100\ \Omega$，U_{BEQ} 为 0.7 V。试计算 R_w 滑动端在中点时 T_1 管和 T_2 管的发射极静态电流 I_{EQ} 以及动态参数 A_d 和 R_i。

5. 电路如图 T4.4 所示，已知 T_1 管和 T_2 管的 β 均为 140，$r_{be}=4\ \mathrm{k\Omega}$。试问：若输入直流

信号 $u_{i1}=10\ \mathrm{mV}$，$u_{i2}=10\ \mathrm{mV}$，则电路的共模输入电压 u_{ic}、差模输入电压 u_{id}、输出动态电压 Δu_o 分别是多少？

6. 电路如图 P4.5 所示，T_1 和 T_2 的低额跨导 g_m 均为 10 mS。试求解差摸放大倍数和输入电阻。

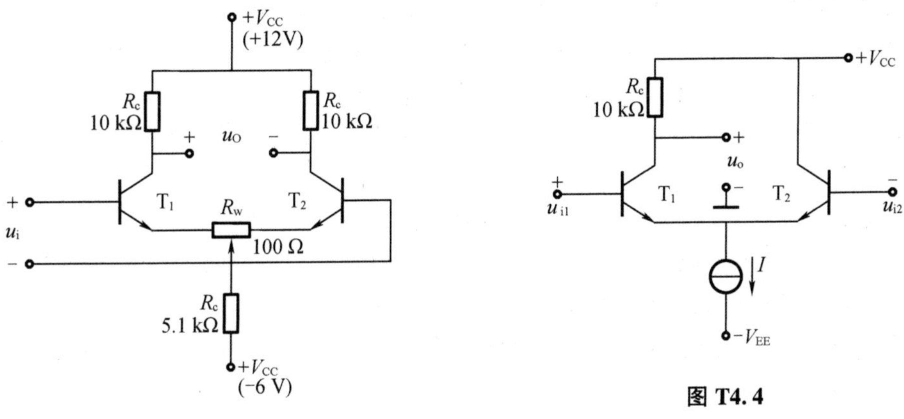

图 T4.3

图 T4.4

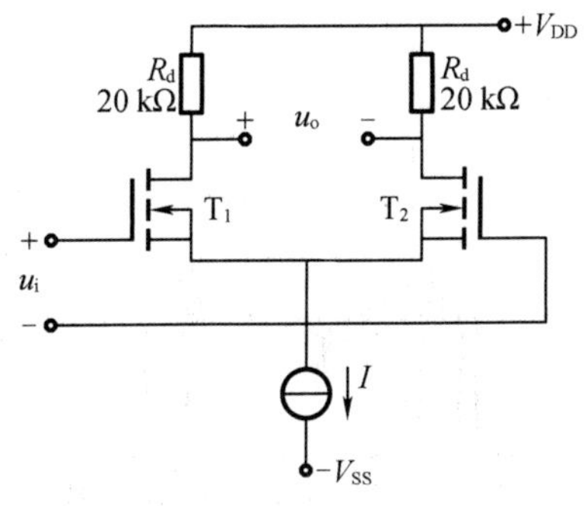

图 T4.5

第5章　模拟集成运算放大器

集成电路是相对于分立元件电路而言的,是采用专门的制造工艺,将电子元器件(晶体管、场效应管、二极管、电阻、电容等)和它们之间的连线制作在同一片半导体芯片上构成的具有特定功能的电路。相比分立元件电路,集成电路密度高、连线短、外部接线大为减少,从而提高了电子产品的可靠性和灵活性,同时降低了成本,为电子技术的应用开辟了一个新时代。

集成运算放大器(简称运放)是一个直接耦合高增益的多级放大电路。它能够放大直流至一定频率范围内的交流信号。早期的运算放大器主要用来完成加、减、微分、积分、对数、指数等数学运算,故此得名。集成运算放大器发展至今,其应用范围已远远超出数学运算的范围,可用于对信号进行线性和非线性处理,同时运放也是其他一些模拟集成电路的重要组成部分。

5.1　集成运算放大器概述

5.1.1 集成运算放大器的组成

集成运算放大器一般由三级组成。它的输入级是差分放大电路,中间级是高增益电压放大电路,输出级是互补功率放大电路。除此以外还有一些辅助环节,例如偏置电流源电路、电位偏移电路等。集成运算放大器的结构框图如图5.1.1所示。

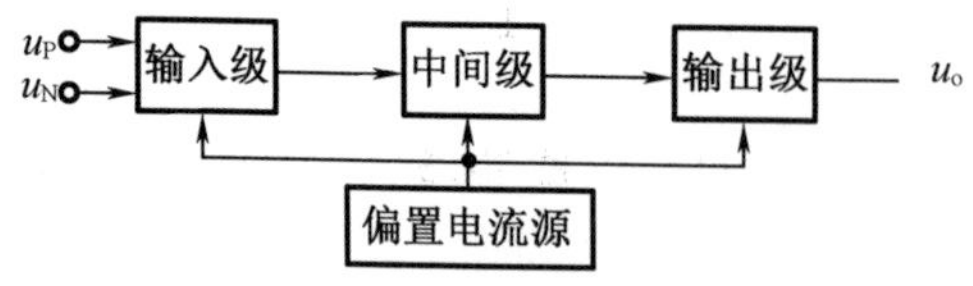

图5.1.1　集成运算放大器结构框图

1. 输入级

集成运放的输入级是决定集成运算放大器性能的关键部分,要求其输入电阻高,静态电流小,共模抑制比高,抑制零点漂移的能力强。输入级一般采用差分放大电路。

2. 中间级

中间级也称电压放大级,要求其具有足够高的电压增益,一般常采用带有源负载的共射或共源放大电路。

3. 输出级

输出级需要向负载提供一定的输出功率,要求其输出电阻小,以提高带负载能力。集成运放的输出级通常采用互补功率放大电路。

4. 偏置电路

偏置电路用于为各级电路提供稳定、合适的静态电流，为各级放大电路设置合适的静态工作点，通常由恒流源电路组成。

5.1.2　集成运算放大器的符号及电压传输特性

集成运放有两个输入端，分别为同相输入端和反相输入端，我们所说的“同相”和“反相”是指运放的输入电压与输出电压之间的相位关系。在规定的正方向条件下，输出信号 u_o 与输入信号 u_N。的极性相反，称加入 u_N 的放大电路输入

端为反相输入端；输出信号 u_o 与输入信号 u_P 的极性相同，称加入 u_P 的放大电路输入为同相输入端。集成运放的符号如图 5.1.2(a)和图 5.1.2(b)所示，其中图 5.1.2(a)是国内外常用符号，图 5.1.2(b)是国标符号。

集成运放的输出电压 u_o 与输入 u_i(即同相输入端与反相输入端之间的差值电压)之间的关系曲线称为电压传输特性，如图 5.1.2(c)和图 5.1.2(d)所示。集成运放的传输特性可分为放大区(线性区)和饱和区(非线性区)两部分。在线性区内，输出电压和输入电压呈线性关系，由于运算放大器的放大倍数很大(10^5 以上)，所以线性区很短；在非线性区内，输出电压与输入电压之间不再是线性关系，受电源电压的限制，呈现饱和特性。

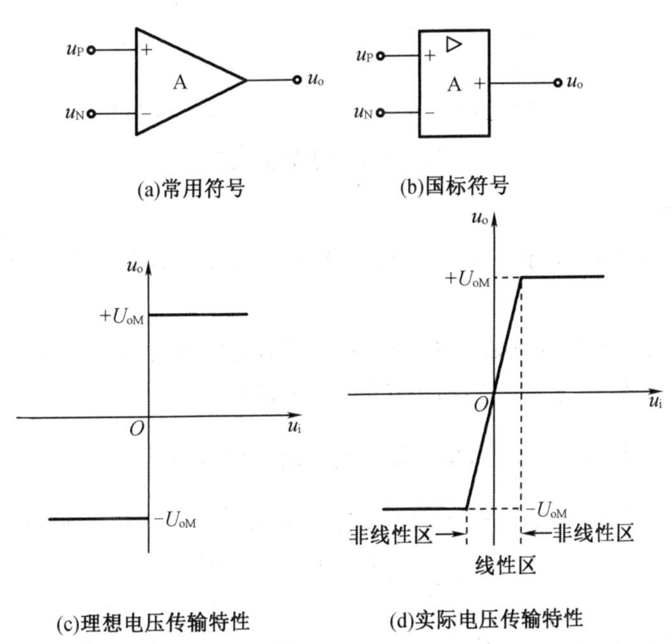

(a)常用符号　(b)国标符号

(c)理想电压传输特性　(d)实际电压传输特性

图 5.1.2　集成运放的符号和电压传输特性

5.2　模拟集成运算放大器中的电流源电路

在集成电路中，电流源不仅可以充当偏置电路为放大器提供稳定的静态电流，还可以充当有源负载(大电阻)以使放大器获得更高的增益。三极管(或者场效应管)是构成电流源电路的核心器件，因为当其工作在放大区(或者饱和区)时，其集电极电流(或者漏极电

流)具有恒流特性。

5.2.1 几种常见的电流源电路

1. 镜像电流源

如图 5.2.1(a) 所示为镜像电流源电路,它由两只特性完全相同的管子 VT_1 和 VT_2 构成。

(1)工作原理

对于 VT_2 管来说,VT_1 管等效成二极管,如图 5.2.1(b)所示,为 VT_2 管提供稳定的基射电压 V_{BE2},V_{BE2} 稳定则 I_{B2}稳定、I_{C2} 稳定,而 I_{C2} 就是电路的输出电流 I_o。注意,本电路中 VT_2 管应工作在放大状态。

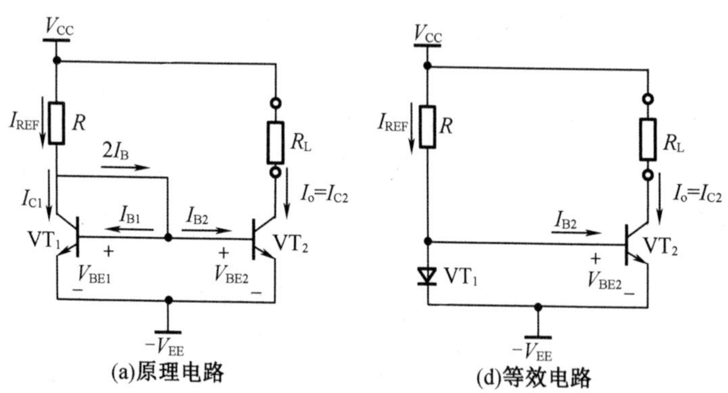

图 5.2.1　镜像电流源

(2)参数计算

①对于 VT_1 管来说,由于基集电压 $V_{CB}=0$,故 VT_1 工作在放大和饱和之间的临界状态,故有 I_{C1} 略小于 $\beta_1 I_{B_1}$。

②由于两管特性相同,则有 $\beta=\beta_1=\beta_2$,而发射结电压相同,则有 $I_B=I_{B1}=I_{B2}$;

③根据如图 5.2.1(a) 所示电流关系得(通常 $\beta \gg 2$)

$$I_{REF}=I_{C1}+2I_B \leq \beta I_B+2I_B=(\beta+2)I_B=(\beta+2)\frac{I_{C2}}{\beta}\approx I_{C2}=I_o$$

④根据图 5.2.1(a) 所示,求基准电流 I_{REF} 得(通常 V_{BE} 可以忽略);

$$I_o \approx I_{REF}=\frac{V_{CC}+V_{EE}}{R}\approx\frac{V_{CC}+V_{EE}}{R} \tag{5.2.1}$$

由式(5.2.1)可以看出,当 R 确定后,I_{REF} 就确定了,I_o 也就随之确定。常将 I_o 看成是 I_{REF} 的镜像,所以如图 5.2.1(a) 所示电路称为镜像电流源。

(3)电路特点

①镜像电流源结构简单,但输出电流的稳定性依赖于电阻 R 和直流电源,对它们的要求较高。

②镜像电流源适用于较大工作电流(毫安数量级)的场合。但在电源电压一定时,输出 I_o 大,则 I_{REF} 势必大,R 的功耗也就大,这是集成电路中应当避免的。另外,如果要求输出 I_o 小,则 R 的数值就必须大,这在集成电路中也很难做到。

③镜像电流源具有一定的温度补偿作用,其原理如下:

$$\text{温度}\uparrow\rightarrow\left\{\begin{array}{l}I_{C1}\uparrow\rightarrow I_{REF}\uparrow\rightarrow V_R\uparrow\rightarrow V_B\downarrow\rightarrow I_B\downarrow\\ I_{C2}\uparrow\rightarrow I_o\uparrow\quad I_o\downarrow\leftarrow\end{array}\right.$$

2. 比例电流源

比例电流源如图 5.2.2 所示。电流在一定范围内变化时,两个射极电阻上的电压近似相等,故有

$$I_{E1}R_{e1}\approx I_{E2}R_{e2}\Rightarrow I_{E1}R_{e1}\approx I_{E2}R_{e2}\Rightarrow I_{REF}R_{e1}\approx I_oR_{o2}\Rightarrow I_o\approx\frac{R_{e1}}{R_{e2}}I_{REF}\tag{5.2.2}$$

式中,基极电流 I_{REF} 为

$$I_{REF}=\frac{V_{CC}+V_{EE}-V_{BE}}{R+R_{e1}}\tag{5.2.3}$$

比例电流改变了镜像电流源中 $I_o\approx I_{REF}$ 的关系,使输出 I_o 可以大于或者小于基准电流 I_{REF},调整也非常方便,只需要改变两个射极电阻的比值。

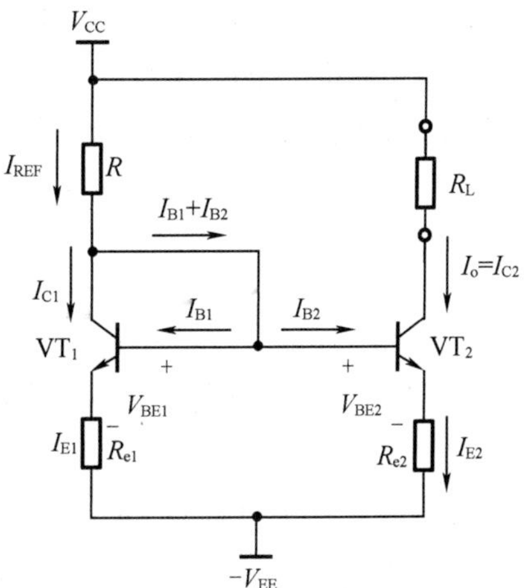

图 5.2.2 比例电流源

3. 微电流源

微电流如图 5.2.3 所示,当 β 足够大时有

$$I_o\approx I_{E2}=\frac{V_{BE1}-V_{BE2}}{R_e}\tag{5.2.4}$$

考虑到两管发射结电压相差非常小(约几十毫伏),故只需要使用几千欧的 R_e,就可以得到几十微安的输出电流。

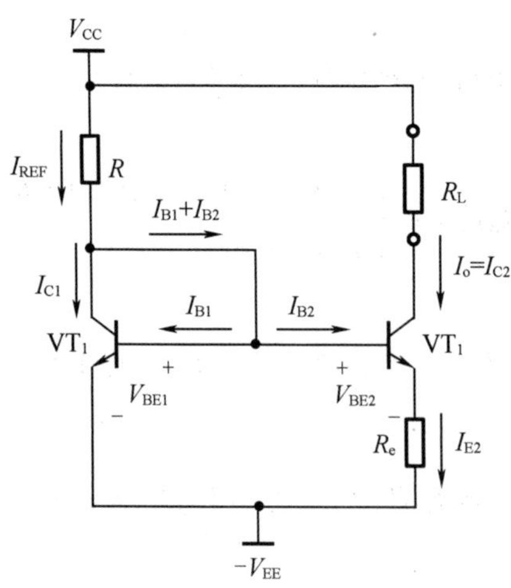

图 5.2.3　微电流源

5.2.2　电流源在模拟集成运算放大器中的应用

在集成运算放大器中,电流源除了用作设置各级放大电路的静态工作点的偏置电路外,还可以作为放大电路的有源负载,取代集成电路工艺中难以实现的大阻值电阻,同时又可以避免为维持晶体管静态电流不变而提高电源电压。

图 5.2.4(b)所示为共射有源负载电路,VT_1 和 VT_2 构成镜像电流源作为 VT 的有源负载,即相当于图 5.2.4(a)中的 R_e。

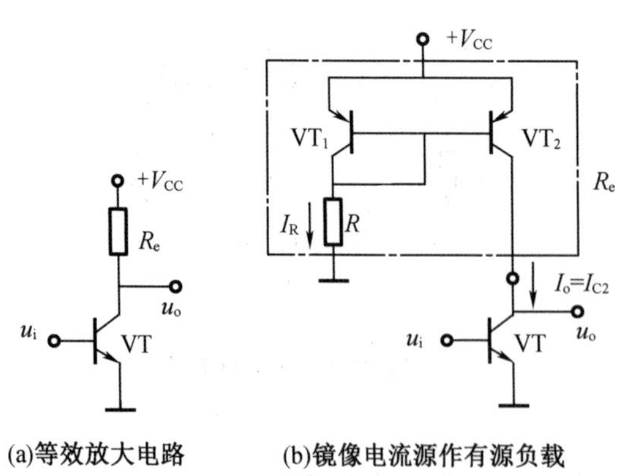

(a)等效放大电路　(b)镜像电流源作有源负载

图 5.2.4　共射有源负载电路

因为 VT_1 和 VT_2 特性完全相同,因而 $\beta_1=\beta_2=\beta, I_{C1}=I_{C2}$,基准电流

$$I_R=\frac{V_{CC}-U_{EB1}}{R} \tag{5.2.5}$$

空载时 VT 管的集电极静态电流为

$$I_{CQ}=I_{C2}=\frac{\beta}{\beta+2}\cdot I_R \tag{5.2.6}$$

可见,VT 管的集电极静态电流仅取决于电源 V_{CC} 和 R。在 V_{CC} 不变的情况下,合理取电

阻 R 的值,就可设置合适的静态工作点。应当指出,输入端的 u_i 中应含有直流分量,为 VT 提供静态基极电流 I_{BQ},I_{BQ} 应等于 I_{BQ}/β,而不应与镜像电流源提供的 I_{C2} 产生冲突。

5.3 互补输出级功率放大电路

在实用电路中,往往要求放大电路的末级(即输出级)输出一定的功率,以驱动负载。能够向负载提供足够信号功率的放大电路称为功率放大电路,简称功放。从能量控制和转换的角度看,功率放大电路与其他放大电路在本质上没有区别;只是功放既不是单纯追求输出高电压,也不是单纯追求输出大电流,而是追求在电源电压确定的情况下,输出尽可能大的功率。因此,从功放电路的组成和分析方法,到其元器件的选择,都与小信号放大电路有着明显的区别。

5.3.1 功率放大电路概述

1. 功率放大电路的核心问题

(1)要求输出功率尽可能大

为了获得尽可能大的输出功率,要求功放管的电压和电流都有足够大的输出幅度,因此器件往往在接近极限状态下工作。

(2)高效率

由于功率放大电路的输出功率大,因此直流电源消耗的功率也大,这就需要功率放大电路有一个较高的效率。效率就是负载得到的有用信号功率和电源供给的直流功率的比值。比值越大,意味着效率越高。

(3)功率器件的散热问题

由于通过功率放大电路的电压和电流较大,故有相当大的功率消耗在管子的集电结上,使结温和管壳温度升高。为了使功率器件输出足够大的功率,必须很好地解决功率放大器件的散热问题。

(4)非线性失真

在大信号下工作的功率放大电路,不可避免地会产生非线性失真,而且功放管输出功率越大,非线性失真越严重,这就使输出功率和非线性失真成为一对主要矛盾。

2. 提高功率放大电路效率的主要途径

提高功率放大电路效率是功率放大电路的核心问题。图 5.3.1(a)所示为阻容耦合共射基本放大电路的图解分析。从图中可以看出,静态工作点 $u_1=0$ 基本处于交流负载线的中心,设置合理,有着较大的不失真电压输出幅度,但是该电路的效率如何?在没有输入信号时,I_{CQ},晶体管的静态集电极电流为 U_{CEQ}、管压降的关系为 $P_V=I_{CQU}U_{CEQ}$,集电极电阻消耗的功率为 $P_R=I_{CQ}^2R_e$,这两部分功率之和约等于直流电源提供的功率,并全部以热量的形式耗散出去;当有输入信号时,这些功率的一部分转化为有用的输出功率。输入信号越大,负载得到的输出功率越多。可以证明,这类放大电路的最大效率为 50%。这种在输入信号整个周期内都有电流流过晶体管,即晶体管的导通角为 360°的工作状态,称为晶体管的甲类放大状态。

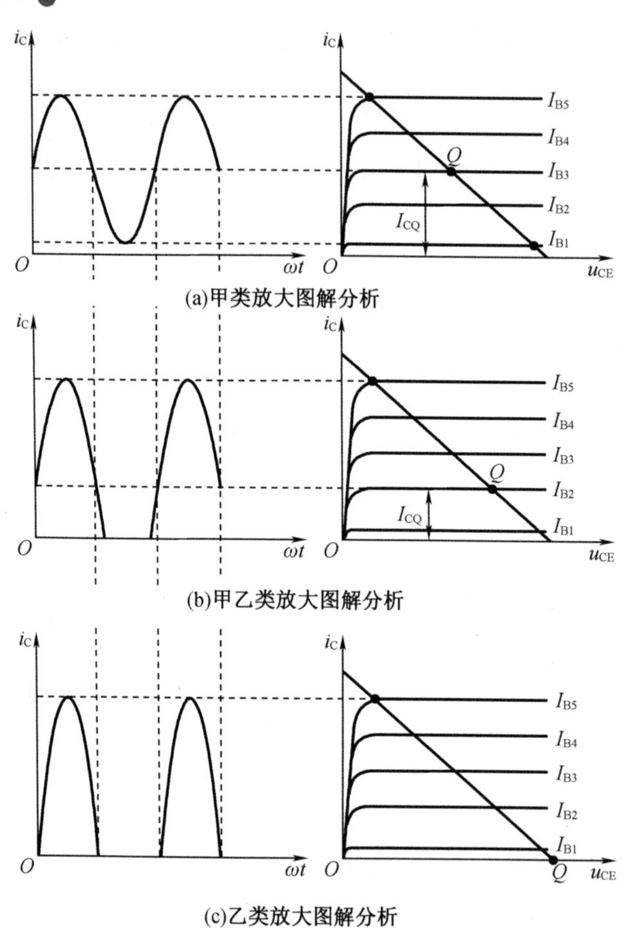

(a)甲类放大图解分析

(b)甲乙类放大图解分析

(c)乙类放大图解分析

图 5.3.1　*Q* 点下移对放大电路工作状态的影响

如何能够提高放大电路的效率呢？之所以甲类放大的效率不高，是因为晶体管的静态工作点过高，晶体管和集电极电阻在静态时就产生了大量功耗，而这些功耗并没有变成负载所需要的交流功率，而是白白地浪费掉了。因此降低静态工作点 I_{CQ} 一定可以提高放大电路的效率，降低静态工作点后，晶体管并没有在输入信号的整个周期内部有电流流过，所以晶体管的导通角大于 180°而小于 360°。我们称晶体管的这种工作状态为甲乙类工作状态，如图 5.3.1(b)所示。静态工作点的降低又使最大不失真输出幅度降低，集电极电流 i_c 的负半周部分波形被削平了，出现了失真。如果进一步降低静态工作点 Q，使之降到横轴上，这样晶体管在输入信号的一个周期内只有一半的时间工作，即每周期导通角度为 180°。这种晶体管的工作状态称为乙类工作状态，乙类功放工作在零偏状态，减少了静态功耗，效率较高。但信号会出现严重失真，必须对电路进行改进，解决失真问题。

5.3.2　乙类互补功率放大电路

1. 电路组成

晶体管工作在乙类工作状态的放大电路，虽然管耗小，有利于提高效率，但是，因为没有偏置，它的输出电压只有半个周期的波形，会造成输出波形严重失真，如果用两只管子，使之都工作在乙类放大状态，一个工作在输入信号的正半周期，而另一个工作在输入信号的负半周期,同时使两个输出波形都能加到负载上,即可在负载上得到一个完整的波形,这样就能解决效率与失真的矛盾。故采用两个极性相反的射极输出器组成乙类互补功率放大电路,如图 5.3.2(a)所示。VT_1(NPN)和 VT_2(PNP)是一对特性相同的互补对称晶体管。VT_1 和 VT_2 的基极和发射极分别连接在一起。信号从基极输入,从射极输出,R_L 为负载,图 5.3.2(a)电路可以看成是由图 5.3.2(b)(c)的两个射极输出器组合而成。射极输出器的特点是输出电阻小,带负载能力强,适合作功率输出级。

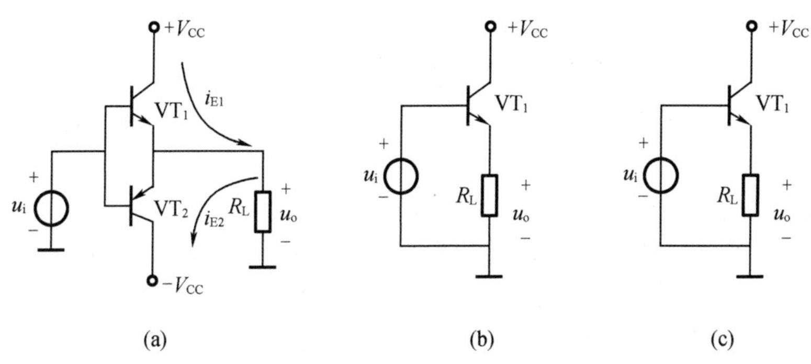

图 5.3.2 乙类互补功率放大电路

2. 工作原理

设输入信号 u_i 为正弦波。静态时,$u_i=0$,两个晶体管均截至,集电极电流 $I_{C1}=I_{C2}=0$,输出电压也为零,实现了无静态功耗。动态时,如果忽略晶体管发射结的开启电压,当输入信号 u_i 处于正半周时,VT_1 导通,有电流 i_{E1} 通过负载 R_L,方向如图 5.3.2(a)所示,与 u_o 的参考方向相同,当输入信号 u_i 处于负半周时,VT_2 导通,有电流 i_{E2} 通过负载 R_L,与 u_o 的参考方向相反。于是实现了两个晶体管在信号的正、负半周内轮流导电,从而在负载上得到一个完整的正弦信号,如图 5.3.3 所示。由于两管互补对方的不足,工作性能对称,故该电路称为乙类互补对称功率放大电路。

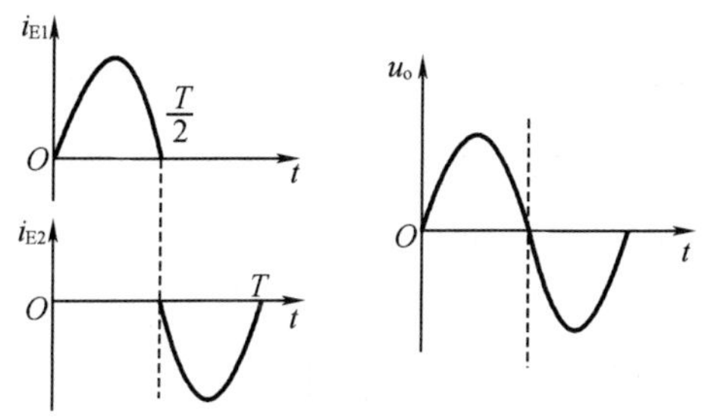

图 5.3.3 乙类互补功率放大电路波形的合成

3. 交越失真及其消除

严格地说,当输入信号很小时,达不到晶体管的开启电压,晶体管不导通。在信号正、负半周交替过零处,因晶体管存在开启电压而形成的非线性失真,称为交越失真。图 5.3.2(a)所示的乙类功放在示波器上观察到的交越失真的波形如图 5.3.4 所示,上面为输入波形,下面为输出波形。

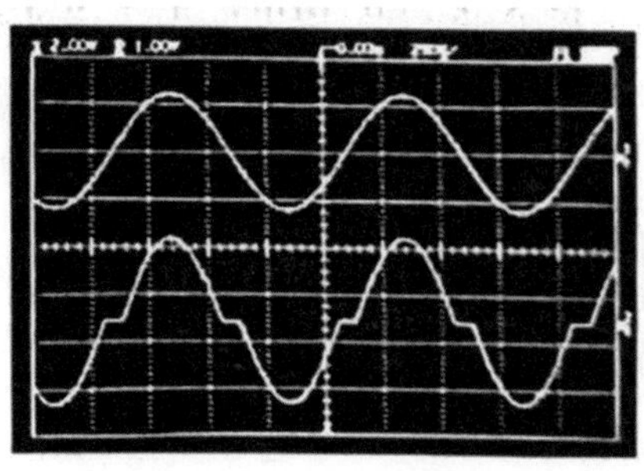

图 5.3.4　交越失真的波形

为消除交越失真,应该使两个晶体管在静态时就处于微导通状态。也就是说,静态时晶体管的静态工作点已经处于稍大于开启电压的状态,只要加入很小的动态信号,晶体管即可进入放大区,这样就可以避免出现交越失真现象。

为了使晶体管在静态时工作在微导通状态,就必须增加偏置电路,使晶体管的静态工作点设置在稍微大于开启电压处,于是在一个周期内晶体管的导通角略大于 180°,这种工作状态为甲乙类工作状态。图 5.3.5 给出了两种不同偏置方式的甲乙类互补功率放大电路。

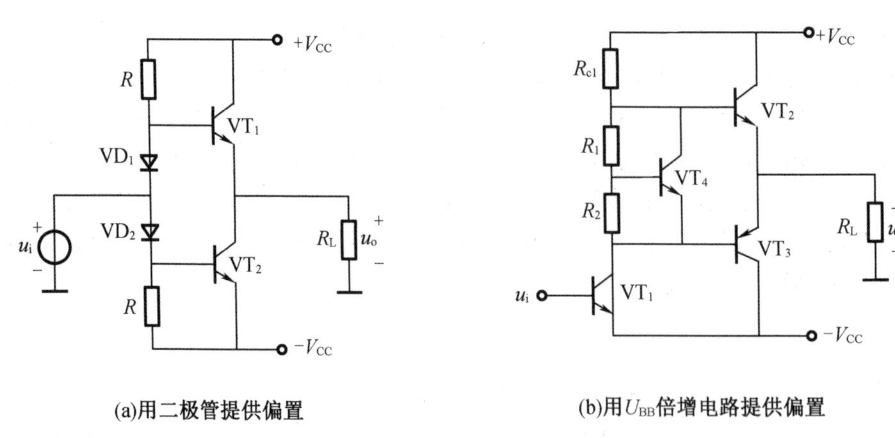

图 5.3.5　甲乙类互补功率放大电路

图 5.3.5(a)中,二极管 VD_1、VD_2 的支路就是晶体管的偏置电路,其上的压降刚好可以弥补两个晶体管的开启电压。它为 VD_1、VD_2 两管提供一个较小的静态电流。由于采用正、负电源供电,VD_1、VD_2 的特性相同,两管静态电流相等、管压降相等,所以静态时负载上的输出电压和电流均为零。对交流信号,由于二极管的动态电阻很小,所以在 VD_1 和 VD_2 上的交流电压降很小,即 VD_1 和 VD_2 的基极对交流信号而言可以看作等电位。因此,有交流输入信号时,可以认为加到 VD_1、VD_2 管的基极信号相等。由于设置了偏置电压,在输入信号作用下,两个晶体管的导通角均略大于 180°,基本可以消除交越失真。由于甲乙类互补功率放大电路的偏置电压很小,与乙类互补功率放大电路的工作情况很相近,故仍可按乙类互补功率放大电路分析计算。

图 5.3.5(b)用电压倍增电路取代两个二极管,忽略 VT_4 的基极电流,U_{CE4} 与 U_{BE4} 的倍增关系如下:

$$U_{CE4} \approx \frac{U_{BE4}(R_1+R_2)}{R_2} \tag{5.3.1}$$

晶体管 VT_4 发射结压降 U_{BE4} 基本不变(约 0.5~ 0.7 V),调整电阻 R_1、R_2,可使 U_{CE4} 增大或减小,从而满足偏置电压需要,在集成功放中常采用这种偏置方式。

4. 参数计算

(1)输出功率

乙类互补功率放大电路如图 5.3.2 所示,输出波形如图 5.3.3 所示。VT_1 与 VT_2 除了一个是 NPN 管,一个是 PNP 管外,所有参数均相同,特性一致。若输入正弦波,则在负载电阻上的输出功率为

$$p_{omax} = \frac{U_{omax}^2}{2R_L} = \frac{(V_{CC}-U_{CES})^2}{2R_L} \tag{5.3.2}$$

一般晶体管的饱和压降 U_{CES} 较小,可以忽略,则

$$P_{omax} \approx \frac{V_{CC}^2}{2R_L} \tag{5.3.3}$$

(2)功率管的功率损耗

电源输入的直流功率,有一部分通过晶体管转换为输出功率,剩余的部分则消耗在晶体管上,严生晶体管的管耗。晶体管的管耗主要是集电结的功耗。对于乙类互补功放电路,在输出正弦波的幅值为 U_{om} 时,输出功率为

$$P_o = \frac{U_{om}^2}{2R_L} \tag{5.3.4}$$

此时直流电源提供的功率

$$\begin{aligned} P_v &= \frac{1}{2\pi}\int V_{CC} i_c(t)\,\mathrm{d}(\omega t) \\ &= \frac{1}{\pi}\int_0^{\pi} V_{CC} i_c(t)\,\mathrm{d}(\omega t) \\ &= \frac{V_{CC}}{\pi}\int_0^{\pi} \frac{U_{om}}{R_L}\sin \omega t\,\mathrm{d}(\omega t) \\ &= \frac{2V_{CC}U_{om}}{\pi R_L} - \frac{U_{om}^2}{2R_L} \end{aligned} \tag{5.3.5}$$

两个晶体管的功耗

$$P_T = P_V - P_o = \frac{2V_{CC}U_{om}}{\pi R_L} - \frac{U_{om}^2}{2R_L} \tag{5.3.6}$$

画出 P_V 和 P_o 的关系曲线,如图 5.3.6 所示。图 5.3.6 中阴影部分即代表管耗,显然管耗与输出幅度有关,且呈非线性关系。可用 P_T 对 U_{om} 求导的办法找出最大值及此时的 U_{om} 值。经计算不难得到,P_{Tmax} 发生在 $U_{om} \approx 0.64V_{CC}$ 处,将 $U_{om} \approx 0.64V_{CC}$ 代入 P_T 的表达式,可得

$$P_{Tmax} = \frac{2V_{CC}U_{om}}{\pi R_L} - \frac{U_{om}^2}{2R_L} \approx \frac{2V_{CC}\times 0.64V_{CC}}{\pi R_L} - \frac{(0.64V_{CC})^2}{2R_L} \approx 0.4P_{omax} \tag{5.3.7}$$

对一只晶体管

$$P_{T1max}=P_{T2max}=0.2P_{omax} \tag{5.3.8}$$

功率晶体管的功耗以发热的形式散发出来，为此必须给晶体管加一定大小的散热器，以帮助晶体管散热。否则晶体管的温度上升到超过 PN 结所能承受的最高温度时，会导致反向饱和电流急剧增加，甚至烧毁晶体管。

(3)效率

互补功放的功率为输出功率与电源提供功率之比，即

$$\eta=\frac{P_o}{P_V}=\frac{U_{om}^2}{2R_L}/\frac{2V_{CC}-U_{om}}{R_L}=\frac{\pi U_{om}}{4V_{CC}} \tag{5.3.9}$$

显然，当 $U_{om}=V_{CC}$ 时，效率达到最高，为 $\eta=\pi/4=78.5\%$。但是实际的效率值要小于 78.5%，因为考虑晶体管的饱和压降后，$U_{om}<U_{CC}$。

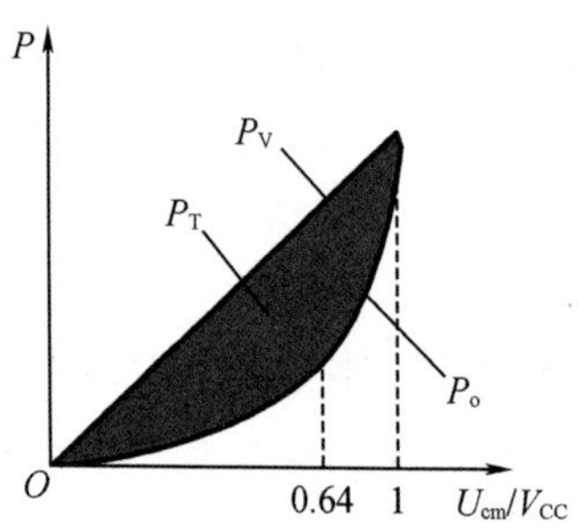

图 5.3.6　乙类互补功率放大电路晶体管的管耗

5. 功率管的选择

在功率放大电路中，应根据晶体管所承受的最大反向电压、集电极最大电流和最大功耗来选择晶体管。

(1)最大允许反向电压 $U_{(BR)CEO}$

分析功率放大电路的原理可知，两只功放管中处于截止状态的管子将承受较大的管压降。当 VT_1 饱和导通时，VT_2 管所承受最大管压降为

$$V_{EC2max}=(V_{CC}-U_{CES})+V_{CC}=2V_{CC}-U_{CES}\approx 2V_{CC} \tag{5.3.10}$$

(2)集电极最大电流 I_{CM}

由电路分析可知，晶体管的发射极电流等于负载电流，负载电阻上的最大电压为 $V_{CC}-U_{CES}$，故集电极电流的最大值

$$I_{Cmax}\approx I_{Emax}=\frac{V_{CC}-U_{CES}}{R_L}\approx\frac{V_{CC}}{R_L} \tag{5.3.11}$$

所以必须选择集电极最大电流 $I_{CM}>\frac{V_{CC}}{R_L}$ 的功率管。

(3)集电极最大允许功耗 P_{CM}

对于乙类互补功率放大电路，静态时输入电压为零，输出功率最小，管子的集电极电流很小，所以管子的损耗很小；当输入电压最大时，输出功率最大，但是由于管压降很小，所以管子的损耗也很小。由理论分析可知，晶体管集电极最大功耗仅为理想时(饱和管压降为零)最大输出功率的五分之一。所以，必须选择集电极最大允许功耗 $P_{CM}>0.2P_{omax}$ 的功率管。

【例 5.3.1】 功率放大电路如图 5.3.7 所示。$V_{CC}=12\ V$,$R_L=4\ \Omega$。设 $U_{BE}>0$ 时,管子立即导通,忽略管子的饱和压降,负载上可能得到的最大输出功率为多少?如何选择功率管?

解:负载上能得到的最大功率为 $P_{omax}\approx\dfrac{U_{CC}^2}{2R_L}=18\ W$

每个功率管流过的最大电流为 $I_{Cmax}=\dfrac{V_{CC}}{R_L}=\dfrac{12\ V}{4\ \Omega}=3\ A$

功率管所承受的最大管压降为 $U_{CE1max}=U_{EC2max}=2V_{CC}=24\ V$

功率管的最大管耗为 $P_{Tmax}=P_{T2max}\approx0.2P_{omax}=3.6\ W$

所以应选择 $P_{CM}>3.6\ W$,$U_{(BR)CEO}>24\ V$,$I_{CM}>3\ A$ 的功率管。

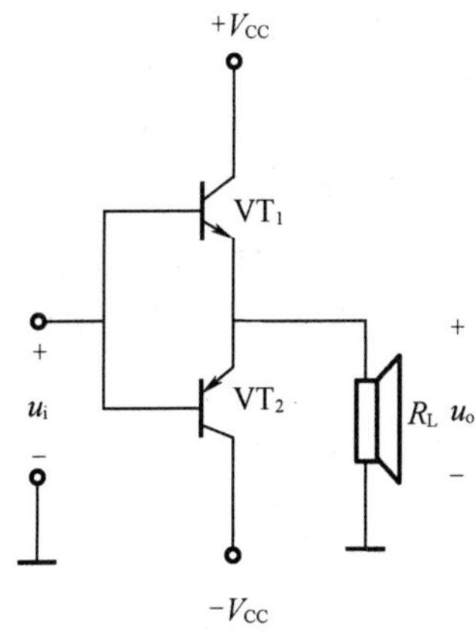

图 5.3.7 例 5.3.1 图

5.4 模拟集成运算放大器的主要性能指标及其选择

5.4.1 集成运算放大器的主要性能指标

在考察集成运放的性能时,常用下列参数来描述:

1. 开环差模增益 A_{od}

在集成运放无外加反馈时的差模放大倍数称为开环差模增益,记作 A_{od}。$A_{od}=\Delta u_o/\Delta(u_P-u_N)$,常用分贝(dB)表示,其分贝数为 $20\lg|A_{od}|$。通用型集成运放的 A_{od} 通常在 10^5 左右,即 100 dB 左右。F007C 的 A_{od} 大于 94 dB。

2. 共模抑制比 K_{CMR}

共模抑制比等于差模放大倍数与共模放大倍数之比的绝对值,即 $K_{CMR}=|A_{od}/A_{\infty}|$,也常用分贝表示,其数值为 $20\lg K_{CMR}$。

F007 的 K_{CMR} 大于 80 dB。由于 A_{od} 大于 94 dB ,所以 A_{∞} 小于 14 dB。

3. 差模输入电阻 r_{id}

r_{id} 是集成运放对输入差模信号的输入电阻。r_{id} 愈大,从信号源索取的电流愈小。F007C 的 r_{id} 大于 2 MΩ。

4. 输入失调电压 U_{IO} 及其温漂 dU_{IO}/dT

由于集成运放的输入级电路参数不可能绝对对称，所以当输入电压为零时，u_o 并不为零。U_{IO} 是使输出电压为零时在输入端所加的补偿电压，若运放工作在线性区，则 U_{IO} 的数值是 u_i 为零时输出电压折合到输入端的电压，即

$$U_{IO}=\frac{U_O \mid u_1=0}{A_{od}} \tag{5.4.1}$$

U_{IO} 愈小，表明电路参数对称性愈好。对于有外接调零电位器的运放，可以通过改变电位器滑动端的位置使得输入为零时输出为零。

dU_{IO}/dT 是 U_{IO} 的温度系数，是衡量运放温漂的重要参数，其值愈小，表明运放的温漂愈小。

F007C 的 U_{IO} 小于 2 mV ，dU_{IO}/dT 小于 20 μV/℃。因为 F007C 的开环差模增益为 94 dB 约 5×10^4 倍；在输入失调电压（2 mV）作用下，集成运放已工作在非线性区；所以若不加调零措施，则输出电压不是 $+U_{OM}$，就是 $-U_{OM}$，而无法放大。

5. 输入失调电流 I_{IO} 及其温漂 dI_{IO}/dT

I_{IO} 反映输入级差放管输入电流的不对称程度。dI_{IO}/dT 与 dU_{IO}/dT 的含义相类似，只不过研究的对象为 I_{IO}。I_{IO} 和 dI_{IO}/dT 愈小，运放的质量愈好。

6. 输入偏置电流 I_{IB}

I_{IB} 是输入级差放管的基极（栅极）偏置电流的平均值，即

$$I_{IB}=\frac{1}{2}(I_{B1}+I_{B2})$$

I_{IB} 愈小，信号源内阻对集成运放静态工作点的影响也就愈小。而通常 I_{IB} 愈小，往往 I_{IO} 也愈小。

7. 最大共模输入电压 U_{Icmax}

U_{Icmax} 是输入级能正常放大差模信号情况下允许输入的最大共模信号，若共模输入电压高于此值，则运放不能对差模信号进行放大。因此，在实际应用时，要特别注意输入信号中共模信号的大小。

F007 的 U_{Icmax} 高达±13 V。

8. 最大差模输入电压 U_{Idmax}

当集成运放所加差模信号大到一定程度时，输入级至少有一个 PN 结承受反向电压，U_{idmax} 是不至于使 PN 结反向击穿所允许的最大差模输入电压。当输入电压大于此值时，输入级将损坏。运放中 NPN 型管的 b-e 间耐压值只有几伏，而横向 PNP 型管的 b-e 间耐压值可达几十伏。

F007C 中输入级采用了横向 PNP 型管，因而 U_{Idmax} 可达±30 V。

9. −3 dB 带宽 f_H

f_H 是使 A_{od} 下降 3 dB（即下降到约 0. 707 倍）时的信号频率。由于集成运放中晶体管（或场效应管）数目多，因而极间电容就较多；又因为那么多元件制作在一小块硅片上，分布电容和寄生电容也较多；因此，当信号频率升高时，这些电容的容抗变小，使信号受到损失，导致 A_{od} 数值下降且产生相移。

F007C 的 f_H 仅为 7 Hz。

应当指出，在实用电路中，因为引入负反馈，展宽了频带，所以上限频率可达数百千赫

以上。

10. 单位增益带宽f_c

f_c 是使 A_{od} 下降到零分贝(即 $A_{od}=1$,失去电压放大能力)时的信号频率,与晶体管的特征频率f_T 相类似。

11. 转换速率 SR

SR 是在大信号作用下输出电压在单位时间变化量的最大值,即

$$SR=\left|\frac{du_o}{dt}\right|_{max} \tag{5.4.2}$$

SR 表示集成运放对信号变化速度的适应能力,是衡量运放在大幅值信号作用时工作速度的参数,常用每微秒输出电压变化多少伏来表示。当输入信号变化斜率的绝对值小于 SR 时,输出电压才能按线性规律变化。信号幅值愈大、频率愈高,要求集成运放的 SR 也就愈大。

在近似分析时,常把集成运放的参数理想化,即认为 A_{od}、K_{CRM}、r_{id}、f_H 等参数值均为无穷大,而 U_{IO} 和 dU_{IO}/dT、I_{IO} 和 dI_{IO}/dT、I_{IB} 等参数值均为零。

5.4.2 集成运算放大器的低频等效电路

在分立元件放大电路的交流通路中,若用晶体管、场效应管的交流等效模型取代管子,则电路的分析与一般线性电路完全相同。同理,如果在集成运放应用电路中用运放的等效模型取代运放,那么电路的分析也将与线性电路完全相同。但是,如果在运放电路中将所有管子都用其等效模型取代去构造运放的模型,那么势必使等效电路非常复杂。例如 F007 电路中有 19 只晶体管,在计算机辅助分析中,若采用 EM2 模型,每只管子均由 11 个元件构成,则 19 只管子共有 11×19 =209 个元件,可以想象电路的复杂程度。因此,人们常构造集成运放的宏模型,即在一定的精度范围内构造一个等效电路,使之与运放(或其他复杂电路)的输入端口和输出端口的特性相同或相似。分析的问题不同,所构造的宏模型也有所不同。

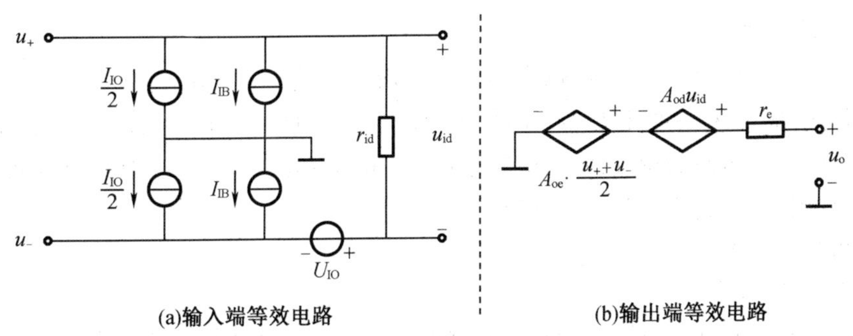

图 5.4.1 集成运放低频等效电路

图 5.4.1 所示为集成运放的低频等效电路,对于输入回路,考虑了差模输入电阻 r_{id}、偏置电流 I_{IB}、失调电压 U_{UO} 和失调电流 I_{IO} 等四个参数;对于输出回路,考虑了差模输出电压 u_{od}、共模输出电压 u_{oc} 和输出电阻 r_o 等三个参数。显然,图示电路中没有考虑管子的结电容及分布电容、寄生电容等的影响,因此,只适用于输入信号频率不高情况下的电路分析。

如果仅研究对输入信号(即差模信号)的放大问题,而不考虑失调因素对电路的影响,那么可用简化的集成运放低频等效电路,如图 5.4.2 所示。这时,从运放输入端看进去,等效为一个电阻 r_{id};从输出端看进去,等效为一个电压 u_1(即 u_P-u_N)控制的电压源 $A_\infty u_1$,内阻为 r_o。若将集成运放理想化,则 $r_{id}=0$,$r_\infty=0$。

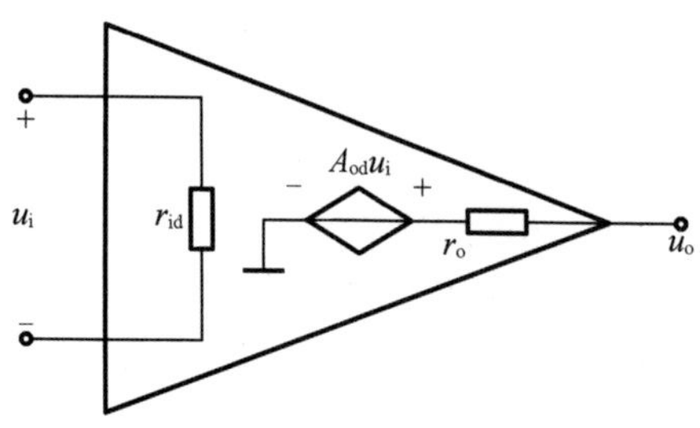

图 5.4.2 简化的集成运放低频等效电路

5.4.3 集成运算放大器的种类

1. 按工作原理分类

(1)电压放大型

实现电压放大,输出回路等效成由电压 u_1 控制的电压源 $u_o=a_{od}u_1$。F007、F324、C14573 均属这类产品。

(2)电流放大型

实现电流放大,输出回路等效成由电流 i_1 控制的电流源 $i_o=A_ii_1$。LM3900、F1900 属于这类产品。

(3)跨导放大型

将输入电压转换成输出电流,输出回路等效成由电压 u_1 控制的电流源 i_o,即 $i_o=A_{iu}u_1$,A_iu 的量纲为电导,它是输出电流与输入电压之比,故称跨导,常记作 g_m。LM3080、F3080 属于这类产品。

(4)互阻放大型

将输入电流转换成输出电压,输出回路等效成由电流 i_1 控制的电压源 u_o,即 $u_o=A_{ui}i_1$,A_{ui} 的量纲为电阻,故称这种电路为互阻放大电路。AD8009 、AD8011 属于这类产品。

输出等效为电压源的运放,输出电阻很小,通常为几十至上百欧;而输出等效为电流源的运放,输出电阻较大,通常为几千欧以上。

2. 按可控性分类

(1)可变增益运放

可变增益运放有两类电路,一类由外接的控制电压 u_c 来调整开环差模增益 A_{od},称为电压控制增益的放大电路,如 VCA610,当 A_{od} 从 0 V 变为−2 V 时,A_{od} 从−40 dB 变为+40 dB,中间连续可调;另一类是利用数字编码信号来控制开环差模增益 A_{od} 的,这类运放是模拟电路与数字电路的混合集成电路,具有较强的编程功能,例如 AD526,其控制变量为 A_2、A_1、A_0,当给定不同的二进制码时,A_{od} 将随之改变。

(2)选通控制运放

此类运放的输入为多通道,输出为一个通道,即对“地”输出电压信号。利用输入逻辑信号的选通作用来确定电路对哪个通道的输入信号进行放大。图 5. 4. 3 所示为两通道选通控制运放 OPA676 的原理示意图。当 $\overline{CHA}$ 为 0 V 时,开关 S 倒向电路 A_1 的输出端,电路对 u_{iA} 放大,输出电压 $u_o=A_{od}u_{iA}$;当 $\overline{CHA}$ 为 2. 7 V 时,开关 S 倒向电路 A_2 的输出端,电路对 u_{iB} 放大,输出电压 $u_o=A_{od}u_{iB}$;A_{od} 为开环差模增益。由于开关起切换输入通道的作用,也称这类电路为输入切换运放。

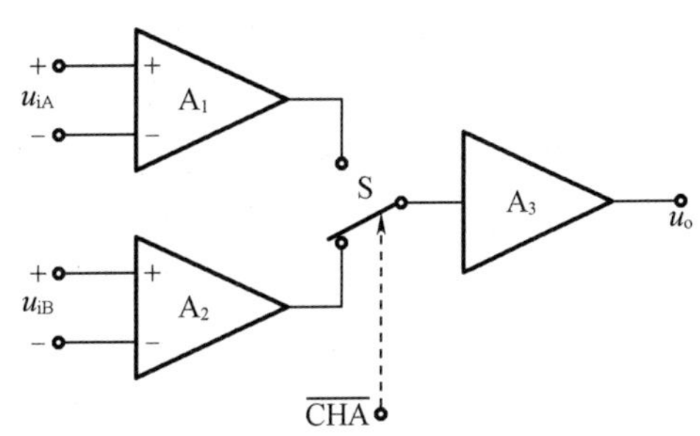

图 5. 4. 3 两通道选通控制运放 OPA676 的原理示意图

3. 按性能指标分类

运放按性能指标可分为通用型和专用型两类。通用型运放用于无特殊要求的电路之中,其性能指标的数值范围见表 5. 4. 1,少数运放可能超出表中数值范围;专用型运放为了适应各种特殊要求,某一方面性能特别突出。

表 5. 4. 1 通用型运放的性能指标

参数	单位	数值范围	参数	单位	数值范围
A_{od}	dB	65~100	K_{CMR}	dB	70~90
U_{IO}	MΩ	0. 5~2	单位增益带宽	MHz	0. 5~2
I_{IO}	mV	2~5			
I_{IO}	μA	0. 2~2	SR	V/μs	0. 5~0. 7
I_{iB}	μA	0. 3~7	功耗	mW	80~120

(1)高阻型

具有高输入电阻(r_{id})的运放称为高阻型运放。它们的输入级多采用超 β 管或场效应管,r_{id} 大于 10^9 Ω,适用于测量放大电路、信号发生电路或采样-保持电路。

国产的 F3130,输入级采用 MOS 管,输入电阻大于 10^{12}Ω,I_{iB} 仅为 5 pA。

(2)高速型

单位增益带宽和转换速率高的运放为高速型运放。它的种类很多,增益带宽多在 10 MHz 左右,有的高达千兆赫;转换速率大多在几十伏/微秒至几百伏/微秒,有的高达几千伏/微秒,适用于模数转换器、数模转换器、锁相环电路和视频放大电路。

国产超高速运放 3554 的 SR 为 1 000 V/μs,单位增益带宽为 1. 7 GHz。

(3)高精度型

高精度型运放具有低失调、低温漂、低噪声、高增益等特点,它的失调电压和失调电流比通用型运放小两个数量级,而开环差模增益和共模抑制比均大于 100 dB。适用于对微弱信号的精密测量和运算,常用于高精度的仪器设备中。

国产的超低噪声高精度运放 F5037 的 U_{IO} 为 10 μV,其温漂为 0.2 μV/℃;I_{IO} 为 7 nA;等效输入噪声电压密度约为 3.5 nV/$\sqrt{Hz}$,电流密度约为 1.7 pA/Hz;A_{od} 约为 105 dB。

(4)低功耗型

低功耗型运放具有静态功耗低、工作电源电压低等特点,它们的功耗只有几毫瓦,甚至更小,电源电压为几伏,而其他方面的性能不比通用型运放差。适用于能源有严格限制的情况,例如空间技术、军事科学及工业中的遥感遥测等领域。

微功耗高性能运放 TLC2252 的功耗约为 180 μW ,工作电源为 5 V,开环差模增益为 100 dB,差模输入电阻为 10^{12} Ω。可见,它集高阻与低功耗于一身。

此外,还有能够输出高电压(如 100 V)的高压型运放,能够输出大功率(如几十瓦)的大功率型运放等。

除了通用型和专用型运放外,还有一类运放是为完成某种特定功能而生产的,例如仪表用放大器、隔离放大器、缓冲放大器、对数/反对数放大器等。随着 EDA 技术的发展,人们会越来越多地自己设计专用芯片。目前可编程模拟器件也在发展之中,人们可以在一块芯片上通过编程的方法实现对多路信号的各种处理,如放大、有源滤波、电压比较等。

5.4.4 集成运算放大器的选择

通常情况下,在设计集成运放应用电路时,没有必要研究运放的内部电路,而是根据设计需求寻找具有相应性能指标的芯片。因此,了解运放的类型、理解运放主要性能指标的物理意义,是正确选择运放的前提。应根据以下几方面的要求选择运放。

1. 信号源的性质

根据信号源是电压源还是电流源,内阻大小、输入信号的幅值及频率的变化范围等,选择运放的差模输入电阻 r_{id}、-3 dB 带宽(或单位增益带宽)、转换速率 SR 等指标参数。

2. 负载的性质

根据负载电阻的大小,确定所需运放的输出电压和输出电流的幅值。对于容性负载或感性负载,还要考虑它们对频率参数的影响。

3. 精度要求

对模拟信号的处理,如放大、运算等,往往提出精度要求;如电压比较,往往提出响应时间、灵敏度要求。根据这些要求选择运放的开环差模增益 A_{od}、失调电压 U_{IO} 及转换速率 SR 等指标参数。

4. 环境条件

根据环境温度的变化范围,可正确选择运放的失调电压及失调电流的温漂 dU_{IO}/dT、dI_{IO}/dT 等参数;根据所能提供的电源(如有些情况只能用干电池)选择运放的电源电压;根据对能耗有无限制,选择运放的功耗等。

经过上述分析,就可以通过查阅手册等手段选择某一型号的运放了,必要时还可以通过各种 EDA 软件进行仿真,最终确定最满意的芯片。目前,各种专用运放和多方面性能俱佳的运放种类繁多，采用它们会大大提高电路的质量。

不过，从性能价格比方面考虑，应尽量采用通用型运放，只有在通用型运放不能满足应用要求时才采用专用型运放。

5.5 集成运算放大器的使用注意事项

1. 电源供电方式

集成运放有两个电源接线端$+V_{CC}$和$-V_{EE}$，可以采用不同的电源供电方式。供电方式不同，集成运放对输入信号的要求也是不同的。

(1)对称双电源供电方式

集成运放多采用这种方式供电。相对于公共端(地)的正电源与负电源分别接于运放的$+V_{CC}$和$-V_{EE}$管脚上。在这种方式下，可以把信号源直接接到运放的输入脚上，而输出电压的幅值可以接近正负对称电源的电压值。

(2)单电源供电方式

单电源供电是将集成运放的$-V_{EE}$管脚接地。此时为了保证运放内部单元电路具有合适的静态工作点，在运放的输入端一定要附加一直流电位，如图5.5.1所示。此时运放的输出是在某一直流电位基础上随输入信号变化。

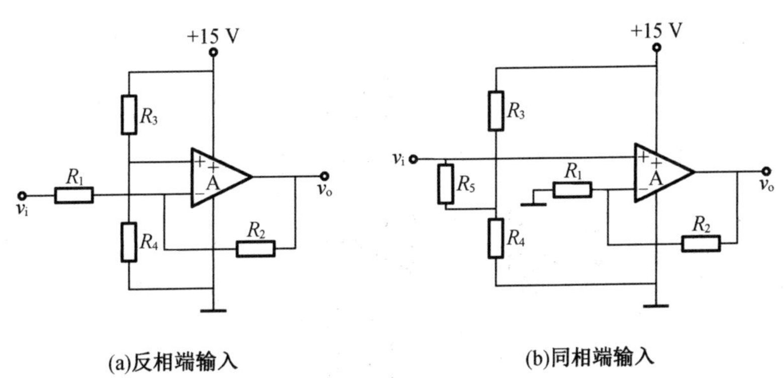

(a)反相端输入　　(b)同相端输入

图5.5.1　集成运放单电源供电电路

2. 集成运放的调零问题

由于集成运放的输入失调电压和输入失调电流的影响，当运放组成的线性电路输入信号为零时，输出往往不等于零。为了提高电路的运算精度，要求对失调电压和失调电流造成的误差进行补偿，这就是运放的调零。常用的调零方法有内部调零和外部调零，对于没有内部调零端子的集成运放，要采用外部调零方法。下面以741为例，图5.5.2所示给出了常用调零电路。

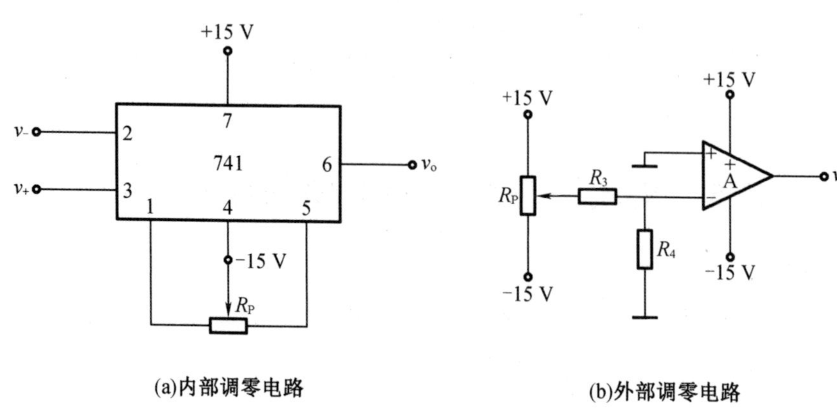

(a)内部调零电路

(b)外部调零电路

图 5.5.2　集成运放的调零电路

3. 集成运放的自激振荡问题

集成运放是一个高放大倍数的多级放大器,在接成深度负反馈的情况下,很容易产生自激振荡。为了使放大器能够稳定的工作,就需要外加一定的频率补偿网络,以消除自激振荡。图 5.5.3 所示是进行相位补偿所使用的电路。

另外,防止通过电源内阻造成低频振荡或高频振荡的措施是在集成运放的正、负电源输入端对地分别加入一电解电容(10 μF)和一高频滤波电容(0.01~0.1 μF),如图 5.5.3 所示。

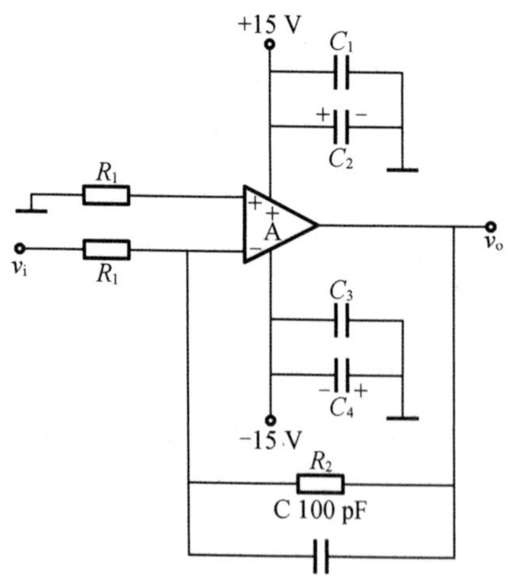

图 5.5.3　运放电路消除自激

4. 集成运放的保护问题

集成运放的安全保护有 3 个方面:电源保护、输入保护和输出保护。

(1)电源保护

电源的常见故障是电源极性接反和电压跳变。典型的电源保护电路如图 5.5.4 所示,是利用二极管的单向导电性实现保护的。

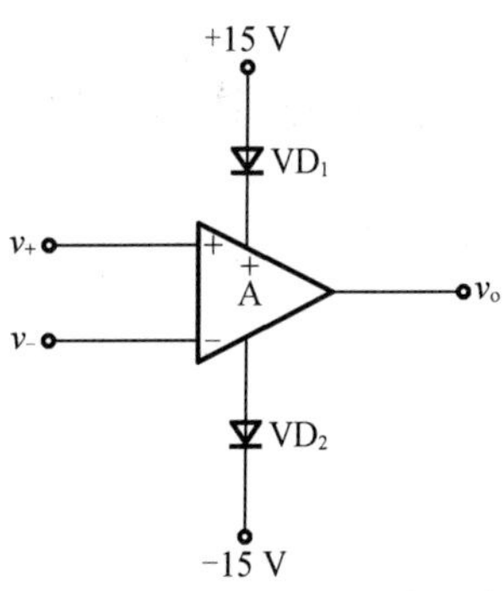

图 5.5.4 电源保护电路

(2)输入保护

集成运放的差模或者共模输入电压过高(超出该集成运放的极限参数范围),容易造成集成运放工作不稳定甚至损坏。如图 5.5.5 所示为典型的输入保护电路。

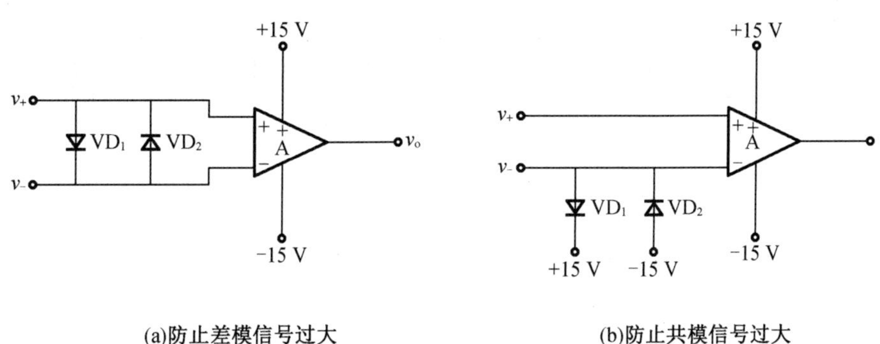

图 5.5.5 输入保护电路

(3)输出保护

当出现超载或输出端短路时,若没有保护电路,集成运放就会损坏。但有些集成运放内部设置了限流保护或短路保护,使用这些器件就无须再加输出保护。对于内部没有限流或短路保护的集成运放,可以采用如图 5.5.6 所示的输出保护电路。

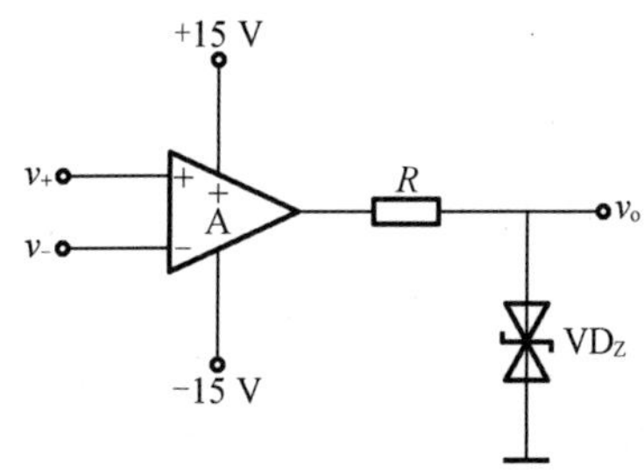

图 5.5.6 输出保护电路

5.6 集成运算放大器举例

集成运算放大器是一种高性能的直接耦合放大电路，尽管品种繁多，内部电路结构也各不相同，但是它们的基本组成部分、结构形式和组成原则基本一致。因此，对于典型电路的分析具有普遍意义，一方面可从中理解集成运算放大器的性能特点，另一方面可以了解复杂电路的分析方法。

集成运算放大器按制造工艺分为晶体管、CMOS 和 BiFET 兼容型。晶体管型运算放大器一般输入偏置电流及器件功耗较大，它的输出级可提供较大的负载电流；CMOS 型运算放大器输入电阻高、功耗低，可在低电源电压下工作；BiFET 兼容型运算放大器一般以场效应晶体管作为输入级，它具有高输入电阻、高精度和低噪声的特点。

1. 电路组成

MC14573 的原理电路如图 5.6.1 所示。根据与晶体管对应的关系可看出，这是两级放大电路，全部是增强型 MOS 场效应晶体管。

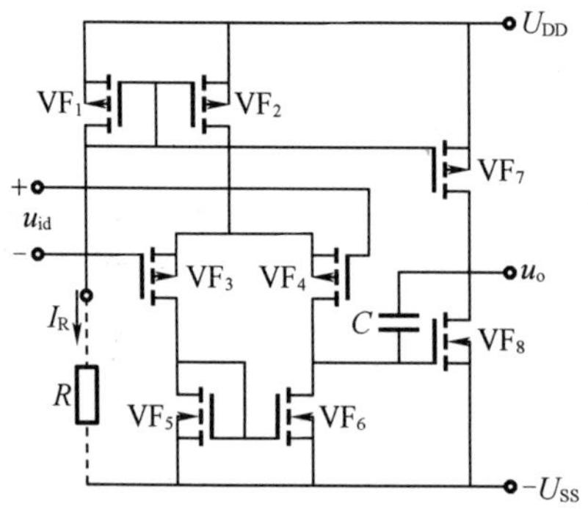

图 5.6.1 MC14573 的原理电路

第一级是由 VF_3、VF_4(P 沟道)组成的共源差分放大电路。VF_5 和 VF_6(N 沟道)构成镜像电流源作为有源负载。VF_1 和 VF_2 作为电流源提供偏置电流。

第二级是由 VF_8 组成的带有源负载(VF_7)的共源放大电路。

VF_2 和 VF_7 的电流由 VF_1 确定，这是一个多路电流源电路，VF_1 的电流大小是通过外接电阻 R 确定的。

电容 C 是起相位补偿作用的。

U_{DD} 与 U_{SS} 为直流电源，它们的差值要求不大于 15 V，不小于 5 V；可以是单电源供电(正或负)，也可以正负电源不对称。但要注意，输出电压的范围将随电源的选择而改变。

2. 工作原理

确定电路的静态电流时，先确定流过 VF_1 的电流 I_R，其他电流则可随之而定了。设 VF_1 的开启电压为 $U_{GS(th)}$，则 $I_R \approx (U_{DD}+U_{SS}+U_{GS(th)})/R$。$I_R$ 一般多选为 20~200 μA。

下面分析交流性能。

第一级的电路与有源负载差分放大电路原理是一样的，可以直接求出 A_{iu}。设 VF_3、VF_4 参数相同，VF_5、VF_6 参数相同，则

$$A_{iu}=\frac{\Delta I_{O1}}{\Delta U_1}=\frac{-2\Delta I_{D4}}{\Delta U_1}=\frac{\Delta I_{D4}}{\frac{1}{2}\Delta U_1}=-g_{m4}$$

由于第二级是接在 VF_8 的栅源之间，R_{i2} 很大，而第一级的输出电阻是 r_{ds4}/r_{ds6}，所以第一级的电压放大倍数为

$$A_{u1}\approx -g_{m4}(r_{ds4}//r_{ds6})$$

第二级为有源负载共源放大电路，很容易求出在负载开路时的电压放大倍数为

$$A_{u2}\approx -g_{m8}(r_{ds7}//r_{ds8})$$

$$A_u=A_{u1}A_{u2}\approx g_{m4}g_{m8}(r_{ds4}//r_{ds6})(r_{ds7}//r_{ds8})$$

此电路输出开路时的电压放大倍数可达 10^4（即 80 dB）以上。由于它的输出电阻比较大，故带负载能力较差。但它多用于场效应晶体管为负载的电路或负载电阻较高的场合，故作为电压放大电路还是很好的。

以图 5.6.1 所示的电压极性，得到 A_u 为正值，则标“+”为同相输入端，标“-”为反相输入端。

MC14573 的输入电阻很高，输入的静态电流约为 1 nA。

由于 U_{DD} 和 U_{SS} 可在一定范围内选择数值，所以输出电压范围可变，一般为：下限值约为 $-U_{SS}+1.5$ V，上限值约为 $-U_{DD}-2$ V。

5.7 本章小结

本章首先介绍了多级放大电路的耦合方式、组成及分析方法，然后重点讨论构成集成运算放大器的单元电路——差分放大电路和互补功率放大电路的工作原理及分析方法，最后介绍了集成运放的参数类型及其选用原则。

(1)多级放大电路一般有阻容耦合、变压器耦合、直接耦合、光电耦合四种耦合方式，耦合电路必须保证晶体管的静态工作点和信号的传输。由于制造上的原因，在集成运算放大器中采用的是直接耦合方式。而直接耦合多级放大电路存在零点漂移现象。

(2)多级放大电路电压放大倍数等于各级电压放大倍数的乘积，计算时应考虑前后级的相互影响。具体计算时有两种方法：其一为输入电阻法，在计算前一级的电压增益时，把后一级的输入电阻作为前一级的负载；其二为开路电压法，在计算后一级的增益时，先计算前一级空载时的输出电压和输出电阻，并把它们分别作为后一级的信号源电压和信号源内阻。

(3)差分放大电路利用晶体管和电路参数的对称性来抑制温度漂移。分析时将输入信号等效为差模信号和共模信号的叠加，分别计算其差模电压放大倍数和共模电压放大倍数，二者之比为共模抑制比(K_{CMR})。共模抑制比越高，抑制温漂的能力越强。为提高 K_{CMR}，在集成电路中经常应用恒流源电路作有源负载。

(4)差分放大电路的分析从静态和动态两方面进行，动态分析时又需分成差模信号输入和共模信号输入两种情况。静态计算的原则同基本放大电路。差模动态分析根据电路的输入、输出方式不同而有所差别。因为单端输入可以等效成双端输入，所以双入双出、单入双出的电压增益和输入电阻的表达式相同；而双入单出、单入单出的电压增益和输出电阻的表达式相同。

(5)为使集成运算放大器有较大的动态输出范围和较强的带负能力,其输出级通常采用双电源供电的互补功率放大电路,其实质为两个射极跟随器的组合。为提高效率,晶体管工作在乙类状态;而为减小交越失真,常为其提供很小的静态电流,构成甲乙类功率放大电路。

(6)集成运算放大器通常由差分输入级、中间放大级、互补输出级和偏置路四部分组成,其主要参数包括各种静态参数和动态参数。运放按照性能指标分为通用型和专用型两大类。专用型运放种类较多,主要有高精度型高速型、高输入阻抗型、超低噪声型、低功耗型、高压型和大功率型等。选用集成运放时应遵循“先通用,后专用”的原则。

5.8 思　考　题

1. 试简述模拟集成电路的结构特点。
2. 为什么在模拟集成电路中通常不使用大电容或电感?
3. 如何理解在集成电路中生成一只三极管比生产一只二极管更容易?
4. 为什么放大电路以三级为最常见?
5. 什么是零点漂移?引起它的原因有哪些,其中最主要的是什么?
6. 试简述集成运放的组成结构,并指出每部分所使用的电路类型。
7. 试简述电流源电路在集成电路中的作用。
8. 试简述 BJT 镜像电流源中两只三极管的作用,并指出它们的工作状态。
9. 试简述差分电路抑制零漂的原理。
10. 单端输出的差分电路是否具有抑制零漂的作用?如果有,应该如何理解?
11. 当差分电路的输入既不是差模信号也不是共模信号时,应如何分析?
12. 试简述差分电路分析与单管电路分析的联系与区别。
13. 试总结射极耦合差分电路的分析方法。
14. 通用性集成运放 741 有几只引脚?它们的功能分别是什么,使用时应如何连接?
15. 使用集成运放时需要注意哪些问题?
16. 试总结二极管在电路中的常见用途。

5.9 习　　题

1. 某差分放大电路如图 T5. 1 所示,设对管的$\beta=50$,$r_{bb'}=300\ \Omega$,$U_{BE}=0.7\ V$,RP 的影响可以忽略不计,试估算:

(1)VT_1、VT_2 的静态工作点;

(2)差模电压放大倍数 $A_{ud}=\dfrac{\Delta U_o}{\Delta U_{i1}-\Delta U_{i2}}$。

2. 在图 T5. 2 所示的差分放大电路中,已知两个对称晶体管的$\beta=50$,$r_{be}=1.2\ k\Omega$。

(1)画出共模、差模半边电路的交流通路。

(2)求差模电压放大倍数$\dfrac{A_{ud}=\Delta U_o}{\Delta U_{i1}-\Delta U_{i2}}$。

(3)求单端输出和双端输出时的制比 K_{CMR}。

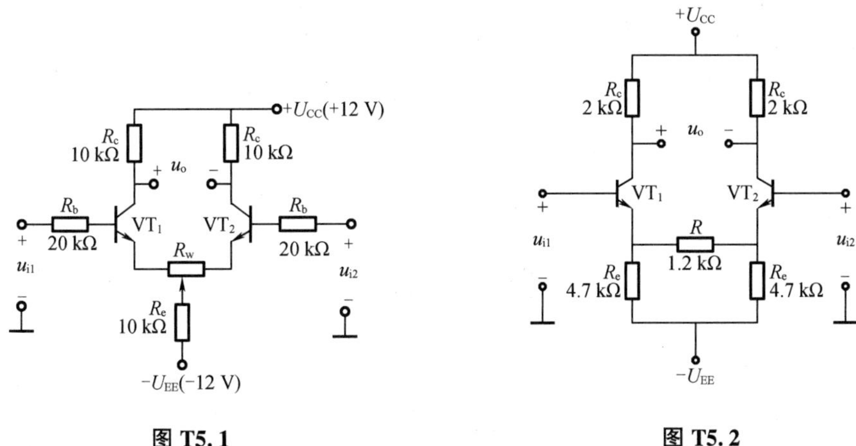

图 T5.1　　　　图 T5.2

3. 在图 T5.3 所示电路中,VT_1、VT_2 的特性相同,且 β 很大,求 i_{C1} 和 I_{C2} 的值,设 $U_{BE}=0.6$ V。

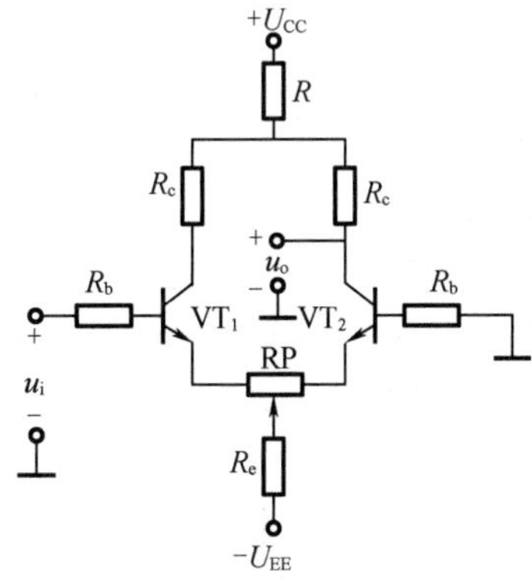

图 T5.3

4. 电路如图 T5.4 所示,设晶体管的 $\beta_1=\beta_2=30$,$\beta_3=\beta_4=100$,$U_{BE1}=U_{BE2}=0.6$ V,$U_{EB3}=U_{BE4}=0.7$ V。试计算双端输入单端输出时的 R_{id}、A_{uod1}、A_{uoc1} 及 K_{CMR1} 的值。

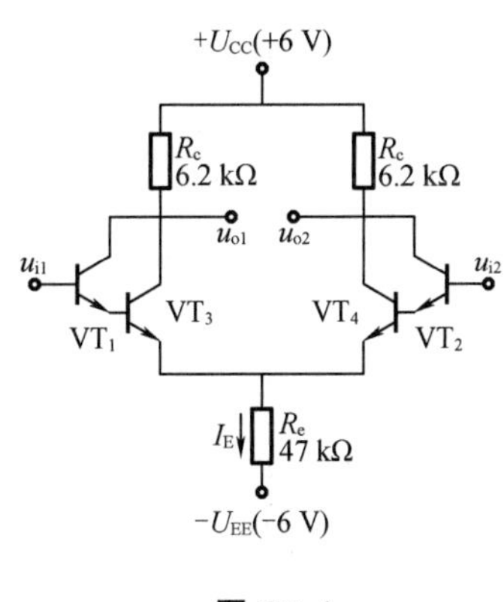

图 T5.4

5. 电路如图 T5. 5 所示，$R_{e1}=R_{e2}=100\ \Omega$，晶体管的 $\beta=100$，$U_{BE}=0.6$ V，求：

(1) Q 点（I_{B1}、I_{C1}、U_{CE1}）；

(2) 当 $u_{i1}=0.01$ V，$u_{i2}=-0.01$ V 时，求输出电压 $u_o=u_{o1}-u_{o2}$ 的值；

(3) 当 c_1、c_2 间接入负载电阻 $R_L=5.6$ kΩ 时，求 u_o 的值；

(4) 求电路的差模输入电阻 R_{id}、共模输入电阻 R_{ic} 和输出电阻 R_o。

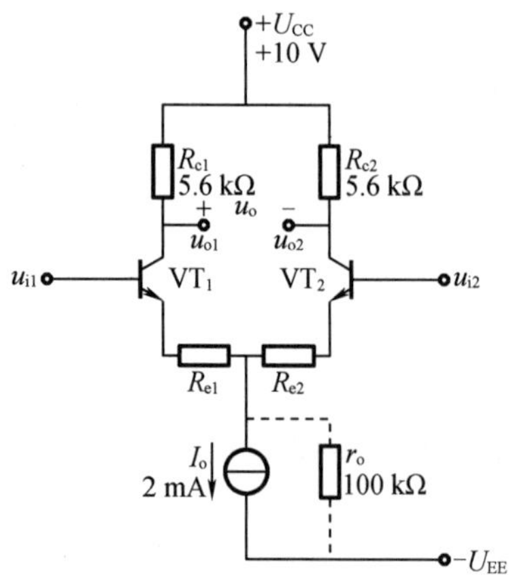

图 T5. 5

6. 电路参数如图 T5. 6 所示，求：

(1) 单端输出且 $R_L=\infty$ 时，u_{o2} 的值，$R_L=5.6$ kΩ 时，u_{o2} 的值。

(2) 不接 R_L 时，单段输出的 A_{UD2}、A_{UC2} 和 K_{CMR} 的值；

(3) 电路的差模输入电阻 R_{id}、共模输入电阻 R_{ic} 和不接 R_L 时单端输出的输出电阻 R_{o2}。

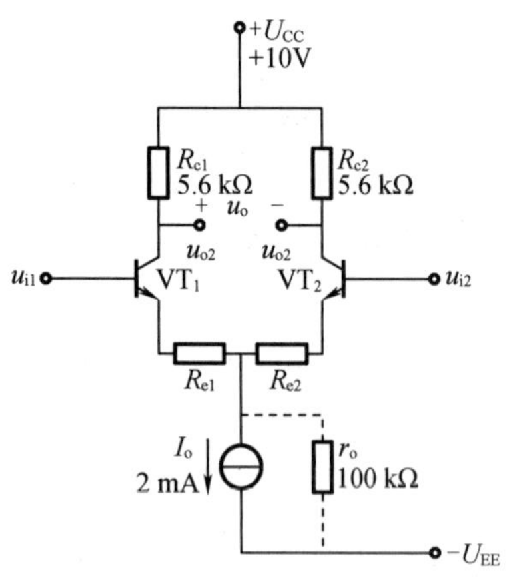

图 T5. 6

7. 电路如图 T5. 7 所示：

(1) 写出 $A_u=\dfrac{U_o}{U_i}$ 及 R_i、R_o 的表达式，设 β_1、β_2、r_{be1}、b_{be2} 及电路中各电阻均为已知。

(2) 设输入一正弦信号时，输出电压波形出现了顶部失真。若原因是第一级的 Q 点不合适,问第一级产生了什么失真,如何消除?若原因是第二级 Q 点不合适,问第二季产生了什么失真,又如何消除?

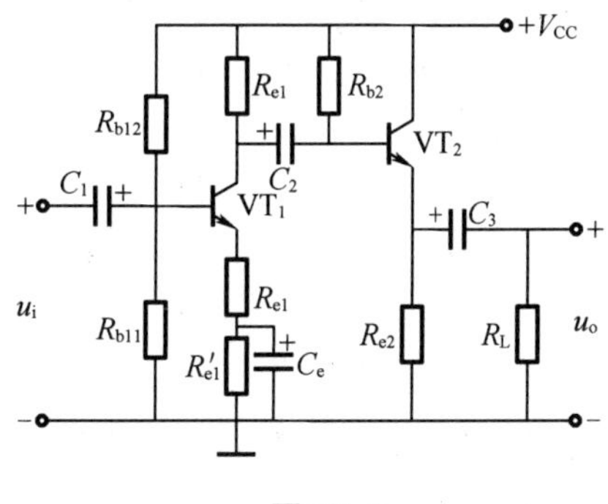

图 T5.7

8. 在图 T5.8 所示的差分放大电路中,已知两个对称晶体管的 $\beta=50$,$r_{be}=1.2\ k\Omega$。

(1)画出共模、差模半边电路的交流通路;

(2)求差模电压放大倍数 A_{ud};

(3)求单端输出和双端输出时的共模抑制比 K_{CMR}。

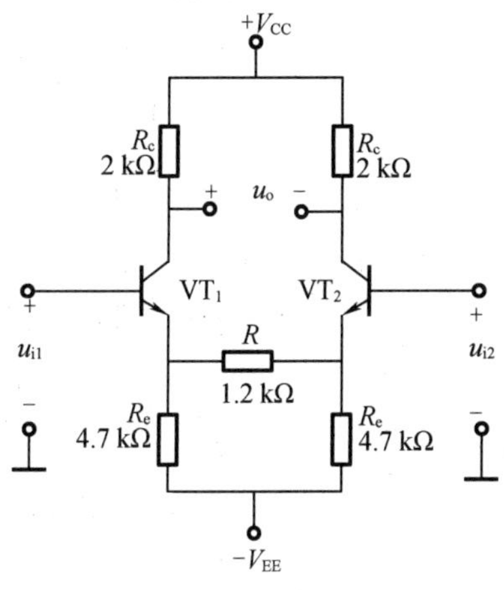

图 T5.8

9. 在图 T5.9 所示的放大电路中,各晶体管的 β 均为 50,$U_{BE}=0.7$ V,$r_{be1}=r_{be2}=3\ k\Omega$,$r_{be4}=r_{be5}=1.6\ k\Omega$,静态时电位器 R_P 的滑动端调至中点,测得输出电压 $U_o=+3$ V,试计算:

(1)各级静态工作点:I_{C1}、U_{C1}、I_{C2}、U_{C2}、I_{C4}、U_{C4}、I_{C5}、U_{C5}(其中电压均为对地值)以及 R_e 的阻值;

(2)总的电压放大倍数 A_u(设共模抑制比极大)。

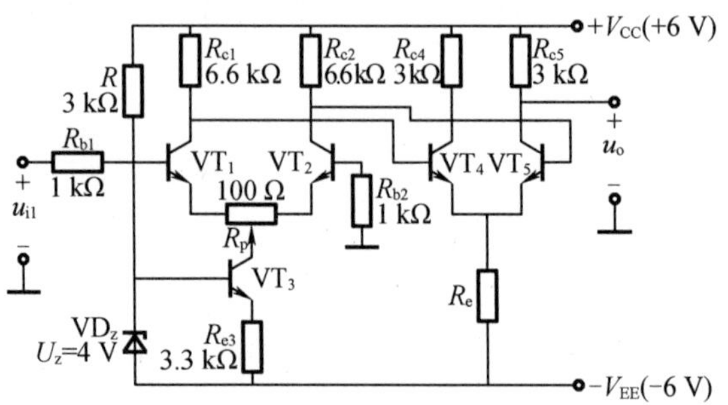

图 T5.9

10. 电路如图 T5. 10 所示,已知 VT_1、VT_2 的饱和压降为 2 V,A 为理想运算放大器且输出电压幅度足够大,且能提供足够的驱动电流。u_i 为正弦输入电压。

(1)计算负载上所能得到的最大不失真功率;

(2)求输出最大时输入电压幅度值 U_{im};

(3)说明二极管 VD_1、VD_2 在电路中的作用。

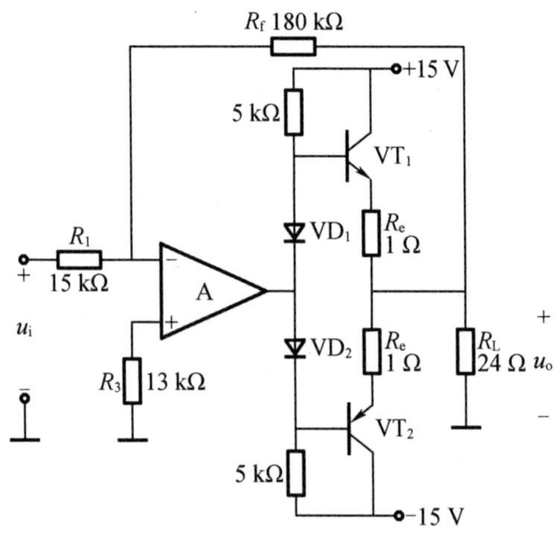

图 T5. 10

11. 单电源乙类互补 OTL 电路如图 T5. 11 所示,已知 $V_{CC}=12$ V,$R_L=8$ Ω,U 为正弦电压。

(1)问 $U_{CES}=0$ 的情况下,电路的负载上可能得到的最大输出功率 P_{om} 是多少?

(2)如何选择图中晶体管?

(3)在负载电阻不变的情况下,如果要求 $P_{om}=9$ W,试问 V_{CC} 至少应该多大?

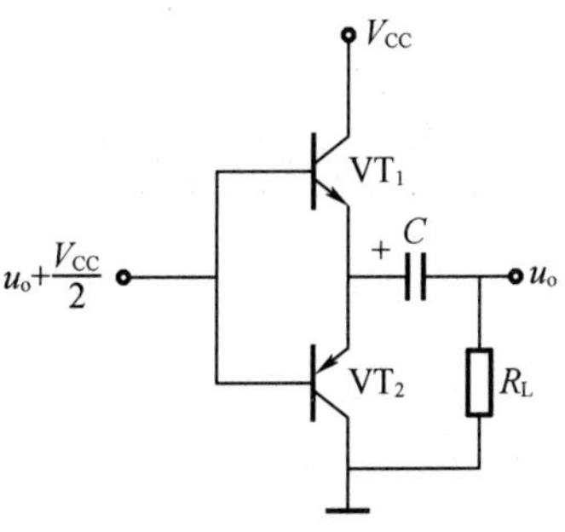

图 T5.11

12. OTL 互补对称式功率放大电路如图 T5.12 所示，试分析与计算：

(1)该电路 VT_1、VT_2 管的工作方式为哪种类型？

(2)静态时 VT_1 管射级电位 U_E 是多少？负载电流 I_L 是多少？

(3)电位器 R_P 的作用？

(4)若电容 C 足够大，$V_{CC}=15$ V，晶体管饱和压降 $U_{CES}=1$ V，$R_L=8$ Ω，则负载 R_L 上得到的最大不失真输出功率 P_{om} 为多大？

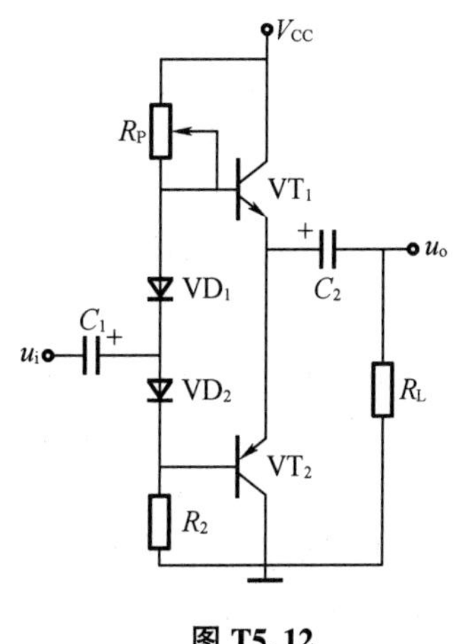

图 T5.12

第 6 章　放大电路中的反馈

在电子技术中，反馈不仅是改善放大电路性能的重要手段，而且在振荡电路、直流稳压电源等许多场合，反馈都起着不可替代的作用。例如，分压式偏置电路，利用直流负反馈稳定静态工作点；典型差分放大电路 R_e 对共模信号有很强的负反馈作用，从而抑制了直流放大电路的零点漂移；集成运算放大器的三种基本运算电路，电阻 R_f 跨接在输出端与反相输入端之间，构成深度负反馈，使运算放大器的线性工作范围得到极大的扩展。

本章仅就反馈的概念、反馈的类型及其判别、负反馈对放大电路性能的影响、深度负反馈放大电路的分析计算和负反馈正确引入的原则等几个问题进行讨论。

6.1　反馈的基本概念与判断方法

6.1.1　反馈的基本概念

反馈即为在电子电路中，将输出量（输出电压或电流）的一部分或全部通过一定的电路形式送回输入回路，用来影响其输入量（放大电路的输入电压或电流）的过程。在电子技术领域里，反馈现象是普遍存在的。

按照反馈放大电路各部分电路的主要功能，可将其分为基本放大电路和反馈网络两部分，框图如图 6.1 所示。前者主要功能是放大信号，后者主要功能是传输反馈信号。反馈就是将输出信号 $\dot{X}_o$ 取出一部分或全部作为反馈信号 $\dot{X}_f$ 回馈放大电路的输入回路，与原输入信号 $\dot{X}_i$ 相加或相减后再作用到放大电路的输入端。从图 6.1.1 可以看出，放大电路和反馈网络正好构成一个环路，放大电路无反馈称为开环；放大电路有反馈，放大电路与反馈网络构成一个环路，称为闭环。基本放大电路的输入信号称为净输入量，它不但取决于输入信号（输入量），还与反馈信号（反馈量）有关。

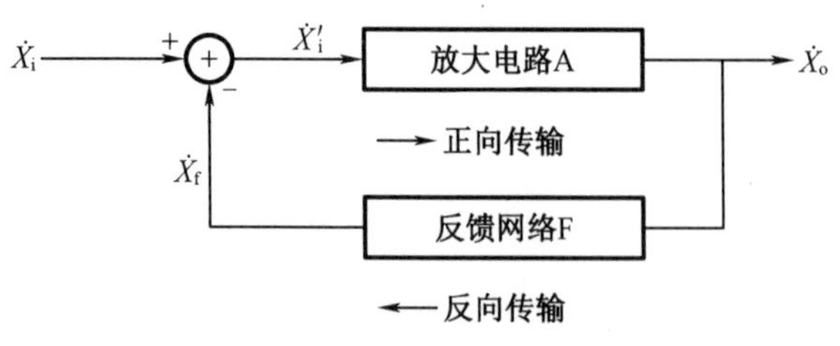

图 6.1.1　反馈框图

6.1.2　反馈的判断方法

正确判断反馈的极性和组态是研究反馈放大电路的基础。判断反馈的极性和组态包括有无反馈，是直流反馈还是交流反馈，是串联反馈还是并联反馈，是电压反馈还是电流反馈,是正反馈还是负反馈。

1. 有无反馈的判断

若放大电路中存在将输出回路与输入回路相连接的通路,并因此影响放大电路的净输入信号,则表明电路中引入了反馈,否则电路中没有反馈。

在图 6.1.2(a)所示的电路中,电阻 R_f 将运放的输出端和反相输入端连接起来,因而运放的净输入信号不仅取决于输入信号,还取决于反馈信号,所以该电路引入了反馈。在图 6.1.2(b)所示的电路中,运放的输出端与同相输入端、反相输入端均无连接,故电路中没有反馈。在图 6.1.2(c)所示的电路中,电阻 R_5 将运放的后一级输出端和前一级同相输入端连接起来,因而运放的净输入信号不仅取决于输入信号,还取决于反馈信号,所以该电路引入了反馈。通常称每级各自存在的反馈为级内(或局部)反馈,称跨级的反馈为级间(或全局)反馈。在图 6.1.2(c)中,电阻 R_3 引入了局部反馈,而电阻 R_5 引入了级间反馈。

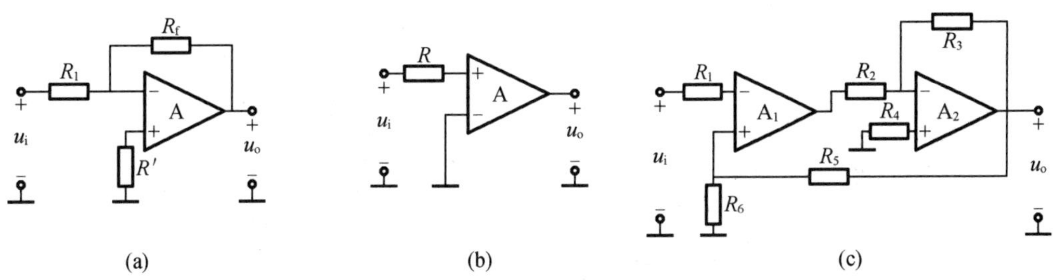

图 6.1.2 有无反馈的判断

2. 直流反馈和交流反馈的判断

反馈存在于放大电路的直流通路之中,反馈信号只有直流成分时称为直流反馈;反馈存在于放大电路的交流通路之中,反馈信号只有交流成分时称为交流反馈;若反馈既存在于直流通路之中,又存在于交流通路之中,则称为交直流反馈。

图 6.1.3(a)所示电路中,已知电容 C 对交流信号可视为短路,因而电路中只引入了直流反馈,而没有引入交流反馈。图 6.1.3(b)所示电路中,电容 C 对直流信号相当于开路,因而电路中只引入了交流反馈,而没有引入直流反馈。图 6.1.3(c)所示电路中,既引入了直流反馈,也引入了交流反馈。

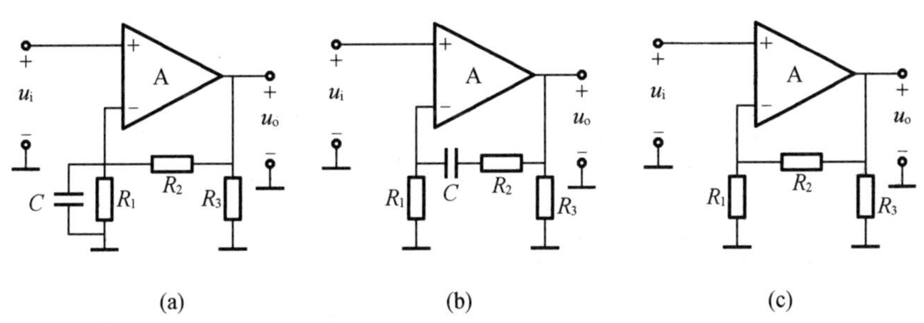

图 6.1.3 直流反馈和交流反馈的判断

3. 电压反馈和电流反馈的判断

电压反馈的定义:反馈信号的大小与输出电压成比例的反馈称为电压反馈;电流反馈

的定义:反馈信号的大小与输出电流成比例的反馈称为电流反馈。电压反馈与电流反馈的判断方法是将输出电压“短路”,若反馈回来的信号为零,则为电压反馈;若反馈信号仍然存在,则为电流反馈。

这里要注意的是输出端负载的连接方式有两种:一是负载接地;二是负载不接地(一般称为负载浮地)。一般情况下,对负载不接地的情况,反馈是电流反馈;对负载接地的情况,反馈是电压反馈。但对后者也不全是,例如共射组态的基本放大电路,发射极电阻的旁路电容器去掉后,虽然输出端的负载接地,但它是电流反馈,关键还是要看反馈信号是与输出电压成比例还是与输出电流成比例。

如图 6.1.4(a)所示电路中,电阻 R_e 和 R_L 构成反馈通路,由它们送回到输入回路的交流反馈信号是电压信号,将输出电压短路,则反馈信号消失,所以该反馈是电压反馈。图 6.1.4(b)所示电路中,送回到输入回路的交流反馈信号是电阻 R_e 上的电压信号,$u_f = i_e R_e \approx i_c R_e$,将输出电压短路,$i_c \neq 0$,因此反馈信号仍然存在,说明是电流反馈。

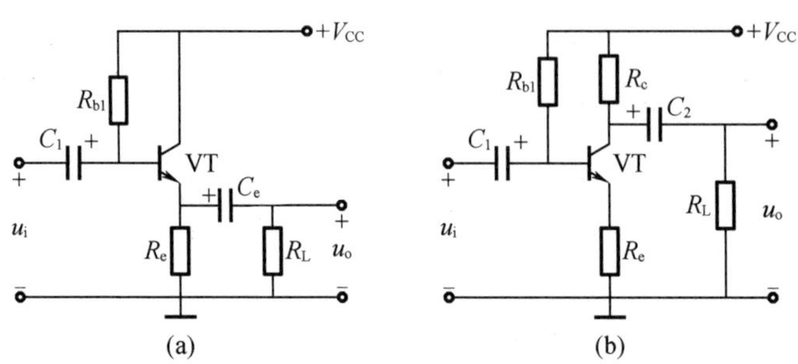

图 6.1.4 电压反馈和电流反馈的判断

4. 串联反馈和并联反馈的判断

串联反馈与并联反馈的判断由反馈信号与输入信号在输入端的叠加方式确定。若反馈信号与输入信号以电压形式相叠加,则称为串联反馈;若以电流形式相叠加,则称为并联反馈。

图 6.1.5(a)所示电路中,反馈信号与输入信号分别接在反相输入端和同相输入端,反馈信号与输入信号以电压形式相叠加,因此为串联反馈。图 6.1.5(b)所示的反相比例运算电路中,反馈信号与输入信号均接于运算放大器的反相输入端,反馈信号与输入信号以电流形式相叠加,因此为并联反馈。

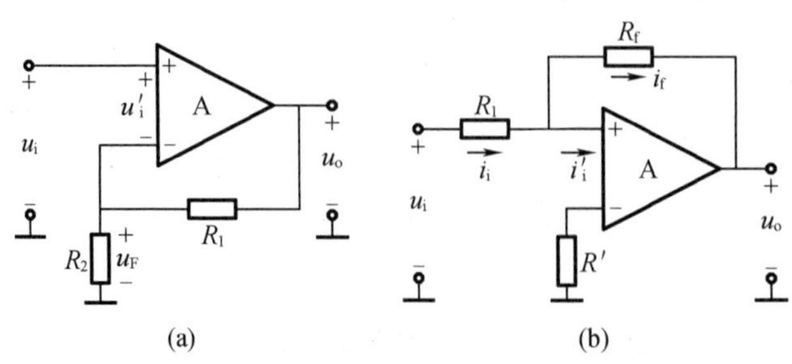

图 6.1.5 串联反馈和并联反馈的判断

5. 负反馈和正反馈的判断

根据反馈的效果可以区分反馈的极性,使放大电路净输入量增大的反馈称为正反馈,使放大电路净输入量减小的反馈称为负反馈。

正反馈和负反馈用瞬时极性法判断。瞬时极性法就是在放大电路的输入端假设一个输入信号对地的电压极性,按信号正向传输方向依次判断相关点的瞬时极性,一直达到反馈信号取出点,再按反馈信号的传输方向判断反馈信号的瞬时极性,直至反馈信号和输入信号的相加点。如果反馈信号的瞬时极性使净输入量减小,则为负反馈;反之为正反馈。反馈信号和输入信号的相加点往往是同一个晶体管的发射结,或集成运算放大器的同相输入端和反相输入端。

反馈信号与输入信号相加或相减,对净输入量的影响可通过如下方法判断:反馈信号和输入信号加于输入回路一点,即同时加于晶体管的基极或发射极、运算放大器的同相输入端或反相输入端时,输入信号和反馈信号的瞬时极性相同的为正反馈,瞬时极性相反的是负反馈;反馈信号和输入信号加于放大电路输入回路两点时,瞬时极性相同的为负反馈,瞬时极性相反的是正反馈,对共射组态晶体管来说,这两点是基极和发射极,对运算放大器来说是同相输入端和反相输入端。注意:瞬时信号的极性都是以地为参考而言的,这样才有可比性,且放大电路必须处于正常工作状态,能够对信号进行放大,因为瞬时极性法对各点瞬时极性的判断是以正常工作状态为前提的。

图 6.1.6 所示电路引入了电压并联反馈。在图 6.1.6(a)中,设输入信号 u_i 对地的瞬时极性为正,输出信号 u_o 对地的瞬时极性仍为正。u_o 作用于反馈电阻 R_f 上产生的反馈电流 i_F 的方向如图所示。该电路引入反馈后,使得净输入电流 i'_i 增加,因此该电路引入了正反馈。在图 6.1.6(b)中,设输入信号 u_i 对地的瞬时极性为正,输出信号对地的瞬时极性为负。u_o 作用于反馈电阻 R_f 上产生的反馈电流 i_F 的方向如图所示。该电路引入反馈后,使得净输入电流 i'_i 减小,因此该电路引入了负反馈。

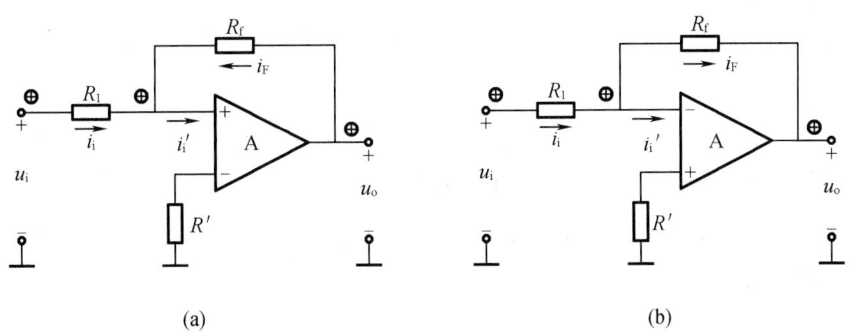

图 6.1.6 正反馈和负反馈的判断

6.1.3 负反馈放大电路的一般表达式

在图 6.1.1 中,$\dot{X}_i$ 是输入信号,$\dot{X}_f$ 是输入信号,$\dot{X}'_i$ 称为净输入信号。根据图 6.1.1 可以推导出负反馈放大电路的一般表达式。放大电路开环时,即无反馈的放大倍数定义为

$$\dot{A}=\frac{\dot{X}_o}{\dot{X}'_i} \tag{6.1.1}$$

反馈网络的反馈系数为

$$\dot{F}=\frac{\dot{X}_f}{\dot{X}_o} \tag{6.1.2}$$

放大电路的闭环放大倍数定义为

$$\dot{A}_f=\frac{\dot{X}_o}{\dot{X}_i} \tag{6.1.3}$$

因为要考虑实际电路的相移,所以以上几个量都采用了复数表示。在输入回路有

$$\dot{X}'_i=\dot{X}_i-\dot{X}_f$$

$$\dot{A}_f=\frac{\dot{X}_o}{\dot{X}_i}=\frac{\dot{A}\dot{A}'_i}{\dot{X}'_i+\dot{A}_f}=\frac{\dot{A}}{\dfrac{(\dot{X}'_i+\dot{A}_f)}{\dot{A}'_i}}=\frac{\dot{A}}{1+\dfrac{\dot{A}_o\dot{A}_f}{\dot{A}'_i\dot{A}_o}}=\frac{\dot{A}}{1+\dot{A}\dot{F}} \tag{6.1.4}$$

式(6.1.4)称为反馈基本方程式。式中$\dfrac{\dot{A}_f}{\dot{A}'_i}=\dfrac{\dot{A}_o\dot{A}_f}{\dot{A}'_0\dot{A}_o}=\dot{A}\dot{F}$,$\dot{A}\dot{F}$称为环路增益,也就是环路中放大电路的增益和反馈网络反馈系数的乘积,因反馈网络的反馈系数是反馈网络的输出与它的输入之比,与增益的定义一致,故称为环路增益。而$1+\dot{A}\dot{F}=\dfrac{\dot{A}}{\dot{A}_f}$称为反馈深度,它反映了反馈对放大电路影响的程度。可分为下列三种情况:

(1)若$|1+\dot{A}\dot{F}|>1$,则$|\dot{A}_f|<|\dot{A}|$,即引入反馈后,增益减小了,这种反馈一般称为负反馈。

(2)若$|1+\dot{A}\dot{F}|<1$,则$|\dot{A}_f|>|\dot{A}|$,即有反馈时,放大电路的增益增加,这种反馈称为正反馈。正反馈虽然可以提高增益,但使放大电路的性能不稳定,所以很少用。

(3)若$|1+\dot{A}\dot{F}|=0$,则$|\dot{A}_f|\to\infty$,这就是说,放大电路在没有输入信号时,也有输出信号,叫做放大电路的自激振荡。

6.1.4 深度负反馈的实质

环路增益$|\dot{A}\dot{F}|$是指放大电路和反馈网络所形成闭环环路的增益,当$|\dot{A}\dot{F}|\gg1$时称为深度负反馈,与$|1+\dot{A}\dot{F}|\gg1$相当。于是闭环放大倍数

$$\dot{A}_f=\frac{\dot{A}}{1+\dot{A}\dot{F}}\approx\frac{1}{\dot{F}}$$

也就是说,在深度负反馈条件下,闭环放大倍数近似等于反馈系数的倒数,与晶体管、

集成电路等有源器件的参数基本无关。一般反馈网络是由电阻、电容等无源元件构成的，其稳定性优于有源器件，因此深度负反馈时的放大倍数比较稳定。深度负反馈闭环放大倍数与晶体管等有源器件的参数基本无关这个特点，不等于与晶体管等有源器件真的无关，如果器件损坏，闭环不复存在，这一特点也就不复存在了。

6.2 交流负反馈放大电路的四种基本组态

6.2.1 电压串联负反馈

一些电路将输出电压的全部作为反馈电压，但大多数电路均采用电阻分压的方式将输出电压的一部分作为反馈电压，如图 6.2.1 所示。电路各点电位的瞬时极性如图中所标注。由图可知，负反馈量

$$u_F = \frac{R_1}{R_1+R_2} u_o \tag{6.2.1}$$

表明反馈量取自于输出电压 u_o，且正比于 u_o，并将与输入电压 u_i 求差后放大，故电路引入了电压串联负反馈。

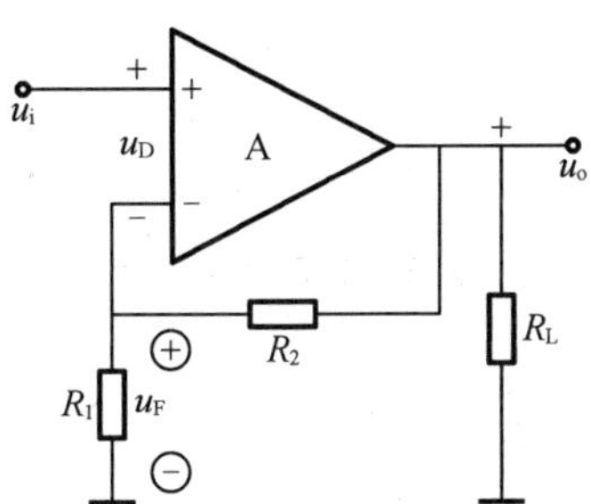

图 6.2.1 电压串联负反馈

6.2.2 电压并联负反馈

在图 6.2.2 所示电路中，相关电位及电流的瞬时极性和电流流向如图中所标注。由图可知，反馈量

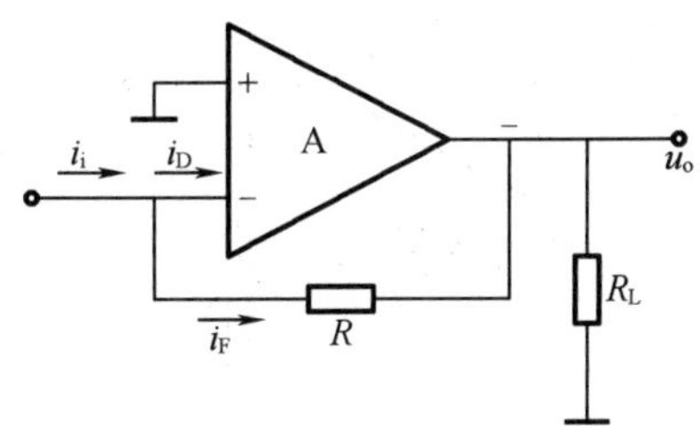

图 6.2.2 电压并联负反馈

$$i_F = -\frac{u_o}{R} \tag{6.2.2}$$

表明反馈量取自输出电压 u_o，且转换成反馈电流 i_F，并将与输入电流 i_I 求差后放大，因此电路引入了电压并联负反馈。

6.2.3 电流串联负反馈

在图 6.2.1 所示电路中，若将负载电阻 R_L 接在 R_2 处，则 R_L 就可得到稳定的电流，如图 6.2.3(a)所示，习惯上常画成图 6.2.3(b)所示形式，电路中相关电位及电流的瞬时极性和电流流向如图中所标注。由图 6.2.3 可知，反馈量

$$u_F = i_o R_1 \tag{6.2.3}$$

表明反馈量取自于输出电流 i_o，且转换为反馈电压 u_F，并将与输入电压 u_i 求差后放大，故电路引入了电流串联负反馈。

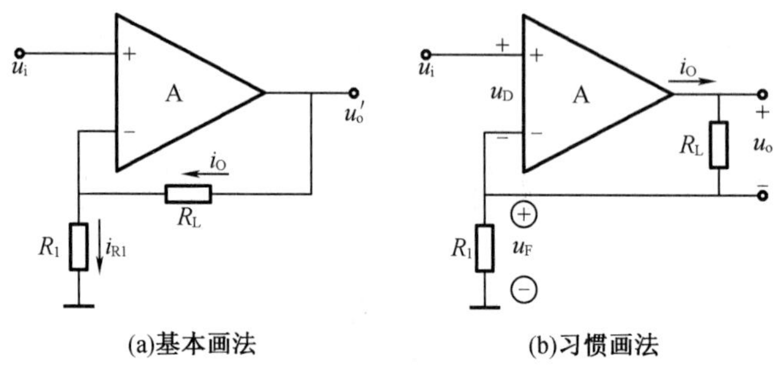

图 6.2.3 电流串联负反馈

6.2.4 电流并联负反馈

在图 6.2.4 所示电路中，各支路电流的瞬时极性如图中所标注。由图 6.2.4 可知，反馈量

$$i_F = -\frac{R_1}{R_1 + R_2} i_o \tag{6.2.4}$$

表明反馈信号取自输出电流 i_o，且转换成反馈电流 i_F，并将与输入电流 i_I 求差后放大，因而电路引入了电流并联负反馈。

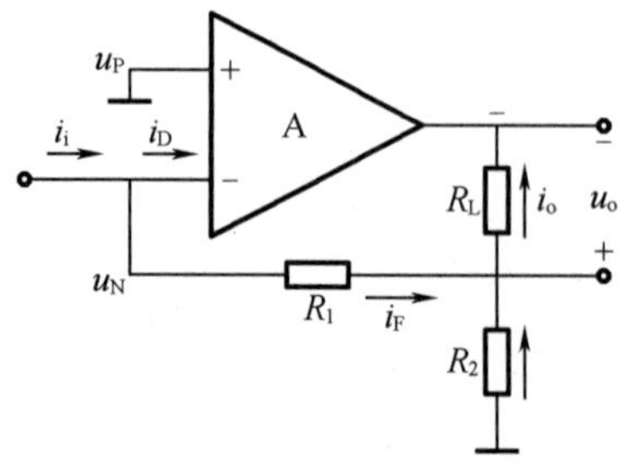

图 6.2.4 电流并联负反馈

由上述四个电路可知，串联负反馈电路所加信号源均为电压源，这是因为若加恒流源，则电路的净输入电压将等于信号源电流与集成运放输入电阻之积，而不受反馈电压的影响；同理，并联负反馈电路所加信号源均为电流源，这是因为若加恒压源，则电路的净输入电流将等于信号源电压除以集成运放输入电阻，而不受反馈电路的影响。换言之，串联负反馈适用于输入信号为恒压源或近似恒压源的情况，而并联负反馈适用于输入信号为恒流源或近似恒流源的情况。

综上所述，放大电路中应引入电压负反馈还是电流负反馈，取决于负载欲得到稳定的电压还是稳定的电流；放大电路中应引入串联负反馈还是并联负反馈，取决于输入信号源是恒压源（或近似恒压源）还是恒流源（或近似恒流源）。

6.3　深度负反馈对放大电路性能的影响

负反馈是改善放大电路性能的重要措施。负反馈可以提高放大电路增益的稳定性、改变输入电阻和输出电阻、扩展通频带、抑制非线性失真和环内噪声等。

6.3.1　提高放大倍数的稳定性

在未引入负反馈的放大电路中，增益可能由于环境温度的变化、元器件参数的变化、电源电压的波动等因素的影响而不稳定。引入适当的负反馈，可以提高闭环增益的稳定性。在中频段负反馈的基本方程式为

$$A_f=\frac{A}{1+AF} \tag{6.3.1}$$

增益的稳定性常用有、无反馈时增益的相对变化量来衡量。根据式（6.3.1），开环、闭环增益的相对变化量分别用$\frac{dA}{A}$和$\frac{dA_f}{A_f}$表示。

将式（6.3.1）对A求导，可以得到

$$\frac{dA_f}{dA}=\frac{(1+AF)-AF}{(1+AF)^2}=\frac{1}{(1+AF)^2} \tag{6.3.2}$$

将式（6.3.1）和式（6.3.2）联立，可得

$$\frac{dA_f}{A_f}=\frac{1}{(1+AF)}\cdot\frac{dA}{A} \tag{6.3.3}$$

由式（6.3.1）可知，闭环增益为开环增益的$\frac{1}{1+AF}$。由式（6.3.3）可知，闭环增益的相对变化量$\frac{dA_f}{A_f}$为开环增益的相对变化量$\frac{dA}{A}$的$\frac{1}{1+AF}$，即引入负反馈后提高了增益的稳定性。

6.3.2　改变输入电阻和输出电阻

引入负反馈对输入电阻的影响与串联反馈还是并联反馈有关，而与电压反馈或电流反馈无关。

输出电阻是从放大电路输出端看进去的等效电阻，因此负反馈对输出电阻的影响取决

于基本放大电路与反馈网络在放大电路输出端的连接方式，即取决于电路引入电压反馈还是电流反馈。若电路引入电压负反馈，则稳定输出电压，输出可以看成恒压源，因此输出电阻必然减小；若电路引入电流负反馈，则稳定输出电流，输出可以看成恒流源，因此输出电阻必然增大。

1. 引入串联负反馈使输入电阻增加

串联负反馈电路结构的框图如图 6.3.1 所示，包括电压串联和电流串联负反馈两种情况。净输入电压 $\dot{U}'_i=\dot{U}_i-\dot{U}_f$，基本放大电路的输入电阻 $R_i=\dfrac{\dot{U}'_i}{\dot{I}_i}$。输出信号可以是电压信号，也可以是电流信号，用 $\dot{X}_o$ 表示。

负反馈放大电路的输入电阻为

$$R_{if}=\frac{\dot{U}_i}{\dot{I}_i}=\frac{\dot{U}'_i+\dot{U}_f}{\dot{A}_i}=\frac{\dot{U}'_i+\dot{X}_o\dot{F}}{\dot{A}_i}=\frac{\dot{U}'_i+\dot{U}'_i\dot{A}\dot{F}}{\dot{I}_i}=(1+\dot{A}\dot{F})\frac{\dot{U}'_i}{\dot{I}_i}=(1+\dot{A}\dot{F})R_i \tag{6.3.4}$$

式(6.3.4)表明，电路引入串联负反馈后使放大电路的输入电阻增加到原来的 $(1+\dot{A}\dot{F})$ 倍。

2. 引入并联负反馈使输入电阻减小

并联负反馈电路结构的框图如图 6.3.2 所示，包括电压并联负反馈和电流并联负反馈两种情况。净输入电流 $\dot{I}'_i=\dot{I}_i-\dot{I}_f$，基本放大电路的输入电阻 $R_i=\dfrac{\dot{U}_i}{\dot{I}'_i}$。输出信号可以是电压信号，也可以是电流信号，用 $\dot{X}_o$ 表示。

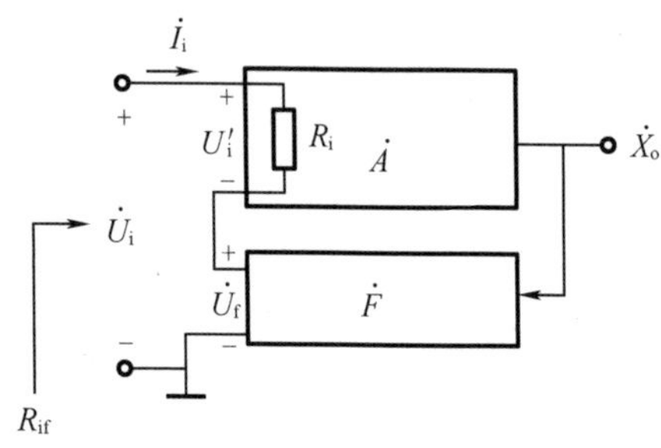

图 6.3.1　串联负反馈对输入电阻的影响

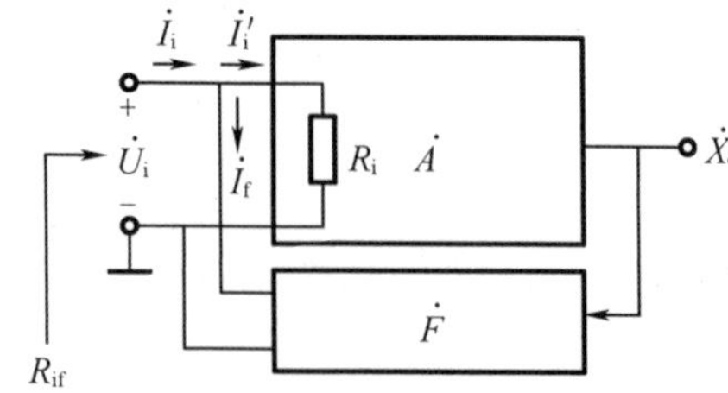

图 6.3.2　并联负反馈对输入电阻的影响

负反馈放大电路的输入电阻为

$$R_{if}=\frac{\dot{U}_i}{\dot{I}_i}=\frac{\dot{U}_i}{\dot{I}'_i+\dot{I}_f}=\frac{\dot{U}_i}{\dot{I}'_i+\dot{F}\dot{X}_o}=\frac{\dot{U}_i}{\dot{I}'_i+\dot{F}\dot{A}\dot{I}'_i}=\frac{\dot{U}_i}{\dot{I}'_i(1+\dot{A}\dot{F})}=\frac{R_i}{1+\dot{A}\dot{F}} \tag{6.3.5}$$

式(6.3.5)表明，引入并联负反馈使放大电路的输入电阻降低为原来的 $\dfrac{1}{1+\dot{A}\dot{F}}$。

3. 引入电压负反馈使输出电阻减小

电压负反馈的框图如图 6.3.3 所示，基本放大电路的增益为 $\dot{A}$，反馈系数为 $\dot{F}$，基本放大电路的输出电阻为 R_o。令输入 $\dot{X}_i=0$,将负载 R_L 开路,在输出端加入电压信号 $\dot{U}'_o$,产生电流 $\dot{I}'_o$。反馈网络的输出信号 $\dot{X}_f=\dot{F}\dot{U}'_o$,放大电路的净输入信号 $\dot{X}'_i=-\dot{F}\dot{U}'_o$,产生输出电压 $-\dot{A}\dot{F}\dot{U}'_o$。

电流 $\dot{I}'_o$ 的表达式为

$$\dot{I}'_o=\frac{\dot{U}'_o-(-\dot{A}\dot{F}\dot{U}'_o)}{R_o}=\frac{\dot{U}'_o+\dot{A}\dot{F}\dot{U}'_o}{R_o}=\frac{\dot{U}'_o(1+\dot{A}\dot{F})}{R_o} \tag{6.3.6}$$

由式(6.3.6)可得负反馈放大电路的输出电阻

$$R_{of}=\frac{\dot{U}'_o}{\dot{I}'_o}=\frac{R_o}{1+\dot{A}\dot{F}} \tag{6.3.7}$$

式(6.3.7)表明,电压负反馈使输出电阻减小为原来的$\frac{1}{1+\dot{A}\dot{F}}$。

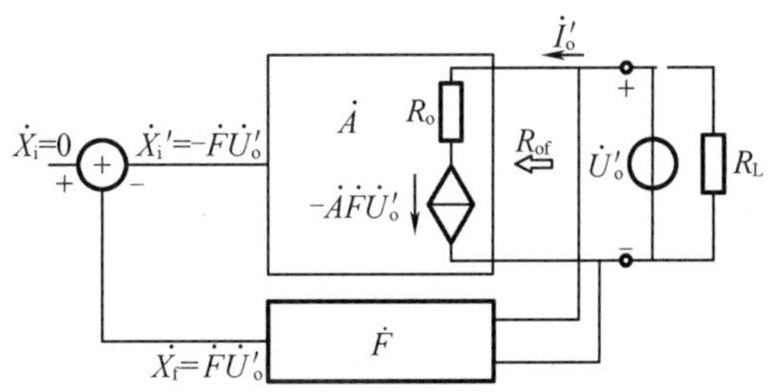

图 6.3.3　电压负反馈对输出电阻的影响

4. 电流负反馈使输出电阻增加

电流负反馈的框图如图 6.3.4 所示,基本放大电路的增益为 $\dot{A}$,反馈系数为 $\dot{F}$,基本放大电路的输出电阻为 R_o。令输入 $\dot{X}_i=0$,将负载 R_L 开路,在输出端加入电压信号 $\dot{U}'_o$,产生电流 $\dot{I}'_o$。反馈网络的输出信号 $\dot{X}_f=\dot{F}\dot{I}'_o$,放大电路的净输入信号 $\dot{X}'_i=-\dot{F}\dot{I}'_o$,产生输出电压 $-\dot{A}\dot{F}\dot{I}'_o$。

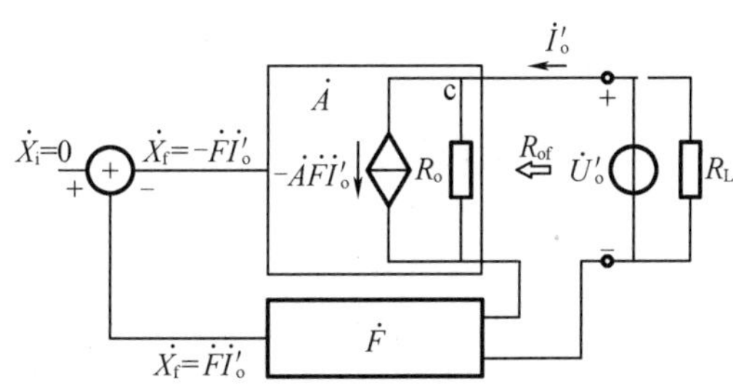

图 6.3.4　电流负反馈对输出电阻的影响

假设反馈网络的输入电阻为零,即反馈网络的输入电压为零。根据基尔霍夫电流定律,在节点 c 列写节点电流方程,于是有

$$\dot{I}'_o=\frac{\dot{U}'_o}{R_o}-\dot{A}\dot{F}\dot{I}'_o \tag{6.3.8}$$

由式(6.3.8)可得负反馈放大电路的输出电阻为

$$R_{of}=\frac{\dot{U}'_o}{\dot{I}'_o}=(1+\dot{A}\dot{F})R_o \tag{6.3.9}$$

式(6.3.9)表明,引入电流负反馈使输出电阻增加为原来的$(1+\dot{A}\dot{F})$倍。

6.3.3 展宽频带

由于引入负反馈后,各种原因引起的放大倍数的变化都将减小,当然也包括因信号频率变化而引起的放大倍数的变化,因此其效果是展宽了通频带。

为了使问题简单化,设反馈网络为纯电阻网络,且在放大电路波特图的低频段和高频段各仅有一个拐点;基本放大电路的中频放大倍数为$\dot{A}_m$,上限频率为f_H,下限频率为f_L,因此高频段放大倍数的表达式为

$$\dot{A}_h=\frac{\dot{A}_m}{1+j\dfrac{f}{f_H}} \tag{6.3.10}$$

引入负反馈后,电路的高频段放大倍数为

$$\dot{A}_{hf}=\frac{\dot{A}_h}{1+\dot{A}_h\dot{F}_h}=\frac{\dfrac{\dot{A}_m}{1+j\dfrac{f}{f_H}}}{1+\dfrac{\dot{A}_m}{1+j\dfrac{f}{f_H}}\cdot\dot{F}}=\frac{\dot{A}_m}{1+j\dfrac{f}{f_H}+\dot{A}_m\dot{F}} \tag{6.3.11}$$

将分子分母均除以$(1+\dot{A}_m\dot{F})$,可得

$$\dot{A}_{hf}=\frac{\dfrac{\dot{A}_m}{1+\dot{A}_m\dot{F}}}{1+j\dfrac{f}{(1+\dot{A}_m\dot{F})f_H}}=\frac{\dot{A}_{mf}}{1+j\dfrac{f}{f_{Hf}}} \tag{6.3.12}$$

式中,$\dot{A}_{mf}$为负反馈放大电路的中频放大倍数,f_{Hf}为其上限频率,故

$$f_{Hf}=(1+A_mF)f_H \tag{6.3.13}$$

表明引入负反馈后上限频率增大到基本放大电路的$(1+A_mF)$倍。

利用上述推导方法可以得到负反馈放大电路下限频率的表达式为

$$f_{Lf}=\frac{f_L}{1+A_mF} \tag{6.3.14}$$

可见,引入负反馈后,下限频率减小到基本放大电路的$\dfrac{1}{1+A_mF}$。

一般情况下，由于$f_H>>f_L$，$f_{Hf}>>f_{Lf}$，因此，基本放大电路及负反馈放大电路的通频带分别可近似表示为

$$f_{bw}=f_H-f_L\approx f_H$$
$$f_{bwf}=f_{Hf}-f_{Lf}\approx f_{Hf} \tag{6.3.15}$$

即引入负反馈使频带展宽到基本放大电路的$(1+AF)$倍。

若放大电路的波特图中有多个拐点，且反馈网络不是纯电阻网络，则问题的分析就比较复杂了，但是频带展宽的趋势不变。

6.3.4 减小非线性失真

理想的放大电路，输出信号与输入信号应该完全呈线性关系。但是，构成放大电路的非线性器件会使得放大电路的输出信号产生非线性失真。

引入负反馈能够抑制放大电路反馈环内的非线性失真，如图6.3.5所示。放大电路输入信号$\dot{X}_i$为正弦波信号，由于晶体管存在非线性使输出信号产生了正半周大、负半周小的非线性失真。输出信号经反馈网络后，反馈信号$\dot{X}_f$也存在正半周大、负半周小的非线性失真。输入信号与反馈信号相减后，使净输入信号$\dot{X}'_i$存在正半周小、负半周大的非线性失真。经过放大电路的非线性校正，使得输出信号$\dot{X}_o$为正负半周基本对称的正弦波，抑制了非线性失真。

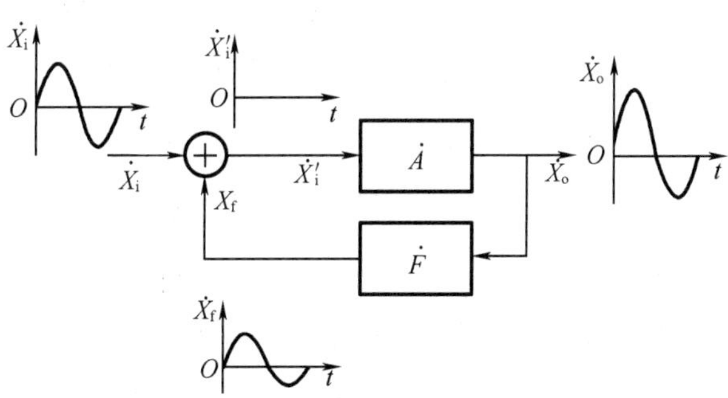

图6.3.5 负反馈对非线性失真的影响

引入负反馈可以抑制放大电路的非线性失真，但是只能抑制反馈环内产生的非线性失真。同时，引入负反馈对非线性失真的抑制也是有限度的。如果非线性失真太大，引入负反馈也不能够很好地抑制非线性失真。

引入负反馈可以抑制放大电路的噪声、干扰和温度漂移，其原理与引入负反馈抑制非线性失真的原理完全相同。引入负反馈只能抑制反馈环内的噪声、干扰和温度漂移，无法抑制反馈环外的噪声、干扰和温度漂移。

6.3.5 引入负反馈的原则

引入负反馈的目的是稳定放大电路的静态工作点和改善放大电路的动态性能。稳定放大电路的静态工作点需要引入直流负反馈，改善放大电路的动态性能需要引入交流负

反馈。

若要稳定放大电路的输出电压或降低输出电阻,应引入电压负反馈;要稳定放大电路的输出电流或提高输出电阻,应引入电流负反馈。

若要提高放大电路的输入电阻,应引入串联负反馈;若要降低放大电路的输入电阻,应引入并联负反馈。

若要通过输入电压控制输出电压,应引入电压串联负反馈;若要通过输入电流控制输出电压,应引入电压并联负反馈;若要通过输入电压控制输出电流,应引入电流串联负反馈;若要通过输入电流控制输出电流,应引入电流并联负反馈。

6.4 负反馈放大电路的稳定性

交流负反馈可以改善放大电路的动态性能,反馈深度越深,动态性能越好。但是,有时反馈深度过深,不但不能改善放大电路的动态性能,而且会使放大电路即使在输入信号为零的情况下,输出也会产生一定频率和一定幅值的信号,称电路产生了自激振荡。此时放大电路不能稳定地工作,为了保证引入负反馈后放大电路仍能正常工作,需要研究产生自激振荡的原因,然后设法消除自激振荡。

6.4.1 负反馈放大电路自激振荡产生的原因和条件

负反馈放大电路工作在中频段,可以忽略电路中各种电抗性元件的影响。由于是负反馈,放大电路的净输入信号 $\dot{X}'_i=\dot{X}_i-\dot{X}_f$ 将减小,因此输入信号 $\dot{X}_i$ 与反馈信号 $\dot{X}_f$ 同相,$\dot{A}$ 和 $\dot{F}$ 的相角 $\varphi_A+\varphi_F=2n\pi$($n$ 为整数)。电路工作在低频段或高频段,就不能忽略电路中各种电抗性元件的影响,这些元件的影响会在原来 φ_A 和 φ_F 的基础上叠加一定的附加相移,使 $\dot{X}_i$ 和 $\dot{X}_f$ 不再同相,若 $\varphi_A+\varphi_F=(2n+1)\pi$($n$ 为整数),则 $\dot{X}_i$ 与 $\dot{X}_f$ 反相,净输入信号 $\dot{X}'_i$ 将增大,放大电路由引入负反馈变为引入正反馈。当引入正反馈较强,$\dot{X}'_i=-\dot{X}_f=-\dot{A}\dot{F}\dot{X}'_i$ 时,即使输入信号为零,也能产生输出信号,电路产生自激振荡,此时电路失去正常的放大作用。根据 $\dot{X}'_i=-\dot{X}_f=-\dot{A}\dot{F}\dot{X}'_i$,可得负反馈放大电路产生自激振荡的条件:

$$\dot{A}\dot{F}=-1 \tag{6.4.1}$$

写成模和相角的形式:

$$\begin{cases} |\dot{A}\dot{F}|=1 \\ \varphi_A+\varphi_F=(2n+1)\pi(n\text{ 为整数}) \end{cases} \tag{6.4.2}$$

6.4.2 负反馈放大电路自激振荡判断及消除方法

1.判断负反馈放大电路产生自激振荡的方法

由自激振荡的条件可知,如果幅值条件和相位条件不能同时满足,负反馈放大电路就不会产生自激振荡。为直观地运用幅值条件和相位条件,常用环路增益 $\dot{A}\dot{F}$ 的波特图判断负反馈放大电路是否可能产生自激振荡。

图 6.4.1 是某负反馈放大电路环路增益的波特图。图中 f_c 是满足相位条件 $\varphi_A+\varphi_F=-\pi$ 的信号频率，f_0 是满足幅值条件 $|\dot{A}\dot{F}|=1$ 的信号频率。由图可知，当 $f=f_c$ 时，有 $20\lg|\dot{A}\dot{F}|>0$ dB，即 $|\dot{A}\dot{F}|>1$，则电路可能产生振荡。将 f_c 与 f_0 对应的环路增益的差值称为增益裕度，用 G_m 表示。可见，当 $f=f_c$ 时，$G_m<0$ dB，即 $|\dot{A}\dot{F}|<1$，则电路不会产生振荡。工程上，为保证有足够的增益裕度，要求 $G_m<10$ dB。定义 $f=f_0$ 时，$|\varphi_A+\varphi_F|$ 与 180° 的差值为相位裕度 φ_m，$\varphi_m=180°-|\varphi_A+\varphi_F|$。稳定的负反馈放大电路要求 $\varphi_m>0$，工程上，一般要求 $\varphi_m\geq45°$。

通过环路增益波特图（图 6.17）所示的三种情况来判断自激。

稳定状态：$f_c>f_0$，$G_m<0$ dB。从 $\varphi_{AF}=-180°$ 出发，沿纵坐标向上，得到的 $G_m<0$ dB，即 $|\dot{A}\dot{F}|<1$，不满足幅度条件。

自激状态：$f_c<f_0$，$G_m>0$ dB。从 $\varphi_{AF}=-180°$ 出发，沿纵坐标向上，得到的 $G_m>0$ dB，即 $|\dot{A}\dot{F}|>1$，满足幅度条件。

临界状态：$f_c=f_0$，$G_m=0$ dB。从 $\varphi_{AF}=-180°$ 出发，沿纵坐标向上，得到的 $G_m=0$ dB，即 $|\dot{A}\dot{F}|=1$。

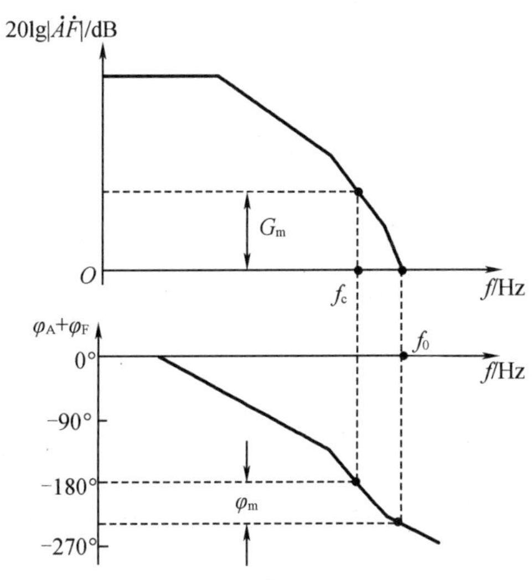

图 6.4.1　某负反馈放大电路环路增益的近似波特图

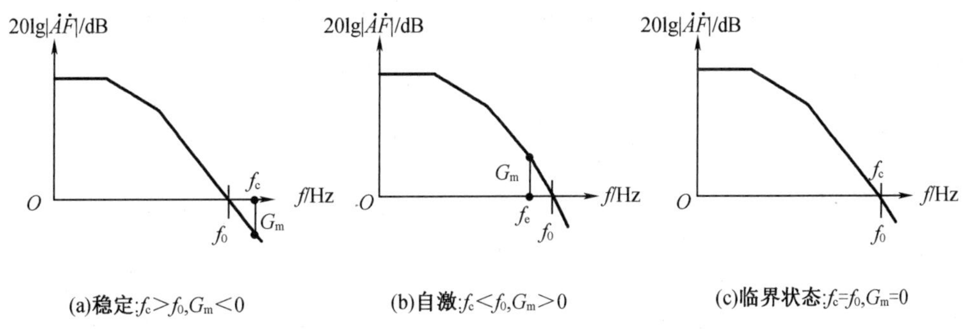

图 6.4.2　判断自激的实用方法

若负反馈放大电路的反馈网络由纯电阻网络构成，则可由放大电路的开环增益 $\dot{A}$ 判断电路是否产生自激振荡。因为 $20\lg|\dot{A}\dot{F}|=20\lg|\dot{A}|+20\lg|\dot{F}|=20\lg|\dot{A}|-20\lg\left|\frac{1}{\dot{F}}\right|$，相当于在以 $20\lg|\dot{A}|$ 为纵坐标的波特图上减去 $20\lg\left|\frac{1}{\dot{F}}\right|$，即可得到以环路增益 $20\lg|\dot{A}\dot{F}|$ 为纵坐标的波特图。于是可在 $\dot{A}$ 的幅频特性坐标中作出高度为 $20\lg\left|\frac{1}{\dot{F}}\right|$ 的水平线（称为反馈线），反馈线与 $\dot{A}$ 的幅频特性的交点必然满足 $20\lg|\dot{A}|-20\lg\left|\frac{1}{\dot{F}}\right|=20\lg|\dot{A}\dot{F}|=0$，即 $|\dot{A}\dot{F}|=1$ 的幅值条件。若此时 $|\varphi_A|\leqslant135°$，即 $\varphi_m\geqslant45°$，则电路不会产生自激振荡。

2. 自激振荡的消除

若想消除负反馈放大电路的自激，则必须将不稳定的工作状态修改为稳定的工作状态。工程上最常用的办法是采用电容补偿，以改变放大电路某一个环节的极点频率，使修改后的波特图达到图 6.4.2(a)的目的。具体做法是，在基本放大电路中时间常数最大的回路（决定主极点的回路）接入一电容，如图 6.4.3(a)所示，图 6.4.3(b)是它的等效电路，补偿前的主极点频率为

$$f_{p1}=\frac{1}{2\pi(R_{o1}//R_{i2})C_{i2}}$$

补偿后的主极点频率为

$$f_{p1}=\frac{1}{2\pi(R_{o1}//R_{i2})(C+C_{i2})}$$

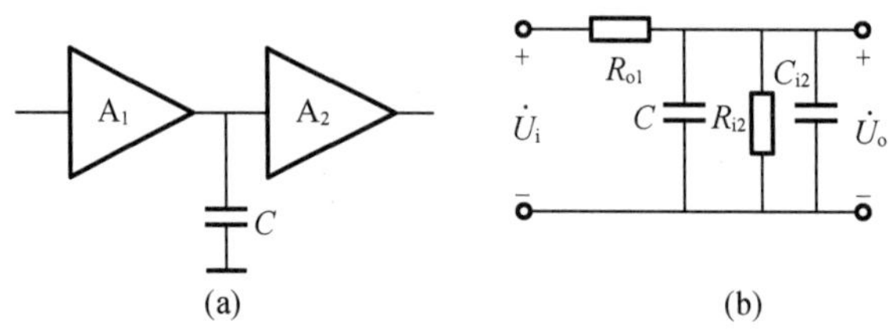

图 6.4.3 改变主极点频率的电容补偿

现在的许多集成运放在内部加有补偿电容，使运放能稳定工作。但也有许多运放没有在电路内部加补偿电容，这就需要在运放的相关引脚上加电容或电容、电阻进行补偿。

6.4.3 放大电路中的正反馈

在实用放大电路中，除了引入四种基本组态的交流负反馈外，还常引入合适的正反馈，以改善电路的性能，以下对该内容加以简单介绍。

1. 电压-电流转换电路

在放大电路中引入电流串联负反馈，可以实现电压-电流的转换。实际上，若信号源能够输出足够大的电流且集成运放有足够大的耗散功率，则在电路中引入电流并联负反馈也

可实现电压-电流转换,如图 6.4.4(a)所示。设集成运放为理想运放,因而引入负反馈后具有“虚短”和“虚断”的特点,图中 $u_N=u_P=0$,

$i_o=i_R$,即

$$i_o=i_R=\frac{u_i}{R} \tag{6.4.3}$$

i_o 与 u_i 呈线性关系。

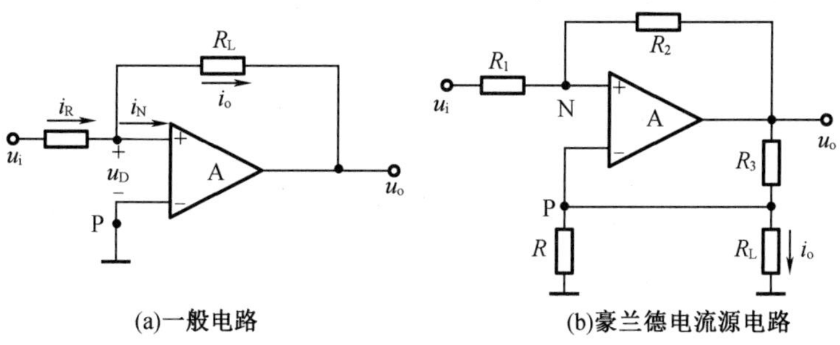

图 6.4.4 电压-电流转换电路

在实用电路中,常需要负载电阻 R_L 有接地端,为此产生了如图 6.4.4(b)所示的豪兰德电流源电路。设集成运放为理想运放,由于电路通过 R_2 引入负反馈,使之具有“虚短”和“虚断”的特点,故图中 $u_N=u_P$,R_1 和 R_2 的电流相等,结点 N 的电流方程为

$$\frac{u_i-u_N}{R_1}=\frac{u_N-u_o}{R_2}$$

因而 N 点电位为

$$u_N=\left(\frac{u_i}{R_1}+\frac{u_o}{R_2}\right)\cdot R_N \quad (R_N=R_1/\!/R_2) \tag{6.4.4}$$

结点 P 的电流方程为

$$\frac{u_P}{R}+i_o=\frac{u_o-u_P}{R_3}$$

因而 P 点电位为

$$u_P=\left(\frac{u_o}{R_3}-i_o\right)\cdot(R/\!/R_3) \tag{6.4.5}$$

利用式(6.4.4)和式(6.4.5)相等的关系,并将它们展开、整理,可得

$$\frac{R_2}{R_1+R_2}u_i+\frac{R_1}{R_1+R_2}u_o=\frac{R}{R+R_3}u_o-i_o\cdot\frac{RR_3}{R+R_3}$$

若$\frac{R_2}{R_1}=\frac{R_3}{R}$,则$\frac{R_2}{R_1+R_2}=\frac{R_3}{R+R_3}$,$\frac{R_1}{R_1+R_2}=\frac{R}{R+R_3}$,消去上式中的公因子,得到

$$i_o=-\frac{u_i}{R} \tag{6.4.6}$$

与式(6.4.3)仅差符号,说明图 6.4.4 所示两电路均具有电压-电流转换功能。

从物理概念上看,在图 6.4.4(b)所示电路中既引入了负反馈,又引入了正反馈。若负载电阻 R_L 减小,因电路内阻的存在,则一方面 i_o 将增大,另一方面 u_P 将下降,从而导致 u_o

下降，i_o 将随之减小。

当满足$\frac{R_2}{R_1}=\frac{R_3}{R}$时，因 R_L 减小引起的 i_o 的增大等于因正反馈作用引起的 i_o 的减小，即正好抵消，因而在电路参数确定后，i_o 仅受控于 u_i。i_o 不受负载电阻的影响，说明电路的输出电阻为无穷大。

为了求解电路的输出电阻，可令 $u_i=0$，且断开 R_L，在 R_L 处加交流电压 U'_o，由此产生电流 I_o，则$\frac{U'_o}{I_o}$即为输出电阻。此时运放同相输入端电位为

$$U_P=U'_o$$

对于理想运放，输出端电位为

$$U_o=\left(1+\frac{R_2}{R_1}\right)U'_o \tag{6.4.7}$$

因而输出电流

$$I_o=\frac{U_o-U'_o}{R_3}-\frac{U'_o}{R_3}$$

将式(6.4.7)代入上式，得

$$I_o=\frac{R_2}{R_1R_3}\cdot U'_o-\frac{U'_o}{R}=\frac{R_2}{R_1}\cdot\frac{U'_o}{R_3}-\frac{R_3}{R}\cdot\frac{U'_o}{R_3}$$

因为$\frac{R_2}{R_1}=\frac{R_3}{R}$，所以 $I_o=0$，因此

$$R_o=\frac{U'_o}{I_o}=\infty \tag{6.4.8}$$

可见，只有严格保证 R_1、R_2、R_3 和 R 之间的匹配关系，输出电阻才趋于无穷大，输出电流也才具有恒流特性。

2. 自举电路

在阻容耦合放大电路中，常在引入负反馈的同时，引入合适的正反馈，以提高输入电阻，如图 6.4.5(a)所示电路。

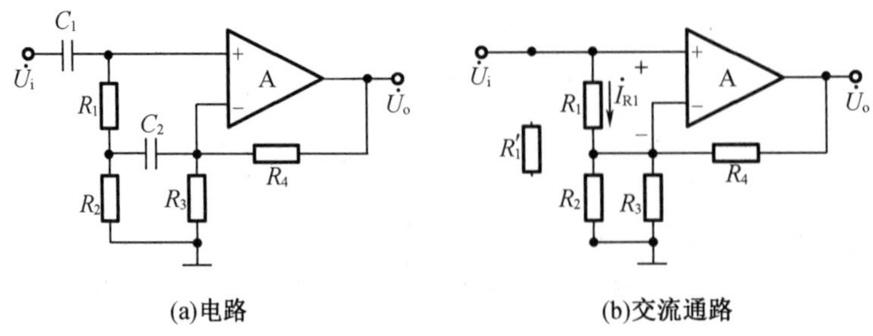

图 6.4.5　自举电路举例

为使集成运放静态时能正常工作，必须在同相输入端与地之间加电阻。若不加电容 C_2，则电路中虽然引入了电压串联负反馈，但输入电阻的值却不大。在理想运放情况下，有

$$R_i=R_1+R_2 \tag{6.4.9}$$

当加 C_2 时,电路的交流通路如图 6.4.5(b)所示,R_2 和 R_3 并联,R_1 跨接在运放的两个输入端。利用瞬时极性法可以判断出电路中除了通过 R_4 接反相输入端引入负反馈外,还通过 R_1 接同相输入端而引入了正反馈;当信号源为有内阻的电压源时,正反馈的结果使输入端的动态电位升高。这种通过引入正反馈使输入端动态电位升高的电路,称为自举电路。

由于引入交流正反馈,R_1 中的交流电流 I_{R_1} 大大减小,其表达式为

$$I_{R_1}=\frac{U_{\mathrm{P}}-U_{\mathrm{N}}}{R_1}$$

式中 $U_{\mathrm{P}}=U_{\mathrm{i}}$。若将 R_1 等效到输入端与地之间,如图 6.4.5(b)中虚线所示,则等效电阻为

$$R'_1=\frac{U_{\mathrm{i}}}{I_{R_1}}=\frac{U_{\mathrm{P}}}{U_{\mathrm{P}}-U_{\mathrm{N}}}\cdot R_1$$

在理想运放情况下,$u_{\mathrm{N}}=u_{\mathrm{P}}$,故 R'_1 趋于无穷大。因而电路的输入电阻为

$$R_{\mathrm{i}}=R'_1/\!/R'_{\mathrm{i}}=\infty \tag{6.4.10}$$

与式(6.4.9)比较可知,引入正反馈使输入电阻大大提高。

6.5 本章小结

本章主要讲述了反馈的基本概念、反馈极性和组态的判断、反馈的基本方程式、四种组态负反馈放大电路的分析、负反馈对放大电路性能的影响、放大电路的自激振荡、负反馈放大电路中的正反馈等问题,给出了极性和组态的判断方法、引入合适的负反馈的原则、负反馈放大电路自激振荡的判断和消除方法等。主要内容总结如下:

(1)反馈是为了改善放大电路性能而采取的一种技术措施。所谓放大电路的反馈,就是将输出信号的一部分或全部通过一定的方式引回到输入回路,以影响输入信号的措施。

(2)正确判断反馈的极性和组态是正确分析和设计反馈放大电路的前提。判断反馈的极性和组态包括有无反馈,是直流反馈还是交流反馈,是串联反馈还是并联反馈,是电压反馈还是电流反馈,是正反馈还是负反馈。

若放大电路中存在将输出回路与输入回路相连接的通路,并因此影响放大电路的净输入信号,则表明电路中引入了反馈,否则电路中没有反馈;存在于放大电路的直流通路之中的反馈称为直流反馈;存在于放大电路的交流通路之中的反馈称为交流反馈;若反馈既存在于直流通路之中,又存在于交流通路之中,则称为交直流反馈;若反馈信号与输入信号以电压形式相叠加,则为串联反馈。若反馈信号与输入信号以电流形式相叠加,则为并联反馈;若把输出电压的一部分或全部取出送回到放大电路的输入回路,则为电压反馈。此时反馈信号与输出电压成比例。若把输出电流的一部分或全部取出送回到放大电路的输入回路,则为电流反馈。此时反馈信号与输出电流成比例;反馈信号与输入信号叠加后,若使净输入信号增加,则为正反馈;若使净输入信号减少,则为负反馈。

(3)引入直流负反馈能够稳定放大电路的静态工作点,引入交流反馈可以改善放大电路的动态性能;负反馈能够提高增益的稳定性,展宽频带,抑制非线性失真和环内噪声;若要稳定放大电路的输出电压或降低输出电阻,应引入电压负反馈;要稳定放大电路的输出电流或提高输出电阻,应引入电流负反馈;若要提高放大电路的输入电阻,应引入串联负反

馈;若要降低放大电路的输入电阻,应引入并联负反馈。

(4)交流负反馈共有四种组态,即电压串联、电压并联、电流串联和电流并联负反馈。若要通过输入电压控制输出电压,实现电压放大,应引入电压串联负反馈;若要通过输入电流控制输出电压,将输入电流转化为输出电压,应引入电压并联负反馈;若要通过输入电压控制输出电流,将输入电压转化为输出电流,应引入电流串联负反馈;若要通过输入电流控制输出电流,实现电流放大,应引入电流并联负反馈。

(5)负反馈不能随意地引入,如果引入不当可能引起放大电路产生自激振荡。负反馈放大电路产生自激振荡的条件是$\dot{A}\dot{F}=-1$,可将其分解为幅值条件和相位条件。利用环路增益波特图可以方便地判断放大电路的稳定性。为了获得稳定的工作状态,负反馈放大电路应有足够的幅度裕度和相位裕度。利用电容补偿技术可以消除自激振荡。

(6)在负反馈放大电路中引入合适的正反馈也可以改善放大电路的某些性能。由电流反馈放大器构成的负反馈放大电路带宽更宽,速度更快。可在保证带宽的条件下调整增益。

6.6 思　考　题

(1)“直接耦合放大电路只能引入直流反馈,阻容耦合放大电路只能引入交流反馈。”这种说法正确吗?举例说明。

(2)为什么说反馈量是仅仅决定于输出量的物理量?在判断反馈极性时如何体现上述概念?

(3)当负载电阻变化时,电压负反馈放大电路和电流负反馈放大电路的输出电压分别如何变化,为什么?

(4)在分析分立元件放大电路和集成运放电路中反馈的性质时,净输入电压和净输入电流分别指的是什么地方的电压和电流?电流负反馈电路的输出电流一定是负载电流吗?举例说明。

(5)说明为什么串联负反馈适用于输入信号为恒压源或近似恒压源的情况,而并联负反馈适用于输入信号为恒流源或近似恒流源的情况。

(6)说明在负反馈放大电路的方块图中,什么是反馈网络,什么是基本放大电路;在研究负反馈放大电路时,为什么重点研究的是反馈网络,而不是基本放大电路。

(7)为什么说无论用集成运放组成哪种组态的负反馈放大电路,通常都可以认为引入的是深度负反馈?

(8)为什么集成运放引入的负反馈通常可以认为是深度负反馈?

(9)列表总结交流负反馈对放大电路各方面性能的影响。

(10)只要放大电路中引入交流负反馈,都可使电压放大倍数的稳定性增强、频带展宽吗,为什么?

(11)放大电路中有可能引入直流正反馈吗?只能引入交流负反馈吗?如能引入交流正反馈,则应依据什么原则?

6.7 习 题

1. 选择合适的答案填入空内。

(1)对于放大电路,所谓开环是指________;

A. 无信号源　　B. 无反馈通路　　C. 无电源　　D. 无负载

而所谓闭环是指________。

A. 考虑信号源内阻　　B. 存在反馈通路　　C. 接入电源　　D. 接入负载

(2)在输入量不变的情况下,若引入反馈后________,则说明引入的反馈是负反馈。

A. 输入电阻增大　　B. 输出量增大　　C. 净输入量增大　　D. 净输入量减小

(3)直流负反馈是指________。

A. 直接耦合放大电路中所引入的负反馈

B. 只有放大直流信号时才有的负反馈

C. 在直流通路中的负反馈

(4)交流负反馈是指________。

A. 阻容耦合放大电路中所引入的负反馈

B. 只有放大交流信号时才有的负反馈

C. 在交流通路中的负反馈

(5)请将合适的答案填入空内。

A. 直流负反馈　　B. 交流负反馈

①为了稳定静态工作点,应引入________;

②为了稳定放大倍数,应引入________;

③为了改变输入电阻和输出电阻,应引入________;

④为了抑制温漂,应引入________;

⑤为了展宽频带,应引入________。

2. 选择合适的答案填入空内。

A. 电压　　B. 电流　　C. 串联　　D. 并联

(1)为了稳定放大电路的输出电压,应引入________负反馈;

(2)为了稳定放大电路的输出电流,应引入________负反馈;

(3)为了增大放大电路的输入电阻,应引入________负反馈;

(4)为了减小放大电路的输入电阻,应引入________负反馈;

(5)为了增大放大电路的输出电阻,应引入________负反馈;

(6)为了减小放大电路的输出电阻,应引入________负反馈。

3. 分别简述下列说法中的问题。

(1)为了改善放大电路的性能,电路中只能引入负反馈。

(2)放大电路中引入的负反馈越强,电路的放大倍数就一定越稳定。

(3)在图 T6.1(a)所示电路中,R_1 上的电压就是反馈电压。

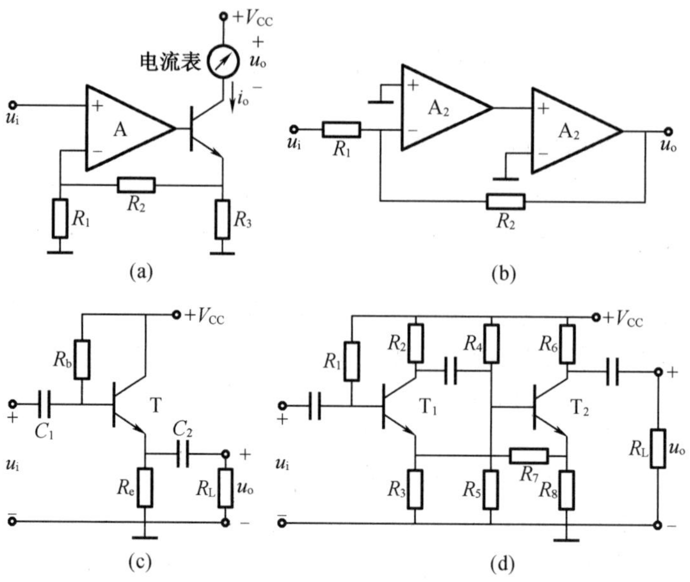

图 T6.1

(4)既然电流负反馈稳定输出电流,那么必然稳定输出电压;既然电压负反馈稳定输出电压,那么也必然稳定输出电流;因此电流负反馈与电压负反馈没有本质的区别。

4. 判断图 T6.2 所示各电路中是否引入了反馈,是直流反馈还是交流反馈,是正反馈还是负反馈。设图中所有电容对交流信号均可视为短路。

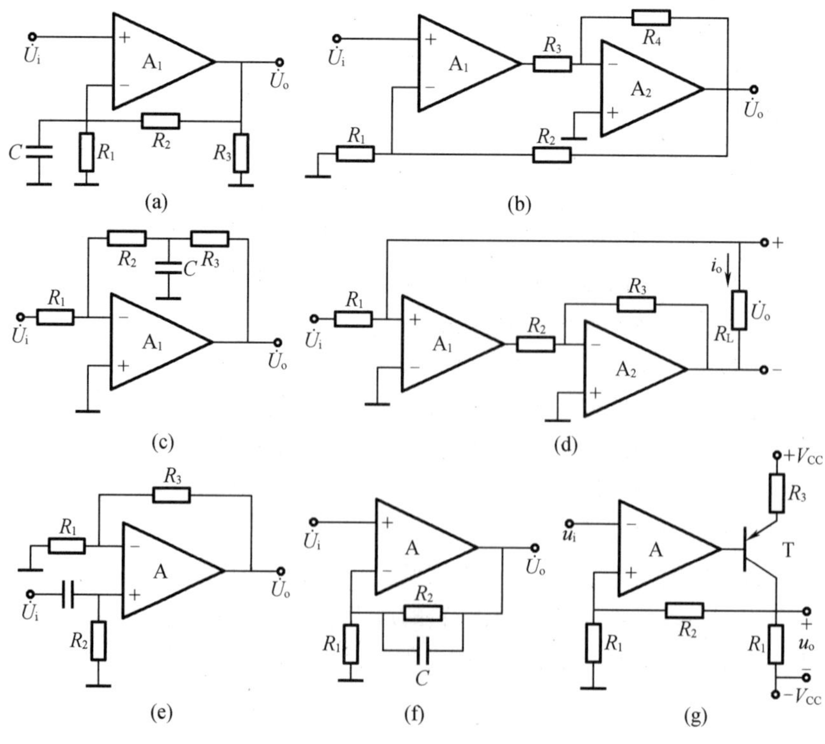

图 T6.2

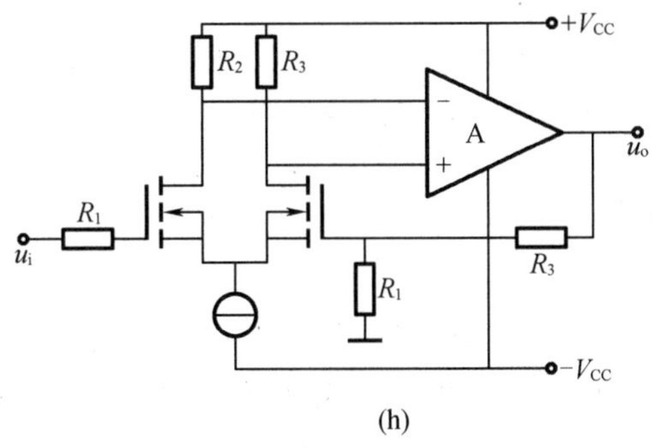

(h)

图 T6.2(续)

5. 电路如图 T6.3 所示,要求同题 4。

6. 分别判断图 T6.2(d)~(h)所示各电路中引入了哪种组态的交流负反馈。

7. 分别判断图 T6.3(a)(b)(e)(f)所示各电路中引入了哪种组态的交流负反馈。

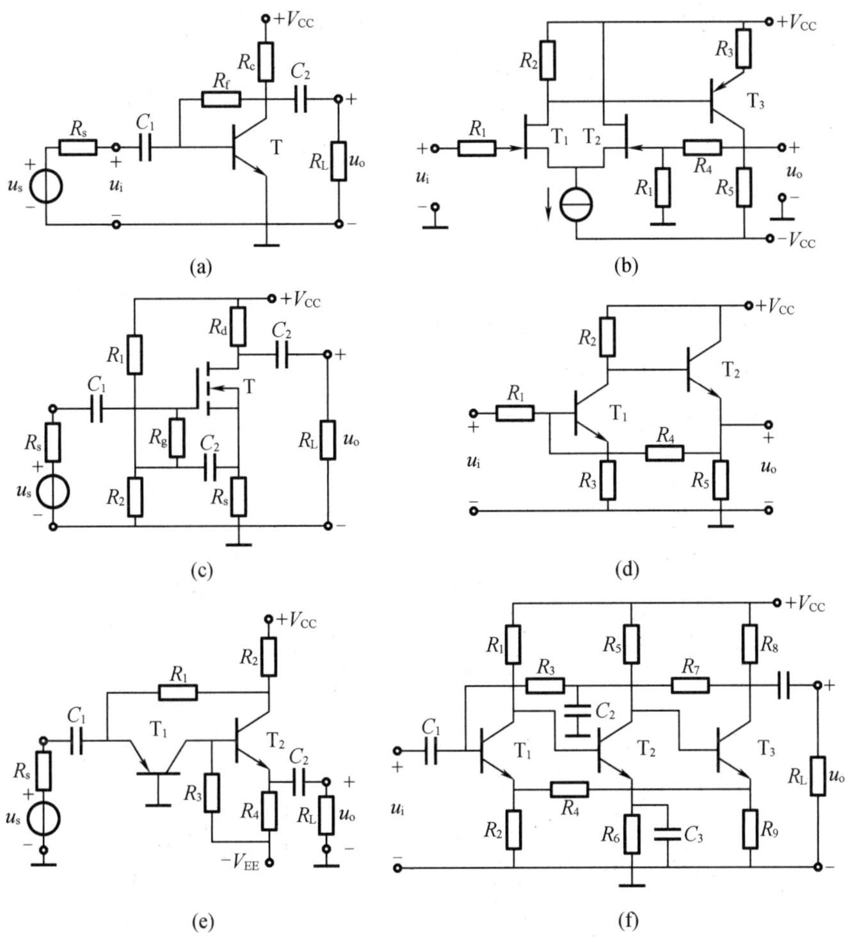

图 T6.3

8. 电路如图 T6. 4 所示，已知集成运放为理想运放，最大输出电压幅值为±14 V。填空：

电路引入了________（填入反馈组态）交流负反馈，电路的输入电阻趋近于________，电压放大倍数 $A_{uf}=\Delta u_o/\Delta u_i=$ ________。$u_i=1$ V，则 $u_o=$ ________V；若 R_1 开路，则 u_o 变为________V；若 R_1 短路，则 u_o 变为________V；若 R_2 开路，则 u_o 变为________V；若 r_2 短路，则 u_o 变为________V。

图 T6. 4

9. 已知一个负反馈放大电路 $A=10^5$，$F=2\times10^{-3}$。试问：

（1）A_f 的值；（2）若 A 的相对变率为 20%，则 A_f 的相对变化率为多少？

10. 已知一个电压串联负反馈放大电路的电压放大倍数 $A_{uf}=20$，其基本放大电路的电压放大倍数 A_u 的相对变化率为 10%，A_{uf} 的相对变化率小于 0. 1%，试问 F 和 A_u 各为多少？

11. 判断图 T6. 5(a)和(b)电路的反馈组态。

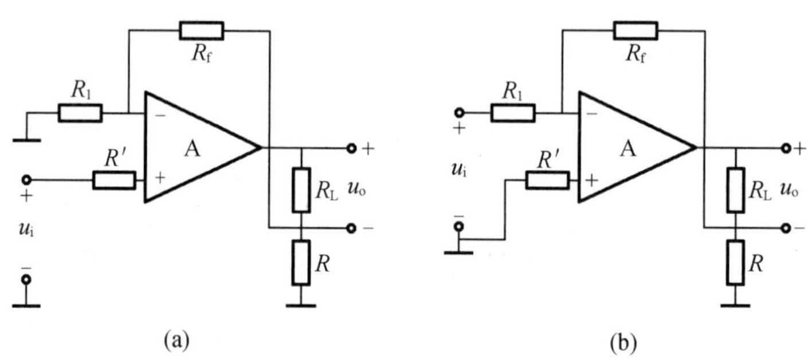

图 T6. 5

12. 图 T6. 6 中各运算放大器是理想的，请回答：

（1）图中各电路是何种反馈组态？

（2）说明各电路的功能。

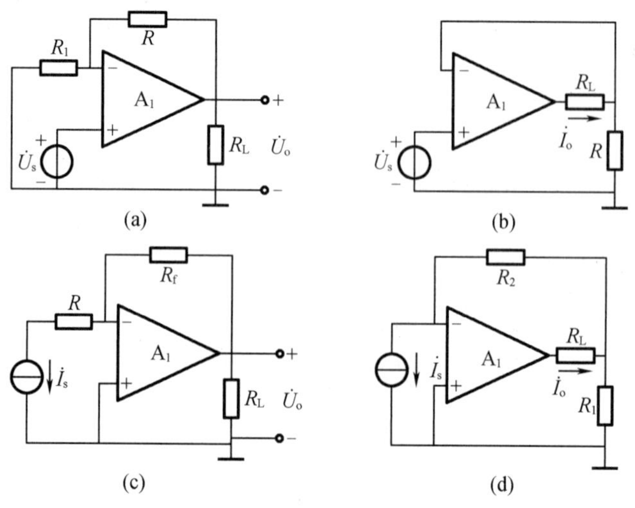

图 T6. 6

13. 分析图 T6.7 电路的级间反馈组态。

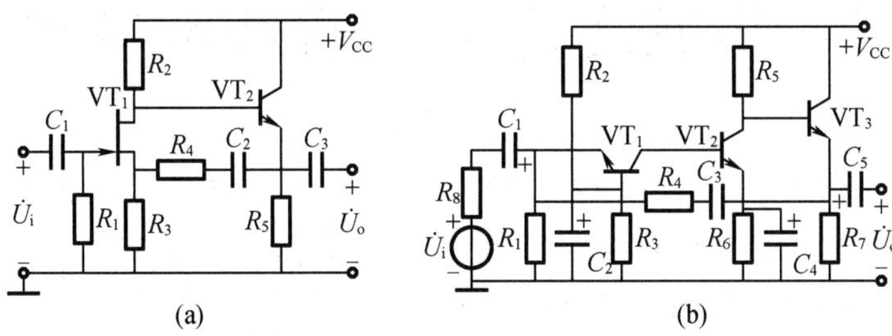

图 T6.7

第 7 章　集成运算放大器基本应用电路

集成运算放大器的基本应用电路包括信号的运算、处理及信号产生电路。通常，在分析集成运放的各种应用电路时，均将其中的集成运放视为理想运算放大器，简称理想运放。本章首先介绍了理想运放的概念及理想运放工作在线性区和非线性区的特点，然后介绍了集成运放的线性应用电路——模拟信号的运算电路，包括比例运算电路、加减运算电路、积分和微分运算电路、对数和指数运算电路。最后介绍了运放的非线性应用电路——电压比较器。本章主要讨论如下问题：

(1)什么是理想运算放大器？

(2)理想运放工作在线性区和非线性区时各自具有什么特点？

(3)运算电路的基本构成原则是什么？怎样分析和计算各种运算电路？

(4)电压比较器中的集成运放工作在什么状态？单限比较器、滞回比较器、窗口比较器的差别在哪里？

7.1　基本运算电路

7.1.1　理想运算放大器

1. 理想运放的技术指标

理想运放各项技术指标如下：

(1)开环差模电压放大倍数 $A_{od}=\infty$；

(2)差模输入电阻 $R_{id}=\infty$，输出电阻 $R_o=0\ \Omega$；

(3)输入偏置电流 $I_{B1}=I_{B2}=0$ A；

(4)失调电压 U_{IO}、失调电流 I_{IO}、失调电压温漂 $\frac{dU_{IO}}{dT}$、失调电流温漂 $\frac{dI_{IO}}{dT}$ 均为零。

(5)共模抑制比 $K_{CMR}=\infty$；

(6)无内部干扰和噪声；

(7)通频带 $BW=\infty$。

理想运放的工作区域分为两种情况：线性区和非线性区。下面将分别介绍理想运放工作在这两个区域时的特点。

2. 理想运放工作在线性区特点

理想运放工作在线性区时存在两个重要特性，即“虚短”和“虚断”。

(1)虚短

运放工作在线性区时，有下列关系式：

$$u_o=A_{od}\cdot u_{Id}=A_{od}\cdot(u_P-u_N) \tag{7.1.1}$$

因为理想运放的开环电压放大倍数 $A_{od}=\infty$，而 $U_{Id}\approx 0$ V 或 $u_P\approx u_N$。所以，在运放的线

性应用电路中,运算放大器同相输入端与反相输入端的对地电位相等,从电压的角度来看,运放的输入端口就像短路一样,压差为零。当然这不是真正的短路,而是一种近似,故称这种现象为“虚短”。

对于实际运放,$A_{od} \neq \infty$,但 A_{od} 的值很高,至少为 10^4,通常可高达 10^6 或更高,因此同相输入端和反相输入端的电位虽不相等,但也十分接近。如运放的 $A_{od}=10^5$,电源电压为 ±15 V,$U_{OM}=\pm 13$ V,运放工作在线性区时两输入端的电压差 $U_{Id} \leqslant 0.13$ mV,可认为基本符合虚短的条件。

(2)虚断

由于理想运放的输入电阻 $R_{id}=\infty$,故流入运放同相和反相输入端的电流均可近似为零,即 $i_p \approx i_N \approx 0$。从电流的角度来说,运放的输入端口就像开路一样。当然运放的输入端不可能真正开路,只是由于高输入阻抗使得流入运放的电流远小于外电路的电流,故近似看作断路,这一特性称为“虚断”。

运用“虚短”和“虚断”的特性,可以大大简化运放应用电路的分析。值得注意的是,运放在线性区工作才有“虚短”的特性,必须在电路中引入负反馈,这也是“虚短”的条件。

3. 理想运放工作在非线性区的特点

由式(7.1.1)可知,由于理想运放的开环电压放大倍数 $A_{od}=\infty$,因此同相输入端和反相输入端之间的差值电压 u_P-u_N 为微小量,其输出 u_o 受到运放电源电压的限制,将达到正向饱和电压 $+U_{OM}$ 或负向饱和电压 $-U_{OM}$。当运放处于开环工作状态或引入正反馈时,输出电压 u_o 和输入端的差值电压(u_P-u_N)不成线性关系,称集成运放工作在非线性区。此时,集成运放也有两个特点:

(1)当 $u_P>u_N$ 时,$u_o=+U_{OM}$;当 $u_P<u_N$ 时 $u_o=-U_{OM}$。也就是说,外干非线性区的理想运放受输入电压的控制,其输出电压只有两种可能,不是正向最大输出电压,就是负向最大输出电压。

(2)因为 u_P-u_N 为有限值,且理想运放的差模输入电阻 $R_{id}=\infty$,所以运放的净输入电流近似为零,即 $i_p \approx i_N \approx 0$。理想运放工作在非线性区也具有“虚断”的特点。

综上所述,理想运放工作在线性区或非线性区时,具有不同的特点。因此,在分析集成运放的各种应用电路时,应先判断运放是工作在线性区还是非线性区,再根据运放相应的工作特点进行分析。

7.1.2 比例运算电路

1. 反相比例运算电路

反相比例运算电路如图 7.1.1 所示。由前面分析可知,电路为深度负反馈电路,且为电压并联组态,故虚短和虚断成立。

利用虚短有

$$u_P=u_N=0 \tag{7.1.2}$$

在 N 点列电流平衡方程,并考虑虚断的概念,即流进运放反相输入端的净输入电流为零,得到

$$\frac{U_i-U_N}{R_1}=\frac{U_N-U_O}{R_f} \tag{7.1.3}$$

将式(7.1.2)代入式(7.1.3),整理得

$$u_o=-\frac{R_f}{R_1}u_i \tag{7.1.4}$$

式(7.1.4)说明,输出电压与输入电压之间为比例关系,且比例系数为负,故该电路完成了反相比例运算。为提高运算精度,一般取 $R_2=R_1//R_f$。

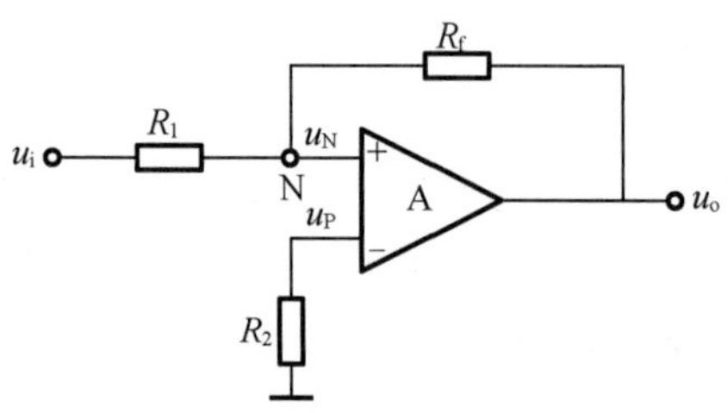

图 7.1.1　反相比例运算电路

【例 7.1.1】　在图 7.1.2 所示电路中,已知 $R_1=R_2=R_4=100\ \text{k}\Omega$,$R_3=10\ \text{k}\Omega$,试求:(1)计算该电路的电压增益;(2)为保证运放输入端的对称性,估算 R'的取值。

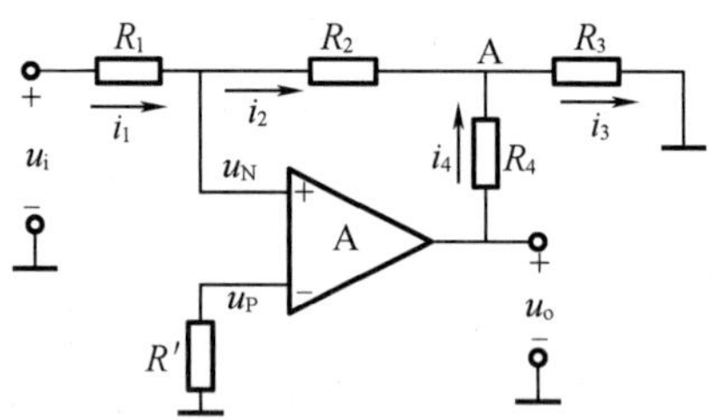

图 7.1.2　例 7.1.1 电路图

解:(1)根据理想运放的“虚断”和“虚短”特性,可知 $u_P=u_N=0$ V,电路存在“虚地”现象。在运放反相输入端和图中 A 点分别列节点电流方程为

$$i_1-i_2=\frac{u_i-u_N}{R_1}-\frac{u_N-u_A}{R_2}=0$$

$$i_2+i_4-i_3=\frac{u_N-u_A}{R_2}+\frac{u_o-u_A}{R_4}-\frac{u_A}{R_3}=0$$

两式联立,求得

$$A_{uf}=\frac{u_o}{u_i}=-\frac{R_2R_4+R_3R_4+R_2R_3}{R_1R_3}=-12$$

(2)为保证运放输入端的对称性,平衡电阻 R'的取值约为

$$R'=R_1//(R_2+R_3//R_4)\approx 52.2\ \text{k}\Omega$$

2. 同相比例运算电路

同相比例运算电路如图 7.1.3 所示。

利用虚短有

$$u_N=u_P=u_i \tag{7.1.5}$$

在 N 点列电流平衡方程,并考虑虚断的概念,有

$$\frac{0-u_N}{R_1}=\frac{u_N-u_o}{R_f} \tag{7.1.6}$$

将式(7.1.5)代入式(7.1.6)整理得

$$u_o=\left(1+\frac{R_f}{R_1}\right)u_i \tag{7.1.7}$$

即输出电压与输入电压之间为比例关系,且比例系数为正,故该电路完成了同相比例运算。电路中 $R_2=R_1//R_f$。

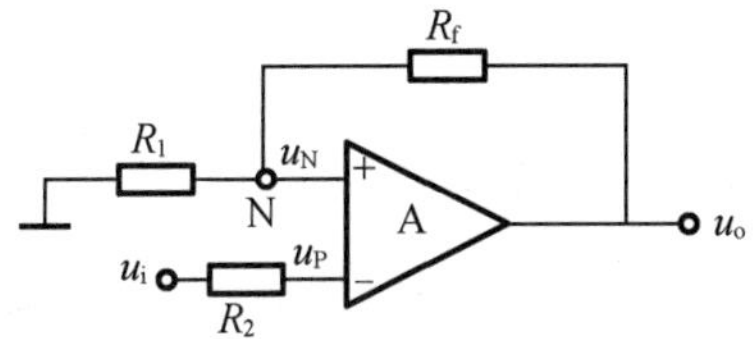

图 7.1.3 同相比例运算电路

图 7.1.3 的电路中,当 R_f 短路或 R_1 开路时,有

$$u_o=u_i \tag{7.1.8}$$

输出完全跟随输入,称为电压跟随器。最简单的电压跟随器如图 7.1.4 所示。

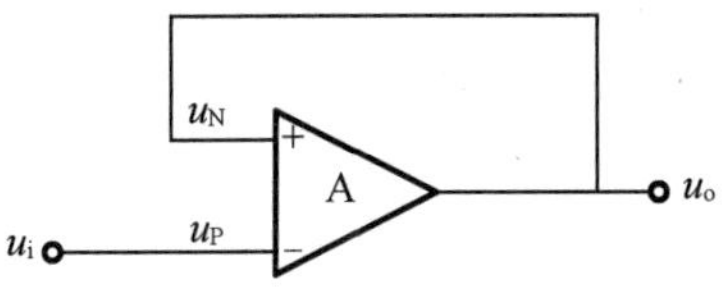

图 7.1.4 电压跟随器

7.1.3 加减运算电路

1. 加法器

基本的加法电路如图 7.1.5 所示,电路输入分别为 u_{i1}、u_{i2}。

根据虚短有

$$u_N=u_P=0 \tag{7.1.9}$$

利用虚断,列出 N 点的电流平衡方程

$$\frac{u_{i1}-u_N}{R_1}+\frac{u_{i2}-u_N}{R_2}=\frac{u_N-u_o}{R_f} \tag{7.1.10}$$

式(7.1.9)代入式(7.1.10),整理得

$$u_o=-\frac{R_f}{R_1}u_{i1}-\frac{R_f}{R_2}u_{i2} \tag{7.1.11}$$

该电路完成了两个输入信号的比例加法运算,如图 7.1.4 所示,若 $R_1=R_2=R_f$,则 $u_o=-(u_{i1}-u_{i2})$

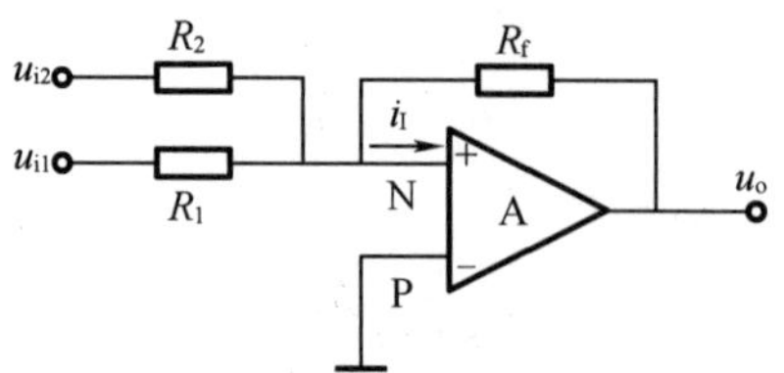

图 7.1.5　加法器

若在图 7.1.5 所示加法电路的输出再接一级反相比例电路,且反相比例电路中的电阻均为 R,如图 7.1.6 所示,则构成同相加法电路,当 $R_1=R_2=R_f$ 时,有 $u_o=u_{i1}+u_{i2}$。

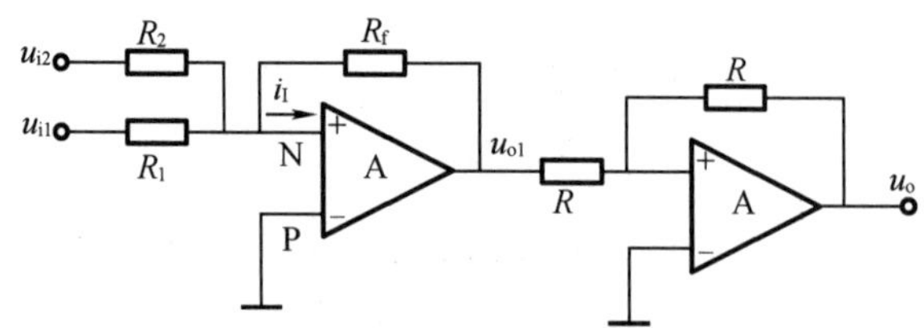

图 7.1.6　同相加法器

2. 减法电路

(1)利用反相信号求和实现减法运算

由两级放大电路构成的减法运算电路如图 7.1.7 所示。其中,A_1、R_1、R_{f1} 组成反相比例运算电路,A_2、R_2、R_{f2} 组成反相比例加法电路。

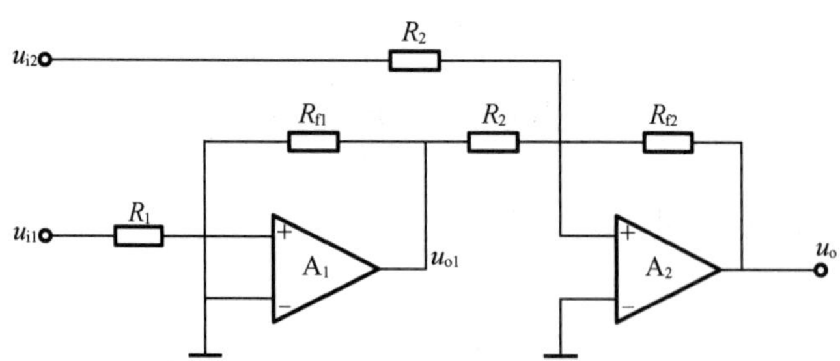

图 7.1.7　减法电路

由前面的分析可知,第一级反相比例运算电路的输出和输入关系为

$$u_{o1}=-\frac{R_{f1}}{R_1}u_{i1}$$

第二级反相加法电路的输出和输入关系为

$$u_o=-\frac{R_{f2}}{R_2}u_{i2}-\frac{R_{f2}}{R_2}u_{o1}$$

将 u_{o1} 的表达式代入上式有

$$u_o=\frac{R_{f2}R_{f1}}{R_2R_1}u_{i1}-\frac{R_{f2}}{R_2}u_{i2} \tag{7.1.12}$$

电路的输出为两个输入信号的比例相减。当 $R_{f1}=R_1$,$R_{f2}=R_2$ 时,有 $u_o=u_{i1}-u_{i2}$。

(2)利用差分电路实现减法运算

差分电路构成的减法电路如图 7.1.8 所示。

根据虚短概念,有

$$u_N = u_P \tag{7.1.13}$$

利用虚断的概念,列写 P、N 点的 KCL 方程:

$$\frac{u_{i1} - u_P}{R_2} = \frac{u_P - 0}{R_3} \tag{7.1.14}$$

$$\frac{u_{i1} - u_N}{R_1} = \frac{u_N - u_o}{R_f} \tag{7.1.15}$$

利用式(7.1.13)~式(7.1.15),消去 $u_P = u_N$,求得输出电压与输入电压的关系为

$$u_o = \left(\frac{R_1 + R_f}{R_1}\right)\left(\frac{R_3}{R_2 + R_3}\right)u_{i2} - \frac{R_f}{R_1}u_{i1} \tag{7.1.16}$$

当$\frac{R_f}{R_1} = \frac{R_3}{R_2}$时,有

$$u_o = \frac{R_f}{R_1}(u_{i2} - u_{i1}) \tag{7.1.17}$$

若进一步,有 $R_f = R_1$,则 $u_O = u_{I2} - u_{i1}$。

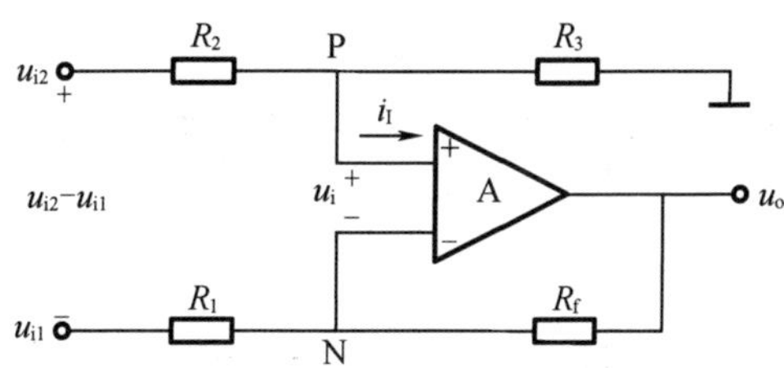

图 7.1.8 减法电路

7.1.4 积分运算电路和微分运算电路

1. 积分电路

简单积分电路如图 7.1.9 所示。根据虚断有

$$i_R = i_C = \frac{u_i}{R} \tag{7.1.18}$$

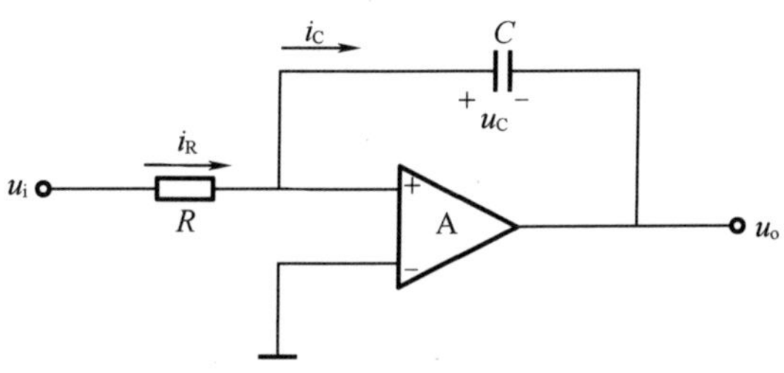

图 7.1.9 简单积分电路

根据虚短有 $u_N=u_P=0$，则 $u_o=-u_c$。由电容器上的电压电流关系有

$$i_c=C\frac{du_c}{dt}=-\frac{du_o}{dt} \tag{7.1.19}$$

式(7.1.19)代入式(7.1.18)得

$$u_o=-\frac{1}{RC}\int u_i dt \tag{7.1.20}$$

即输出是输入电压的积分，其积分时间常数为 RC。

当输入 u_i 为满足阶跃电压：

$$u_i=\begin{cases}u_i & t\geqslant 0\\ 0 & t<0\end{cases}$$

且输出电压的初始值为 0 时，输出电压为

$$u_o=-\frac{1}{RC}\int UI dt=-\frac{U_i}{RC}t$$

即输出由压随时间线性增长，增长速率取决于 $-\frac{U_i}{RC}$。如果输入一直存在，则输出将增大到运算放大器的负向限幅值 U_{oL}，输入输出电压的波形如图 7.1.10 所示。

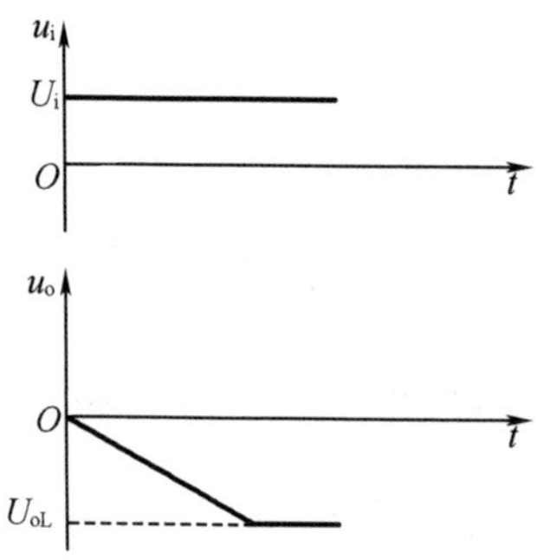

图 7.1.10　输入输出电压波形

2. 微分电路

图 7.1.8 所示积分电路中，电阻和电容的位置互换即可得到微分电路，如图 7.1.11 所示。

由于

$$i_c=C\frac{du_i}{dt}$$

$$i_R=-\frac{u_o}{R}$$

在 N 点有

$$i_c=i_R$$

因此

$$-\frac{u_o}{R}=C\frac{du_i}{dt}$$

则

$$u_o = -RC\frac{du_i}{dt} \tag{7.1.21}$$

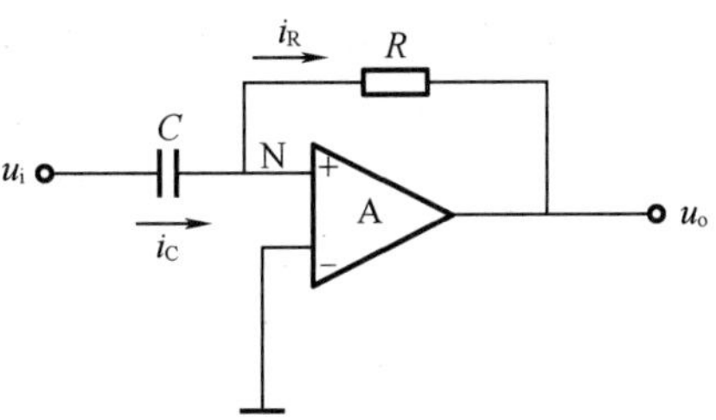

图 7.1.11　微分电路

即输出为输入电压的微分。输出反映输入电压的变化部分，当输入不变时，输出为 0。例如，当 u_i 为出现在 0-t_1 时间的阶跃电压时，u_o 为如图 7.1.12 中的尖脉冲。由于式（7.1.21）中有负号，因此在 0 时刻输入上升沿，输出为负脉冲，在 t_1 时刻输入下降沿，输出为正脉冲，脉冲的幅度为运放的正负限幅值，而在输入恒定的时间段中，输出为 0。

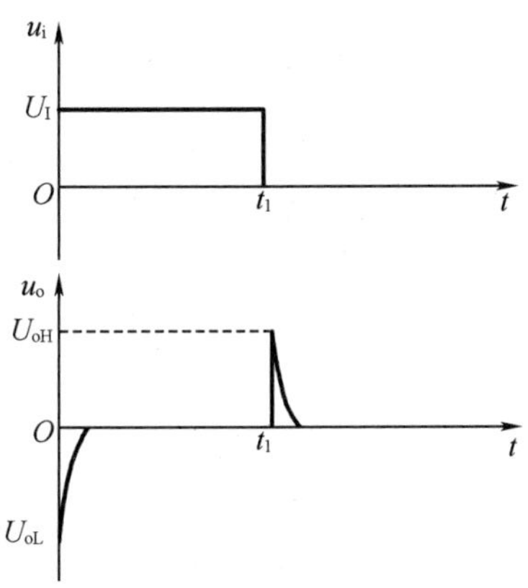

图 7.1.12　微分电路的输入输出波形

7.2　模拟乘法器及其在运算电路中的应用

7.2.1　模拟乘法器的基本原理

模拟乘法器可实现两个模拟信号的相乘运算，并可在此基础上进一步实现乘方、开方和除法运算。模拟乘法器有两个输入，分别记为 u_X、u_Y 和一个输出记为 u_o，电路图形符号如图 7.2.1 所示。输出和输入的关系为 $u_o = k_u X_u Y$，k 是乘积系数，不随输入的幅值和频率而变化。

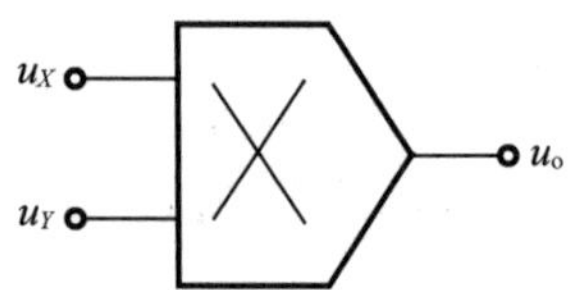

图 7.2.1　模拟乘法器的电路图形符号

根据输入 u_X 和 u_Y 的极性,在 u_X-u_Y 平面上,模拟乘法器有单象限、两象限和四象限之分。如图 7.2.2 所示,若 $u_X \geqslant 0, u_Y = 0$,则只能完成第Ⅰ象限的乘法,称为单象限乘法器。

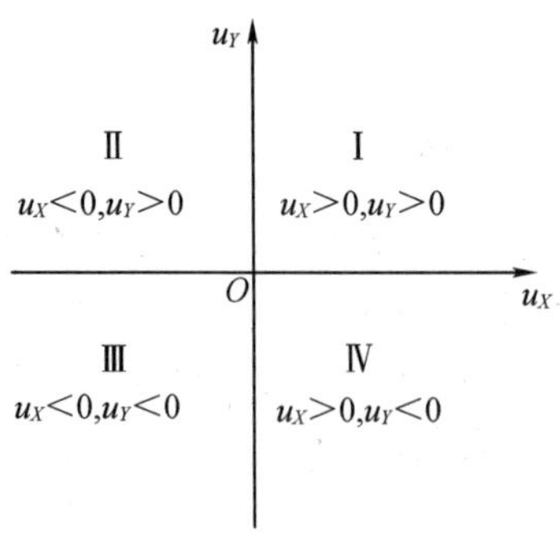

图 7.2.2　输入信号的四个象限

变跨导模拟乘法器的工作原理:采用集成电路实现乘法器时,大多采用变跨导电路。变跨导模拟乘法器利用输入电压控制差分放大由路中差分对管的发射极电流,使其跨导相应变化,实现输入差模信号的相乘。

基本差分放大电路如图 7.2.3 所示。其中 $u_X = u_{id} = u_{BE1} - u_{BE2}$,晶体管的低频跨导为

$$g_m = \frac{I_{EQ}}{U_T} = \frac{I_o}{2U_T} \tag{7.2.1}$$

图 7.2.3 中恒流源的电流为

$$I_0 = i_{E1} + i_{E2} = I_S e^{\frac{u_{BE1}}{U_T}} + I_S e^{\frac{u_{BE2}}{U_T}} (1 + e^{\frac{u_{BE1} - u_{BE2}}{U_T}}) = i_{E2}(1 + e^{\frac{u_{BE1} - u_{BE2}}{U_T}}) = i_{E2}(1 + e^{\frac{u_X}{U_T}})$$

则 VT_2 的发射极电流可写为

$$i_{E2} = \frac{I_0}{1 + e^{\frac{+u_X}{U_T}}} \tag{7.2.2}$$

同理,VT_1 的发射极电流为

$$i_{E2} = \frac{I_0}{1 + e^{\frac{-u_X}{U_T}}} \tag{7.2.3}$$

则

$$i_{C1} - i_{C2} \approx i_{E1} - i_{E2} = I_0 \operatorname{th} \frac{u_X}{2U_T} \tag{7.2.4}$$

式中,$\operatorname{th}\left(\frac{u_X}{U_T}\right)$ 为$\frac{u_X}{U_T}$的双曲正切函数,若 $u_X << 2U_T$,则 $\operatorname{th}\left(\frac{u_X}{U_T}\right)$ 可按照泰勒级数展开,并忽略高

次项有

$$i_{C1}-i_{C2}\approx I_0\frac{u_X}{2U_T}=g_m u_X \tag{7.2.5}$$

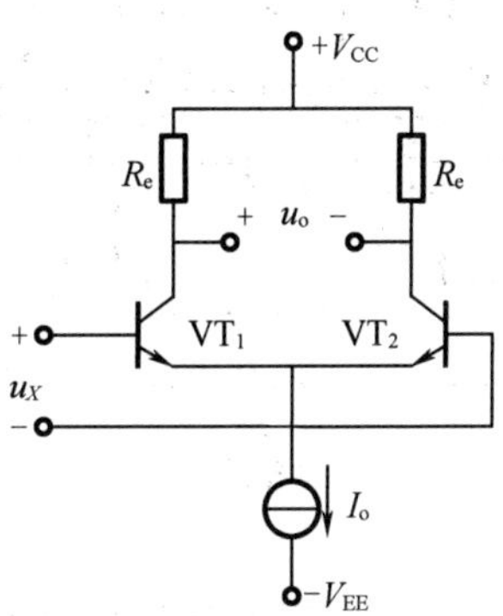

图 7.2.3　差分放大电路

四象限变跨导模拟乘法器如图 7.2.4 所示。与基本差分放大电路中得到的式(7.2.4)对应,有下列关系成立:

$$i_1-i_2\approx i_5\text{th}\frac{u_X}{2U_T} \tag{7.2.6}$$

$$i_4-i_3\approx i_6\text{th}\frac{u_X}{2U_T} \tag{7.2.7}$$

$$i_5-i_6\approx I\text{th}\frac{u_Y}{2U_T} \tag{7.2.8}$$

由于

$i_{o1}-i_{o2}=(i_1+i_3)-(i_4+i_2)=(i_1-i_2)-(i_4-i_3)$ 考虑式(7.2.6)~(7.2.8)有

$$i_{o1}-i_{o2}\approx(i_5-i_6)\text{th}\frac{u_X}{2U_T}\approx I\text{th}\left(\frac{u_Y}{2U_T}\right)\text{th}\left(\frac{u_X}{2U_T}\right) \tag{7.2.9}$$

同理,当满足 $u_X<<2U_T$,$u_Y<<2U_T$ 时,式(7.2.9)可写为

$$i_{o1}-i_{o2}=\frac{1}{4U^2}u_X u_Y \tag{7.2.10}$$

则图 7.2.4 所示电路的输出电压为

$$u_o=-(i_{o1}-i_{o2})R_c\approx-\frac{IR_C}{4U_T^2}u_X u_Y=ku_X u_Y \tag{7.2.11}$$

式中,$k=-\dfrac{IR_C}{4U_T^2}$。

式(7.2.11)中,u_X、u_Y 均可正也可负,故上述电路为四象限模拟乘法器。

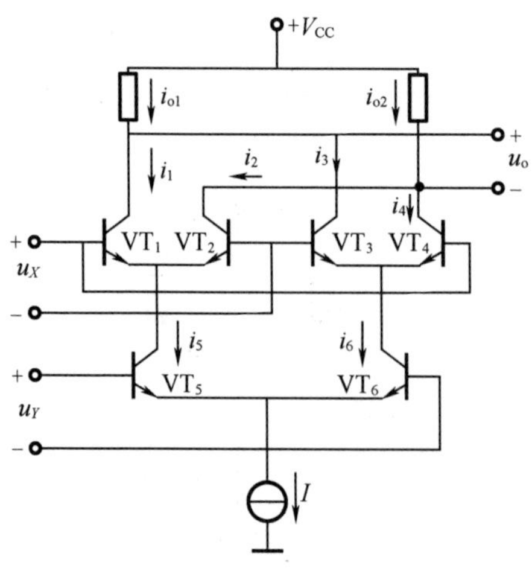

图 7.2.4 四象限变跨导模拟乘法器

7.2.2 模拟乘法器在运算电路中的应用

1. 乘方运算

若上述模拟乘法器的两个输入端加相同的电压,即 $u_X=u_Y=u_i$,如图 7.2.5 所示,则有

$$u_o=ku_i^2 \tag{7.2.12}$$

实现了乘方运算。

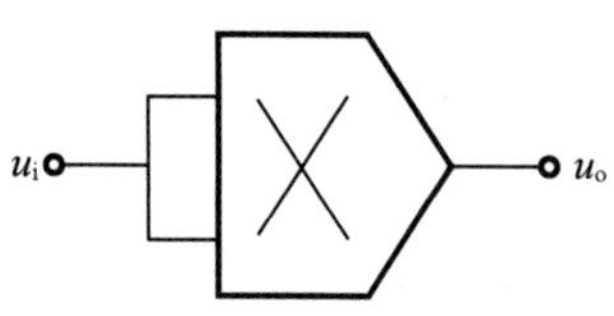

图 7.2.5 乘方运算

2. 除法运算

将乘法器放在集成运放的反馈通道中,得到的除法电路如图 7.2.6 所示。

运放反相输入端的电流平衡方程为

$$\frac{u_{i1}}{R_1}=-\frac{u'_o}{R_2}$$

由于

$$u'_o=ku_{i2}u_o$$

因此有

$$u_o=-\frac{R_2u_{i1}}{k_{R1}u_{i2}} \tag{7.2.13}$$

图 7.2.6 所示的电路实现了两个信号的除法运算。

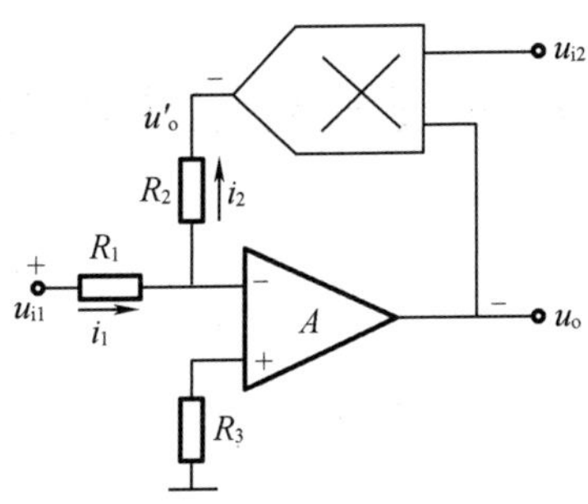

图 7.2.6　除法电路

3. 开方运算

在图 7.2.6 的除法电路中，令 $u_{i2}=u_o$，得到电路如图 8.4.7 所示。在图 8.4.7 所示运放的反相输入端、有电流平衡方程

$$\frac{-u_i}{R_1}=\frac{u'_o}{R_2}$$

因此有

$$u'_o=-\frac{R_2}{R_1}u_i \tag{7.2.14}$$

在反馈通道上，乘法器的输出

$$u'_o=ku_o^2 \tag{7.2.15}$$

式(7.2.14)和式(7.2.15)相等，有

$$-\frac{R_2}{R_1}u_i=ku_o^2$$

则

$$|u_o|=\sqrt{-\frac{R_2u_i}{kR_i}} \tag{7.2.16}$$

图 7.2.7 所示的电路实现了开方运算。

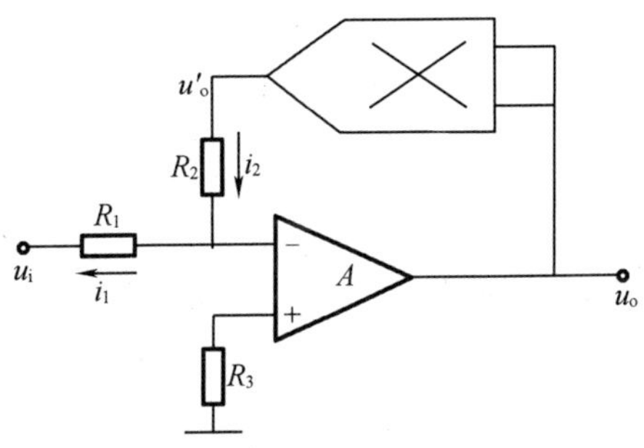

图 7.2.7　开方运算电路

7.3 信息系统预处理中的放大电路

7.3.1 仪表放大器

集成仪表放大器,也称为精密放大器,用于弱信号放大。

1. 仪表放大器的特点

在测量系统中,通常被测物理量均通过传感器转换为电信号,然后进行放大。因此,传感器的输出是放大器的信号源。然而,多数传感器的等效电阻均不是常量,它们随所测物理量的变化而变。这样,对于放大器而言,信号源内阻 R_s 是变量,根据电压放大倍数的表达式:

$$\dot{A}_{us}=\frac{R_i}{R_s+R_i}\cdot\dot{A}_u$$

可知,放大器的放大能力将随信号大小而变。为了保证放大器对不同幅值信号具有稳定的放大倍数,就必须使得放大器的输入电阻 $R_i>>R_s$,R_i 愈大,因信号源内阻变化而引起的放大误差就愈小。

此外,从传感器所获得的信号常为差模小信号,并含有较大共模部分,其数值有时远大于差模信号。因此,要求放大器具有较强的抑制共模信号的能力。

综上所述,仪表放大器除了具有足够大的差模放大倍数外,还应具有高输入电阻和高共模抑制比。

2. 基本电路

集成仪表放大器的具体电路多种多样,但是很多电路都是在图 7.3.1 所示电路的基础上演变而来的。根据运算电路的基本分析方法,在图 7.3.1 所示电路中,$u_A=u_{i1}$,$u_B=u_{i2}$,因而

$$u_{i1}-u_{i2}=\frac{R_2}{2R_1+R_2}(u_{o1}-u_{o2})$$

即

$$u_{o1}-u_{o2}=\left(1+\frac{2R_1}{R_2}\right)(u_{i1}-u_{i2})$$

所以输出电压

$$u_o=-\frac{R_f}{R}(u_{o1}-u_{o2})=-\frac{R_f}{R}\left(1+\frac{2R_1}{R_2}\right)(u_{i1}-u_{i2}) \tag{7.3.1}$$

设 $u_{id}=u_{i1}-u_{i2}$,则

$$u_o=-\frac{R_f}{R}\left(1+\frac{2R_1}{R_2}\right)u_{id} \tag{7.3.2}$$

当 $u_{i1}=u_{i2}=u_{ig}$ 时,由于 $u_A=u_B=u_{ig}$,R_2 中电流为零,$u_{o1}=u_{o2}=u_{ig}$,输出电压 $u_o=0$。

可见,电路放大差模信号,抑制共模信号。差模放大倍数数值愈大,共模抑制比愈高。当输入信号中含有共模噪声时,也将被抑制。

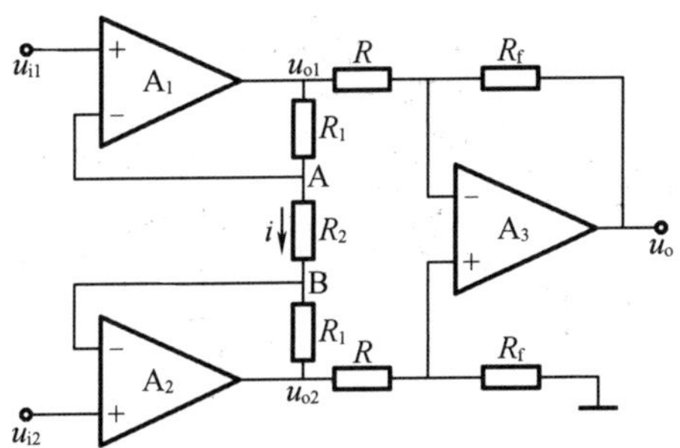

图 7.3.1 三运放构成的精密放大器

7.3.2 绝对值电路

绝对值电路,也称为精密整流电路,其基本的传输特性是;当输入 $u_i>0$ 时,电路的输出为 $u_o=u_i$,当输入电压 $u_i<0$ 时,$u_o=-u_i$。因此当电路输入电压为正弦波时,在该电路的输出端可以得到全波的输出波形,实现交流-直流的转换,如图 7.3.2 所示。

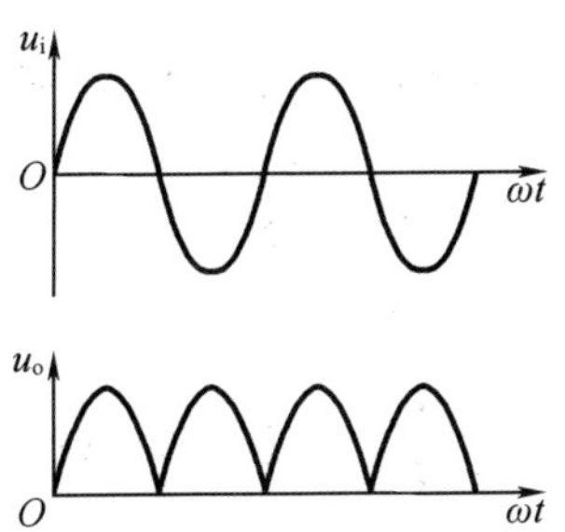

图 7.3.2 绝对值电路的工作波形

1. 反相输入绝对值电路

反相输入绝对值电路如图 7.3.3 所示。

(1)当输入电压 $u_i<0$ 时,$u_{o1}>0$,则 VD_1 导通,VD_2 截止,如图 7.3.4(a)所示。由于运放 A_1、A_2 的反相输入端均为虚地,所以 $u_A=0$。运放 A_2 只有一路输入 u_i,则有 $u_o=-\frac{2R}{2R}u_i=-u_i$。

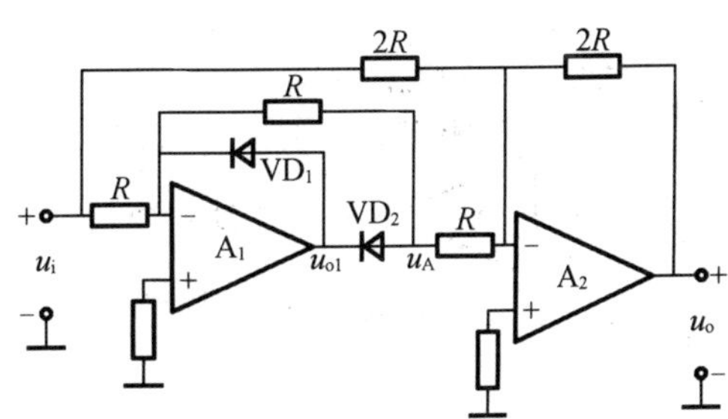

图 7.3.3 反相输入绝对值电路

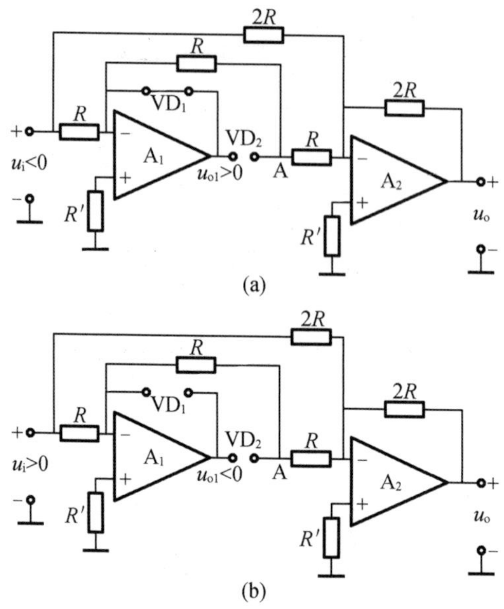

图 7.3.4　反相输入绝对值电路的等效电路

(2)当输入电压 $u_i>0$ 时，$u_{o1}<0$，则 VD_1 截止，VD_2 导通，如图 7.3.4(b)所示，所以

$$u_A=u_{o1}=-\frac{R}{R}u_i=-u_i$$

此时，反相求和放大器 A_2 的输出电压为

$$u_o=(\frac{u_i}{2R}+\frac{u_A}{R})*2R=-u_i+2u_i=u_i$$

综合以上两点可知，无论“为正或为负”，结果恒为正，即整流电路也可用二极管实现，如 10.3 节所述。但是在小信号整流的过程中，二极管的导通压降会使电路输出产生死区和误差。绝对值电路将二极管引入运算放大器的反馈通路中可以消除这个缺点，因此被称为精密整流。反相输入绝对值电路的输入电阻较小，当需要高输入阻抗时，应采用同相输入绝对值电路。

2. 同相输入绝对值电路

同相输入绝对值电路如图 7.3.5 所示，其基本工作原理如下：

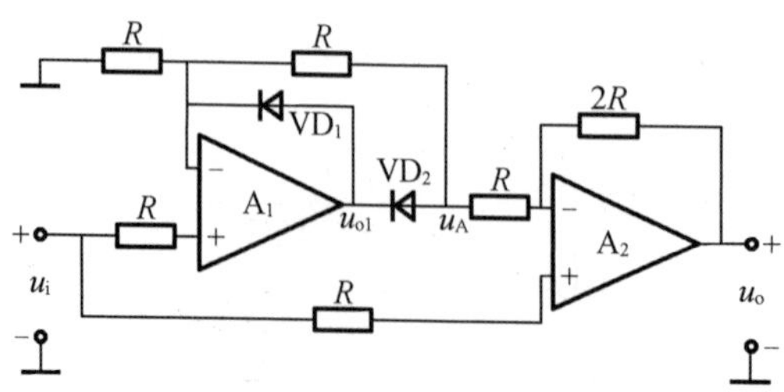

图 7.3.5　同相输入绝对值电路

(1)当输入电压 $u_i>0$ 时，$u_{o1}>0$，则 VD_1 导通，A_1 处于跟随状态，$u_{o1}=u_i$。根据“虚断”和

“虚短”概念,可以得到

$$u_{1-}=u_{1+}=u_{i}$$

$$u_{2-}=u_{2+}=u_{i}$$

$$u_{A}=u_{I}$$

所以 VD_2 截止,如图 7.3.6(a)所示。于是

$$u_{o}=(1+\frac{2R}{R})u_{i}-\frac{2R}{R}u_{A}=u_{i}$$

(2) 当输入电压 $u_i<0$ 时,$u_{o1}<0$,则 VD_1 截止,VD_2 导通,A_1 构成同相比例运算电路,如图 7.3.6(b)所示。于是

$$u_{A}=(1+\frac{R}{R})u_{i}=2u_{i}$$

对于 A_2 构成的放大电路,有

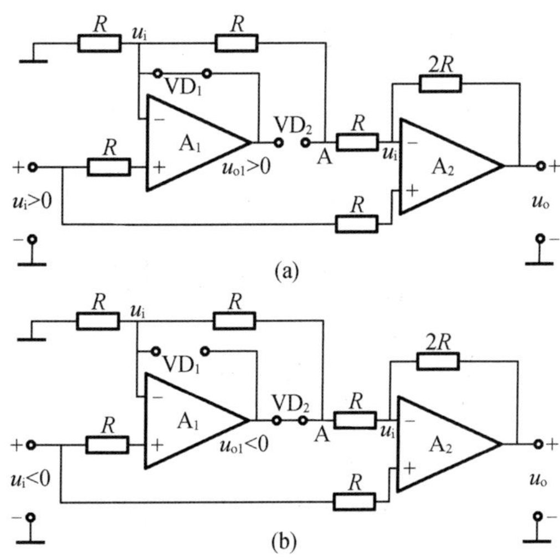

图 7.3.6 同相输入绝对值电路的等效电路

$$\frac{u_{A}-u_{i}}{R}=\frac{u_{i}-u_{o}}{2R}$$

所以

$$u_{o}=-u_{i}$$

综合以上两点可知

$$u_{o}=|u_{i}|$$

该电路也是绝对值运算电路,且由于采用同相输入方式,电路的输入电阻较大。

7.3.3 阻抗变换器

阻抗变换器(general impedance converter,GIC)可以实现阻抗特性的模拟与变换。

图 7.3.7 所示为接地阻抗变换电路,设该电路的负反馈能力强于正反馈,工作稳定,则由图可知 $\dot{I}_{i}=\dot{I}_{1}$,$u_{+}=u_{-}$,求得

$$\dot{I}_i=\dot{I}_1=\frac{\dot{U}_i-\dot{U}_o}{R_1}=\frac{\dot{U}_i-\dot{U}_i\frac{R_2}{Z}}{R_1}=-\frac{R_2}{R_1 Z}\dot{U}_i$$

$$Z=\frac{\dot{U}_1}{\dot{I}_i}=-\frac{R_1}{R_2}Z$$

当 Z_i 为电阻 R 时，$Z=-\frac{R_1}{R_2}R$，Z_i 呈现负电阻特性；

当 Z 为电容 C 时，

$$Z_i=-\frac{R_1}{R_2}\cdot\frac{1}{j\omega C}=j\omega\frac{R_1}{j\omega^2 C}=j\omega L$$

Z_i 呈现电感特性，模拟电感为

$$L=\frac{R_1}{\omega^2 CR_2}$$

值得注意的是，这个模拟电感只能替代 LC 滤波电路中的接地电感，且电感值与输入信号的频率有关。

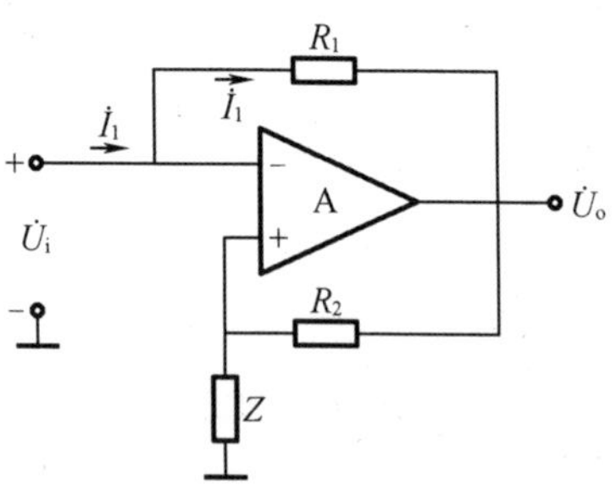

图 7.3.7 接地阻抗变换电路

【例 7.3.1】 如图 7.3.8 所示的是另一种适合做模拟电容的阻抗变换电路，试推导其输入阻抗表达式。

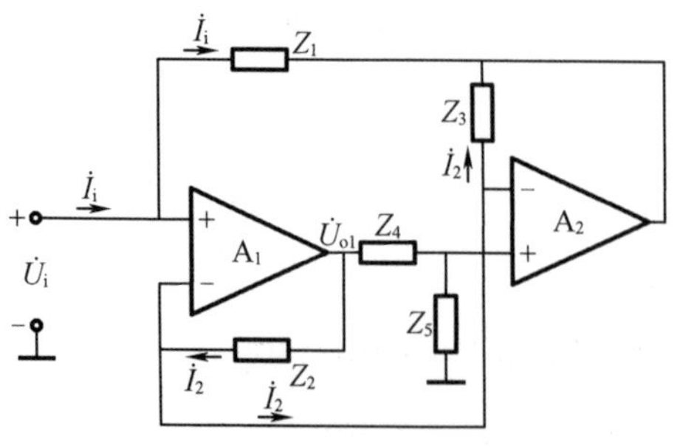

图 7.3.8 适合做模拟电容的模拟阻抗变换电路

解：根据“虚短”和“虚断”概念，可以列出如下方程：

$$\dot{U}_{2+}=\frac{Z_5}{Z_4+Z_5}\dot{U}_{o1}=\dot{U}_{2-}=\dot{U}_i$$

$$\dot{I}_2=\frac{\dot{U}_{o1}-\dot{U}_i}{Z_2}$$

$$\dot{I}_2=\frac{\dot{U}_i-(\dot{U}_i-\dot{I}_iZ_1)}{Z_3}=\frac{Z_1}{Z_3}\dot{I}_i$$

联立求解得

$$Z_i=\frac{\dot{U}_i}{\dot{I}_i}=\frac{Z_1Z_2Z_5}{Z_3Z_4}$$

7.3.4 隔离放大器

在远距离信号传输的过程中,常因强干扰的引入使放大电路的输出有着很强的干扰背景,甚至将有用信号淹没,造成系统无法正常工作。将电路的输入侧和输出侧在电气上完全隔离的放大电路称为隔离放大器。它既可切断输入侧和输出侧电路间的直接联系,避免干扰混入输出信号,又可使有用信号畅通无阻。

目前集成隔离放大器有光电耦合式、变压器耦合式和电容耦合式三种。这里仅就光电耦合式电路简单加以介绍。

图 7.3.9 所示是型号为 ISO100 的光电耦合放大器,由两个运放 A_1 和 A_2、两个恒流源 I_{REF1} 和 I_{REF2} 以及一个光电耦合器组成。光电耦合器由一个发光二极管 LED 和两个光电二极管 D_1 和 D_2 组成,起隔离作用,使输入侧和输出侧没有电通路。两侧电路的电源与地也相互独立。

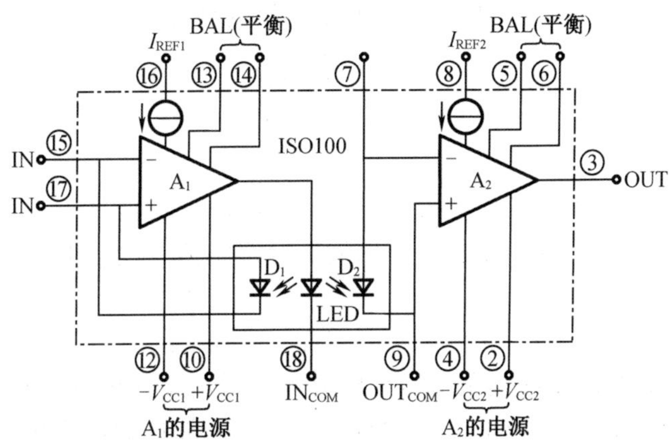

图 7.3.9 ISO100 光电耦合放大器

ISO100 的基本接法如图 7.3.10 所示,R 和 R_f 为外接电阻,调整它们可以改变增益。若 D_1 和 D_2 所受光照相同,则可以证明

$$u_o=\frac{R_f}{R}\cdot u_i \tag{7.3.3}$$

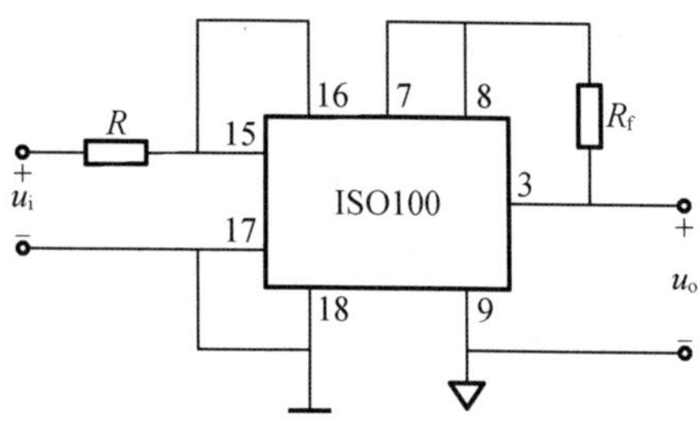

图 7.3.10　ISO100 的基本接法

7.4　有源滤波电路

7.4.1　滤波电路的基础知识

1. 基本概念

滤波电路是一种能使有用频率信号通过而同时抑制或衰减无用频率信号的电路，或者说对信号的频率具有选择性的电路。

假设滤波电路输入电压为 $u_{i(t)}$，输出电压为 $u_{o(t)}$，如图 7.4.1 所示，其对应的象函数分别为 $U_{i(s)}$ 和 $U_{o(s)}$。定义滤波电路的传递函数 $A(s)$ 为

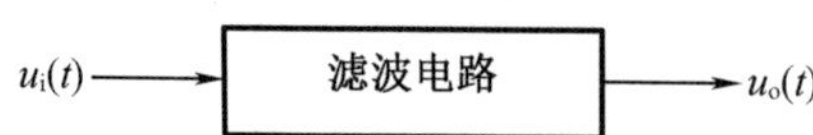

图 7.4.1　滤波电路的框图

$$A(s)=\frac{U_o(s)}{U_i(s)}$$

当 $s=j\omega$ 时，有

$$A(j\omega)=|A(j\omega)|e^{j\varphi(\omega)}=|A(j\omega)\angle\varphi(\omega)|$$

为滤波电路的频率特性，式中，$|A(j\omega)|$ 为幅值频率特性，简称幅频特性；$\varphi(\omega)$ 为相位频率特性，简称相频特性。

2. 滤波电路的分类

根据滤波电路实现方式的不同，滤波电路分为无源滤波电路和有源滤波电路。无源滤波电路由 R、L、C 等无源元件构成，有源滤波电路由有源器件如运放和无源的 R、L、C 等元件共同构成。

根据滤波电路频率特性的不同，分为低通滤波电路（low pass filter, LPF）、高通滤波电路（high pass filter, HPF）、带通滤波电路（band pass filter, BEF）、带阻滤波电路（band elimination filter, BEF）和全通滤波电路（all pass filter, APF）五类。滤波电路的理想幅频特性如图 7.4.2 所示。其中，信号能够顺利通过的频段称为滤波电路的通带，信号不能通过或大幅度衰减的频段称为滤波电路的阻带。图 7.4.2(a)所示为低通波电路的理想频率特性，允许角频率低于 w_H 处的信号通过，且增益为 A_{UP}，而频率高干 w_H 的信号不能通过，A_{UP} 称为通带增益，w_H 称为上限截止角频率；图 7.4.2(b)所示为高通滤波电路的理想频率特性，允

许频率高于 w_L 的信号通过，且增益为 A_{UP}，而频率低于 w_L 的信号不能通过，其通带增益也为 A_{UP}，w_L 称为下限截止角频率；图 7.4.2(c)所示为带通滤波电路的理想频率特性，允许频率在 $w_L<w<w_H$ 的信号通过，而在此角频率以外的信号不能通过，且通带增益为 A_{UP}，而 w_L、w_H 分别称为下限截止角频率和上限截止角频率；图 7.4.2(d)所示为带阻滤波电路的理想频率特性，允许频率 $w_L<w<w_H$ 以外的信号通过，而在此频率范围内信号被衰减。

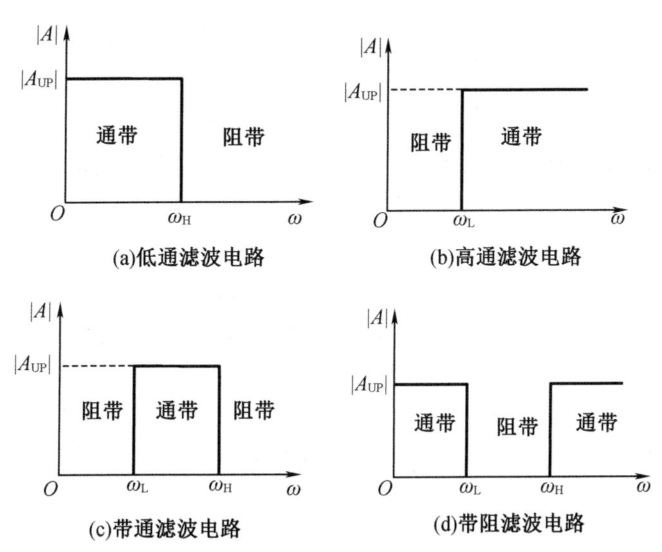

图 7.4.2 各种滤波电路的理想幅频特性

由于实现滤波电路的元器件的限制，实际滤波电路的频率特性并不能达到理想情况。以低通滤波电路为例，实际的幅频特性如图 7.4.3 所示，由通带、阻带和过渡带构成。设计滤波电路时，过渡带越窄，实际幅频特性越接近理想特性，为此经常采用提高滤波电路传递函数 $A(s)$ 的分母多项式的次数的方法。按滤波电路传递函数的分母对 s 的阶数不同，分为一阶滤波电路、二阶滤波电路和高阶滤波电路等，随着阶数的提高，过渡带会变得更窄。

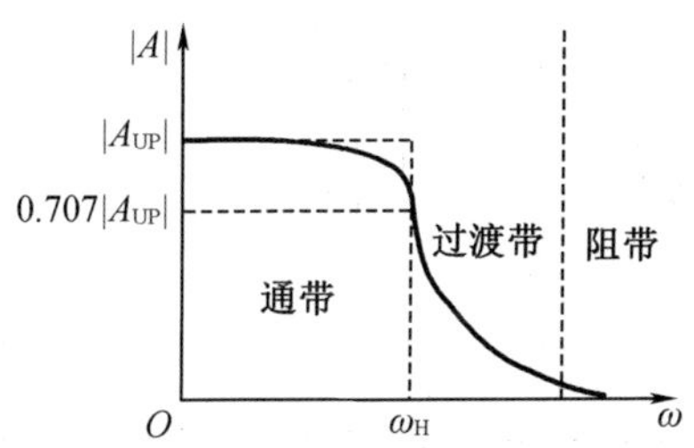

图 7.4.3 滤波电路的实际幅频特性

7.4.2 低通滤波电路

1. 一阶有源滤波电路

(1)一阶无源低通滤波电路

无源 RC 低通滤波电路如图 7.4.4 所示。其输出电压与输入电压的传递函数为

$$A(s)=\frac{U_o(s)}{U_i(s)}=\frac{1}{1+sRC} \tag{7.4.1}$$

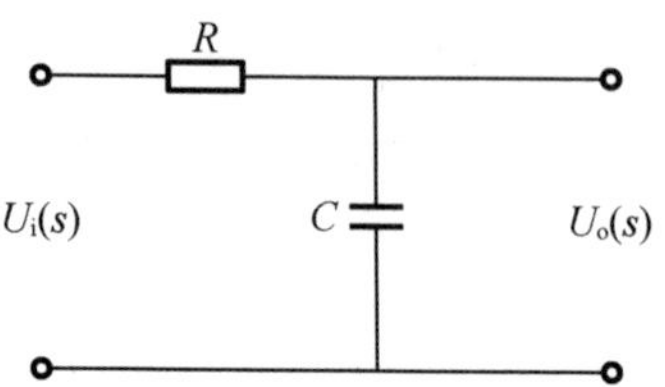

图 7.4.4　无源 RC 低通滤波电路

该电路具有低通特性，上限截止角频率由 RC 决定。其缺点是带负载能力很差，当 R_L 接入时，其滤波性能随 R_L 的变化而变化很大。

(2)一阶有源低通滤波电路

在图 7.4.4 所示 RC 电路的后面，增加一运放构成的跟随器。提高滤波电路的负载能力，即构成简单的有源低通滤波电路，如图 7.4.5 所示。此电路传递函数的表达式与式(7.4.1)相同，但其负载能力得到了提高。

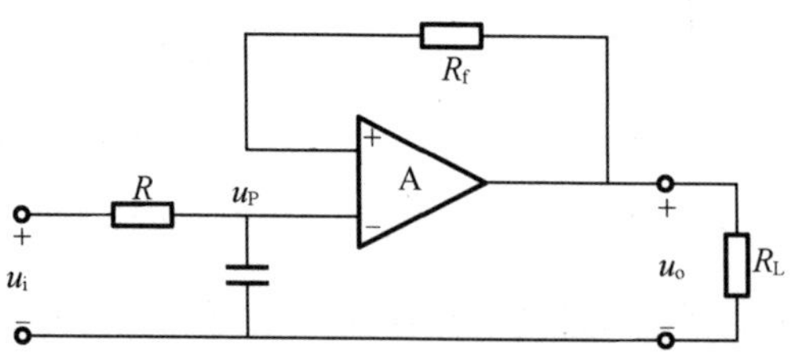

图 7.4.5　有源低通滤波电路

实用中，经常使用带同相比例放大的低通滤波器，如图 7.4.6 所示。

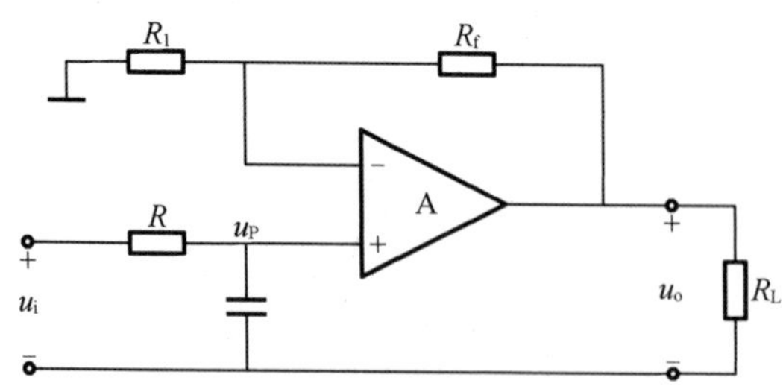

图 7.4.6　带同相比例放大的低通滤波器

其传递函数推导如下：

由于

$$U_o(s)=\left(1+\frac{R_f}{R_1}\right)U_P(s)$$

而

$$U_{\mathrm{P}}(s)=\frac{\frac{1}{sC}}{R+\frac{1}{sC}}U_{\mathrm{i}}(s)=\frac{1}{RCs+1}U_{\mathrm{i}}(s)$$

所以

$$U_{\mathrm{o}}(s)=\left(1+\frac{R_{\mathrm{f}}}{R_1}\right)\frac{1}{RCs+1}U_{\mathrm{i}}(s)$$

则电路的传递函数为

$$A(s)=\left(1+\frac{R_{\mathrm{f}}}{R_1}\right)\frac{1}{RCs+1}=\frac{A_{\mathrm{UP}}}{RCs+1} \tag{7.4.2}$$

式中，$A_{\mathrm{UP}}=A_{\mathrm{UF}}=\left(1+\frac{R_{\mathrm{f}}}{R_1}\right)$为滤波电路的通带电压增益，数值上等于同比例放大电路的闭环增益 A_{UP}。$\omega_n=\frac{1}{RC}$为特征角频率。

式(7.4.2)中，令 $A(\mathrm{j}\omega)=\frac{A_{\mathrm{UP}}}{1+\mathrm{j}\frac{\omega}{\omega_{\mathrm{n}}}}$

另一种表达式为

$$\frac{A(\mathrm{j}\omega)}{A_{\mathrm{UP}}}=\frac{1}{1+\frac{\omega}{\omega_{\mathrm{n}}}} \tag{7.4.3}$$

式(7.4.3)为图7.4.6所示有源低通滤波电路的频率特性。其上限截止角频率等于其特征角频率，即

$$\omega_{\mathrm{H}}=\omega_{\mathrm{n}}=\frac{1}{RC}$$

以 $20\lg\left|\frac{A(\mathrm{j}\omega)}{A_{\mathrm{UP}}}\right|$为纵坐标，$\lg\frac{\omega}{\omega_{\mathrm{n}}}$为横坐标，画出 $20\lg\left|\frac{A(\mathrm{j}\omega)}{A_{\mathrm{UP}}}\right|\sim\lg\frac{\omega}{\omega_n}$的幅频特性如图7.4.7所示。

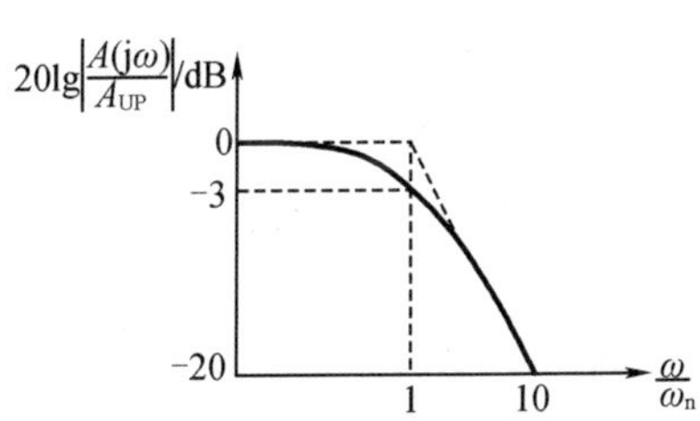

图7.4.7　一阶有源低通滤波电路幅频特性

由图7.4.7可以看出，$\omega<\omega_{\mathrm{n}}$ 时，滤波电路的增益为其通带增益，当 $\omega>\omega_{\mathrm{n}}$ 时，增益随频率的增大，以-20 dB/dec 的斜率衰减，当 $\omega=\omega_{\mathrm{n}}$ 时，增益为-3 dB，即增益降为通带增益的0.707倍。

一阶滤波电路的滤波效果不够好，其过渡带衰减速率较小。若要求更高的过渡带衰减

速率，则需要采用二阶或更高阶次的滤波电路。

2. 二阶有源滤波电路

两个一阶 RC 低通滤波网络级联可构成二阶滤波电路，其缺点是在 $\omega=\omega_n$ 处误差较大，改进的一种电路如图 7.4.8 所示。其中的同相比例放大电路构成压控电压源，其特点是输入阻抗高、输出阻抗低。

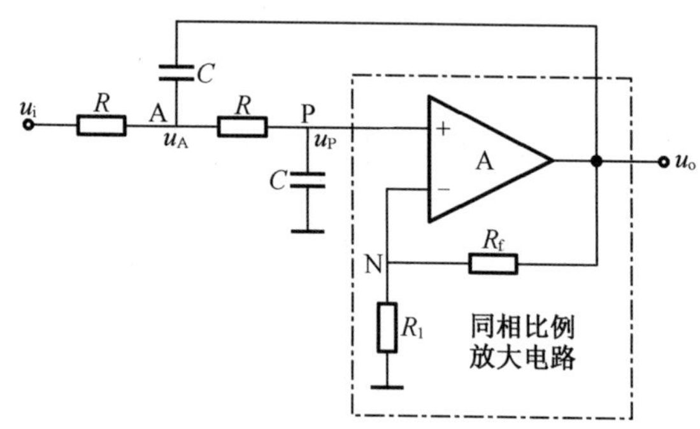

图 7.4.8 二阶有源低通滤波电路

为求二阶有源低通滤波电路的频率特性，先求其电压传递函数$\frac{U_o(s)}{U_i(s)}$。

在图 7.4.7 所示电路的节点 A、P 和 N 处，列电流平衡方程

$$\frac{U_i(s)-U_A(s)}{R}=\frac{U_A(s)-U_o(s)}{\frac{1}{sC}}+\frac{U_A(s)-U_P(s)}{R} \tag{7.4.4}$$

$$U_P(s)=\frac{\frac{1}{sC}}{R+\frac{1}{sC}}U_A(s)=U_N(s)=\frac{R_1}{R_1+R_f}U_o(s) \tag{7.4.5}$$

由式(7.4.5)及解出的 $U_A(s)$代入式(7.4.4)，有

$$A(s)=\frac{U_o(s)}{U_i(s)}=\frac{1}{1+(3-A_{UP})sCR+(sCR)^2}$$

式中 A_{UP}——通带增益，$A_{UP}=A_{UF}=1+\frac{R_f}{R_1}$；

A_{UF}——同相比例运算放大电路的闭环增益；

ω_n——特征角频率，$\omega_n=\frac{1}{RC}$；

Q——品质因数，$Q=\frac{1}{3-A_{UP}}$。

则

$$A(s)=\frac{A_{UP}}{1+\frac{1}{\omega_n}\frac{1}{Q}s+\left(\frac{s}{\omega_n}\right)^2}=\frac{A_{UP}\omega_n^2}{s^2+\frac{\omega_n}{Q}s+\omega_n^2} \tag{7.4.6}$$

式(7.4.6)为二阶低通滤波电路传递函数的标准形式。其频率特性为

$$A(\mathrm{j}\omega)=\frac{A_{\mathrm{UP}}}{1+\mathrm{j}\dfrac{\omega_1}{\omega_n Q}-(\dfrac{\omega}{\omega_n})}=\frac{A_{\mathrm{UP}}}{1-\left(\dfrac{\omega}{\omega_n}\right)^2+\mathrm{j}\dfrac{1\omega}{Q\omega_n}}$$

另一种写法为

$$\frac{A(\mathrm{j}\omega)}{A_{\mathrm{UP}}}=\frac{1}{1-\left(\dfrac{\omega}{\omega_n}\right)^2+\mathrm{j}\dfrac{1\omega}{Q\omega_n}} \tag{7.4.7}$$

式(7.4.7)为图7.4.7所示二阶有源低通滤波电路的频率特性。

画出 $20\lg\left|\dfrac{A(\mathrm{j}\omega)}{A_{\mathrm{UP}}}\right|\sim\lg\dfrac{\omega}{\omega_n}$之间的频率特性,如图7.4.9所示。图中同时标出了不同 Q 值时,频率特性的情况。随着 Q 的增大,幅频特性在$\dfrac{\omega}{\omega_n}=1$附近得到了提高。可以证明,当 $Q=0.707$ 时,特性无峰值,在 $\omega<\omega_n$ 的频段内幅频特性下降量最小,即通带衰减最小,这种滤波电路称为最大平坦或巴特沃思(Butter-worth)型滤波器。而当 $Q>0.707$ 时,过渡带衰减速度较快,衰减斜率约为-40 dB/dec。且在 $\omega=\omega_n$ 点出现峰值,Q 值越大,尖峰越高,这种滤波电路称为切比雪夫(Chebyshev)型滤波器。当 $Q<0.707$ 时,幅频特性无峰值,通带有衰减,在$\dfrac{\omega}{\omega_n}=1$时,分贝值为负,$Q$ 值越小,幅频特性下降越早。

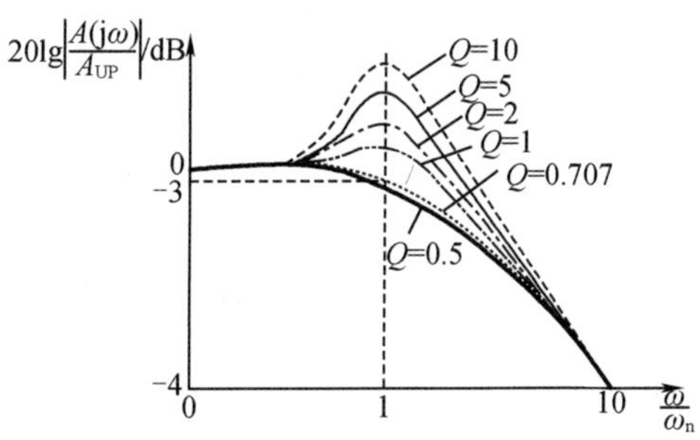

7.4.9　二阶有源低通滤波电路的幅频特性

7.4.3　其他滤波电路

1. 带通滤波电路

若把一个高通滤波特性和一个低通滤波特性组合,且使 $\omega_1>\omega_2$,如图7.4.10所示,即可形成带通滤波特性。一个二阶电压源型带通滤波电路如图7.4.11所示,它由低通和高通滤波电路及同相比例放大电路组合而成。

用同样的方法可以得到该电路的传递函数如下:

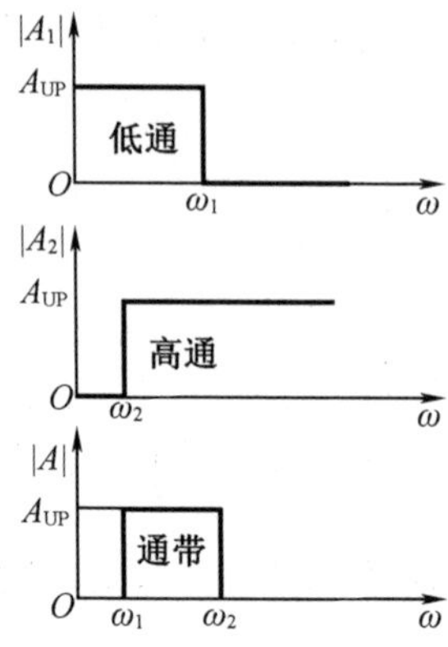

图 7.4.10　带通滤波特性

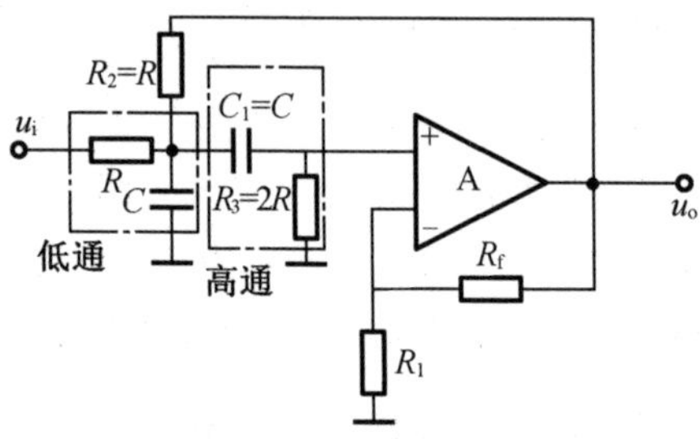

图 7.4.11　二阶电压源型带通滤波电路

$$A(s)=\frac{A_{UF}sCR}{1+(3-A_{UF})sCR+(sCR)^2} \tag{7.4.8}$$

式中，$A_{UP}=\dfrac{A_{UF}}{3-A_{UF}}$为通带增益

$$A_{UF}=1+\frac{R_f}{R_1}\qquad \omega_n=\frac{1}{RC}\qquad Q=\frac{1}{3-A_{UF}}$$

因为 $A_{UF}=\dfrac{3A_{UP}}{1+A_{UP}}$，所以

$$Q=\frac{1}{3-A_{UF}}=\frac{1}{3-\dfrac{3A_{UP}}{1+A_{UP}}}=\frac{1+A_{UP}}{3}$$

则有

$$A_{UF}=\frac{A_{UP}}{Q}$$

式(7.4.8)分子分母同除以$(RC)^2$，并考虑到 $A_{UF}=\dfrac{A_{UP}}{Q}$，有

$$A(s)=\frac{A_{UP}\dfrac{\omega_n}{Q}s}{s^2+\dfrac{\omega_n}{Q}s+\omega_n^2} \tag{7.4.9}$$

式(7.4.9)为二阶带通滤波电路传递函数的标准形式。其频率特性为

$$\frac{A(\mathrm{j}\omega)}{A_{\mathrm{UP}}}=\frac{\frac{1}{Q}\mathrm{j}\frac{\omega}{\omega_{\mathrm{n}}}}{1-\left(\frac{\omega}{\omega_{\mathrm{n}}}\right)^2+\mathrm{j}\frac{\omega}{Q\omega_{\mathrm{n}}}}=\frac{1}{1+\mathrm{j}Q\left(\frac{\omega}{\omega_{\mathrm{n}}}-\frac{\omega_{\mathrm{n}}}{\omega}\right)} \tag{7.4.10}$$

画出 $20\lg\left|\frac{A(\mathrm{j}\omega)}{A_{\mathrm{UP}}}\right|\sim\lg\frac{\omega}{\omega_{\mathrm{n}}}$之间的频率特性如图 7.4.12 所示。图中同时标出了不同 Q 值时频率特性的情况。

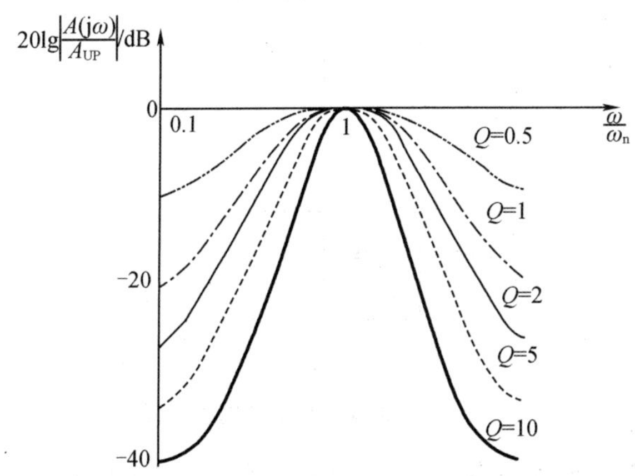

图 7.4.12　二阶有源带通滤波电路的频率特性

当 $\omega=\omega_{\mathrm{n}}$ 时，电压增益最大，为通带增益 A_{UP}；

当

$$\left|\frac{A(\mathrm{j}\omega)}{A_{\mathrm{UP}}}\right|=\frac{1}{\sqrt{1+Q^2\left(\frac{\omega}{\omega_{\mathrm{n}}}-\frac{\omega_{\mathrm{n}}}{\omega}\right)^2}}=\frac{1}{\sqrt{2}}$$

即

$$1+Q^2\left(\frac{\omega}{\omega_{\mathrm{n}}}-\frac{\omega_{\mathrm{n}}}{\omega}\right)^2=2$$

解之，得

$$\omega_{\mathrm{H}}=\omega_{\mathrm{n}}\left(1+\frac{1}{2Q}\right) \tag{7.4.11}$$

$$\omega_{\mathrm{L}}=\omega_{\mathrm{n}}\left(1-\frac{1}{2Q}\right) \tag{7.4.12}$$

式中，ω_{L}、ω_{H} 分别为带通滤波电路的上限截止角频率和下限截止角频率。则滤波电路的通频带宽度为

$$\omega_{\mathrm{BW}}=\omega_{\mathrm{H}}-\omega_{\mathrm{L}}=\frac{\omega_{\mathrm{n}}}{Q} \tag{7.4.13}$$

式(7.4.13)说明，带宽主要取决于 Q，Q 越小，B_{w} 越大，带宽越宽。

2. 带阻滤波电路

一个高通滤波特性和一个低通滤波特性组合，且使 $\omega_1<\omega_2$，如图 7.4.13 所示，即可形成

带阻滤波电路。

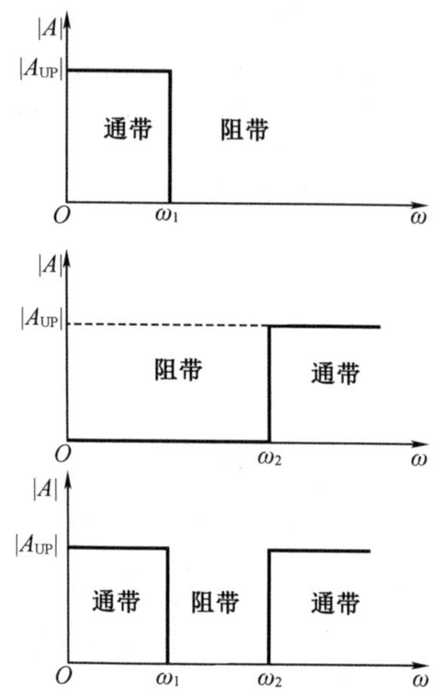

图 7.4.13　高通滤波和低通特性的组合

常见的无源双 T 带阻滤波电路如图 7.4.14(a)所示，利用星形－三角形变换，可得其等效电路，如图 7.4.14(b)所示，其中

$$Z_1=\frac{2R(1+sRC)}{1+(sRC)^2} \qquad Z_2=Z_3=\frac{1}{2}\left(R+\frac{1}{sC}\right)$$

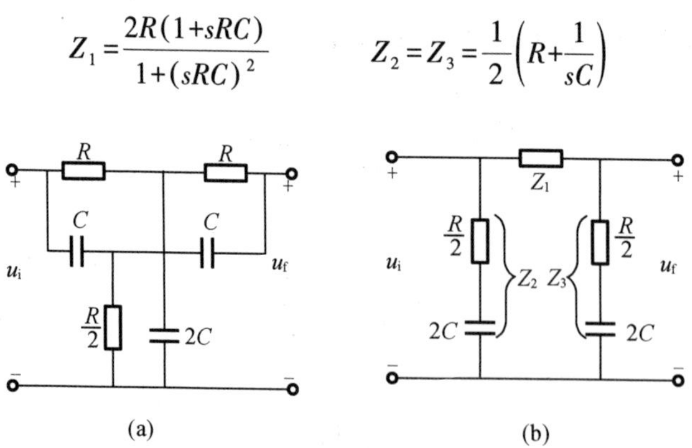

图 7.4.14　无源双 T 带阻滤波电路

7.5　电压比较器

电压比较器是对输入信号进行鉴幅与比较的电路，是组成非正弦波发生电路的基本单元电路，在测量和控制系统中有着相当广泛的应用。本节主要讲述各种电压比较器的特点及电压传输特性，同时阐明电压比较器的组成特点和分析方法。

电压比较器中的集成运放工作在开环或引入正反馈状态，工作在非线性区。将运放的同相输入端电压 u_P 与反相输入端电压 u_N 进行比较，其输出只有两种稳定状态：

若集成运放的输出电压 u_o 的幅值为 $\pm U_{oM}$，则当 $u_P>u_N$ 时，$u_o=+U_{oM}$，当 $u_N>u_P$ 时，$u_o=-U_{oM}$。

电压比较器的输出电压 u_o 与输入电压 u_i 之间的关系曲线，称为电压传输特性。而比较器的输出状态发生跃变时，所对应的输入电压称为阈值电压，用 U_{TH} 表示。设运放的差模输入电压为 $u_{id}=u_P-u_N$，电压比较器的输出电压为 u_o 与差模输入电压 u_{id} 之间的电压传输特性如图 7.5.1 所示。当 $u_{id}>0$ 时，$u_o=+U_{oM}$；当 $u_{id}<0$ 时，$u_o=-U_{oM}$。

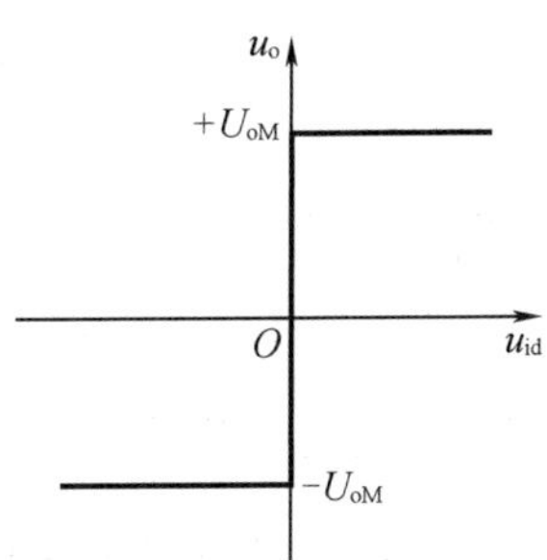

图 7.5.1 电压比较器的电压传输特性

根据电压传输特性的不同，电压比较器分为三种：单限比较器、窗口比较器和滞回比较器。

7.5.1 单限比较器

单限比较器因只有一个阈值电压而得名，如图 7.5.2(a)所示。图中运放工作于开环状态；运放输入端并联的两个二极管可以限制运放的差模输入电压 u_{id}。设二极管导通压降为 U_D，则当比较器的输入 u_i 与参考电压 U_{REF} 进行比较时，u_{id} 被限制在 $\pm U_D$，以保护运放的输入级；运放输出端的限流电阻 R 与双向稳压管 VD_z 构成输出限幅电路。若 $U_2>>U_D$，当运放输出 $u'_o=+U_{oM}$ 时，$u_o=+(U_Z+U_D)\approx+U_Z$；反之，当 $u'_o=-U_{oM}$ 时，$u_o=-(U_Z+U_D)\approx-U_Z$。

图 7.5.2(a)所示单限比较器的输出为

$$u_o=\begin{cases}-U_Z, u_i>U_{REF}\\+U_Z, u_i<U_{REF}\end{cases} \tag{7.5.1}$$

式(7.5.1)表明，单限比较器的阈值电压 $U_{TH}=U_{REF}$，其电压传输特性如图 7.5.2(b)所示。

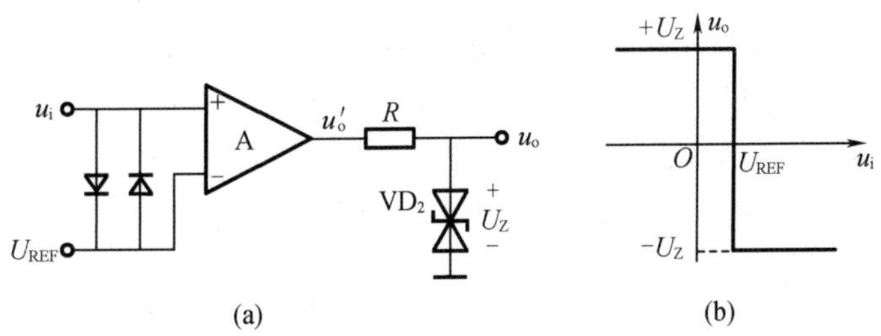

图 7.5.2 单限比较器及其电压传输特性

(1)当参考电压 U_{REF} 为常量时,单限比较器可以用于波形变换。设输入 u_i 为三角波,则当 $U_{REF}=0$ 时,单限比较器输出波形如图 7.5.3 所示。这种阈值电压为零的电压比较器也称为过零比较器。

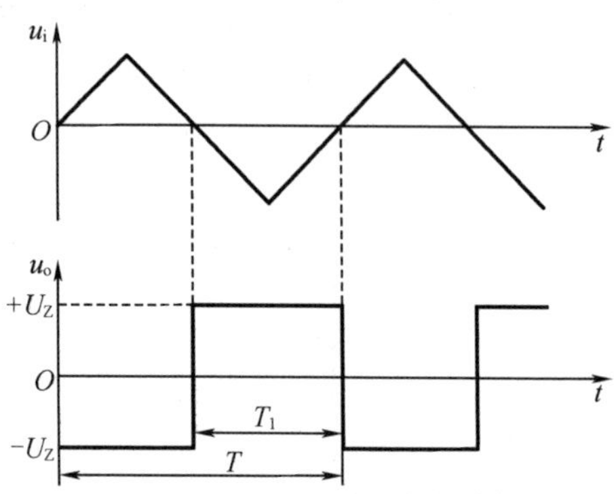

图 7.5.3　过零比较器的输出电压波形

(2)当参考电压 U_{REF} 为高频三角波时,若输入 u_i 为低频正弦信号,则比较器输出为脉宽调制(PWM)波形,如图 7.5.4 所示。

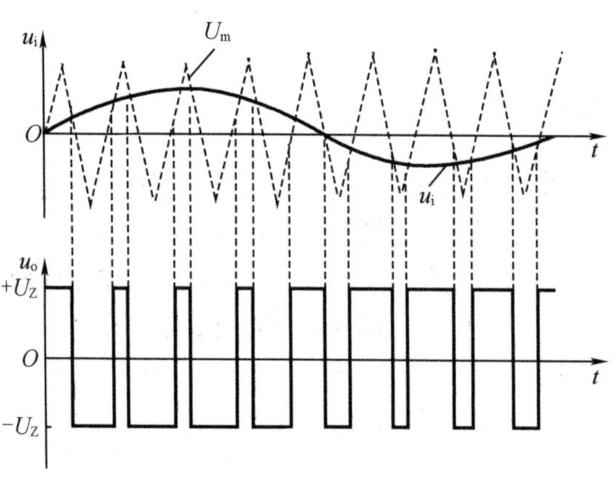

图 7.5.4　单限比较器输出的 PWM 波形

(3)若将单限比较器的输入端与参考电压端互换,由同相输入端接入 u_i,从反相输入端接入 U_{REF},则此时输入 u_i 经过 U_{TH} 时,u_o 的跃变方向正好与图 7.5.2(b)相反,相应地,过零比较器的输出电压波形及单限比较器的 PWM 波形也与图 7.5.3 和图 7.5.4 的波形相反。

综上所述,设计或分析电压比较器的关键是确定其电压传输特性。首先应该确定比较器的阈值 U_{TH},其次是明确输出 u_o 在输入 u_i 过 U_{TH} 时的跃变方向。基本方法是:由于运放工作于非线性区,对输入电压的灵敏度高,因而即使运放的差模输入电压 u_{id} 为无穷小量,输出 u_o 也能达到 $+U_{oM}$ 或 $-U_{oM}$。令 $u_P=u_N$,可以求得电压比较器的阈值电压 U_{TH}。

若 u_i 由同相输入端接入,则有

$$u_o=\begin{cases}+U_{oM}, u_i>U_{TH}\\-U_{oM}, u_i<U_{TH}\end{cases} \tag{7.5.2}$$

反之,若 u_i 从反相输入端接入,可得

$$u_o=\begin{cases}-U_{oM},u_i>U_{TH}\\+U_{oM},u_i<U_{TH}\end{cases} \tag{7.5.3}$$

单限比较器具有电路结构简单、灵敏度高等优点,但同时也有抗干扰能力差的缺点。当输入电压 u_i 受到干扰或噪声的影响而在阈值电压上下波动时,其输出 u_o 将在高、低电平之间反复跳跃,从而使其后续电路无法正常工作。

7.5.2 滞回比较器

与单限比较器的电路结构不同,滞回比较器的输出 u_o 经过反馈电阻 R_1 被引回到运放的同相输入端,运放工作于闭环状态,如图 7.5.5(a)所示。由于引入了正反馈,运放工作于非线性区,其输出 u_o 只有 $+U_{oM}$ 或 $-U_{oM}$ 两种稳定状态,经过电阻 R_4 和稳压管构成的限幅电路,输出 u 为高电平 $+U_Z$ 或低电平 $-U_Z$。

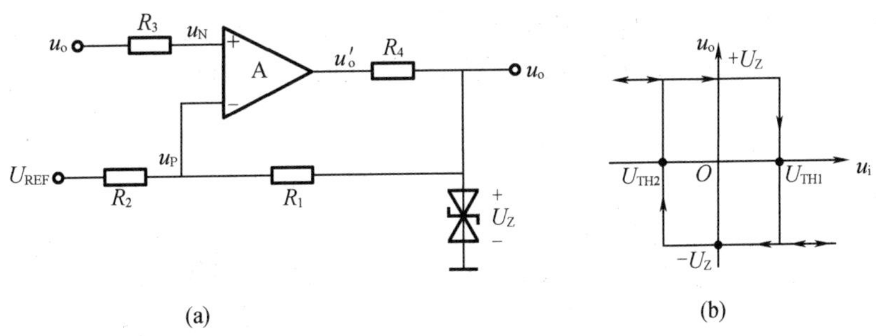

图 7.5.5　反相滞回比较器的电路图与电压传输特性

由图 7.5.5(a)可知,运放同相输入端的电压 u_P 不仅取决于参考电压 U_{REF},同时还受输出 u_o 的影响。随着 u_o 在 $+U_Z$ 和 $-U_Z$ 之间的跃变,u_P 也随之改变。因此,滞回比较器具有两个阈值电压。根据“虚断”概念和叠加定理,可知

$$u_N=u_i$$

$$u_P=\frac{R_1}{R_1+R_2}U_{REF}+\frac{R_2}{R_1+R_2}u_o$$

令 $u_P=u_N$,可得滞回比较器的阈值电压为

$$U_{TH}=\frac{R_1}{R_1+R_2}U_{REF}\pm\frac{R_2}{R_1+R_2}U_Z \tag{7.5.4}$$

设当运放输出 $u'_o=+U_{oM}$,输出 $u_o=U_Z$ 时,滞回比较器的上限阈值电压 U_{TH1} 为

$$U_{TH1}=\frac{R_1}{R_1+R_2}U_{REF}+\frac{R_2}{R_1+R_2}U_Z$$

设当运放输出 $u'_o=-U_{oM}$,输出 $u_o=-U_Z$ 时,滞回比较器的上限阈值电压 U_{TH2} 为

$$U_{TH2}=\frac{R_1}{R_1+R_2}U_{REF}-\frac{R_2}{R_1+R_2}U_Z$$

图 7.5.5(a)所示为反相滞回比较器,输入信号运放反向输入端接入。若输入 $u_i<U_{TH}$,则输出 $u_o=+U_Z$,此时滞回比较器的阈值电压为 U_{TH1};因此在 u_i 增加的区间上,u_i 只有在经过 U_{TH1} 时,输出 u_o 才能从 $+U_Z$ 跃变为 $-U_Z$,如图 7.5.5(b)中实心箭头所示。若输入 $u_i>$

U_{TH}，则输出 $u_o=-U_Z$，滞回比较器的阈值电压为 U_{TH2}；因此在 u_i 减小的区间上，u_i 只有在经过 U_{TH2} 时，输出 u_o 才能从 $-U_Z$ 跃变为 $+U_Z$，如图 7.5.5(b) 中空心箭头所示。

综上所述，滞回比较器的电压传输特性与磁滞曲线相似，如图 7.5.5 (b) 所示，比较器因此得名。两个阈值电压的差值称为回差电压 ΔU，图 7.5.6 所示电路的回差电压为

$$\Delta U=U_{TH1}-U_{TH2}=\frac{2R_2}{R_1+R_2}U_Z \tag{7.5.5}$$

式(7.5.4)和式(7.5.5)表明，改变参考电压 U_{REF} 的值，可以使比较器的滞回特性曲线在水平方向上移动；而改变电阻 R_1、R_2 的比值，可以改变回差电压 ΔU。

理论上调整稳压值 U_Z 也可以改变回差电压，但应注意到这种改变会使输出 u_o 也随之变化。

滞回比较器也可以用于波形变换，例如将三角波、正弦波变换为矩形波，如图 7.5.6(a) 所示。图中将三角波输入反相滞回比较器，由于初始时刻输入 $u_i>U_{TH}$，因此电路初始输出状态为 $-u_Z$，相应的阈值电压为 U_{TH2}；当输入信号经过 U_{TH2} 时，电路输出由 $-U_Z$ 跳变为 $+U_Z$，此时的阈值电压为 U_{TH1}；此后输入信号只有在经过 U_{TH1} 时才能使输出电压由 $+U_Z$ 跳变为 $-U_Z$。这种滞回特性使得滞回比较器比单限比较器具有更强的抗干扰能力。

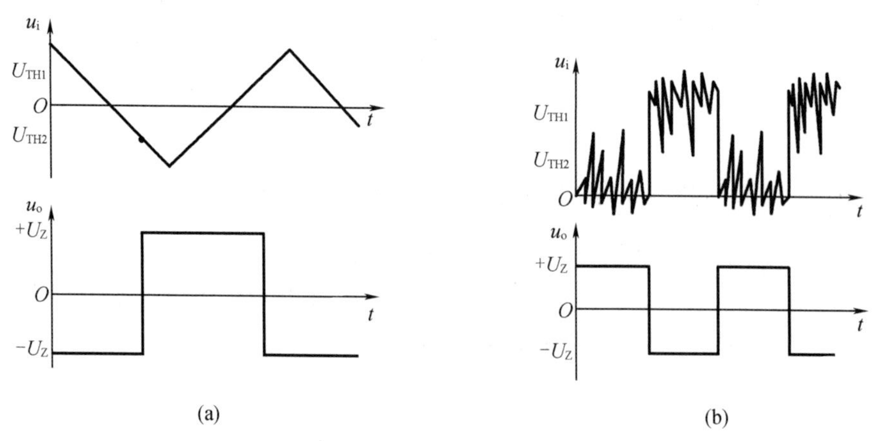

图 7.5.6　反相滞回比较器的输入与输出电压波形

7.5.3　窗口比较器

与集成运放比较，集成电压比较器的开环增益较低，共模抑制比小，失调电压较大，但其响应速度快，而且，一般无须外加限幅电路就可直接驱动 TTL、CMOS 等数字集成电路。例如常见的 LM339，其片内集成了四个独立的电压比较器，采用了集电极开路的输出形式，使用时可以将各比较器的输出端直接连接，共用一个外接电阻 R。采用 LM339 内部两个比较器组成的窗口比较器如图 7.5.7 所示。

图 7.5.7 中，设 $U_{REF1}<U_{REF2}$，电路分析如下：

当 $u_i<U_{REF1}$ 时，$u_{o1}=U_{oL}$，$u_o=U_{oL}$。当 $u_i>U_{REF2}$ 时，$u_{o2}=U_{oL}$，$u_o=U_{oL}$。当 $U_{REF1}<u_i<U_{REF2}$ 时，$u_{o1}=U_{oH}$，$u_{o2}=U_{oH}$，$u_o=U_{oH}$。

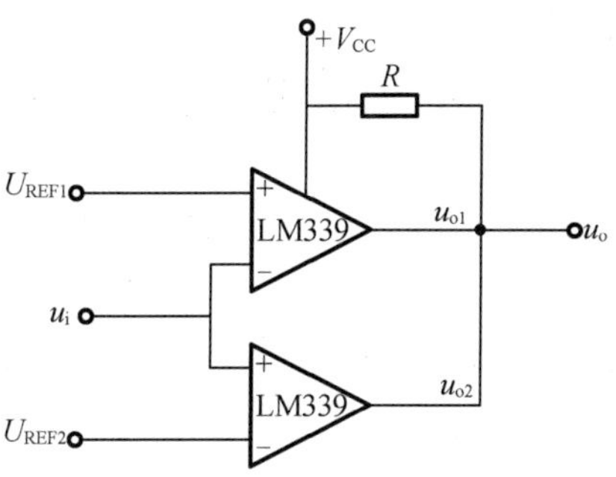

图 7.5.7　集成双限比较器

由于图 7.5.7 的电路采用单电源供电，U_{oL} 为接近 0 V 的低电平，U_{oH} 为接近电源电压的高电平，因此图 7.5.7 所示电路的传输特性如图 7.5.8 所示。如果输入为正弦波，则有输出波形如图 7.5.9 所示。

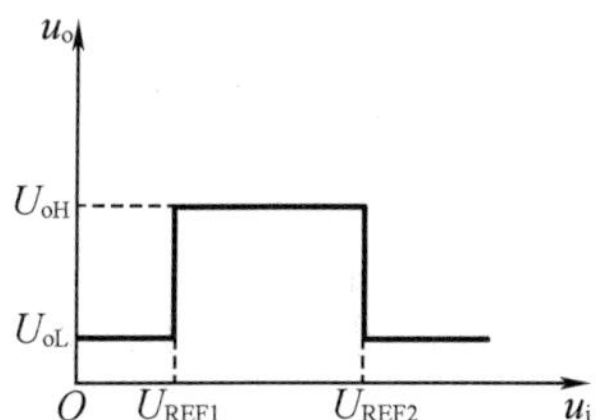

图 7.5.8　双限比较器的传输特性

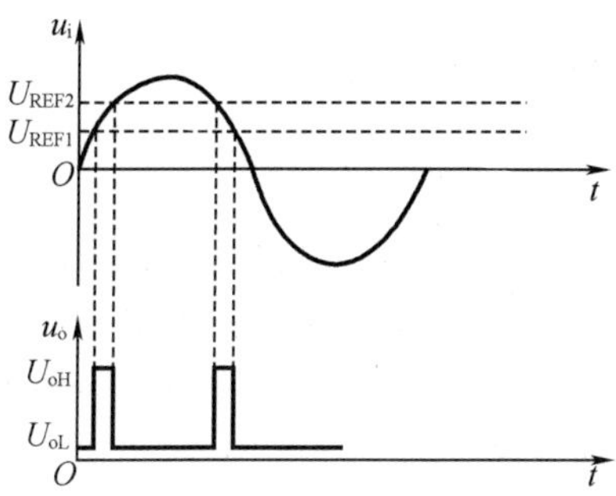

图 7.5.9　双限比较器的输入输出波形

通过上述各种电压比较器的分析，可以看出：

(1) 电压比较器中，集成运放工作在开环状态，输出电压只有高由平和低电平两种情况，因此常作为模拟电路和数字电路的接口。

(2) 比较器输出电压和输入电压之间的关系用传输特性描述。

(3) 求取传输特性的三个要素分别是：阈值电压，输入经过阈值电压后输出电压的变化方向，以及输出电压的高、低电平。

7.6 本章小结

本章主要学习了基本运算电路和电压比较器，各部分归纳如下：

1. 基本运算电路

集成运放引入负反馈后，可以实现模拟信号的比例、加减、乘除、积分、等各种基本运算。求解运算电路输出电压与输入电压运算关系时，为简化计算，将集成运放近似为理想运放。基本方法有两种：

(1)节点电流法。列出集成运放同相输入端和反相输入端及其他关键节点的电流方程，并利用虚短和虚断的概念，消去中间变量，求出输出量和输入量之间的运算关系。

(2)叠加原理。对于有多个输入信号的电路，可以先分别求出每个输入信号单独作用时的输出量，然后将它们相加，就得到所有信号同时作用时输出量和输入量之间的运算关系。

对于多级电路，一般均可将前级电路的输出看成后级的输入，且前级的输出电阻近似为零。故可分别求出各级电路的运算关系式，逐级代入后级的运算关系式，从而得出整个电路的运算关系式。

2. 电压比较器

(1)电压比较器能够将模拟信号转换成具有数字信号特点的二值信号，即输出不是高电平，就是低电平。电压比较器中的集成运放工作在开环状态。电压比较器既可用于信号转换，又是非正弦信号产生电路的重要组成部分。

(2)通常用电压传输特性来描述电压比较器输出电压与输入电压的函数关系。决定电压传输特性的要素有三个：一是阈值电压，是指集成运放同相输入端和反相输入端电压相等时的输入电压值；二是输出高、低电平；三是输入电压经过阈值电压时输出电压的跳变方向。

(3)单限比较器只有一个阈值电压；滞环比较器具有滞回特性，有两个阈值电压，输出电压能否跳变，除了和输入电压大小有关外还和输入电压经过阈值的方向有关，但当输入电压向单一方向变化时，输出电压仅跳变一次。窗口比较器有两个阈值电压，当输入电压向单一方向变化时，输出电压跳变两次。

7.7 思考题

1. 运算电路中集成运放工作在线性区还是非线性区？

2. 如何识别电路是否为运算电路？如何分析运算电路输出电压与输入电压的运算关系？

3. 如何识别电路是否为电压比较器？滞回比较器与其他比较器电路的区别是什么？

4. 电压比较器的电压传输特性有哪几个基本要素？如何求解它们？

7.8 习 题

1. 图 T7.1 中,运放均为理想器件,求出各电路的输出电压并写出详细求解过程。

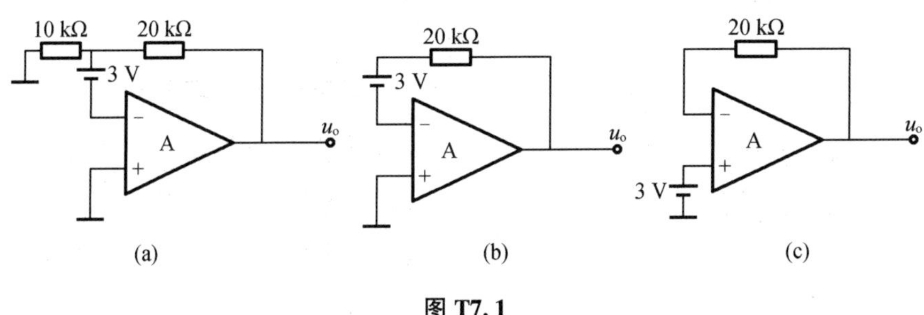

图 T7.1

2. 图 T7.2 中,运放 A 均为理想器件,试求出各电路的电压放大倍数 A_U。

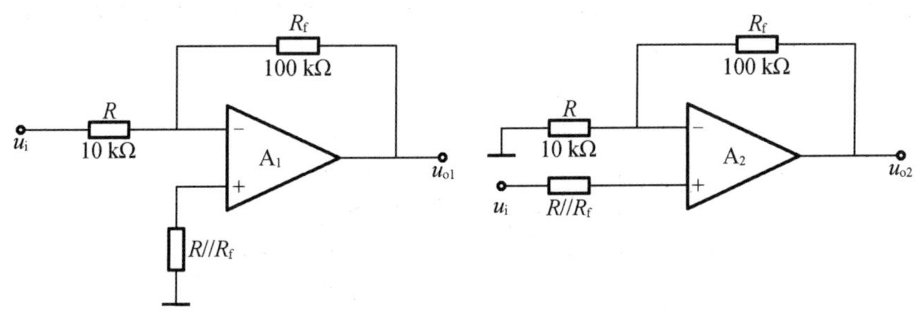

图 T7.2

3. 电路如图 T7.3 所示,试求其输出电压和输入电压之间的关系。

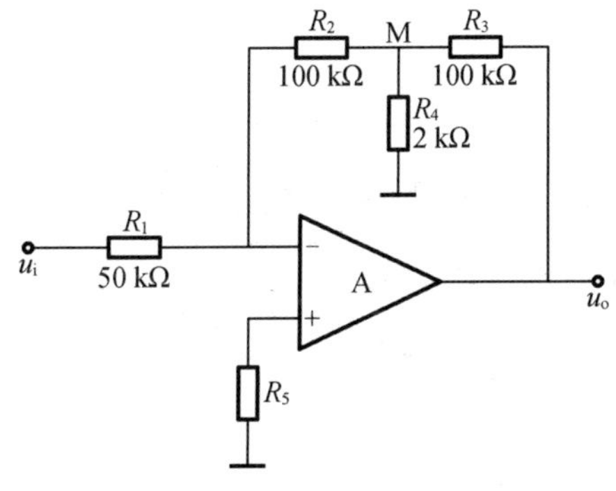

图 T7.3

4. 试求图 T7.4 所示各电路输出电压与输入电压的运算关系式。

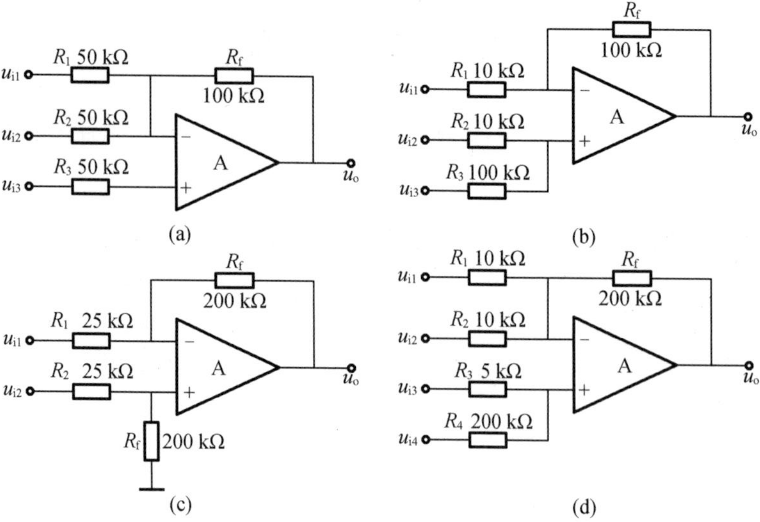

图 T7.4

5. 已知图 T7.5 所示电路中的集成运放为理想运放，试求解该电路的运算关系。

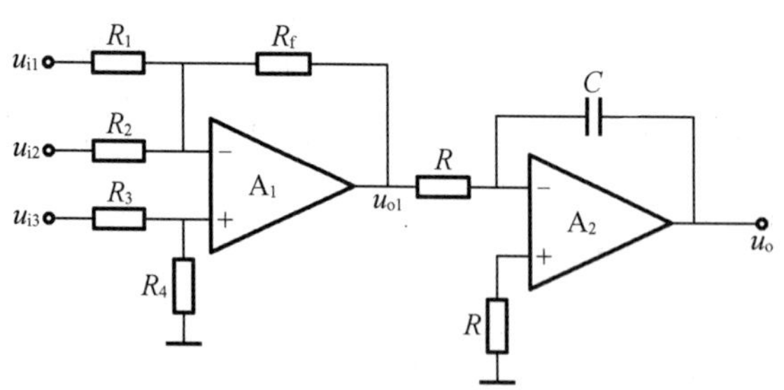

图 T7.5

6. 求出图 T7.6 所示各电路的运算关系。

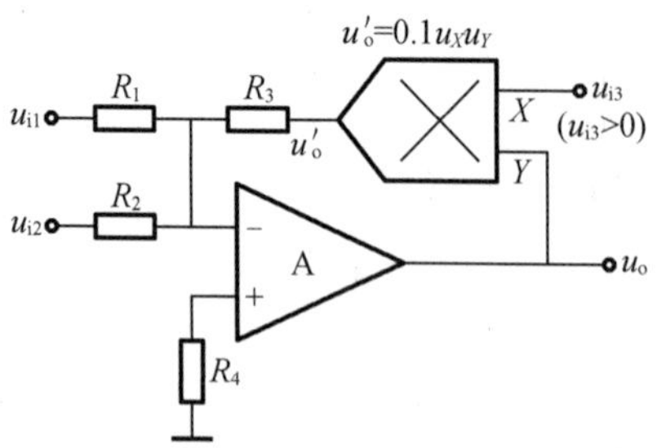

图 T7.6

7. 为了使图 T7.7 所示电路实现除法运算，试：

（1）标出集成运放的同相输入端和反相输入端。

（2）求出 u_o 和 u_{i1}、u_{i2} 的运算关系式。

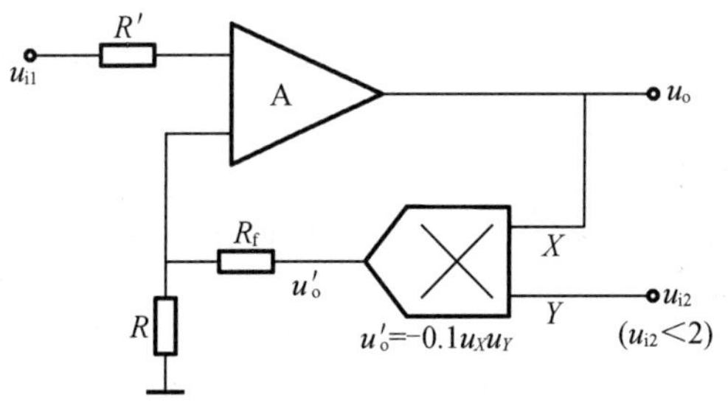

图 T7.7

8. 已知图 T7.8 所示电路中的集成运放为理想运放，模拟乘法器的乘积系数 k 大于零。试求解电路的运算关系。

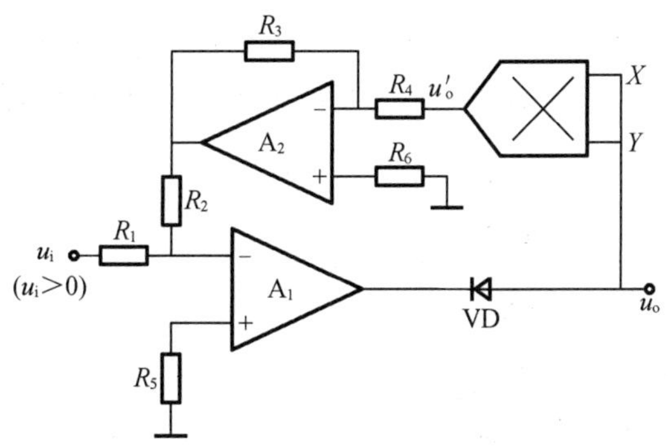

图 T7.8

9. 分别推导出图 T7.9 所示各电路的传递函数，并说明它们属于哪种滤波电路。

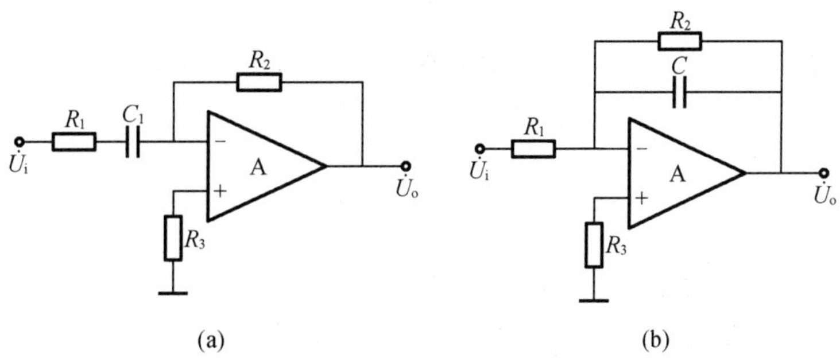

图 T7.9

10. 分别导出图 T7.10 所示各电路的传递函数，并说明它们属于哪种类型的滤波电路，写出通带截止频率的表达式。

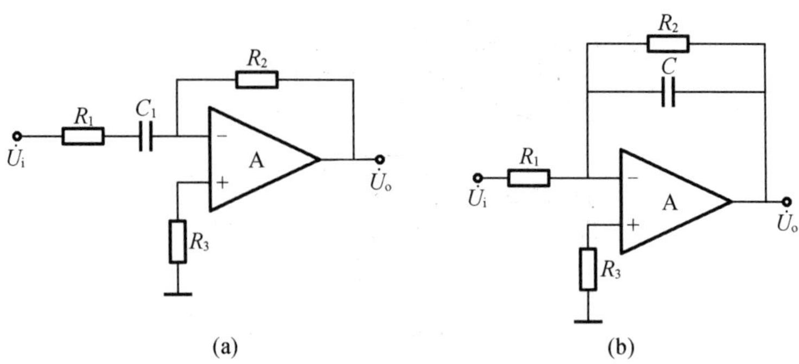

图 T7.10

11. 电路如图 T7.11(a)所示。

(1)写出电路的名称。

(2)若输入信号波形如图 T7.11(b)所示,试画出输出电压的波形并标明有关的电压和所对应的时间数值。设 A 为理想运算放大器,两个正、反串接稳压管的稳压值为±5 V。

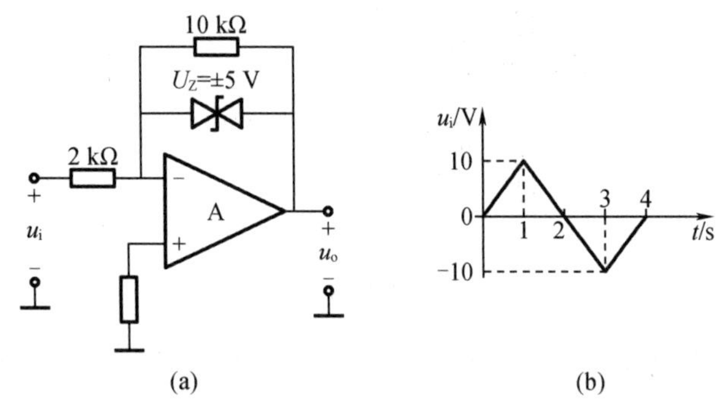

图 T7.11

12. 已知反相滞回比较器如图 T7.12(a)所示,A 为理想运放,输出电压的两个极限值为±5 V,VD 为理想二极管，输入三角波电压 u_i 的波形如图 T7.12(b)所示,峰值为 10 V。试画出相应的输出波形。

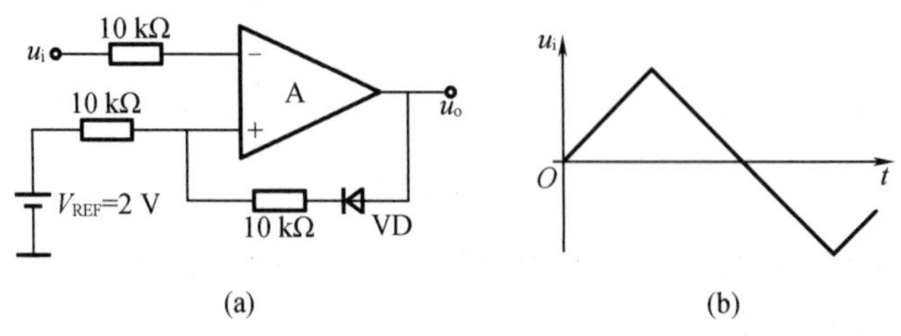

图 T7.12

13. 电路如图 T7.13 所示,其中二极管和集成运放是理想的,$U_{oM}=\pm15$ V,$U_Z=6$ V。$R_1=1$ kΩ、$R_2=2$ kΩ、$R_3=2$ kΩ、$R_4=100$ kΩ。画出电路的传输特性。

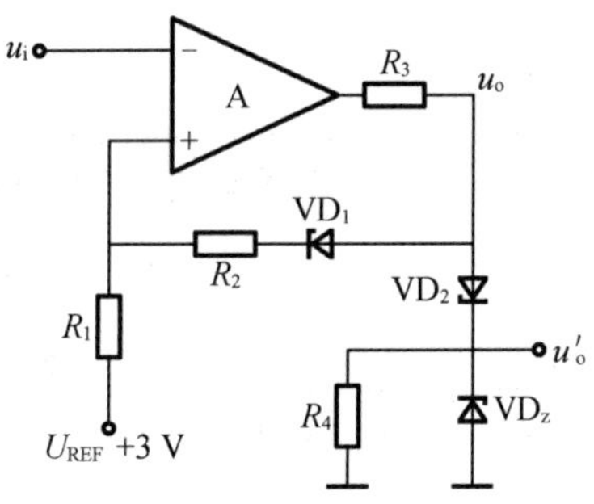

图 T7.13

14. 如图 T7.14 所示，VD_{Z1} 和 VD_{Z2} 的 $U_{Z1}=10$ V、$U_{Z2}=4$ V，正向导通时 $U_D=0.7$ V，$U_{REF}=-4$ V，$R_1=R_2=1$ kΩ，当 $u_i=8$ V 时，u_o 为多少伏？

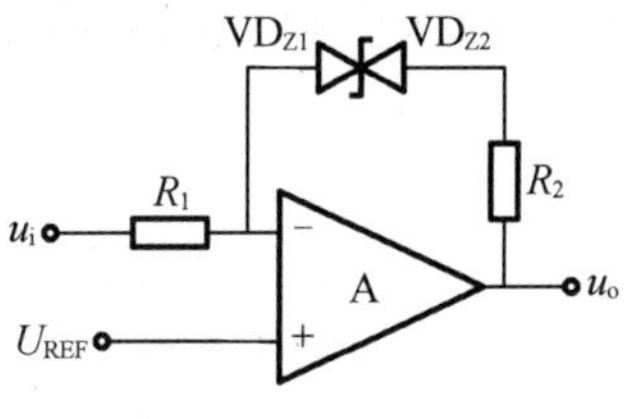

图 T7.14

15. 已知三个电压比较器的电压传输特性分别如图 T7.15(a)(b)(c)所示，它们的输入电压波形均如图 T7.15(d)所示，试画出 u_{o1}、u_{o2} 和 u_{o3} 的波形。

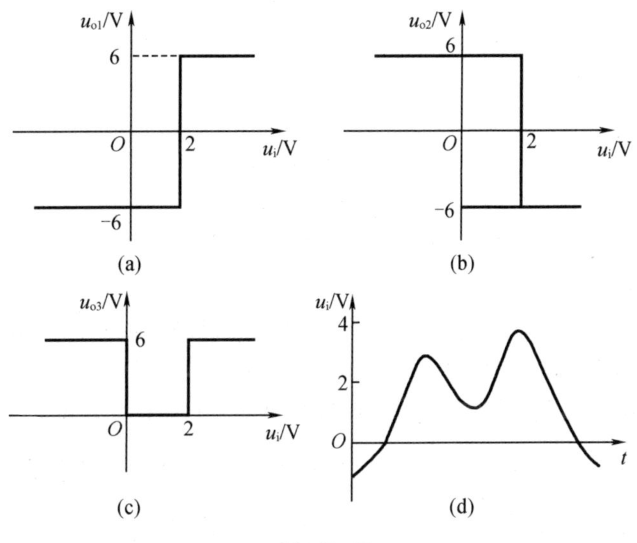

图 T7.15

第8章　信号发生电路

在测量、控制和通信领域,常需要正弦波、矩形波、三角波和锯齿波作为测试和控制信号。信号发生电路能够产生这些信号。根据信号发生电路所产生的波形的不同,可分为正弦波和非正弦波信号发生电路。

本章首先介绍正弦波振荡电路,包括RC正弦波振荡电路、LC正弦波振荡电路和石英晶体正弦波振荡电路;然后介绍非正弦波信号发生电路,包括矩形波发生电路、三角波发生电路和锯齿波发生电路;最后介绍既能产生正弦波又能产生非正弦波的函数发生器。

8.1　正弦波振荡电路

1. 振荡条件

从结构上看,正弦波振荡电路就是一个没有输入信号的带选频网络的正反馈放大电路。通常,可将正弦波振荡电路分解为图8.1.1所示框图,上面方框为放大电路,下面方框为反馈网络,反馈极性为正。当输入量为零时,反馈量等于净输入量,如图8.1.1(b)所示。由于电扰动(如合闸通电),电路产生一个幅值很小的输出量,它含有丰富的频率,而如果电路只对频率为f_0的正弦波产生正反馈过程,则输出信号

$$X_o\uparrow\rightarrow X_f\uparrow(X'_i\uparrow)\rightarrow X_o\uparrow\uparrow$$

$$\left.\begin{aligned}\dot{X}_i&=0\\ \dot{X}_f&=\dot{X}_{id}\end{aligned}\right\}\Rightarrow\frac{\dot{X}_f\dot{X}}{\qquad}\tag{8.1.1}$$

在式(8.1.1)中,仍设$\dot{A}=A$,则

$$|\dot{A}\dot{F}|=AF=1\tag{8.1.2}$$

$$\varphi_a+\varphi_f=2n\pi\tag{8.1.3}$$

式(8.1.2)称为振幅平衡条件,而式(8.1.3)则称为相位平衡条件,这是正弦波振荡电路产生持续振荡的两个条件。

在正反馈过程中,X_o越来越大。由于晶体管的非线性特性,在X_o的幅值增大到一定程度后,放大倍数的数值将减小,因此,X_o不会无限制地增大,当X_o增大到一定数值时,电路达到动态平衡,振荡电路中的振荡频率f_0是由式(8.1.3)的相位平衡条件决定的,一个正弦波振荡电路只在f_0频率下满足相位平衡条件,这就要求在$\dot{A}\dot{F}$环路包含一个具有选频特性的网络,简称选频网络。选频网络可以设置在放大电路$\dot{A}$中,也可以设置在反馈网络$\dot{F}$中,它可以用R、C元件组成,也可以用L、C元件组成。

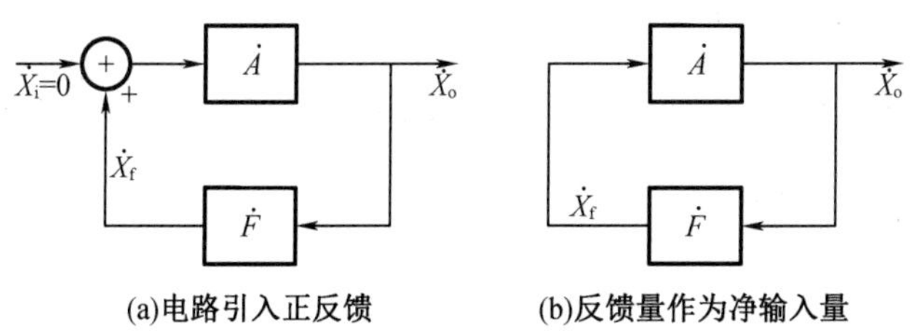

图 8.1.1 正弦波振荡电路框图

2. 起振和稳幅

为了便于振荡电路起振,在刚刚起振时往往需要加大正反馈量,即要求

$$|AF|>1 \tag{8.1.4}$$

式(8.1.4)称为起振条件。起振后振荡幅度迅速增大,如果仅靠晶体管和运算放大器的非线性特性去限制幅度的增加,则波形必然产生失真,这样,一方面可以用选频网络选出失真的波形的基波分量作为输出信号,以获得正弦波输出,另一方面也可以在反馈网络中加入非线性稳幅环节,用以调节放大电路的增益,从而达到稳定输出幅度并使输出为正弦波的目的。

3. 正弦波振荡电路的组成与分类

从以上分析可知,正弦波振荡电路应由以下四个部分组成:

(1)放大电路:保证电路能够有从起振到动态平衡的过程,使电路获得一定幅值的输出量,实现能量的控制。

(2)选频网络:确定电路的振荡频率,使电路产生单一频率的振荡,即保证电路产生正弦波振荡。

(3)正反馈网络:引入正反馈,使放大电路的输入信号等于反馈信号。

(4)稳幅环节:也就是非线性环节,作用是使输出信号幅值稳定。

8.1.1 RC 正弦波振荡电路

RC 正弦波振荡电路有很多种,本节介绍最常见的 RC 文式桥正弦波振荡电路。

1. 电路组成

RC 文氏桥正弦波振荡电路如图 8.1.2 所示。R_3、R_4 和运放构成的同相比例放大电路是振荡电路的放大环节。RC 串并联网络既是选频网络,又是正反馈网络。具有正温度系数的热敏电阻 R_4 作为稳幅环节。用 Z_1 表示 R_1、C_1 串联支路的电抗,用 Z_2 表示 R_2、C_2 并联支路的电抗,Z_1、Z_2、R_3 和 R_4 正好构成一个四臂的电桥,称为文氏桥。

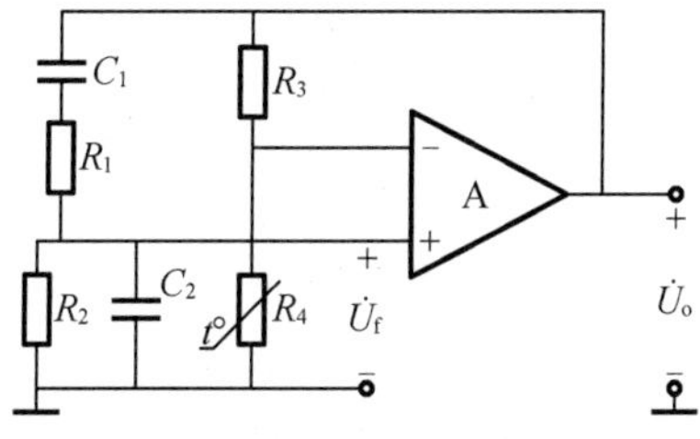

图 8.1.2 RC 文氏桥正弦波振荡电路

2. RC 串并联网络的频率特性

RC 串并联网络如图 8.1.3 所示,RC 串并联网络的输入电压为运放的输出电压 $\dot{U}_o$,RC 串并联网络的输出电压为 $\dot{U}_f$。

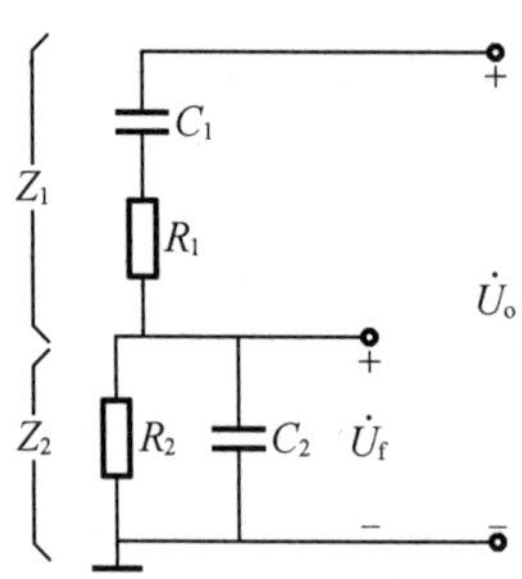

图 8.1.3　RC 串并联网络

RC 串并联网络既是选频网络,又是正反馈网络,其正反馈系数为

$$\dot{F}=\frac{\dot{U}_f}{\dot{U}_o}=\frac{Z_2}{Z_1+Z_2}=\frac{R_2//\dfrac{1}{j\omega C_2}}{R_1+\dfrac{1}{j\omega C_1}+R_2//\dfrac{1}{j\omega C_2}}$$

通常取 $R_1=R_2=R$,$C_1=C_2=C_0$,令 $\omega_0=\dfrac{1}{RC}$,将上式整理,得

$$\dot{F}=\frac{1}{3+j\left(\dfrac{\omega}{\omega_0}-\dfrac{\omega_0}{\omega}\right)} \tag{8.1.5}$$

由于 $f_0=\dfrac{\omega_0}{2\pi}=\dfrac{1}{2\pi RC}$,$f=\dfrac{\omega}{2\pi}$,由式(8.1.5)可以转化为

$$\dot{F}=\frac{1}{3+j\left(\dfrac{f}{f_0}-\dfrac{f_0}{f}\right)} \tag{8.1.6}$$

反馈系数的模和相角分别为

$$|\dot{F}|=\frac{1}{\sqrt{3^2+j\left(\dfrac{f}{f_0}-\dfrac{f_0}{f}\right)^2}} \tag{8.1.7}$$

$$\varphi_F=-\arctan\left(\frac{\dfrac{f}{f_0}-\dfrac{f_0}{f}}{3}\right) \tag{8.1.8}$$

根据式(8.1.7)和式(8.1.8),绘出 $\dot{F}$ 的幅频特性与相频特性如图 8.1.4 所示。

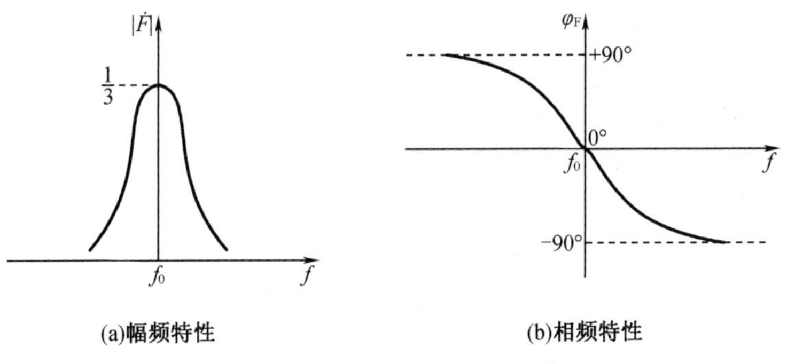

(a)幅频特性

(b)相频特性

图 8.1.4 RC 串并联网络的频率特性

当 $f=f_0$ 时，$|\dot{F}|$最大且 $|\dot{F}|=\dfrac{1}{3}$，$\varphi_F=0°$。也就是说，当 $f=f_0$ 时，文氏桥正弦波振荡电路的输出电压 $\dot{U}_o$ 与反馈电压 $\dot{U}_f$ 同相位，且 $\dot{U}_f=\dfrac{1}{3}\dot{U}_o$，因此 RC 串并联网络既是选频网络，又是正反馈网络。

3. 振荡的建立与稳定

由电阻 R_3、R_4 和运放构成的同相比例放大电路的输出与输入同相，即 $\varphi_A=0°$。当 $f=f_0$ 时 RC 串并联网络反馈系数 $\dot{F}$ 的相角 $\varphi_F=0°$。因此，在 RC 文氏桥正弦波振荡电路中 $\varphi_A+\varphi_F=0$，满足振荡的相位平衡条件。

在由电阻 R_3、R_4 和运放构成的同相比例放大电路中引入了电压串联负反馈，集成运算放大器又具有理想的性能，因此可以认为其输入电阻无穷大，输出电阻为零，使得放大电路对选频网络的影响很小，以保证振荡频率只决定于选频网络。同相比例放大电路的电压放大倍数在起振时应略大于 3，在稳幅振荡时应等于 3，才能保证文氏桥正弦波振荡电路满足振荡的幅值平衡条件。同相比例放大电路的电压放大倍数为

$$\dot{A}=\frac{\dot{U}_o}{\dot{U}_f}=1+\frac{R_3}{R_4}\geqslant 3 \tag{8.1.9}$$

解式(8.1.9)，得

$$R_3\geqslant 2R_4 \tag{8.1.10}$$

因此选择 R_4 是具有正温度系数的热敏电阻。在电路起振时，由于 U_0 较小，流过 R_4 的电流也较小，R_4 上的功耗较小，其阻值较小，因而 $\dot{A}$ 大于 3，使得 $|\dot{A}\dot{F}|>1$，满足起振条件；起振后，随着 U_o 的增大，流过 R_4 的电流将增大，则 R_4 上的功耗增大，R_4 的温度也随之升高，导致 R_4 的阻值增大，从而使放大倍数入减小，逐渐达到振荡的平衡条件 $|\dot{A}\dot{F}|=1$，使振幅稳定下来。当 U_o 因某种原因减小时，由于热敏电阻的自动调整作用，将使 U_o 回升，从而使输出电压保持稳定，因此还有一定的稳幅作用。同理，可以选择电阻 R_3 为具有负温度系数的热敏电阻作为稳幅环节。

4. 稳幅电路

为了进一步稳定电路的输出幅度，还可以采用 R_3 反并联两个二极管实现稳幅，如图 8.1.5 所示。同相比例放大电路的电压放大倍数为

$$\dot{A}=1+\frac{R_P''+R_3//rD}{R'_P+R_4} \tag{8.1.11}$$

式中 R_P''——电位器上半部的电阻；

R'_P——电位器下半部的电阻；

r_D——二极管的正向导通电阻。

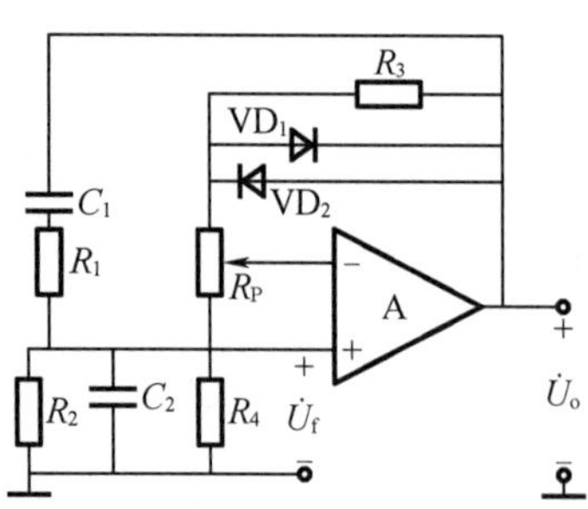

图 8.1.5 利用反并联二极管作为稳幅环节的 RC 文氏桥正弦波振荡电路

二极管的动态电阻 r_D 随电流变化如图 8.1.6 所示。该电路是利用流过二极管的电流增大时二极管的动态电阻 r_D 减小，流过二极管的电流减小时二极管的动态电阻 r_D 增大的特点，采用 R_3 反并联两个二极管实现稳幅。当 U_o 因某种原因增大时，流过二极管的电流增大，二极管的动态电阻 r_D 减小，电路的电压放大倍数减小，输出电压 U_o 减小；当 U_o 因某种原因减小时，流过二极管的电流减小，二极管的动态电阻 r_D 增大，电路的电压放大倍数增大，输出电压 U_o 增大。这样，可以通过改变二极管动态电阻，自动调节放大电路的电压放大倍数，从而使输出电压稳定。

RC 正弦波振荡电路的振荡频率与 RC 的乘积成反比，如果希望提高振荡频率，应减小 R 或 C。当电阻 R 小到一定程度时，同相比例放大电路的输出电阻将影响选频特性，并且使电路的功耗增大；当电容 C 小到一定程度时，晶体管的结电容和电路的分布电容将影响选频特性，所以 RC 正弦波振荡电路一般不用于产生振荡频率很高的正弦波信号，通常在 1 MHz 以内。如需产生更高频率的正弦波，常采用 LC 正弦波振荡电路。

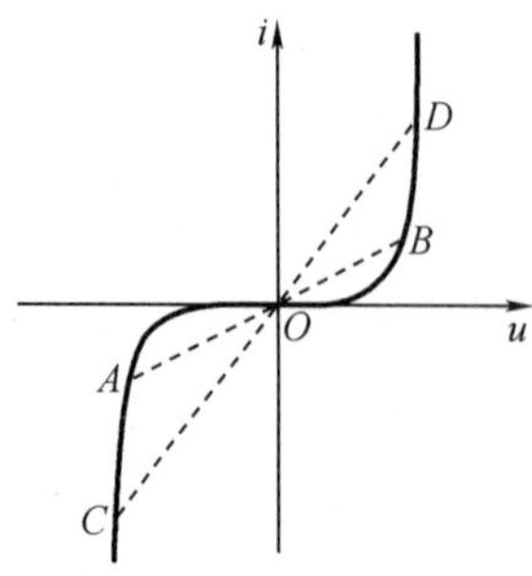

图 8.1.6 二极管伏安特性曲线

5. 判断电路能否产生正弦波振荡的方法

结合 RC 正弦波振荡电路，可以总结出判断电路能否产生正弦波振荡的一般方法。

首先，看电路是否包含放大电路、正反馈网络、选频网络和稳幅环节四部分。对于 RC

正弦波振荡电路，放大电路是由 R_3、R_4 和集成运放构成的同相比例放大电路，RC 串并联网络将选频网络和正反馈网络合二为一，稳幅环节由热敏电阻或反并联二极管网络构成。

然后，看放大电路能否正常工作，即静态工作点是否合适，交流信号在传递过程中无短路和断路现象。除去选频网络，RC 正弦波振荡电路的放大电路实际是电压串联负反馈电路，所以满足上述条件。

最后，看电路是否在 $f=f_0$ 时满足正弦波振荡的相位平衡条件和幅值平衡条件。判断电路是否满足相位平衡条件可以采用瞬时极性法。具体做法是：断开反馈网络，在断点处给放大电路输入频率为 f_0 的正弦波电压 $\dot{U}_i$ 并设其瞬时极性为正。若经过环路后使得重新回到断点处的电压 $\dot{U}_f$ 的极性也为正，说明 $\dot{U}_i$ 与 $\dot{U}_f$ 的极性相同，电路满足正弦波振荡的相位平衡条件。如果电路环路增益满足 $|\dot{A}\dot{F}|=1$，起振时 $|\dot{A}\dot{F}|>1$，则电路满足幅值平衡条件和起振条件。对于 RC 正弦波振荡电路，断开 RC 串并联网络与运放同相输入端的连线，在运放的同相输入端输入频率为 f_0 的正弦波电压 $\dot{U}_i$，设其瞬时极性为正，依次判断输出电压 $\dot{U}_o$ 和反馈电压 $\dot{U}_f$ 的极性为正，说明 $\dot{U}_o$ 与 $\dot{U}_f$ 的极性相同，满足正弦波振荡的相位平衡条件。由于 R_3、R_4 和运放构成了同相比例放大电路，因此电路一定满足正弦波振荡的幅值平衡条件。

【例 8.1.1】 图所示为文氏桥正弦波振荡电路，A 为理想运放。试回答下列问题：

(1) 电路中选频网络和负反馈网络各由哪些元件组成？

(2) 计算场效应管 VT 漏源间等效电阻的最大值；

(3) 简述该电路稳定输出电压的过程；

(4) 计算该电路的振荡频率。

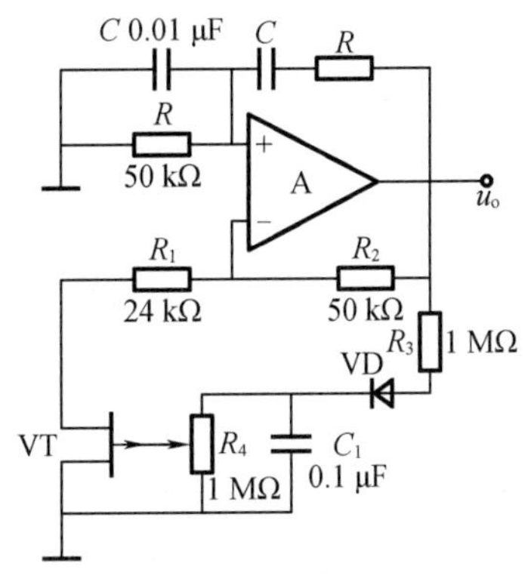

图 8.1.7

解 (1) 两个 R 和两个 C 构成选频网络。R_1 ~ R_4、VD、C_1 和 VT 组成负反馈网络。

(2) 根据 RC 串联网络的特点，正反馈网络的反馈系数在谐振频率时为 1/3，为满足正弦波振荡的幅值平衡条件，且考虑到起振条件，同相比例运算电路的比例系数略大于 3，即

$$\dot{A}=1+\frac{R_2}{r_{DS}+R_2}\geqslant 3$$

式中，r_{DS} 为场效应管漏源间的等效电阻，将数据代入，可得

$$r_{DS} \leqslant 1\ \text{k}\Omega$$

所以,场效应管 VT 漏源间等效电阻的最大值为 1 kΩ。

(3)稳幅电路中的 VT 为 P 沟道结型场效应管,其栅源电压应大于零。输出正弦波电压经二极管 VD 整流、电容 C 滤波和电位器 R_4 分压,为 VT 提供极性为“+”的栅源电压 U_{GS}。当输出电压 U_o(有效值)由于某种原因增大时,U_{GS} 增大,由转移特性曲线可知,漏源间等效电阻 R_{DS} 将增大,$|\dot{A}|$将减小,致使 U_o 减小,输出电压的振幅得到稳定,述如下:

$$U_o \uparrow \rightarrow U_{GS} \uparrow \rightarrow r_{DS} \uparrow \rightarrow |\dot{A}| \downarrow \rightarrow U_o \downarrow$$

当输出电压 U_0(有效值)由于某种原因减小时,各物理量向相反方向变化。

(4)电路的振荡频率为

$$f_0 = \frac{1}{2\pi RC} = \frac{1}{2\pi \times 50 \times 10^3 \times 10^{-8}}\ \text{Hz} \approx 318\ \text{Hz}$$

8.1.2 LC 正弦波振荡电路

LC 正弦波振荡电路采用 LC 并联谐振回路作为选频网络。LC 正弦波振荡电路的振荡频率较高,一般在几百千赫以上。按照正反馈引回方式的不同,将 LC 正弦波振荡电路分为变压器反馈式正弦振荡电路、三点式 LC 正弦振荡电路和石英晶体正弦振荡电路。

1. LC 并联谐振回路的频率特性

LC 并联谐振回路如图 8.1.8 所示,电阻 R 表示回路的等效损耗电阻。

(1)谐振频率

由图 8.1.8 可得,LC 并联谐振回路的导纳为

$$Y = \text{j}\omega C + \frac{1}{R + \text{j}\omega L} = \frac{R}{R^2 + (\omega L)^2} + \text{j}\left[\omega C - \frac{\omega L}{R^2 + (\omega L)^2}\right] \tag{8.1.12}$$

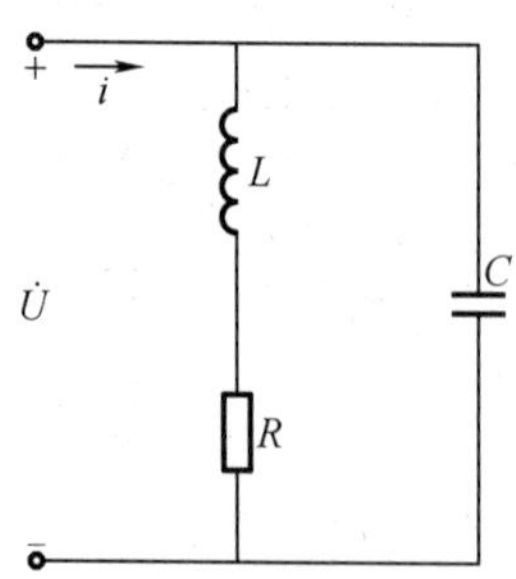

图 8.1.8 LC 并联谐振回路

当导纳的虚部为零时,并联谐振回路发生并联谐振。令并联谐振的角频率为 ω_0,则

$$\omega_0 C = \frac{\omega_0 L}{R^2 + (\omega_0 L)^2} \tag{8.1.13}$$

将上式两边同乘以 $\omega_0 L$,再把等式右边的分子和分母同除以 $(\omega_0 L)^2$,则

$$\omega_0 = \frac{1}{\sqrt{1 + \left(\frac{R}{\omega_0 L}\right)^2}} \times \frac{1}{\sqrt{LC}} = \frac{1}{\sqrt{1 + \frac{1}{Q^2}}} \times \frac{1}{\sqrt{LC}} \tag{8.1.14}$$

式中 Q 的表达式为

$$Q=\frac{\omega_0 L}{R} \tag{8.1.15}$$

式中,Q 称为品质因数,是 LC 并联谐振回路的一项重要指标。品质因数 Q 愈大,选频特性愈好。通常 Q 值为几十到几百,因此电路的谐振角频率 ω_0 和电路的谐振频率 f_0 分别为

$$\omega_0 \approx \frac{1}{\sqrt{LC}} \tag{8.1.16}$$

$$f_0 \approx \frac{1}{2\pi\sqrt{LC}} \tag{8.1.17}$$

(2)谐振阻抗

式(8.1.17)说明,当品质因数很高时,并联谐振频率基本取决于并联回路中的电感和电容的值。将式(8.1.16)代入式(8.1.15),品质因数的近似值为

$$Q \approx \frac{1}{R}\sqrt{\frac{L}{C}} \tag{8.1.18}$$

由式(8.1.12)可知,LC 并联谐振回路的谐振阻抗为

$$Z_0=\frac{1}{Y}=\frac{R^2+(\omega_0 L)}{R} \tag{8.1.19}$$

由式(8.1.13)可得

$$R^2+(\omega_0 L)^2=\frac{L}{C}$$

将式(8.1.20)代入式(8.1.19),得

$$Z_0=\frac{L}{RC}$$

由式(8.1.18)、(8.1.21)可以看出,LC 并联回路的等效电阻 R 越小,电感 L 越大,电容 C 越小,则谐振回路的品质因数 Q 越高,谐振阻抗 Z_0 也越大。

由式(8.1.12)可以得到 LC 并联谐振回路的阻抗 $Z=\frac{1}{Y}$。阻抗 Z 是频率的函数。不同 Q 值 LC 并联谐振回路阻抗的频率特性如图 8.1.9 所示。由图 8.1.9 可以看出,Q 越大,谐振阻抗 Z_0 越大,且在 $f=f_0$ 附近幅频特性和相频特性曲线的变化率越大,选频特性越好。

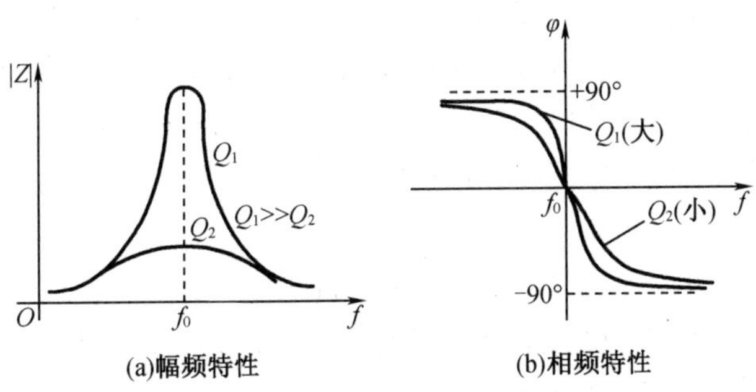

图 8.1.9 LC 并联谐振回路阻抗的频率特性

(3)输入电流和回路电流的关系

由式(8.1.15)(8.1.19)可将 Z_0 写成如下的形式:

$$Z_0=\frac{1}{Y_0}=\frac{R^2+(\omega_0L)^2}{R}=R+Q^2R$$

当 $Q>>1$ 时,$Z_0\approx Q^2R\approx\frac{Q}{\omega_0C}\approx Q\omega_0L$

电路的电压

$$\dot{U}=Z_0\dot{I}=\omega_0L\dot{I}_L=\frac{\dot{I}_C}{\omega_0C}$$

即

$$I_C=I_L\approx Q_I$$

当 $Q>>$时,$I_C=I_L>>1$,说明谐振时 LC 并联谐振电路的回路电流比输入电流大很多。

2. 变压器反馈式正弦波振荡电路

变压器反馈式正弦波振荡电路如图 8.1.10 所示,其包括放大电路、反馈网络、选频网络和稳幅环节。变压器一次侧绕组的等效电感 L 与电容 C 组成 LC 并联谐振回路。该回路既是选频网络,又是晶体管的集电极负载。变压器二次侧绕组(等效电感 L)是反馈网络,其两端的感应电压作为反馈电压取代输入电压加到晶体管的基极,因此该电路称为变压器反馈式正弦波振荡电路。由晶体管、3 个电阻和 LC 并联谐振回路组成共射基本放大电路。该电路是利用晶体管的非线性特性实现稳幅作用的。

放大电路是共射基本放大电路,能够设置合适的静态工作点,使其工作在放大状态。耦合电容 C_b 和旁路电容 C_e 足够大,对于谐振频率 f_0 来说可视为短路,因此交流信号在传递过程中无短路和断路现象。

采用瞬时极性法分析图 8.1.10 所示的电路是否满足正弦波振荡的相位平衡条件。在图示 A 点断开反馈网络,在晶体管基极输入频率为 f_0,对地瞬时极性为正的电压信号。当 $f=f_0$ 时,LC 并联谐振回路呈纯阻性,则集电极瞬时极性为负,所以 L_1 上的瞬时极性为上正下负,$\varphi_A=\pi$。根据变压器同名端可判断出 L_2 的瞬时极性也为上正下负,可见反馈信号的瞬时极性为正,所以满足正弦波振荡的相位平衡条件。为了满足幅值平衡条件和起振条件,一方面可以通过选择变压器合适的变比来调整反馈系数,另一方面可以通过选择晶体管放大电路的参数来确定放大倍数,从而在起振时使 $|\dot{A}\dot{F}|>1$,当振幅达到一定程度后,晶体管进入非线性区,于是 $\dot{A}$ 下降直至满足 $|\dot{A}\dot{F}|>1$。虽然晶体管的集电极电流可能会产生失真,但由于 LC 并联谐振电路具有良好的选频特性,输出电压的波形失真不大。

由上面分析可以看出,信号频率为 F_0 时才能满足正弦波振荡的相位平衡条件,所以电路的振荡频率就是 LC 并联谐振回路的谐振频率,即

$$f_0\approx\frac{1}{2\pi\sqrt{LC}}$$

变压器反馈式 LC 正弦波振荡电路易于起振,且波形较好。但由于输出电压与反馈电压靠磁路耦合,因而耦合不够紧密,损耗比较大,并且振荡频率的稳定性不高。

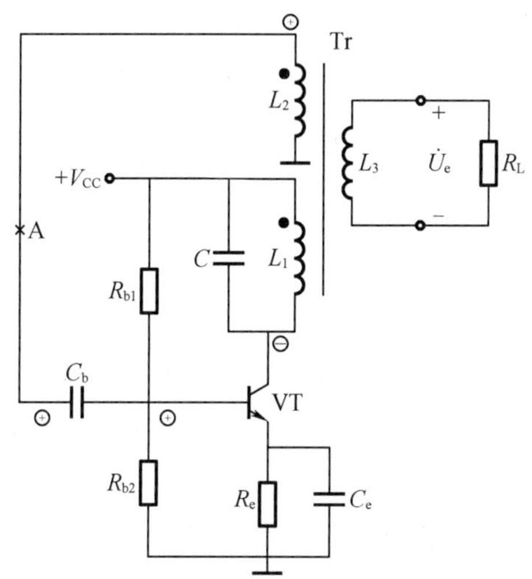

图 8.1.10 变压器反馈式正弦波振荡电路

3. 三点式 LC 正弦波振荡电路

为了克服变压器反馈式正弦波振荡电路中磁路耦合不紧密的缺点,把 L_1、L_2 合为一个线圈,并将电感 L_2 上的电压作为反馈电压,就构成了图 8.1.11(a)所示电路。如果用 C_1 和 C_2 两个电容器串联代替图 8.1.10 中 LC 并联谐振回路中的电容 C,并将其中一个电容上的电压作为反馈电压,就可构成图 8.1.11(b)所示电路。图 8.1.11 所示电路中 LC 并联谐振回路的三个引出端分别与晶体管的三个电极相连,所以称为三点式 LC 正弦波振荡电路。图 8.1.11(a)所示电路称为电感三点式正弦波振荡电路;图 8.1.11(b)所示电路称为电容三点式正弦波振荡电路。

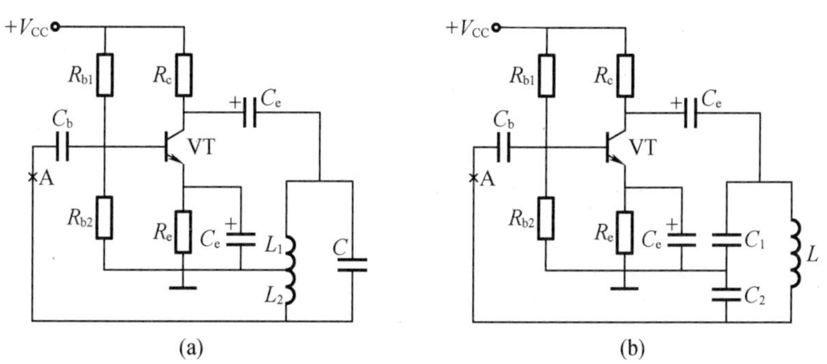

图 8.1.11 三点式 LC 正弦波振荡电路

三点式 LC 正弦波振荡电路相位平衡条件的判断规则是若晶体管的三个电极外接有三点式电抗网络,电抗网络中有一个接地的节点,则

(1)若接地点与两个相同性质的电抗相连接,则其余两个节点的对地电位极性相反。

(2)若接地点与两个性质相反的电抗相连接,则其余两个节点的对地电位极性相同。

下面以图 8.1.11(a)为例,证明上述规则。

设晶体管的输入电阻和输出电阻的影响可以忽略,电容 C_b、C_C 和 C_e 足够大可视为短路,将谐振回路的阻抗折算到晶体管的各个电极之间,分别用 Z_{be}、Z_{ce} 和 Z_{be} 表示,由此得到

图 8.1.11(a)电路的一般化模型,如图 8.1.12(a)所示。由于 Z_{be}、Z_{ce} 和 Z_{be} 构成的回路处于谐振状态,因此忽略谐振回路的外电路电流,用 I 表示回路电流,则

$$\dot{U}_b = -\dot{I} Z_{be}$$

因此

$$\dot{U}_b = -\dot{U}_C \frac{Z_{be}}{Z_{ce}}$$

由此可见,若 Z_{be}、Z_{ce} 的电抗性质相同,则 $\dot{U}$、$\dot{U}_b$ 极性相反;若 Z_{be}、Z_{ce} 的电抗性质相反,则 $\dot{U}$、$\dot{U}_b$ 和极性相同,所以,只有 Z_{be}、Z_{ce} 电抗性质相同时,即同为电容或同为电感时,$\dot{U}$ 和 $\dot{U}_b$ 极性才会符合共射组态 $\dot{U}$ 和 $\dot{U}_b$ 极性相反的关系。发生谐振时,

$$Z_{be}+Z_{ce}+Z_{bc}$$

所以 $Z_{bc}=-(Z_{be}+Z_{ce})$ 即 Z_{bc} 电抗性质与 Z_{ce} 相反,上述规则成立,证毕。

这个规则对于由运放构成的三点式正弦波振荡电路也适用。图 8.4.5(b)为由运放构成的正弦波振荡电路的一般化模型。如果接地点与两个性质相反的电抗相连接,则其余两个节点的对地电位极性相同,即运放的同相输入端与输出端的极性相同,满足相位平衡条件。

4. 电感三点式正弦波振荡电路

电感三点式正弦波振荡电路又称为哈特莱(Hartley)振荡器。电感三点式正弦波振荡电路如图 8.1.12 所示。图 8.1.12(a)为电路,图 8.1.12(b)为振荡电路的交流通路。由图 8.1.12(b)可见,电感线圈的两个端子和中间抽头分别接于晶体管 VT 的三个极上,故将此电路称为电感三点式正弦波振荡电路。

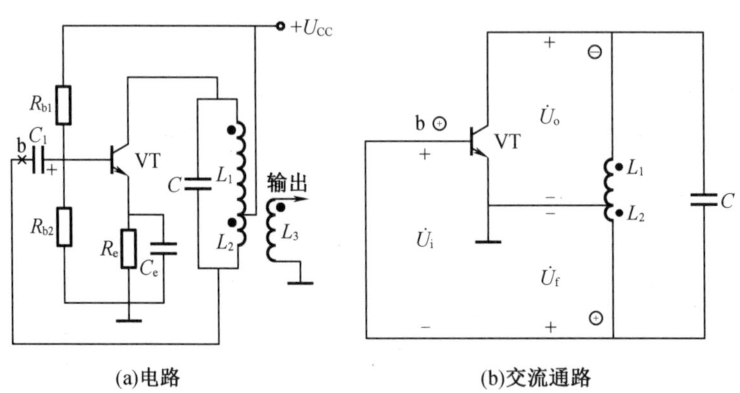

图 8.1.12　电感三点式正弦波振荡电路

电感三点式正弦波振荡电路的三个组成部分如下:电感 L_1、L_2 和电容 C 组成的 LC 并联谐振回路作为选频网络;晶体管 VT 及其偏置电路作为放大环节;反馈电压 U_f 取自电感 L_2 构成正反馈环节,振荡电路的输出取自电感 L_3 两端。

为了分析方便,下面利用图 8.1.12(b)的交流通路讨论电感三点式正弦波振荡电路的工作原理。由于耦合电容 C_1、旁路电容 C_e 和电源 U_{CC} 对交流信号均可视为短路,故忽略偏置电路的分流作用,将电感的三个端子直接接在晶体管的三个极上。

首先分析相位条件。设将晶体管 VT 的基极断开,加入一输入信号 U_i,设 U_i 的瞬时极

性为正。由于谐振时 LC 并联谐振回路的等效阻抗为纯电阻,因此晶体管放大器在共发射极接法和纯电阻负载的情况下,放大器输出电压 $\dot{U}_o$ 的瞬时极性与 $\dot{U}_i$ 反相,故为负。因而,电感上电压的极性为上正下负,l_2 上的反馈电压 $\dot{U}_f$ 的瞬时极性也为下正上负。所以,连通 b 点时,反馈电压与输入电压同极性,即为正反馈,满足了正弦波振荡的相位条件。

电感三点式正弦波振荡电路的幅值平衡条件较容易满足,只要 LC 并联谐振回路的品质因数 Q 和晶体管的 β 值不是太低,并适当选取 L_2 和 L_1 的比例,电路就能起振。反馈电压的大小可通过调整电感线圈抽头的位置来改变,通常反馈线圈 L_2 的匝数为电感线圈总匝数的 1/8~1/4。

电感三点式正弦波振荡电路的振荡频率,在 LC 回路 Q 值较高时,基本上等于 LC 并联谐振回路的谐振频率,即

$$f_0 \approx \frac{1}{2\pi\sqrt{L'C}} = \frac{1}{\sqrt{2\pi(L_1+L_2+2m)C}}$$

式中,L'为谐振回路的等效电感,$L'=L_1+L_2+2M$,M 是 L_1 与 L_2 之间的互感,它是表征两电感互相耦合程度的物理量。

电感三点式正弦波振荡电路具有易起振、便于调节频率等特点,通过采用可变电容可获得较宽的频率调节范围,一般用于产生几十兆赫以下频率的正弦波。这种振荡电路的输出波形不是很好,这是由于反馈电压取自电感 L,而感抗对高次谐波的阻抗较大,因此在输出波形中含有高次谐波成分,使波形变差。所以,这种振荡电路常用于对波形要求不高的设备中,如接收机的本机振荡等。

5. 电容三点式正弦波振荡电路

电容三点式正弦波振荡电路也称为考毕兹(Collpitts)振荡器,其电路如图 8. 1. 13(a)所示。若不考虑偏置电阻 R_{b1} 和 R_{b2} 的分流作用,其交流通路如图 8. 1. 13(b)所示,其中耦合电容 C_b、C_c 和旁路电容 C_e 对交流视为短路。电容 C_1、C_2 和电感 L 组成并联谐振回路,起选频作用,反馈电压取自 C_2 两端。电容 C_1、C_2 的三个端子分别连接到晶体管的三个极,故称为电容三点式正弦波振荡电路。图 8. 1. 13 中,电阻 R_c 为放大电路提供静态电流 I_{CQ},对交流有一定的分流作用。

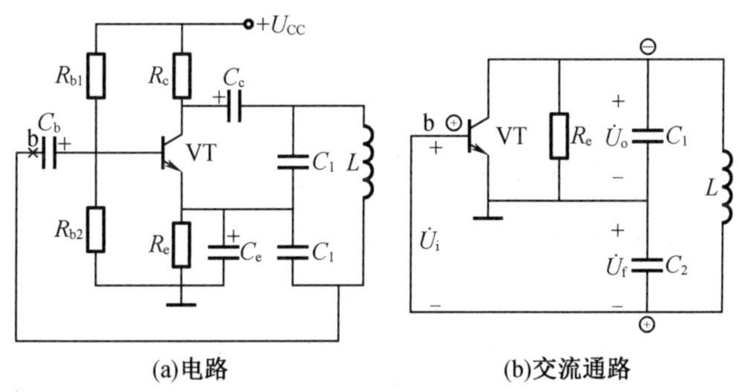

图 8. 1. 13 电容三点式正弦波振荡电路

与电感三点式正弦波振荡电路的分析方法类似,从图 8. 1. 13(b)所示电容三点式振荡电路的交流通路中,很容易分析出此电路满足相位平衡条件。根据图中标出的输入电压

$\dot{U}_f$、输出电压 $\dot{U}_o$ 和反馈电压 $\dot{U}_f$ 的瞬时极性，显然 $\dot{U}_f$ 与 $\dot{U}_i$ 同相位，即形成正反馈，满足 $\varphi=0$ 的相位平衡条件。

适当地选择 C_1、C_2 的数值，并使放大电路具有足够的放大倍数，就可满足振幅平衡条件，使电路容易起振。

电容三点式正弦波振荡电路的振荡频率由 LC 并联谐振回路的谐振频率决定，即

$$f_0=\frac{1}{2\pi\sqrt{LC}}=\frac{1}{2\pi\sqrt{L\dfrac{C_1C_2}{C_1+C_2}}}$$

式中，C'为 LC 并联谐振回路的等效电容，$C'=\dfrac{C_1C_2}{C_1+C_2}$。

电容三点式正弦波振荡电路具有振荡效率较高、输出波形较好的特点，这是由于反馈信号取自电容 C_2，当频率较高时，容抗越小，反馈也越弱，所以削弱了输出电压中的高次谐波分量，因而比电感三点式正弦波振荡电路的输出波形好。

上式表明，改变 C_1 和 C_2 可调整电路的振荡频率。为了不影响起振，即保持反馈系数 F 不变，应同时调节 C_1 和 C_2，这使调整不够方便。所以它适用于需要固定频率的正弦波振荡的场合。为了便于调节振荡频率，可在电感线圈支路中串联一个容量较小的电容 C，这种改进型电容三点式正弦波振荡电路如图 8.1.14 所示。

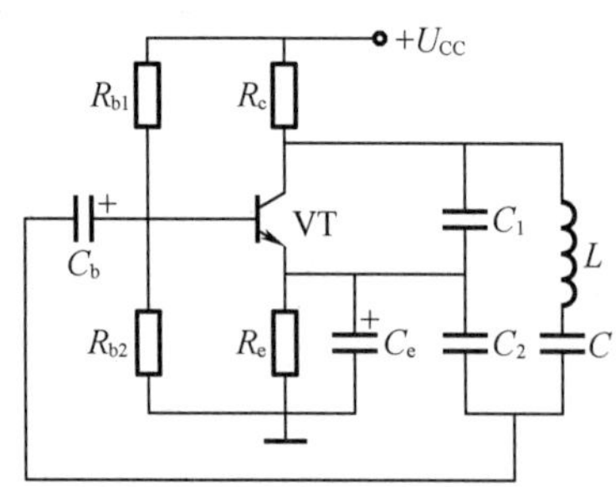

图 8.1.14　改进型电容三点式正弦波振荡电路

这个振荡电路的振荡频率也与 LC 并联谐振回路的谐振频率近似相等，即

$$f_0\approx\frac{1}{2\pi\sqrt{LC'}}$$

式中，C'为 LC 并联谐振回路的等效电容，$\dfrac{1}{C'}=\dfrac{1}{C_1}+\dfrac{1}{C_2}+\dfrac{1}{C}$。

当满足 $C_1>>C$，$C_2>>C$ 时，有

$$f_0\approx\frac{1}{2\pi\sqrt{LC}}$$

由于振荡频率 f_0 与 C_1、C_2 及管子的极间电容关系较小，基本上由 L 和 C 的参数决定，所以，这种电路的振荡频率的稳定度较高。电容三点式正弦波振荡电路的振荡频率通常可达 100 MHz 以上，如果 C 采用可变电容器，便可实现振荡频率的连续可调。

通过以上分析，可得出如下结论：

(1)LC 正弦波振荡电路的振荡频率等于 LC 并联谐振回路的谐振频率 f_0,计算时应求出 f_0 回路的等效电感 L 或等效电容 C。

(2)若晶体管的三个电极外接有三点式电抗网络,有一个接地的节点,接地点与两个相同性质的电抗相连接,其余两个节点的电位极性相反;接地点与两个性质相反的电抗相连接,其余两个节点的电位极性相同。

【例 8.1.2】 图 8.1.15(a)和(b)为电感三点式振荡电路,试判断是否满足相位平衡条件。

解:图 8.1.15(a)中的放大电路是共基组态放大电路。断开反馈网络,在晶体管的发射极输入频率为 f_0,对地瞬时极性为正的电压信号 $\dot{U}_i$,晶体管的集电极电位的瞬时极性为正,二次线圈的同名端瞬时极性为负,二次线圈的下端电位为正,由于接地点与两个性质不同的电抗相连接,则其余两个节点对地电位极性相同,所以二次线圈中间抽头的瞬时极性与下端极性相同为正,即反馈电压 $\dot{U}_f$ 与输入电压 $\dot{U}_i$ 的瞬时极性相同,满足振荡的相位平衡条件。

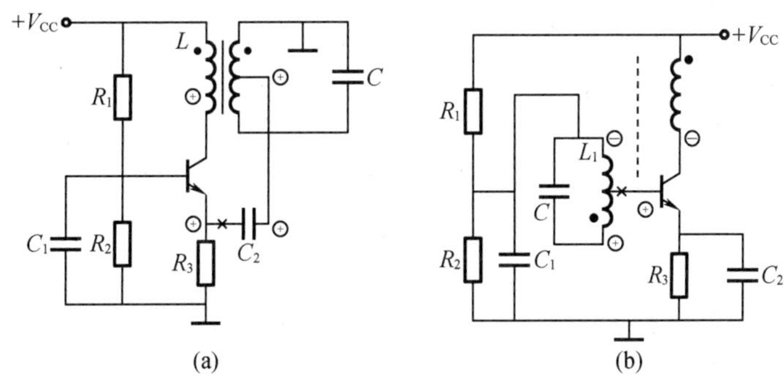

图 8.1.15

图 8.1.15(b)中的放大电路是共射组太放大电路。断开反馈网络,在晶体管的基极输入频率为 f_0、对地瞬时极性为正的电压信号 $\dot{U}_i$,晶体管的集电极电位的瞬时极性为负,二次线圈的同名端瞬时极性为正,交流时 C_1 对地相当于短路,因此接地点与两个性质不同的电抗相连接,其余两个节点对地电位极性相同,所以二次线圈中间抽头的瞬时极性与下端极性相同为正,即反馈电压 $\dot{U}_f$ 与输入电压 $\dot{U}_i$ 的瞬时极性相同,满足振荡的相位平衡。

6. 石英晶体正弦波振荡电路

分析石英晶体正弦波振荡电路首先需要对石英晶体的频率特性有所了解。图 8.1.16 所示为石英晶体的图形符号、等效电路和电抗频率特性曲线。石英晶体有一个串联谐振频率 f_s 和一个并联谐振频率 f_p,二者十分接近。图中的 C_o 在 10 pF 左右,等效电容 C 十分微小,在 $10^{-3}\sim10^{-4}$ pF 之间,等效电感 L 在 10 H 左右。石英晶体的品质因数特别高,有的甚至达到数百万。根据石英晶体型号和固有谐振频率的不同,上述数值会有一定的变化。

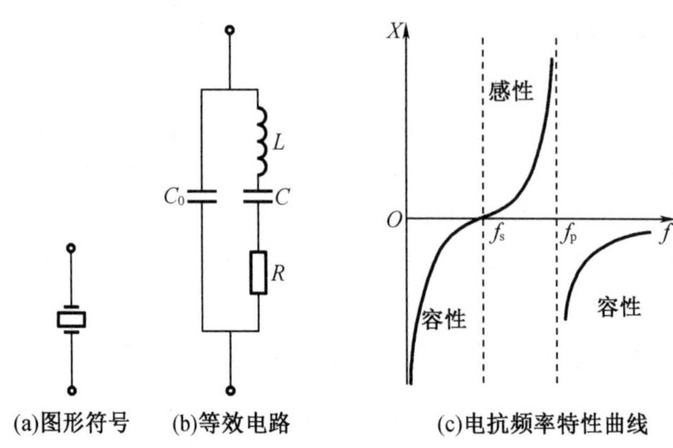

图 8.1.16 石英晶体的图形符号、等效电路和电抗频率特性曲线

石英晶体正弦波振荡电路如图 8.1.17 所示。对于图 8.1.17(a)的电路,与电感三点式正弦波振荡电路相似,只是串联在反馈通路中的耦合电容换成了石英晶体,因此仍可以用规则 2 判断。为使反信号能无损耗、无相位差地传递到发射极,石英晶体应处于串联谐振点,此时晶体的阻抗接近为零。调节电容器,C 使 LC 并联谐振电路的谐振频率 f_0 接近石英晶体的固有谐振频率 f_s,电路即可产生稳定的振荡。

对于图 8.1.17(b)所示的电路,若要满足正反馈的条件,石英晶体必须呈电感性,为此,产生振荡的频率应介于 f_f 和 f_p 之间。由于石英晶体的 Q 值很高,可以达到几千以上,所以电路的振荡频率稳定性要比普通 LC 正弦波振荡电路高很多。石英晶体正弦波振荡电路的频率不易调节,往往只用于频率固定的场合。半可调电容 C_s 只能对石英晶体的谐振频率进行微小的调节。

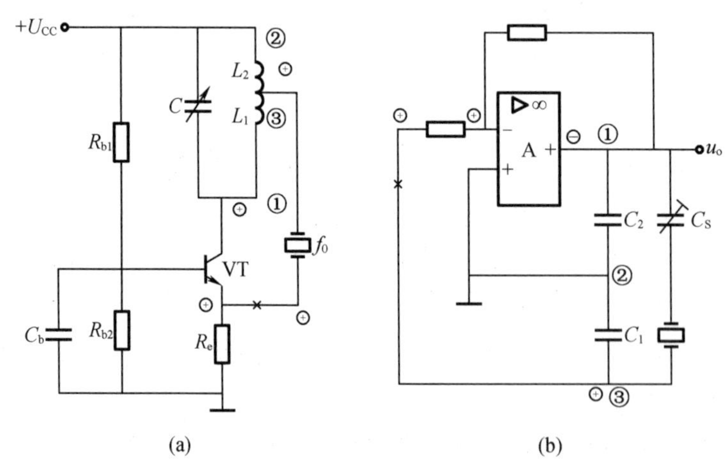

图 8.1.17 石英晶体正弦波振荡电路

石英晶体正弦波振荡电路具有振荡频率十分稳定的特点,利用石英晶体构成的 LC 正弦波振荡电路,广泛应用于无线电话、载波通信、广播电视、卫星通信、原子钟、数字仪表和许多民用产品之中。石英晶体还可以作为温度、压力和重量方面的敏感器件使用。

【例 8.1.3】 试用相位平衡条件判断图中两个电路是否可能产生正弦振荡,如能振荡,石英晶体相当于什么性质的电抗性元件?并求图 8.1.18(b)电路满足起振的幅值条件。

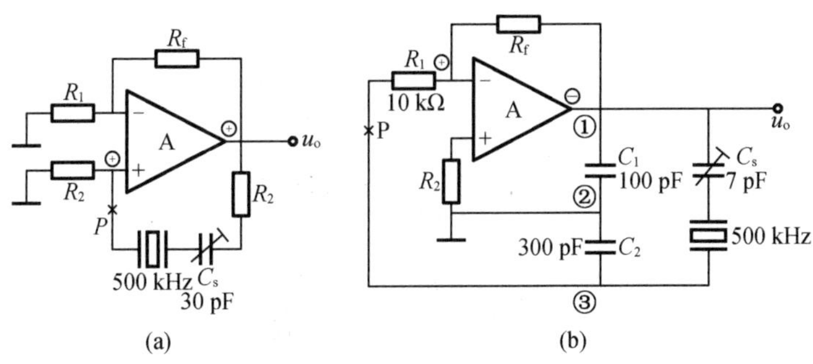

图 8.1.18

解:在图 8.1.18(a)中,在 P 点断开反馈网络,在运放的同相端输入频率为 f_0、对地瞬时极性为正的电压信号 $\dot{U}_i$,运放输出的瞬时极性为正,只要输入信号频率 f_0 等于石英晶体振荡器的串联谐振频率 f_s,则石英晶体振荡器呈纯阻性,且很小,则反馈电压信号 $\dot{U}_f$ 与输入电压信号 $\dot{U}_i$ 的瞬时极性均为正,满足振荡的相位平衡条件。只要电路参数设置合理,即可满足振荡的幅值平衡条件。因此,可能产生振荡。

在图 8.1.18(b)中,在 P 点断开反馈网络,在运放的反相端输入频率为 f_0、对地瞬时极性为正的电压信号 $\dot{U}_i$,运放输出的瞬时极性为负,如果石英晶体工作在串联谐振频率 f_s 和并联谐振频率 f_p 之间,石英晶体相当于一个电感,和两个外接电容 C_1 和 C_2 构成电容三点式正弦波振荡电路。根据三点式正弦波振荡电路相位平衡条件的判断规则可知,该电路满足相位平衡条件。只要电路参数设置合理,即可满足振荡的幅值平衡条件。因此,可能产生振荡。

图 8.1.18(b)电路中,C_2 上的电压为反馈电压,C_1 上的电压是输出电压,且电容分压和电容量成反比分配,所以,电压反馈系数为

$$\dot{F}=\frac{\dot{U}_f}{\dot{U}_o}=\frac{C_1}{C_2}=\frac{100\ \text{pF}}{300\ \text{pF}}=\frac{1}{3}$$

为保证起振,即满足振荡的幅度条件,必须使 $|AF|\geqslant 1$,所以应保证 $A\geqslant 3$,由图可知 $A=-R_f/R_1$,所以要求 $R_f\geqslant 3R=3\ \text{k}\Omega$。图中的 C_s 用于对石英晶体的固有谐振频率进行微调。

8.2 非正弦波发生电路

非正弦波信号发生电路主要包括矩形波发生电路、三角波发生电路和锯齿波发生电路等。本节主要介绍几种常用的非正弦波信号发生电路的电路组成、工作原理和主要参数。

8.2.1 矩形波发生电路

1. 电路组成

矩形波发生电路如图 8.2.1 所示,由滞回比较器和 RC 电路构成。滞回比较器引入正反馈,产生振荡,使输出电压仅有高、低电平两种状态,且自动相互转换。RC 电路起延时和反馈作用,使电路的输出电压按一定的时间间隔在高低电平之间交替变化。

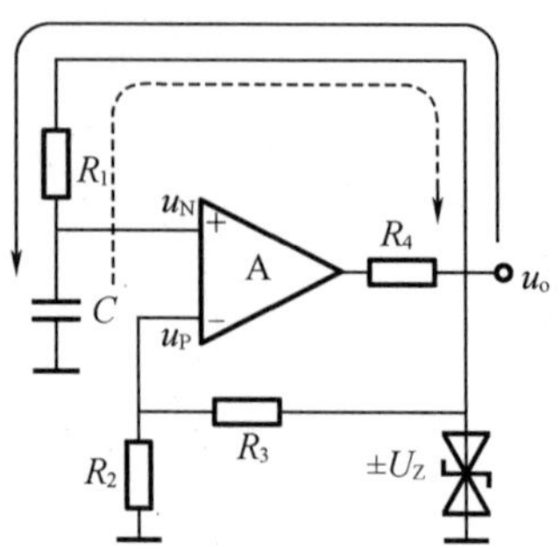

图 8.2.1　矩形波发生电路

2. 工作原理

设电容 C 的初始电压为零，即 $U_C=0$。不妨设 $U_o=\pm Z$，则运放同相端的电位为

$$U'_P=\frac{R_2U_Z}{R_2+R_3} \tag{8.2.1}$$

于是，输出 $+U_Z$ 通过 R_1 向电容 C 正向充电，路径如图 8.2.1 中实线箭头所示，U_C 按指数规律升高。当 $u_C=u_N\geq U'_P$ 时，u_o 跃变为 $-U_Z$，此时运放同相端的电位为

$$U''_P=\frac{R_2U_z}{R_2+R_3} \tag{8.2.2}$$

然后，u_o 通过 R_1 对电容 C 反向充电（也称放电），路径如图 8.2.1 中虚线箭头所示，u_c 按指数规律降低。当 $u_C=u_N\leq U''_P$ 时，u_o 跃变为 U_Z。如此不断循环往复，输出 u_o 为矩形波，如图 8.2.2 所示。

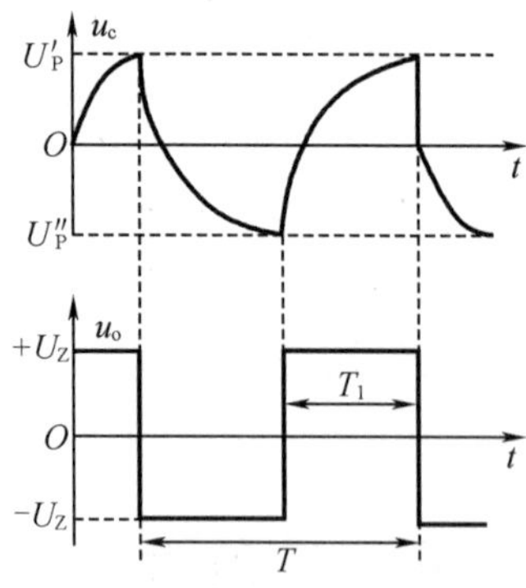

图 8.2.2　矩形波发生电路的输出电压信号波形

3. 参数分析

（1）输出电压幅值

由电路的工作原理可知，输出电压 u_o 在 $+U_Z$ 和 $-U_Z$ 之间振荡，即

$$U_{OM}=\pm U_Z \tag{8.2.3}$$

（2）周期 T

由于图 8.2.1 所示电路的电容正、反向充电时间常数均为 R_1C，且正、反向充电时输出电压的幅值也相等，因而在一个周期内输出高电平与低电平的时间相等。输出信号的振荡周期 $T=2T_1$，T_1 为输出高电平时间。

根据一阶 RC 电路的三要素法:

$$u_c(t)=u_c(\infty)+[u_c(0)-u_c(\infty)]e^{\frac{t}{\tau}} \tag{8.2.4}$$

将 $\tau=R_1C$、$u_c(0)=U''_P$、$u_c(\infty)=+U_Z$ 和 $u_c(T_1)=U'_P$ 代入式(8.2.4),得到矩形波的周期为

$$T=2T_1=2R_1C\ln\left(1+\frac{2R_2}{R_3}\right) \tag{8.2.5}$$

(3)占空比 D

由于 $T=2T_1$,所以输出矩形波的占空比为

$$D=\frac{T_1}{T}\times100\%=50\% \tag{8.2.6}$$

即图 8.2.2 中的 u_o 为方波信号。

4. 占空比可调的矩形波发生电路

可以利用二极管的单向导电性,使电容的正向充电和反向充电的回路不同,改变电容器 C 的充,放电时间常数 τ_1 和 τ_2,从而改变输出矩形波的占空比。占空比可调的矩形波发生电路如图 8.2.3 所示,设 VD_1、VD_2 为理想二极管。

当对电容 C 正向充电时,电流流经电位器 R_P 滑动端到上端的电阻 R'_P、二极管 VD_1、电阻 R_1 和电容 C;当电容 C 反向充电时,电流流经电容 C、电阻 R_1、二极管 VD_2、电位器滑动端到下端的电阻 R''_P。电容 C 正向充电的时间常数 $\tau_1=(R''_P+R_1)C$,电容 C 反向充电的时间常数 $\tau_2=(R''_P+R_1)C$。利用一阶 RC 电路的三要素法求得

$$T_1=(R+R'_P)C\ln\left(1+\frac{2R_2}{R_3}\right)$$

$$T_2=(R+R'_P)C\ln\left(1+\frac{2R_2}{R_3}\right)$$

则矩形波的振荡周期

$$T=(2R_1+R_P)C\ln\left(1+\frac{2R_2}{R_3}\right) \tag{8.2.7}$$

矩形波的振荡频率为

$$f=\frac{1}{T}=\frac{1}{(2R_1+R_P)}C\ln\left(1+\frac{2R_2}{R_3}\right) \tag{8.2.8}$$

式中,$R_P=R'_P+R''_P$。矩形波的占空比为

$$D=\frac{T_1}{T}\times100\%=\frac{\tau_1}{\tau_1+\tau_2}\times100\%=\frac{R_1+R'_P}{2R_1+R_P}\times100\% \tag{8.2.9}$$

由式(8.2.7)和(8.2.9)可知,改变 R_P 的滑动端位置,即可在不改变输出矩形波信号的周期的情况下,改变其占空比。

8.2.2 三角波发生电路

1. 电路组成

在某些对三角波的线性度、电流驱动能力要求不高的场合(比如脉宽调制型开关稳压电路中的三角波发生电路),甚至可以用图 8.2.1 所示的矩形波发生电路中的 u_C 近似地作

为三角波输出(图 8.2.2)。也可以由图 8.2.1 所示电路输出的占空比为 50%的方波信号经过积分运算得到,如图 8.2.4 所示。

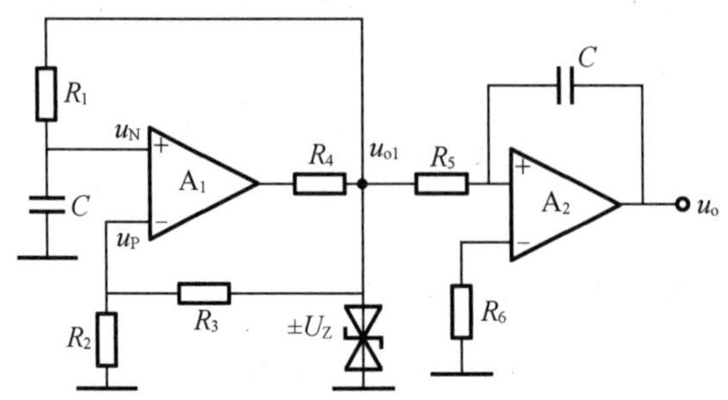

图 8.2.3　三角波发生电路

图 8.2.3 所示电路原理非常简单,但是在应用上存在如下缺陷:一方面,双向稳压管的正、反向参数很难做到完全对称;另一方面,矩形波信号 U_{o1} 的占空比也可能不是严格的 50%。若 u_{o1} 中存在微小的直流量,积分运算电路对输入流量不断积分并累加,势必导致输出 u_o 达到饱和,如图 8.2.4 所示。

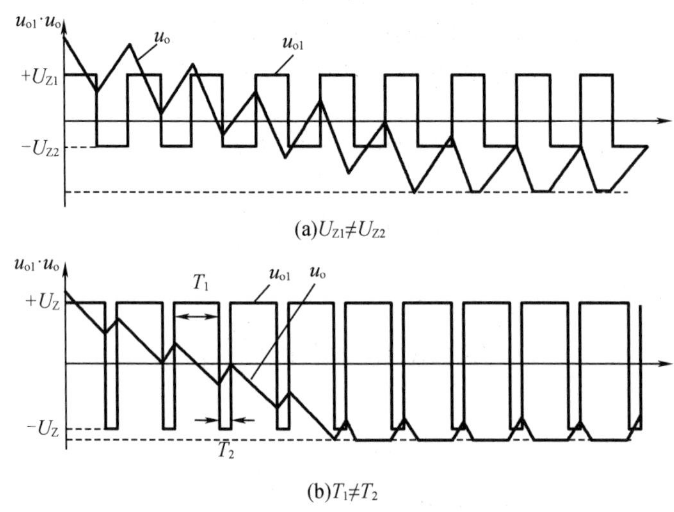

图 8.2.4　三角波发生电路的输出信号波形

实用的三角波发生电路如图 8.2.5 所示。电路仍由方波发生电路和积分运算电路构成,这两部分电路共用一个 RC 环节,既节约了成本,又提高了电路的可靠性。更重要的是,积分运算电路的输出 u_o 还作为矩形波发生电路中同相输入滞回比较器的输入,呈现闭环结构,从而将 u_o 的数值限制在滞回比较器的阈值之间,避免了由于方波信号的质量引起的输出饱和现象的发生。

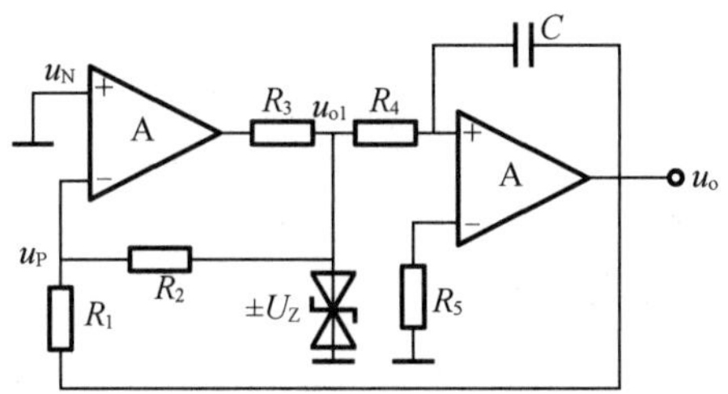

图 8.2.5 实用三角波发生电路

2. 工作原理

不妨设 $u_{o1}=+U_Z$,u_{o1} 给积分电容 C 正向充电,同时 u_o 按线性规律下降,拉动运放 A_1 的同相输入端电位 u_P 下降。当运放 A_1 的同相输入端电位 u_P 略低于反相输入端电位 $u_N=0$ V 时,u_{o1} 从$+U_Z$ 跳变为$-U_Z$;当 $u_{o1}=-U_Z$ 时,电容 C 开始反向充电,u_o 按线性规律上升,u_o 拉动 u_P 上升,当运放 A_1 的 u_P 略大于 $u_N=0$ V 时,u_{o1} 从$-U_o$,跳变为$+U_o$ 如此循环往复,输出产生三角波。三角波发生电路的输出电压信号波形如图 8.2.6 所示。

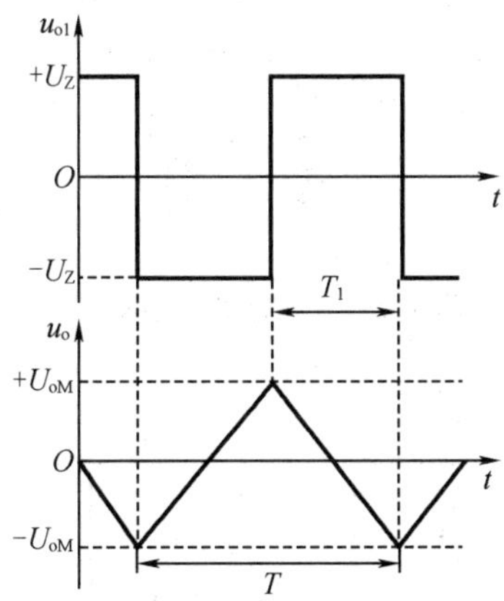

图 8.2.6 三角波发生电路的输出电压信号波形

3. 参数分析

(1)输出电压幅值

图 8.2.6 中滞回比较器的输出电压 $u_{o1}=\pm U_Z$。积分电路的输出电压 u_o 是滞回比较器的输入。根据叠加定理,运放 A_1 的同相输入端电位为

$$U_P=\frac{R_2u_o}{R_1+R_2}+\frac{R_1u_{o1}}{R_1+R_2}=\frac{R_2u_o}{R_1+R_2}\pm\frac{R_1U_Z}{R_1+R_2}$$

令 $u_P=u_N=0$,则输出电压的峰值为

$$\pm U_{oM}=\pm\frac{R_1}{R_2}U_z \tag{8.2.10}$$

(2)周期 T

若电路的振荡周期为 T,由图 8.2.6 可得

$$-\frac{1}{C}\int_0^{T_1}\frac{U_Z}{R_4}\mathrm{d}t=-U_{oM}$$

解得振荡周期

$$T=2T_1=4R_4C\frac{U_{oM}}{U_Z}=\frac{4R_1R_4C}{R_2} \tag{8.2.11}$$

8.2.3 锯齿波发生电路

1. 电路组成及工作原理

在三角波发生电路的基础上,考虑改变积分运算电路中电容 C 的正、反向充电路径,使其正、反向充电时间常数不同,从而使积分运算电路输出信号的上升、下降的速率不同,即可得到锯齿波发生电路,如图 8.2.7 所示。图中 VD 为理想二极管,正向充电时间常数 $\tau_1=(R/\!/R')C$,反向充电时间常数 $\tau_2=RC$。锯齿波发生电路的输出电压波形如图 8.2.8 所示。

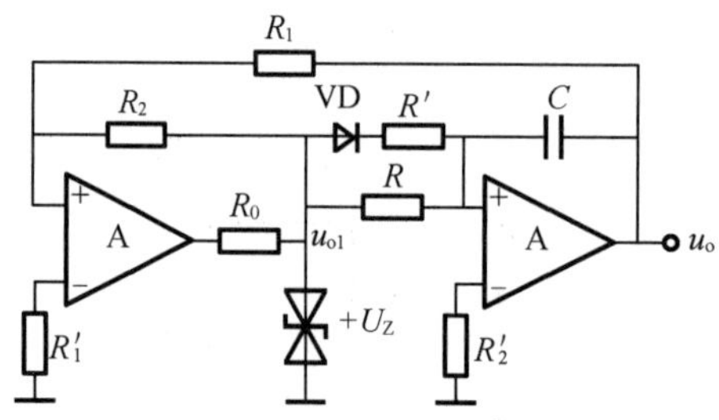

图 8.2.7 锯齿波发生电路

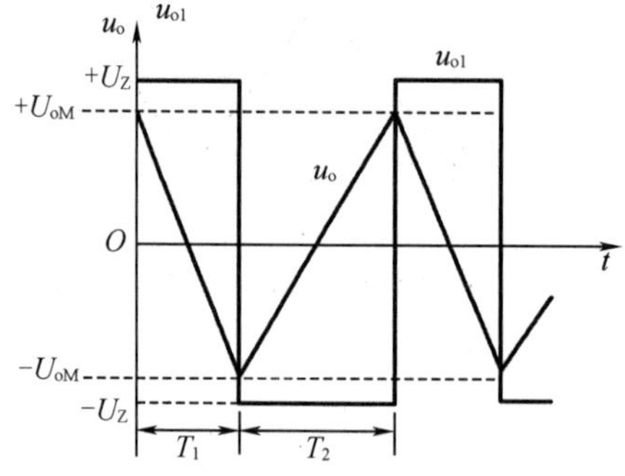

图 8.2.8 锯齿波发生电路的输出电压信号波形

2. 参数分析

(1)输出电压幅值

$$\pm U_{oM}=\pm\frac{R_1}{R_2}U_Z \tag{8.2.12}$$

(2)周期 T

正向充电时间

$$T_1=2(R/\!/R')C\frac{U_{oM}}{U_Z}=\frac{2(R/\!/R')R_1C}{R_2} \tag{8.2.13}$$

反向充电时间

$$T_2=2RC\frac{U_{oM}}{U_Z}=\frac{2RR_1C}{R_2} \tag{8.2.14}$$

振荡周期为

$$T=T_1+T_2=\frac{2R_1C[(R/\!/R')+R]}{R_2} \tag{8.2.15}$$

8.2.4 波形变换电路

1. 电流-电压变换器和电压-电流变换器

对传感器输出的电压或电流信号进行放大的同时，有时也需要进行信号变换以满足其他信号处理电路对输入信号的要求。运算放大器属于电压型放大器，除了实现电压放大以外，也可以通过引入不同的负反馈实现其他类型的放大，如电流放大、互阻放大（电流-电压变换）和互导放大（电压-电流变换）。电压-电流和电流-电压变换器被广泛应用于传感器信号调节电路中。

（1）电流-电压变换器

电流-电压变换器也称为互阻放大器，具有将输入电流转换为输出电压的能力，如图8.2.9所示，由图可知运算放大器引入了电压并联负反馈，低输入电阻和低输出电阻的形式消除了运算放大器在输入和输出端的负载效应。设运算放大器具有理想特性，则有

$$u_o=A_ri_s=-i_sR_f \tag{8.2.16}$$

式中，A_R 为输出电压 u_o 与输入电流 i_s 的比值，因而称为互阻增益，量纲为欧姆（Ω）。

如果输入电流 i_s 的参考方向与图示方向相反，则 $u_o=i_sR_f$。这种电流-电压变换器常用于温度测量电路、光电检测电路以及电流输出型D/A转换器的接口电路中。

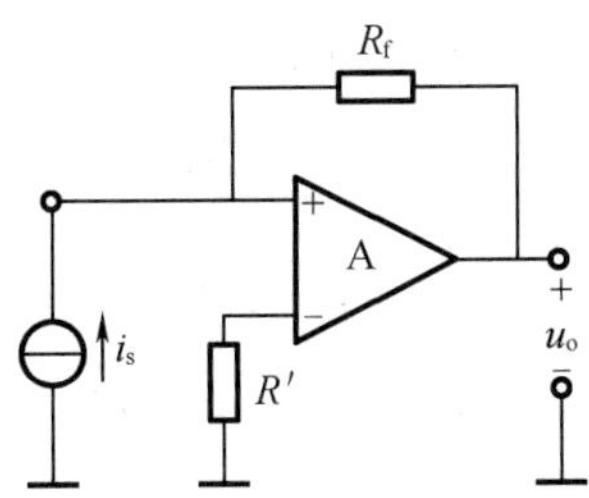

图8.2.9 电流-电压变换器

（2）电压-电流变换器

在远程数据采集和传输系统中，为了消除传输导线的电阻、接触电动势以及外界干扰所造成的测量误差，通常采用就近放大的原则。先将传感器的输出进行电压放大，再转换为电流传输出去。这种变换器使输入电压与输出电流成正比，并且要求输出电流不受负载阻值变化的影响，相当于是一个电压控制电流源。

电压-电流变换器也称为互导放大器，如图8.2.10所示，其中图（a）为负载不接地的情况，也称浮动负载转换器；图（b）为负载接地的情况，也称接地负载转换器（或howland电流泵）。前者电路结构简单，将负载本身作为了反馈元件，因而负载必须是悬浮的，不能接地，在实际应用中受到限制；后者为了给接地负载提供稳定的输出电流，既引入了负反馈又引入了正反馈环节，电路结构比较复杂。实际应用时应根据具体设计要求，选用变换电路。

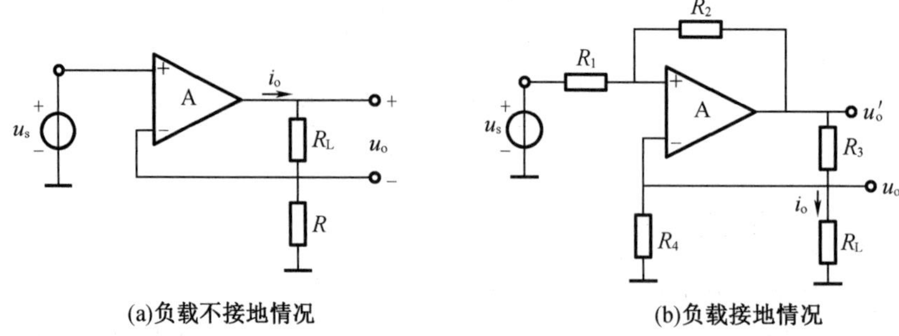

(a)负载不接地情况　　(b)负载接地情况

图 8.2.10　电压-电流变换器

由图 8.2.10(a)可知,运算放大器引入了电流串联负反馈,运用“虚短”“虚断”概念可得

$$i_o=A_G u_s=\frac{1}{R}u_s \tag{8.2.17}$$

式中,A_G 为输出电流 i_o 与输入电压 u_s 的比值,因而称为互导增益,量纲为西门子(S)。该电路将输入电压转换为输出电流。值得注意的是,浮动负载上的电流受运算放大器最大输出电流的限制。

图 8.2.10(b)所示电路包含两种反馈途径,由 R_1、R_2 构成负反馈路径,由 R_3、R_4 构成正反馈路径。设输入 $u_s=0$,分析电路的两个反馈系数为

$$f_-=\frac{u_-}{u_o}=\frac{R_1}{R_1+R_2} \qquad F_+=\frac{u_+}{u_o}=\frac{R_4//R_L}{R_3+R_4//R_L}$$

设电路参数选择合理,使 $F_-=F_+$ 即负反馈占优势,则此时电路工作稳定,不会产生振荡。运用“虚短”“虚断”概念,电路的输出电阻为

$$r_o=\frac{u_o}{i_o}\bigg|_{\substack{u_s=0\\R_L=\infty}}=\frac{u_+}{\dfrac{u'_0-u_+}{R_3}}=\frac{R_3R_4u_+}{\dfrac{u_-}{F_-}R_4-(R_3+R_4)u_+}=\frac{R_3}{\dfrac{R_2}{R_1}-\dfrac{R_3}{R_4}} \tag{8.2.18}$$

已知放大电路的输出电阻越大,其输出电流越稳定。因此由式(8.2.18)可知,当满足条件$\frac{R_2}{R_1}=\frac{R_3}{R_4}$时,$r_o=\infty$ 。且只要负载值为有限值,就有 $F_-=F_+$,电路输出电流不受负载影响。

列运算放大器反相输入端和同相输入端的节点电流方程为

$$\frac{u_s-u_-}{R_1}=\frac{u_--u'_o}{R_2}$$

$$\frac{u_+}{R_4}+i_o=\frac{u'_o-u_+}{R_3}$$

因为 $u_+=u_-$,所以

$$\frac{R_4}{R_3+R_4}u'_o-i_o\cdot\frac{R_3\cdot R_4}{R_3+R_4}=u_s\frac{R_2}{R_1+R_2}=u'_o\frac{R_1}{R_1+R_2}$$

若$\frac{R_3}{R_4}=\frac{R_2}{R_1}$,则可得

$$\frac{R_4}{R_3+R_4}=\frac{R_1}{R_1+R_2},\frac{R_3}{R_3+R_4}=\frac{R_2}{R_1+R_2}$$

代入上式求得

$$i_o=-\frac{1}{R_4}u_s \tag{8.2.19}$$

上式表明,输出电流 i_o 与输入电压 u_s 成正比,实现了输入电压到输出电流的线性变换。在实际应用中,通常用两个小电容与 R_2、R_4 并联,以确保在高频时负反馈超过正反馈,从而使电路稳定工作。

8.2.5 精密整流电路

把交流电压变换为直流电压的电路称为整流电路,最简单的二极管整流电路如图 8.2.11 所示。如果二极管认为是理想的,在输入为正弦信号的情况下,输出波形如图 8.2.12 所示。

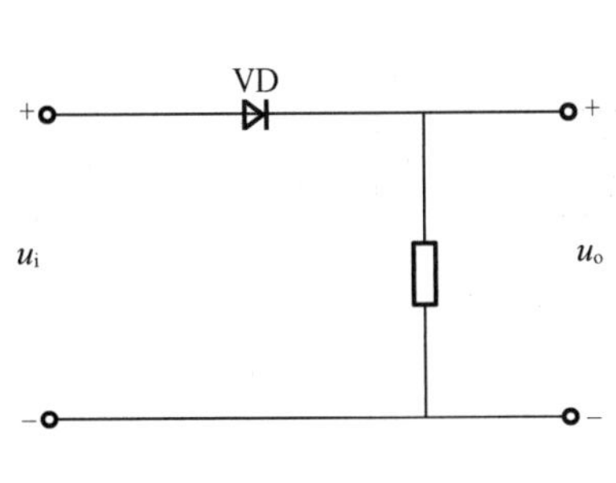

图 8.2.11 二极管整流电路

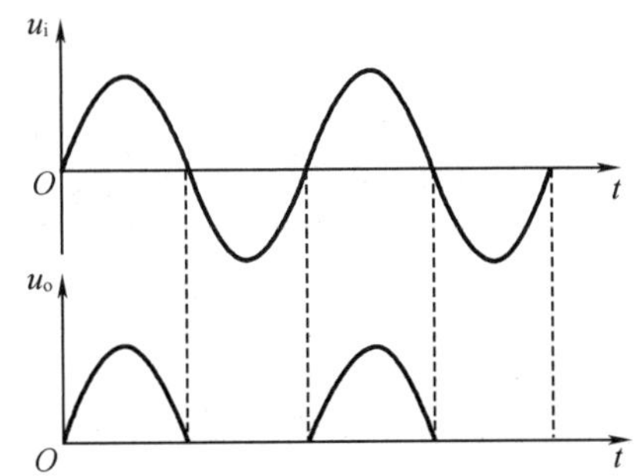

图 8.2.12 输入输出波形

这种电路中输入信号的负半周没有输出,称为半波整流电路,而且实际上二极管有死区电压,输出信号的正半周并不能和输入信号的正半周完全一致。为克服上述同题,需要更为精密的整流电路。由运放构成的精密整流电路如图 8.2.13(a)所示,电路的工作过程分析如下:

(1)当 $u_i>0$ 时,有 $u'_o<0$,使 VD_2 导通、VD_1 截止,电路实现反相比例运算:

$$u_o=\frac{R_f}{R}u_i$$

若 $R_f=R$,则有 $u_o=-u_i$。

(2)当 $u_i<0$ 时,有 $u'_o>0$,则 VD_1 导通,VD_2 截止,反馈支路由 VD_1 构成,等反馈电阻为 0,输出电压 $u_o=0$。

在输入为正弦信号的情况下,输出波形如图 8.2.13(b)所示,电路实现了更为精密的半波整流。

一种实用的精密全波整流电路如图 8.2.14(a)所示。该电路是在图 8.2.14(a)所示电路的基础上,增加了由 A_2 和 R 构成的反相比例加法电路而形成的。电路的工作原理如下:

由于 $u_o=-u_{o1}=-u_i$。由前面的分析可知,当 $u_i>0$ 时,$u_{o1}=-2u_i$,$u_o=2u_i-u_i$;当 u_i 时,

$u_{o1}=0,u_o=-u_i$。因此,该电路的输出输入关系是 $u_o=|u_i|$,即输出是输入的绝对值。图8.2.15(a)所示电路实现了绝对值运算。在输入分别为正弦信号和三角波信号的情况下,输出波形如图8.2.15(b)(c)所示,实现了精密全波整流。

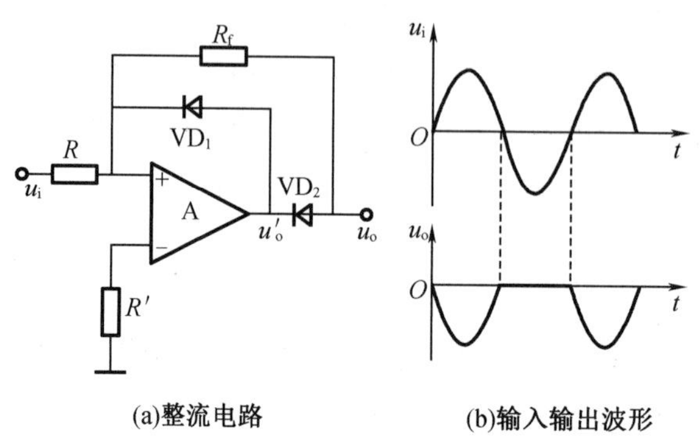

(a)整流电路　　(b)输入输出波形

图8.2.13　运放构成的精密整流电路

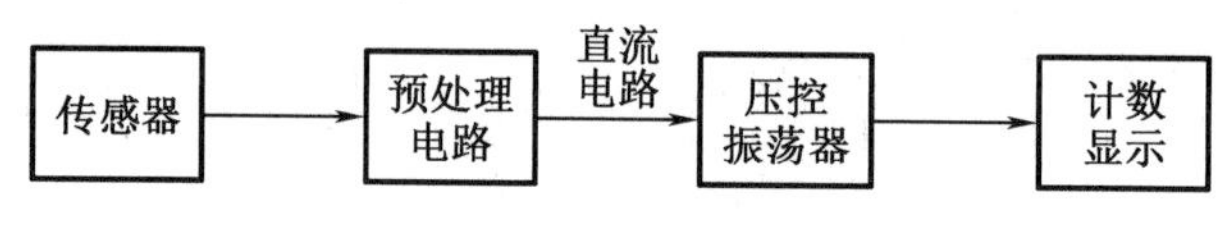

图8.2.14　精密全波整流电路

8.2.6　电压频率变换电路

电压频率变换电路(voltage frequency converter,VFC)的功能是将输入的直流电压转换成频率与输入电压数值成正比的输出。通常,其输出为矩形波信号,也称为电压控制振荡电路(voltage controlled oscillator,VCO),简称压控振荡电路。如果任何一个物理量通过传感器转换成电信号后,经预处理变换为合适的电压信号,然后去控制压控振荡电路,再用压控振荡电路的输出驱动计数器,使之在一定时间间隔内记录矩形波个数,并用数码显示,就构成了该物理量的数字式测量仪表,如图8.2.15所示。因此,可以认为电压频率变换电路是一种模拟量到数字量的转换电路,即模/数转换电路。电压频率转换电路广泛应用于模拟/数字信号转换、调频、遥控、遥测等各种设备之中。其电路形式很多,这里仅对基本电路加以介绍。

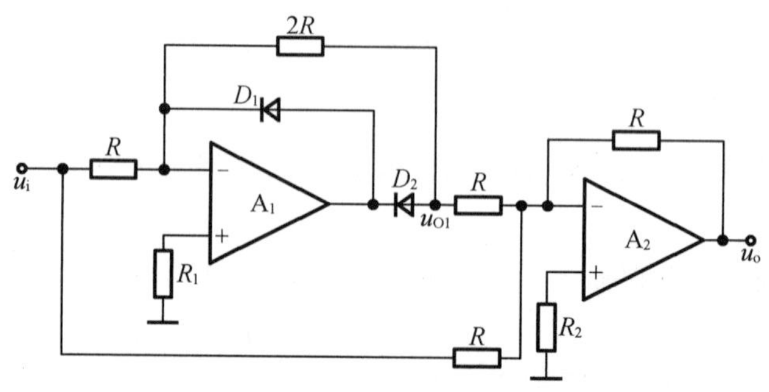

图8.2.15　全波精密整流电路及其波形

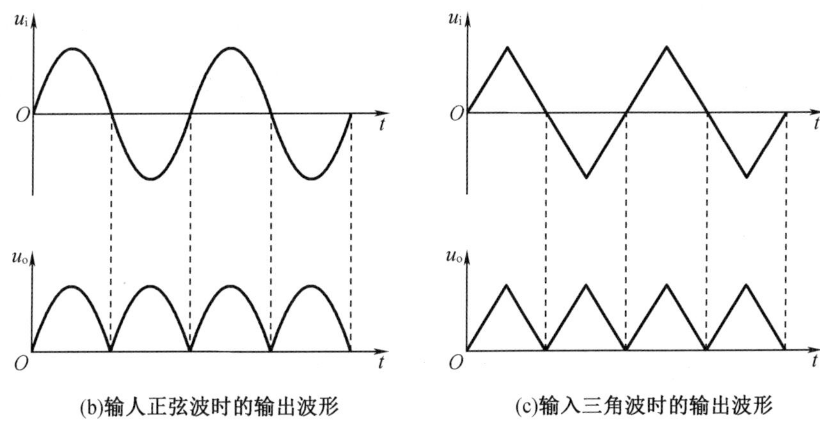

(b)输人正弦波时的输出波形　　(c)输入三角波时的输出波形

图 8.2.15(续)

图 8.2.16(a)所示为电荷平衡式电压频率变换电路的原理框图,它由积分器和滞环比较器组成,S 为电子开关,受输出电压 u_o 的控制。

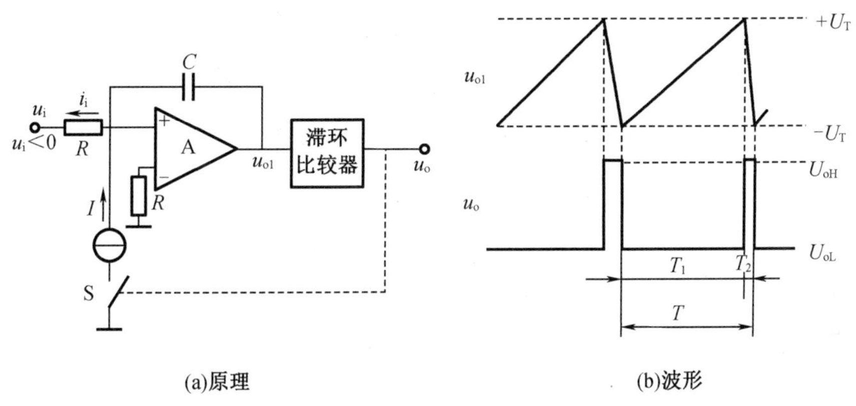

(a)原理　　(b)波形

图 8.2.16　电压频率的变换电路原理框图及工作波形

设 u_i,$|i|\gg|i_i|$ u_o 的高电平为 U_{oH},u_o 的低电平为 U_{oL};当 $u_o=U_{oH}$ 时,S 闭合,当 $u_o=U_{oL}$ 时,S 断开。若初始时,$u_o=U_{oL}$,S 断开,积分器对输入电流 i_i 积分,且 $i_i=u_i/R$,u_{o1} 随时间逐渐上升,形成图 8.2.16(b)所示 u_{o1} 上升段的波形;当 u_{o1} 增大到一定数值时,滞环比较器使 u_o 从 U_{oH} 跃变为 U_{oH},S 闭合,积分器对恒流源电流 I 与 i_i 的差值积分,且 I 与 i_i 的差值近似为 Iu_{o1} 随时间下降,形成 u_{o1} 下降段的波形;当 u_{o1} 减小到一定数值时,u_o 从 U_{oH} 跃变为 U_{oL},回到初态,电路重复上述过程,产生自激振荡,输出电压 u_o 的波形如图 8.2.16(b)所示。因为 $|I|\gg|i_i|$,所以 u_{o1} 下降速度远大于其上升速度;使 u_o 为 U_{oL} 的时间 T_1 远大于为 U_{oH} 的时间 T_2,由于 $T_1\gg T_2$,可以认为振荡周期 $T=T_1$。而且,u_i 数值越大,充电电流越大,T_i 越小,振荡频率 f 越高,实现了电压到频率的转换,或者说实现了压控振荡。以上分析说明,电流源 I 对电容 C 在很短时间内放电(或称反向充电)的电荷量等于 i_i 在较长时间内充电(或称正向充电)的电荷量,故称这类电路为电荷平衡式电路。

图 8.2.17 所示为一种电荷平衡式电压频率转换电路,显线左边为积分器,右边为滞环比较器,二极管 VD 的状态决定于输出电压,电阻 R_5 起限流作用,通常 $R_5\ll R_1$。滞环比较器

的电压传输特性如图 8.2.18 所示，输出电压 u_o 的高、低电平分别为 $+U_Z$ 和 $-U_Z$，阈值电压 $\pm U_T=\pm\frac{R_2}{R_3}U_Z$。设图 8.2.17 所示电路的初态 $u_o=-U_Z$，由于 u_{N1}、VD 截止，A_1 的输出电压和 A_2 同相输入端的电位分别为

$$u_{o1}=-\frac{1}{R_1C}u_i(t_1-t_0)+u_o(t_0)$$

$$u_{P2}=\frac{R_3}{R_2+R_3}u_{o1}+\frac{R_2}{R_2+R_3}(-U_Z) \tag{8.2.20}$$

随着时间增长，u_{o1} 线性增大，A_2 同相输入端的电位 u_{P2} 也随之上升。

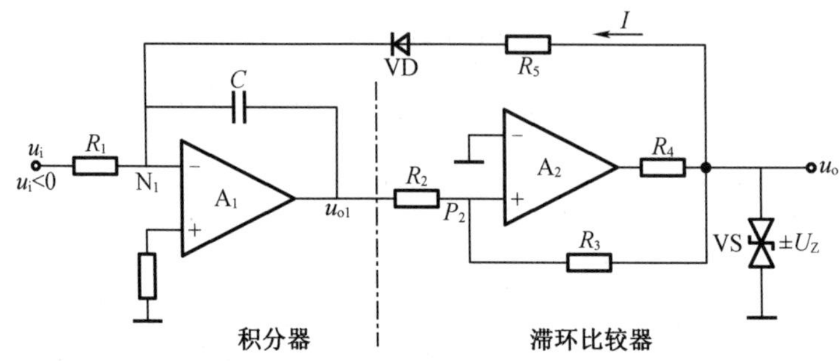

图 8.2.17 电荷平衡式电压频率转换电路

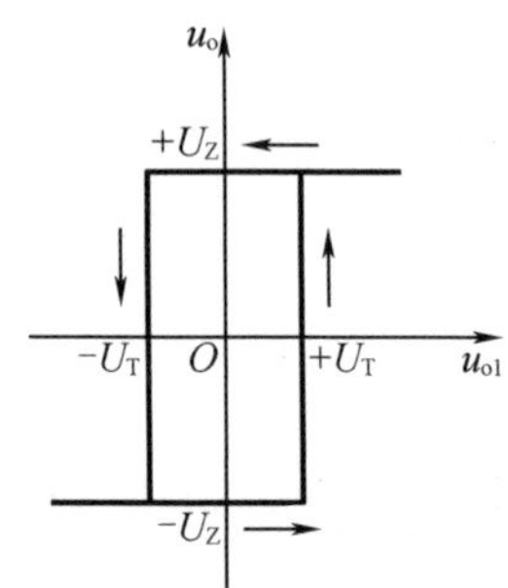

图 8.2.18 滞环比较器的电压传输特性

8.3 习 题

1. 电路如图 T8.1 所示。

(1)为使电路产生正弦波振荡，标出集成运放的“+”和“-”；并说明电路是哪种正弦波振荡电路。

(2)若 R_1 短路，则电路将产生什么现象？

(3)若 R_1 断路，则电路将产生什么现象？

(4)若 R_f 短路，则电路将产生什么现象？

(5)若 R_f 断路，则电路将产生什么现象？

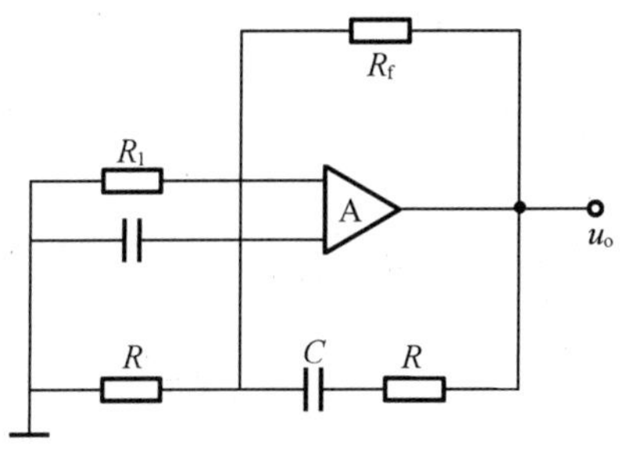

图 T8.1

2. 电路如图 T8.2 所示，试问：

(1)若去掉两个电路中的 R_2 和 C_3，则两个电路是否可能产生正弦波振荡，为什么？

(2)若在两个电路中再加一级与其前级相同的 RC 电路，则两个电路走否可能严生正弦波振荡，为什么？

3. 图 T8.3 所示电路为正交正弦波振荡电路，它可产生频率相同的正弦信号和余弦信号。已知稳压管的稳定电压$\pm U_Z=6$ V，$R_1=R_2=R_3=R_4=R_5=R$，$C_1=C_2=C$。

(1)试分析电路为什么能够满足产生正弦波振荡的条件；

(2)求出电路的振荡频率；

(3)画出 $\dot{U}_{o1}$ 和 $\dot{U}_{o2}$ 的波形，要求表示出它们的相位关系，并分别求出它们的峰值。

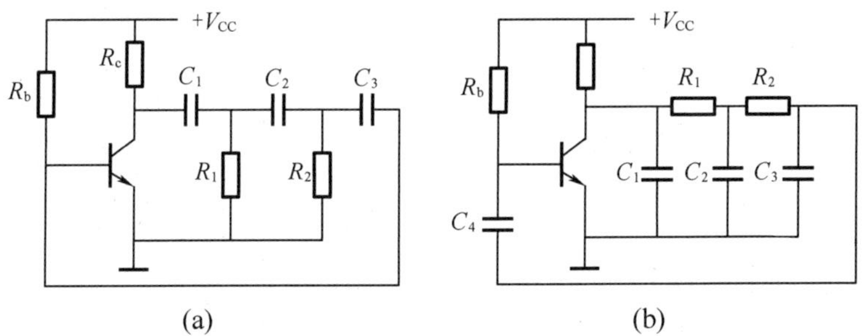

图 T8.2

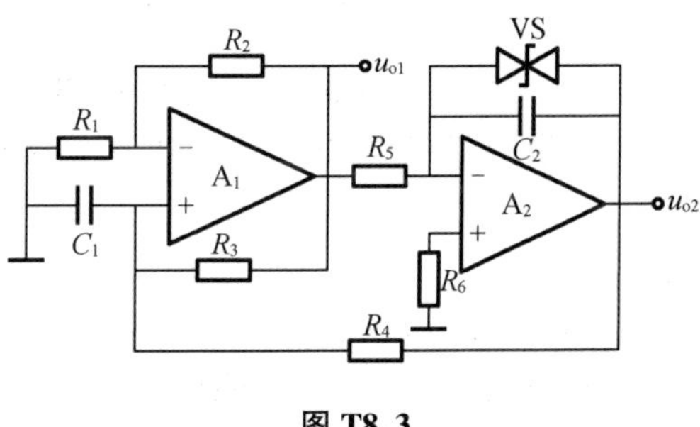

图 T8.3

4. 电路如图 T8.4 所示。

(1)定性画出 u_{o1} 和 u_o 的波形；

(2)估算振荡频率与 u_i 的关系式。

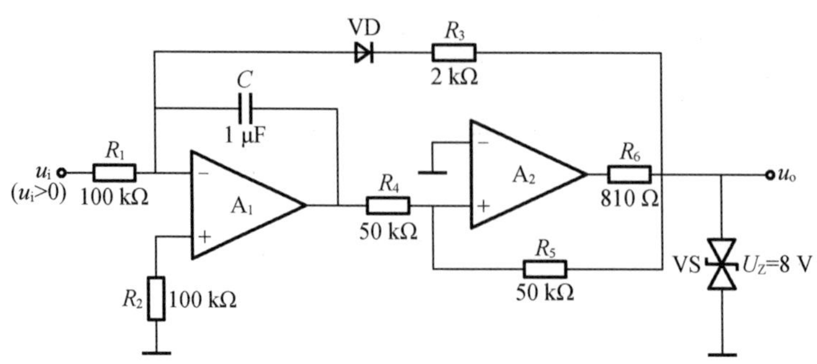

图 T8.4

5. 试判断图 T8.5 所示的电路能否产生正弦波振荡，并说明原因。

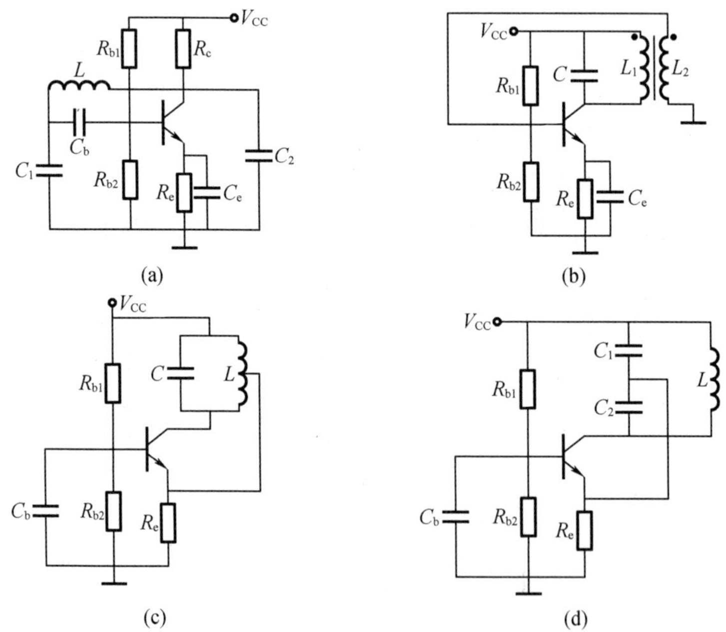

图 T8.5

6. 图 T8.6 给出的是能产生方波和三角波输出的压控振荡电路，设运放都是理想的，电源电压为 ±15 V，VD_1、VD_2 是理想的二极管，0 V < u_i < 10 V，双向稳压管的工作电压为 ±10 V，请回答下列问题：

(1) 说明电路的工作原理；

(2) 推导输出信号频率与输入电压的关系式。

7. 在图 T8.6 所示电路中，哪些能振荡？哪些不能振荡？能说出振荡电路的类型，并写出振荡频率的表达式。

8. 试用相位平衡条件判断图 T8.7 中电路是否可能产生正弦波振荡，如能振荡，指出石英晶体工作在它的哪一个谐振频率。

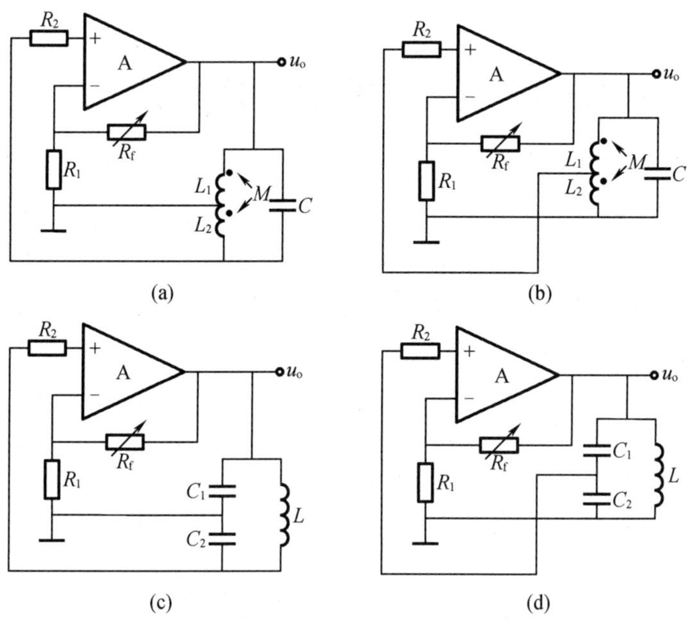

图 T8.6

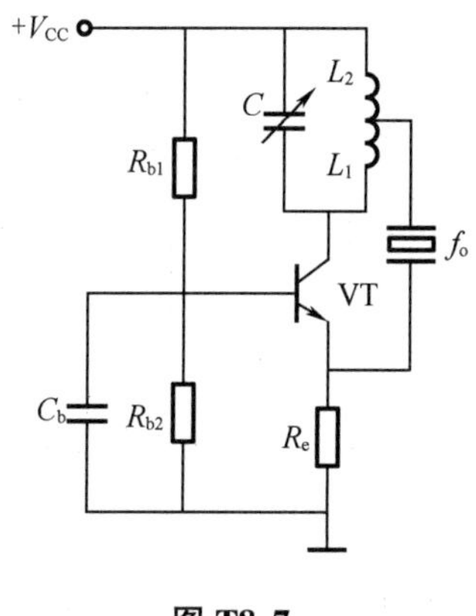

图 T8.7

9. 方波-三角波发生电路如图 T8.8 所示，设 A_1、A_2 为理想运算放大器，说明 R_P 的作用，定性画出 u_o 波形，求 u_o 的峰-峰值。

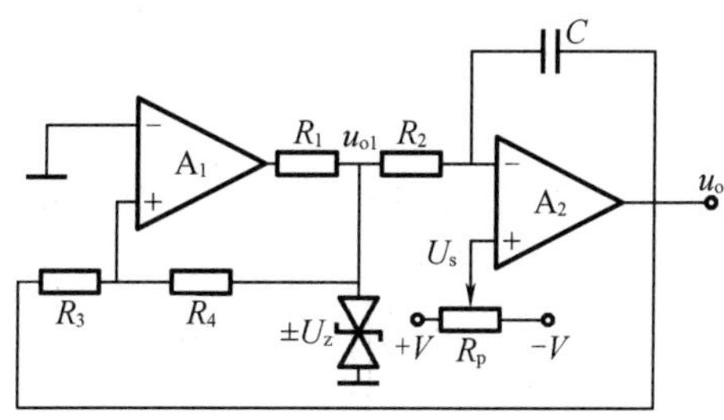

图 T8.8

第9章　直流电源

电子系统的正常运行离不开稳定的直流电源,多数直流电源是由电网的交流电转换而来,在某些特定场合下也可以采用太阳能电池或化学电池作电源。直流电源分为线性稳压电源和开关稳压电源两类,其中线性稳压电源采用线性稳压电路,内部调整管工作在放大状态;开关稳压电源采用开关稳压电路,内部调整管工作在开关状态。线性稳压电源的输出电压稳定,纹波较小,但其输出电流较小,调整管的功耗大,电源效率低;开关稳压电源的输出电流大,电源效率高,但有较大纹波。

本章首先介绍小功率直流电源的基本构成及其各主要组成部分的功能,然后介绍整流电路、滤波电路、线性串联型稳压电路和开关型稳压电路的工作原理。

9.1　直流电源的组成

小功率直流电源的基本组成以及各处电压波形如图 9.1.1 所示。

图中各组成部分的功能如下:

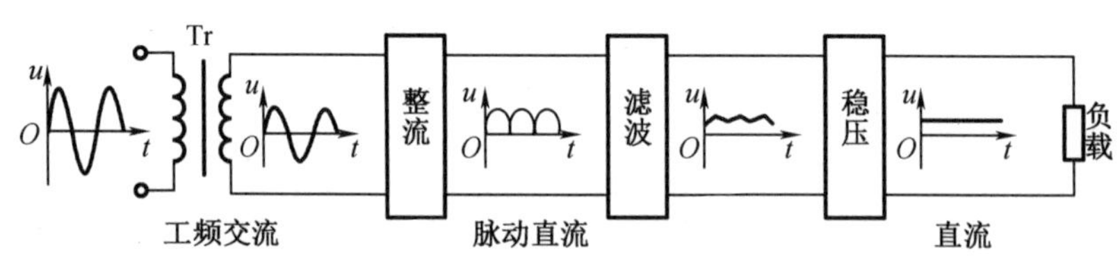

图 9.1.1　直流电源的组成

1. 电源变压器

电源变压器将电网提供的交流电压(一般为 50 Hz,有效值为 220 V 或 380 V)变换成符合需要的交流电压值,再经过整流、滤波和稳压处理,获得电子设备所需的直流电压。由于大多数电子设备所需的直流电压都不高,因而电源变压器一般是降压变压器。

2. 整流电路

整流电路由整流二极管构成,利用二极管的单向导电性能,将方向和大小都变化的工频 50 Hz 交流电变换为单一方向但大小仍有脉动的直流电。

3. 滤波电路

滤波电路一般由储能元件(电容 C、电感 L)构成,利用电容 C 两端的电压不能突变和电感 L 中的电流不能突变的性质,滤除输出信号中的脉动成分,从而得到比较平滑的直流电。在输出小电流滤波电路中,经常使用电容滤波;在大电流滤波电路中,经常使用电感滤波。

4. 稳压电路

滤波电路容易受电网电压波动、负载电流变化或温度的影响,输出不稳定的直流电压。因此,稳压电路的作用是维持输出电压的稳定,不受上述因素影响。

9.2 整流电路

利用二极管的单向导电性组成整流电路,可将交流电压转换为单向脉动直流电压。本章为便于分析整流电路,把整流二极管当作理想二极管,即认为它的正向导通电阻为零(相当于短路),而反向电阻为无穷大(相当于开路)。但在实际应用中,应考虑到二极管有内阻,因此整流后所得波形的输出幅度会减少 0.6~1 V;当整流电路输入电压较大时,这部分压降可以忽略;如果输入电压较小,例如输入 3 V ,则输出只有 2 V 多,此时需要考虑二极管正向压降的影响。

在小功率直流电源中,常见的整流电路有单相半波、全波、桥式和倍压整流电路。整流电路中既有交流量,又有直流量。对这些量经常采用不同的表述方法:输入(交流)用有效值或最大值表示;输出(直流)用平均值表示;流过整流二极管的正向电流用平均值表示;整流二极管承受的反向电压用最大值表示。

9.2.1 单相半波整流电路

1. 工作原理

单相半波整流电路如图 9.2.1(a)所示。

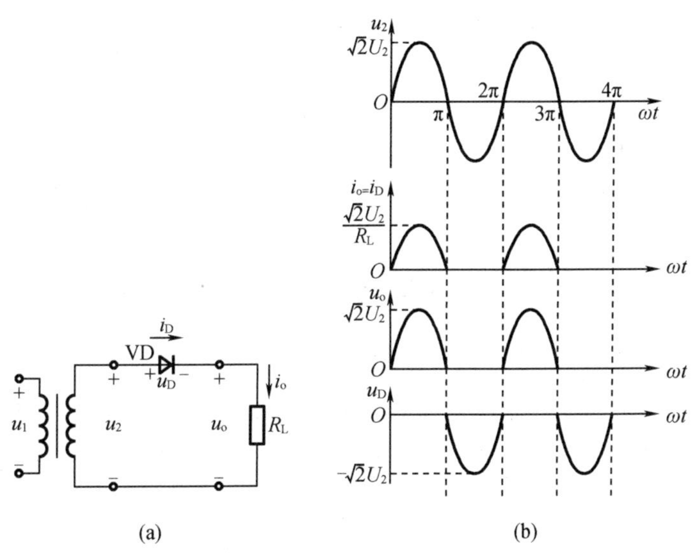

图 9.2.1 单相半波整流电路

利用二极管的单向导电性,在变压器二次侧电压 u_2 的正半周内,二极管正向偏置,处于导通状态,负载 R_L 上得到半个周期的脉动直流电压和电流;而在 u_2 的负半周内,二极管反向截止,电路输出电流 i_o 基本上等于零。二极管的单向导电作用将变压器二次侧的交流电压变换成为负载 R_L 上的单向脉动电压,达到了整流的目的,其波形如图 9.2.1(b)所示。由于这种电路只在交流电压的半个周期内有电流流过负载,因而称为单相半波整流电路。

2. 性能参数

整流电路的性能参数包括电路参数和器件参数两部分。

(1)电路参数

电路参数是描述整流电路性能的技术指标,用以表示整流电路将交流电转换为直流电的效果,主要包括输出电压平均值和反映输出波形脉动情况的脉动系数。

①输出电压平均值 $U_{o(AV)}$

$U_{o(AV)}$ 定义为整流电路输出电压在一个周期内的平均值,其表达式为

$$U_{o(AV)}=\frac{1}{2\pi}\int_0^{2\pi}u_o\mathrm{d}(\omega t) \tag{9.2.1}$$

设整流电路的交流输入电压 $u_2=\sqrt{2}U_2\sin\omega t$,由图 9.2.1 可知,在输入电压的一个工频周期(20 ms)内,在负载上得到的输出电压波形只是半个正弦波。在半波整流情况下,忽略整流二极管的正向压降,则整流电路的输出电压为

$$\begin{cases}\sqrt{2}U_2\sin\omega t & 0\le\omega t\le\pi\\ 0 & 0\le\omega t\le\pi\end{cases} \tag{9.2.2}$$

式中,U_2 为变压器二次侧交流电压的有效值。

由此可以求出单相半波整流电路的输出电压平均值为

$$U_{o(AV)}=\frac{1}{2\pi}\int_0^{2\pi}\sqrt{2}U_2\sin\omega t\mathrm{d}(\omega t)=\frac{2}{\pi}U_2\approx 0.45U_2 \tag{9.2.3}$$

②输出电压的脉动系数 S

脉动系数 S 可以定量地反映电路输出波形脉动的情况,S 越小,则整流效果越好。脉动系数 S 定义为整流电路输出电压中基波最大值 U_{oM1} 与输出电压平均值 $U_{o(AV)}$ 之比,其表达式为

$$S=\frac{U_{oM1}}{U_{o(AV)}} \tag{9.2.4}$$

在计算整流电路输出电压 u_o 的基波峰值 U_{oM1} 时,需要对 u_o 的波形进行傅里叶分析,u_o 的傅里叶级数表达式为

$$u_o=U_{o(AV)}=\sum\nolimits_{n=1}^{\infty}(a_n\cos\omega_o+b_n\sin\omega_i)$$

式中,$a_n=\frac{1}{\pi}\int_{-\pi}^{\pi}u_o\cos\omega_n t_d(\omega t)$;$b_n=\frac{1}{\pi}\int_{-\pi}^{\pi}u_o\sin n_\omega t_d$。

由图 9.2.2(b)所示波形可知,单相半波整流电路输出 u_o 的周期与交流输入电压 u_2 相同,所以 u_o 的基波角频率为 ω。当 $n=1$ 时,经计算可知 $a_1=0$,则 U_{oM1} 为

$$U_{oM1}=b_1=\frac{1}{\pi}\int_{-\pi}^{\pi}u_o\sin\omega td(\omega t)=\frac{\sqrt{2}}{2\pi}U_2(\pi-0)=\frac{u_2}{\sqrt{2}}$$

根据式(9.2.4)计算半波整流电路的脉动系数 S 为

$$S=\frac{U_{oM1}}{U_{o(AV)}}=\frac{U_2}{\sqrt{2}}\Big/\frac{\sqrt{2}}{\pi}U_2=\frac{\pi}{2}\approx 1.57 \tag{9.2.5}$$

由此可见,半波整流电路的脉动系数为 157%,输出电压含有很大的脉动成分。

(2)器件参数

器件参数是描述整流电路中二极管工作时所承受的各种技术参数,反映出整流电路对二极管的要求,可以根据器件参数选择合适的整流二极管。

①整流二极管正向平均电流 $I_{D(AV)}$

$I_{D(AV)}$ 定义为在一个周期内通过整流二极管的电流平均值。在平波整流电路中,整流二极管与负载串联,因而整流二极管的正向平均电流 $I_{D(AV)}$ 任何时候都等于流过负载的输出平均电流 $I_{o(AV)}$。

$$I_{D(AV)}-I_{o(AV)}=\frac{I_{o(AV)}}{R_L}=\frac{\sqrt{2}U_2}{\pi R_L}=\frac{0.45U_2}{R_L} \tag{9.2.6}$$

当负载电流平均值已知时,可以根据上式来选定整流二极管的最大整流平均电流 I_F,要求 $I_F>I_{D(AV)}$。

②整流二极管最大反向电压 U_{RM}

U_{RM} 是指整流二极管截止时,其两端所承受的最大反向电压。安全起见,U_{RM} 一般是二极管反向击穿电压的二分之一到三分之一。因而选管时应选择耐压值比 U_{RM} 更高的二极管,以免发生反向击穿。

由图 9.2.2(b)所示波形可知,整流二极管截止时所承受的最大反向电压就是变压器二次侧电压 u_2 的最大值,即

$$U_{RM}=\sqrt{2}U_2 \tag{9.2.7}$$

半波整流电路的结构简单,但输出波形的脉动系数大,输出电压低。由于电源变压器有半个周期不导电,因而变压器的利用效率低。

9.2.2 单相桥式整流电路

单相桥式整流电路如图 9.2.2(a)所示。与单相半波整流电路相比,这种整流电路将交流电的负半周也利用起来了,从而使整流电路输出电压的平均值得到提高。

1. 工作原理

由图 9.2.3(a)可以看出,电路中采用四个整流二极管,互相接成桥式结构。利用二极管的电流导向作用,在交流输入电压 u_2 的正半周内,二极管 VD_1、VD_3 导通,VD_2、VD_4 截止,电流从变压器二次侧绕组的上端经 VD_1、R_L、VD_3 回到绕组下端,在负载 R_L 上得到“上正下负”的输出电压 u_o;在负半周内,正好相反,VD_1、VD_3 截止,VD_2、VD_4 导通,电流从变压器二次侧绕组的下端经 VD_2、R_L、VD_4 回到绕组上端,流过负载 R_L 的电流方向与正半周一致,此时在 R_L 两端形成与正半周同方向的电压。

因此,利用变压器的一个二次侧绕组和四个整流二极管,使得在交流电源的正、负半周内,整流电路的负载上都有方向不变的脉动直流电流流过,输出 u_o 为全波波形,如图 9.2.2(b)所示。忽略整流二极管的正向压降,则桥式整流电路的输出电压为

$$u_o=|\sqrt{2}U_2\sin\omega t| \qquad 0\leq\omega t\leq 2\pi$$

2. 性能参数

(1)输出电压平均值 $U_{o(AV)}$

由图 9.2.3 可知,在变压器二次侧电压 u_2 相同的情况下,桥式整流电路输出电压波形的面积是半波整流的两倍,所以其输出电压平均值也是半波整流时的两倍:

$$U_{o(AV)}=\frac{2\sqrt{2}}{\pi}U_2\approx 0 \tag{9.2.8}$$

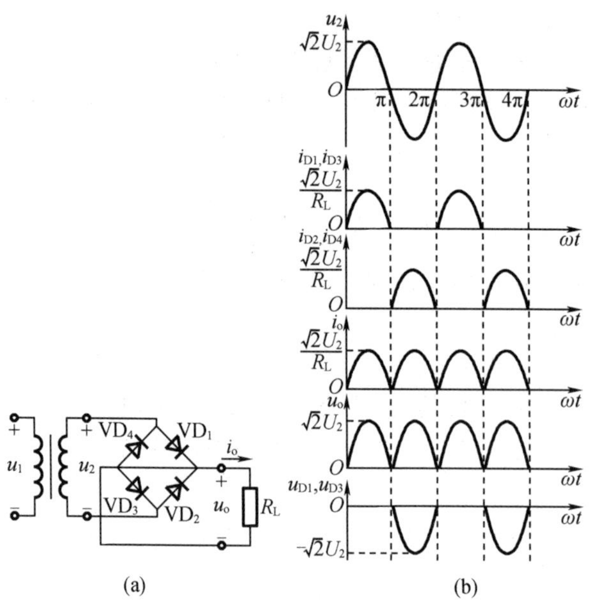

图 9.2.2　单相桥式整流电路

(2)输出电压的脉动系数 S

用傅里叶级数对桥式整流电路的输出电压波形进行分析。由波形图可知,输出电压 u_o 为偶函数,其基波频率是交流电源频率的两倍,即 2ω。因而 u_o 的基波最大值为

$$U_{o_1}=|a_2|=\left|\frac{2}{\pi}\int_0^{\pi}\sqrt{2}U_2\sin\omega t\cos 2\omega t\mathrm{d}(\omega t)\right|=\frac{4\sqrt{2}}{3\pi}U_2$$

则脉动系数

$$S=\frac{U_{oM1}}{U_{o(AV)}}=\frac{2}{3}\approx 0.67 \tag{9.2.9}$$

由此可见,桥式整流电路的输出电压波形比半波整沉电路的输出平滑,但仍然有较大的脉动系数。

(3)整流二极管正向平均电流 $I_{D(AV)}$

在桥式整流电路中,由于四个整流二极管两两轮流在交流电的正、负半周内导电,因此流过每个整流二极管的平均电流是电路输出电流平均值的一半,即

$$I_{D(AV)}=\frac{I_{o(AV)}}{2}=\frac{1}{2}\ \frac{U_{o(AV)}}{R_L}\approx\frac{0.9U_2}{2R_L}=\frac{0.45U_2}{R_L} \tag{9.2.10}$$

(4)整流二极管最大反向电压 U_{RM}

桥式整流电路因其变压器只有一个二次侧绕组,已知在 u_2 正半周时,VD_1、VD_3 导通,VD_2、VD_4 截至,此时 VD_2、VD_4 相当于并联在变压器的二次侧绕组上,因而所承受的最大反向电压为 u_2 的最大值,即

$$U_{RM}=\sqrt{2}U_2 \tag{9.2.11}$$

同理,在 u_2 负半周时,VD_1、VD_3 也承受同样大小的反向电压。

与单相半波整流电路相比,单相桥式整流电路的结构较复杂,但其优势在于输出电压较高、脉动小,整流二极管所承受的最大反向电压等于二次侧电压的峰值,并且因为电源变

压器在正、负半周内都有电流流过,所以变压器的利用率高。

目前这种整流电路在直流电源中得到广泛应用,并且已有多种不同性能指标的集成电路,称为“整流桥”。整流桥分为全桥和半桥两类,全桥是将连接好的桥式整流电路的四个整流二极管封装在一起;半桥则是将桥式整流电路的一半封装在一起,用两个半桥可组成一个桥式整流电路,用一个半桥也可以组成全波整流电路。选择整流桥时主要考虑其整流电流和工作电压。全桥的正向电流有 0.5 A、1 A、1.5 A、2 A、2.5 A、3 A、5 A、10 A、20 A 等多种规格,其耐压值(最大反向电压)有 25 V、50 V、100 V、200 V、300V、400 V、500 V、600 V、800 V、1 000 V 等多种规格。整流桥的简化符号及其基本接法如图 9.4 所示。

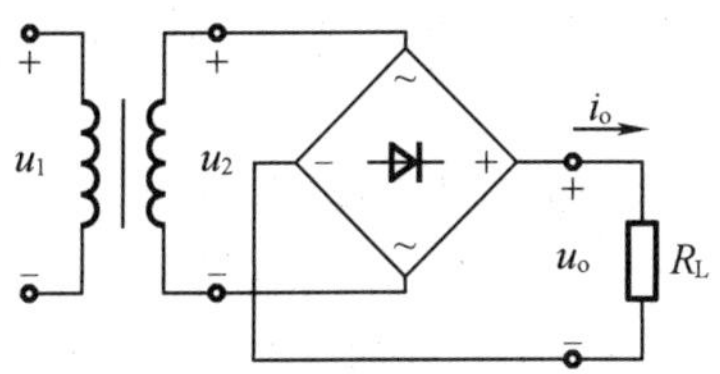

图 9.2.3 整流桥的应用电路

9.3 滤波电路

整流电路虽然将交流电压变为直流电压,但输出电压含有较大的交流成分是不能直接用作电子电路的直流电源,利用电容和电感对直流分量和交流分量呈现不同电抗的特点,可滤除整流电路输出电压中的交流成分,保留其直流成分,使之波形变得平滑,接近理想的直流电压。

9.3.1 电容滤波电路

1. 电路的组成及工作原理

桥式整流电容滤波电路如图 9.3.1(a)所示。它将滤波电容 C 并联在负载电阻 R_L 两端,滤波电容两端的电压就是负载两端的电压。

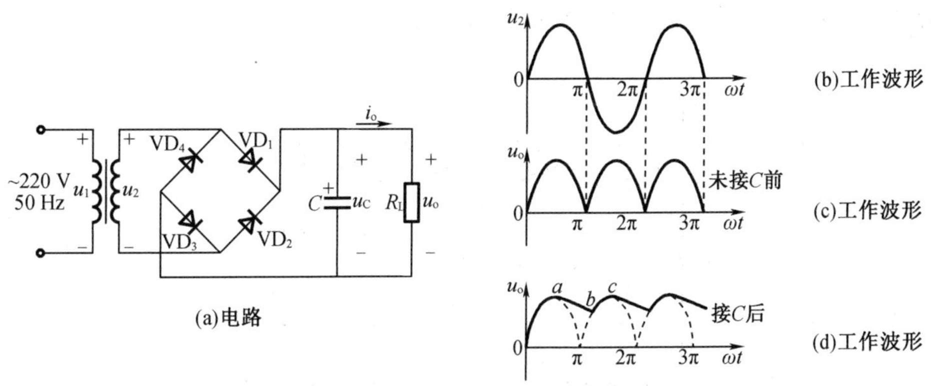

图 9.3.1 桥式整流电容滤波电路及其工作波形

在没有加入滤波环节以前，整流电路输出的电压波形如图 9.3.1(c)所示。假设电容 C 两端初始电压为零，在 $\omega t=0$ 时接通电源。在电源正半周期时 VD_1、VD_3 导通，电源除通过 VD_1、VD_3 对负载 R_L 供电外，还对电容 C 充电。由于二极管的正向电阻和变压器二次绕组的直流电阻都很小，因此 u_o 将按 u_2 的变化规律充电至峰值电压，对应于图 9.3.1(d)中的原点至 a 点段。

电源电压在经过最大值后开始下降，此时电容器两端的电压 u_C 大于电源电压 u_2，所有二极管均截止。电容 C 开始对负载 R_L 放电，放电时间常数为 R_LC，u_o 按指数规律下降，其波形对应于图 9.3.1(d)中的 ab 段。在电源进入负半周，且数值增加到大于 u_C 时，VD_2、VD_4 导通，u_2 在对负载 R_L 供电的同时也对电容 C 充电，输出电压 u_o 波形对应于图 9.3.1(d)中的 bc 段。以后的过程周而复始，形成了电容周期性的充、放电过程。

2. 电容滤波电路的效果

为了更好地说明问题，将电容滤波电路的输出电压波形(图 9.3.1(d))改画为图 9.3.2 所示。图 9.3.2 表明，当 R_LC 较大时，电容 C 放电缓慢，这将使输出电压纹波起伏较小，直流分量较高；反之，电容 C 放电较快，直流分量降低。显然，为了获得较好的滤波效果，总是希望 R_LC 越大越好。在实际电路中，一般选择

$$R_LC \geq (3\sim5)\frac{T}{2} \tag{9.3.1}$$

式中，T 为电网由压的周期。

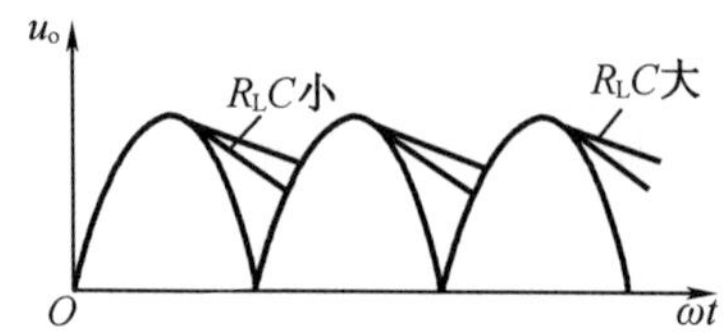

图 9.3.2　放电时间常数对输出电压的影响

3. 主要参数

(1)输出电压平均值 u_o：输出电压平均值 u_o 的计算一般采用近似估算法。为了便于估算，常用图 9.3.3 中的锯齿波近似描述图 9.3.1(d)所示的输出电压波形。设整流电路内阻较小而 R_LC 较大，电容每次充电均可达 u_2 的峰值 U_{omax}，然后按 R_LC 放电的起始斜率直线下降，经 R_LC 交于横轴，且每次放电完毕数值为最小值 U_{omin}。

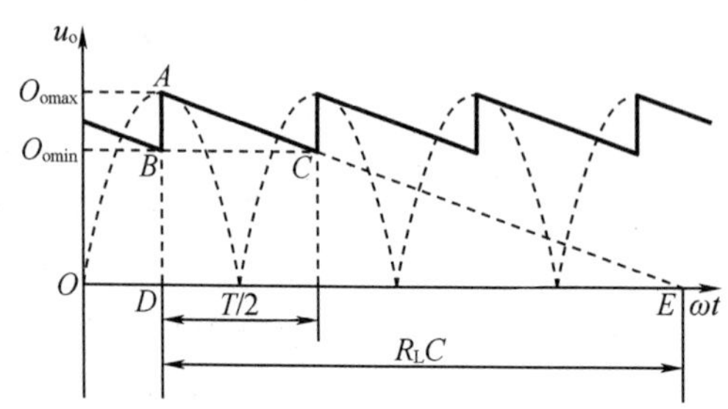

图 9.3.3　用锯齿波近似描述图 9.3.1(d)的波形

图 9.3.3 中，△ABC 和△ADE 是相似三角形，根据相似三角形的关系可得

$$\frac{U_{\text{omax}}-U_{\text{omin}}}{U_{\text{omax}}}=\frac{T/2}{R_{\text{L}}C}$$

则输出电压平均值为

$$U_{\text{o}}=\frac{U_{\text{omax}}+U_{\text{omin}}}{2}=U_{\text{omax}}-\frac{U_{\text{omax}}-U_{\text{omin}}}{2}=(1-\frac{T}{4R_{\text{L}}C})U_{\text{omax}} \tag{9.3.2}$$

将 $U_{\text{omax}}=\sqrt{2}U_2$ 和 $R_{\text{L}}C=(3\sim5)\frac{T}{2}$代入公式(9.3.2)得

$$U_{\text{o}}=\sqrt{2}U_2(1-\frac{1}{6\sim10})=(1.18\sim1.27)U_2 \tag{9.3.3}$$

通常取 $U_{\text{o}}=1.2U_2$

由于采用电解电容,考虑到电网电压的波动范围为±10%,电容的耐压值应大于 $U_{\text{o}}=1.1\sqrt{2}U_2$。在半波整流电路中,为了获得较好的滤波效果,电容容量应选得更大些。

(2)输出电流平均值 I_{o}:输出电流平均值 I_{o} 为

$$I_{\text{o}}=\frac{U_{\text{o}}}{R_L} \tag{9.3.4}$$

(3)最大整流平均电流 I_{F}:在选择整流二极管时,应使最大整流平均电流 I_{F} 大于输出电流平均值 I_{o} 的 2~3 倍,即

$$I_F>(2\sim3)I_{\text{o}} \tag{9.3.5}$$

4. 输出特性

当滤波电容 C 选定后,输出电压平均值 U_{o} 和输出电流平均值 I_{o} 的关系曲线称为输出特性。桥式整流电容滤波电路的输出特性如图 9.3.4 所示。

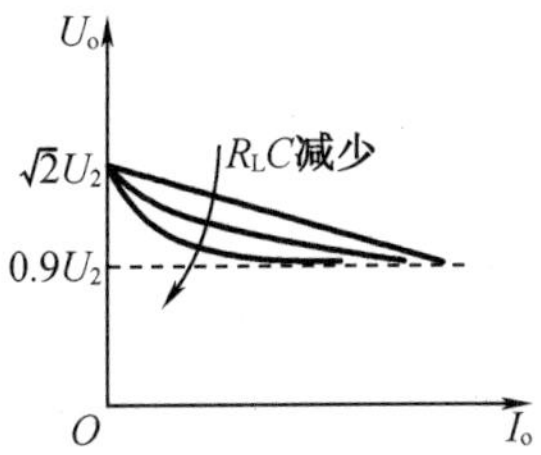

图 9.3.4 桥式整流电容滤波,电路的输出特性

由输出特性可见,该电路随着输出电流的增大,输出电压明显降低,外特性较软,带负载能力差。所以,电容滤波电路适合于固定负载或负载电流变化小的场合。

【例 9.3.1】在图 9.3.1(a)所示电路中,要求输出电压平均值为 $U_{\text{o}}=15$ V,负载电流平均值 $I_{\text{o}}=100$ mA,$U_{\text{o}}\approx1.2U_2$,则

(1)求滤波电容的大小;

(2)考虑到电网电压的波动范围为±10%,求滤波电容的耐压值。

解:(1)根据 $U_{\text{o}}\approx1.2U_2$ 可知,C 的取值满足 $R_{\text{L}}C=(3\sim5)\frac{T}{2}$的条件。有

$$R_{\text{L}}=\frac{U_{\text{o}}}{I_{\text{o}}}=\frac{15}{0.1}\Omega=150\ \Omega$$

电网电压的周期为 0.02 s,则电容的容量为

$$C=(3\sim5)\frac{0.02}{2}\times\frac{1}{150}\text{F}\approx200\sim333\ \mu\text{F}$$

(3)变压器二次电压有效值为

$$U_2=\frac{U_o}{1.2}=\frac{15}{1.2}=12.5\ \text{V}$$ 滤波电容的耐压值

$$U>1.2\sqrt{2}U_2=1.2\sqrt{2}\times12.5\approx19.44\ \text{V}$$

实际滤波电容可选取容量为 300 μF、耐压值为 25 V 的电容。

9.3.2 电感滤波电路

在桥式整流电路和负载电阻 R_L 之间串入一个电感 L,即构成电感滤波电路,如图 9.3.5 所示。当通过电感线圈的电流增加时,电感线圈产生左“+”右“-”的自感电动势,阻止电流增加,同时将一部分电能转化为磁场能量储存于电感中;当电流减小时,左“-”右“+”的自感电动势阻止电流减小,同时将电感中的磁场能量释放出来,以补偿电流的减小。此时,整流二极管依然导电,导电角 θ 增大,使 $\theta=\pi$。利用电感的储能作用可以减小输出电压和电流的纹波,从而得到比较平滑的直流。当忽略电感 L 的电阻时,负载上输出的平均电压和纯电阻负载相同,即 $U_o=0.9\ U_2$。

电感滤波的优点是,整流管的导电角较大,无峰值电流,输出特性比较平坦;其缺点是,由于铁心的存在,使滤波器的体积大、笨重,易引起电磁干扰。电感滤波一般只适用于低电压、大电流的场合。

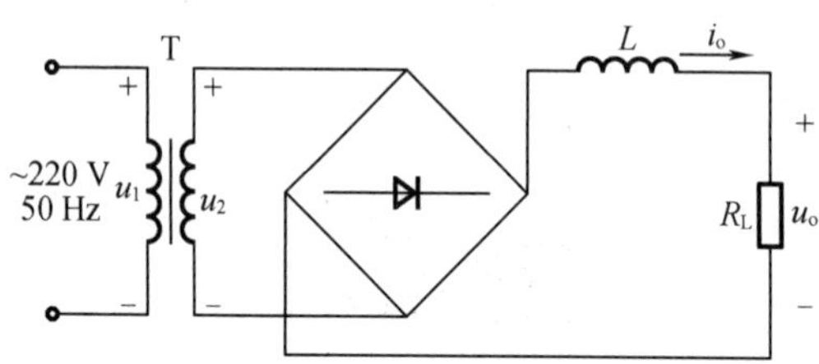

图 9.3.5 电感滤波电路

9.3.3 复式滤波电路

为了进一步减小输出电压的脉动,引入由电容和电感组成的复式滤波电路。

1. LC 滤波电路

为了减小电容滤波电路对整流二极管的瞬时冲击电流,可在滤波电容之前串联一个额定功率较大的电感线圈 L,就构成了 LC 滤波电路,如图 9.3.6 所示。

当通过电感线圈的电流发生变化时,电感线圈中产生的自感电动势会阻碍电流的变化,因而有效地限制流过整流二极管的瞬时电流,同时也使负载电压的脉动大为降低。频率越高,电感越大,滤波效果就越好。

对于经过整流后的直流脉动电压中所含有的高频交流分量,电感的串入使整流电路输出电阻的高频阻抗升高,同时,电容使负载的交流阻抗降低,如此进一步使信号中的交流成分加在输出电阻和电容上。而对于其中的直流分量,电感的低频电阻很小,所以,整流后的直流分量大部分降落在 R_L 上。这样,在输出端的负载上就得到了较为平坦的直流输出电压。

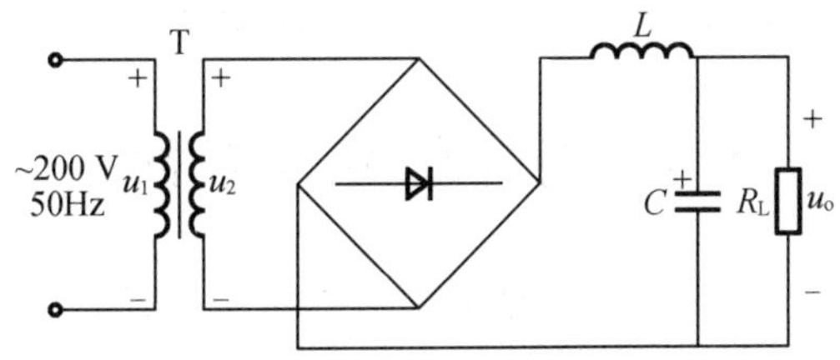

图 9.3.6　LC 滤波电路

LC 滤波电路适用于电流较大、要求输出电压脉动很小的电路,尤其是高频应用场合。

2. π 形滤波电路

如果要求输出电压脉动更小,可采用 LC-π 形滤波或 RC-π 形滤波电路,如图 9.3.7(a)(b)所示。

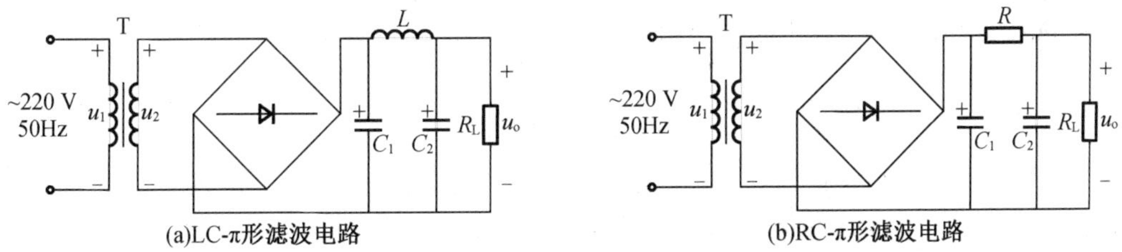

图 9.3.7　LC-π 形和 RC-π 形滤波电路

LC-π 形滤波电路比 LC 滤波电路滤波效果更好,但 C_1 的充电对整流二极管的冲击电流较大。

因电感线圈体积大且笨重,成本较高,所以在负载电流很小的场合也可用电阻 R 代替 LC-π 形滤波电路中的电感线圈,构成 RC-π 形滤波电路。电阻 R 与电容 C_2 及 R_L 配合以后,使交流分量较多地降落在电阻 R 两端,而较少地降落在负载 R_L 上,从而起到滤波作用。R 越大,C_2 越大,交流滤波效果就越好。但是,电阻 R 对交、直流电压分量均有同样的电压降作用,R 太大将使直流压降增大,所以这种滤波电路中的 R 取的不能太大。π 形滤波电路适用于负载电流较小而又要求输出电压脉动较小的场合。

常用滤波电路滤波特性的比较见表 9.3.1。

表 9.3.1　常用滤波电路滤波特性的比较

类型	滤波效果	对整流管的冲击作用	带负载的能力
电容滤波电路	小电流较好	大	差
RC-π 形滤波电路	小电流较好	大	很差
LC-π 形滤波电路	适应性较强	大	较差
电感滤波电路	大电流较好	小	强
LC 滤波电路	适应性较强	小	强

由表 9.3.1 可见,滤波效果好的,带负载能力却不一定好,而带负载能力好的,滤波效果又不一定好,因此交流信号经过整流和滤波后,并不能为系统提供稳定的输出直流电压,这就需要在滤波电路之后接入稳压电路,以改善输出直流电压的稳定性。

9.4 稳压管稳压电路

经整流滤波后的电压往往会随着电源电压的波动和负载的变化而变化。为了得到稳定的直流电压,必须在整流滤波电路之后接入稳压电路。在小功率设备中常用的稳压电路有并联型稳压电路、串联反馈型稳压电路、集成稳压器和开关型稳压电路。

9.4.1 稳压电路的主要性能指标

稳压电路的性能通常用下述指标来衡量。

1. 稳压系数 S_r

S_r 反映了电网电压的波动对直流输出电压的影响,通常定义为负载和环境温度不变时,直流输出电压 U_o 的相对变化量与稳压电路输入电压 U_i 的相对变化量之比,即

$$S_r=\left.\frac{\Delta U_o/U_o}{\Delta U_i/U_i}\right|_{R_L=\text{常数},t=\text{常数}}=\left.\frac{\Delta U_o/U_i}{\Delta U_i/U_o}\right|_{R_L=\text{常数},t=\text{常数}} \tag{9.4.1}$$

根据稳压管工作在稳压状态时的特性,对于动态电压可等效成一个电阻 r_z,因而可等效成如图 9.4.1 所示,称为稳压管稳压电路的交流等效电路。

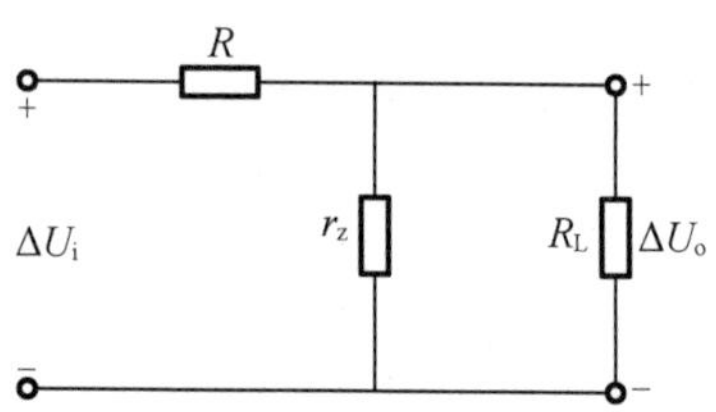

图 9.4.1 稳压管稳压电路的交流等效电路

由图 9.4.1 可知,公式(9.4.1)中

$$\frac{\Delta U_o}{\Delta U_i}=\frac{r_z//R_L}{R+r_z//R_L} \tag{9.4.2}$$

通常 $r_z<<R_L$ 且 $r_z<<R$,因而上式可简化为

$$\frac{\Delta U_o}{\Delta U_i}=\frac{r_z}{R} \tag{9.4.3}$$

式(9.4.3)代入式(9.4.1)可得

$$S_r=\frac{r_z}{R}\cdot\frac{U_i}{U_o} \tag{9.4.4}$$

由式(9.4.1)可知,r_z 越小,R 越大,则 S_r 越小,在输入电压变化时的稳压性能越好;但是,实际上 R 越大,U_i 取值越大,S_r 将越大;因此只有在 R 和 U_i 相互匹配时,稳压性能才能做到最好。

2. 内阻 R_o

在直流输入电压 U_i 不变的情况下，输出电压 U_o 的变化量和输出电流 I_o 的变化量之比称为稳压电路的内阻 R_o，即

$$R_o = \frac{\Delta U_o}{\Delta I_o} \mid U_i = 常数, t = 常数 \tag{9.4.5}$$

在图 9.4.1 所示交流等效电路中，令 $\Delta U_i = 0$(即表明 U_i 不变)，从输出端看进去的等效电阻即为内阻。因而

$$R_o = \frac{\Delta U_o}{\Delta I_o} = r_z // R \tag{9.4.6}$$

当 $r_z \ll R$ 时，式(9.4.6)近似为

$$R_o \approx r_z \tag{9.4.7}$$

3. 最大纹波电压

最大纹波电压是指稳压电路输出端的交流分量(通常频率为 100 Hz)，用有效值或幅值表示。

9.4.2 电路组成及稳压原理

1. 电路组成

由稳压二极管 D_Z 和限流电阻 R 所组成的稳压电路是一种最简单的直流稳压电源，如图 9.4.2 中点画线框内所示。其输入电压 U_i 是整流滤波后的电压，输出电压 U_o 就是稳压管的稳定电压 U_Z，R_L 是负载电阻。

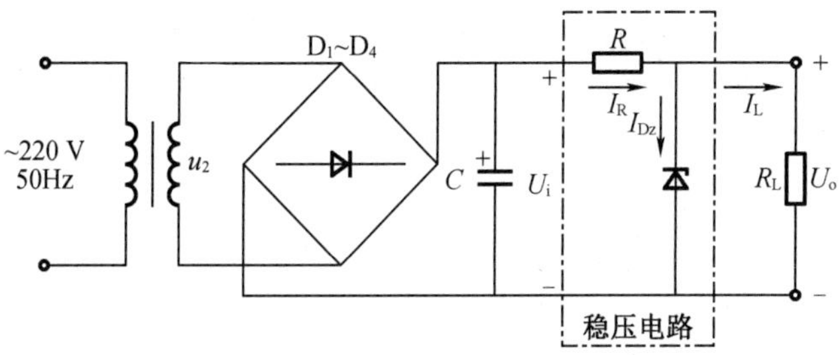

图 9.4.2 稳压二极管组成的稳压电路

从稳压管稳压电路可得两个基本关系式：

$$U_i = U_o + U_R \tag{9.4.8}$$

$$I_R = I_{Dz} + I_L \tag{9.4.9}$$

从图 9.4.3 所示稳压管的伏安特性中可以看出，在稳压管稳压电路中，只要能使稳压管始终工作在稳压区，即保证稳压管的电流 $I_Z \leq I_{Dz} \leq I_{ZM}$，输出电压 U_o 就基本稳定。

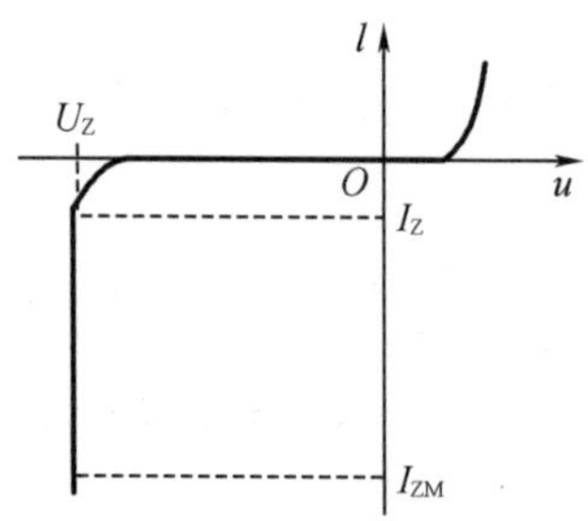

图 9.4.3　稳压管的伏安特性

2. 稳压原理

对任何稳压电路都应从两个方面考察其稳压特性，一是设电网电压波动，研究其输出电压是否稳定；二是设负载变化，研究其输出电压是否稳定。

在图 9.4.2 所示稳压管稳压电路中，当电网电压升高时，稳压电路的输入电压 U_I 随之增大，输出电压 U_o 也随之按比例增大；但是，由于 $U_o = U_Z$，根据稳压管的伏安特性，U_Z 的增大将使 I_{Dz} 急剧增大；根据式(9.4.9)，I_R 必然随着 I_{Dz} 急剧增大，U_R 会同时随着 I_R 而急剧增大；根据式(9.4.8)，U_R 的增大必将使输出电压 U_o 减小。因此，只要参数选择合适，R 上的电压增量就可以与 U_i 的增量近似相等，从而使 U_o 基本不变。上述过程可简单描述如下：

电网电压↑ → U_i↑ → $U_o(U_Z)$↑ → I_{D_Z}↑ → I_R↑ → U_R↑

U_o↓ ←（由 U_R↑）

当电网电压下降时，各电量的变化与上述过程相反。

可见，当电网电压变化时，稳压电路通过限流电阻 R 上电压的变化来抵消 U_I 的变化，即 $\Delta U_R \approx U_I$，从而使 U_o 基本不变。

当负载电阻 R_L 减小即负载电流 I_L 增大时，根据式(9.4.9)，导致 I_R 增加，U_R 也随之增大；根据式(9.4.8)，U_o 必然下降，即 U_Z 下降；根据稳压管的伏安特性，U_Z 的下降使 I_{Dz} 急剧减小，从而 I_R 随之急剧减小。如果参数选择恰当，就可使 $\Delta Dz \approx \Delta I_L$，使 I_R 基本不变，从而 U_o 也就基本不变。上述过程可简单描述如下：

R_L↓ → $U_o(U_Z)$↓ → I_{D_Z}↓ → I_R↓ → $\Delta I_{D_Z} \approx -\Delta I_L$ → I_R**基本不变** → U_o**基本不变**

（R_L↓ →）I_L↑ → I_R↑ →（$\Delta I_{D_Z} \approx -\Delta I_L$）

相反，如果 R_L 增大即 I_L 减小，则 I_{Dz} 增大，同样可使 I_R 基本不变，从而保证 U_o 基本不变。

显然，在电路中只要能使 $\Delta I_{Dz} \approx \Delta I_L$，就可以使 I_R 基本不变，从而保证负载变化时输出电压基本不变。

综上所述，在稳压二极管所组成的稳压电路中，利用稳压管所起的电流调节作用，通过限流电阻 R 上电压或电流的变化进行补偿，来达到稳压的目的。限流电阻 R 是必不可少的元件，它既限制稳压管中的电流使其正常工作，又与稳压管相配合以达到稳压的目的。一般情况下，在电路中如果有稳压管存在，就必然有与之匹配的限流电阻。

9.4.3　电路参数选择

设计一个稳压管稳压电路，就是合理地选择电路元件的有关参数。在选择元件时，应首先知道负载所要求的输出电压 U_o，负载电流 L_L 的最小值 I_{Lmin} 和最大值 L_{Lmax}（或者负载电

阻 R_L 的最大值 R_{Lmax} 和最小值 R_{Lmin}），输入电压 U_I 的波动范围(一般为±10%)。

1. 稳压电路输入电压 U_I 的选择

根据经验，一般选取

$$U_i=(2\sim3)U_o \tag{9.4.10}$$

U_i 确定后，就可以根据此值选择整流滤波电路的元件参数。

2. 稳压管的选择

在稳压管稳压电路中 $U_o=U_Z$；当负载电流 L_L 变化时，稳压管的电流将产生一个与之相反的变化，即 $\Delta L_{Dz}\approx-\Delta L_L$，所以稳压管工作在稳压区所允许的电流变化范围应大于负载电流的变化范围，即 $I_{Zmax}-I_{Zmin}>I_{Lmax}-I_{Lmin}$。选择稳压管时应满足：

$$\begin{cases}U_Z=U_o\\I_{Zmax}-I_{Zmin}>I_{Lmax}-I_{Lmin}\end{cases} \tag{9.4.11}$$

若考虑到空载时稳压管流过的电流 I_{Dz} 将与 R 上电流 I_R 相等，满载时 $R_{min}=\dfrac{U_{imax}-U_Z}{I_{ZM}+I_{Lmin}}$ 应大于 I_{Zmin}，稳压管的最大稳定电流 I_{ZM} 的选取应留有充分的余量，则还应满足：

$$I_{ZM}\geq I_{Zmax}+I_{Zmin} \tag{9.4.12}$$

3. 限流电阻 R 的选择

R 的选择必须满足两个条件：一是稳压管流过的最小电流 I_{DZmin} 应大于稳压管的最小稳定电流 I_{Zmin}；二是稳压管流过的最大电流 I_{Dzmax} 应小于稳压管的最大稳定电流 I_{Zmax}。即

$$I_{Zmin}<I_{DZ}<I_{Zmax} \tag{9.4.13}$$

从图 9.4.2 所示电路可以看出

$$I_R=\frac{U_I-U_Z}{R} \tag{9.4.14}$$

$$I_{DZ}=I_R-I_L \tag{9.4.15}$$

当电网电压最低(即 U_I 最低)且负载电流最大时，流过稳压管的电流最小，根据式(9.4.13)(9.4.14)(9.4.15)可写成表达式：

$$I_{Dzmin}=I_{Rmin}-I_{Lmin}=\frac{U_{Imin}-U_Z}{R}-I_{Lmax}>I_Z \tag{9.4.16}$$

由此得出限流电阻的上限值为

$$R_{max}=\frac{U_{Imin}-U_Z}{I_Z+I_{Lmax}} \tag{9.4.17}$$

式中，$I_{Lmax}=U_Z/R_{Lmin}$。

当电网电压最高(即 U_I 最高)且负载电流最小时，流过稳压管的电流最大，根据式(9.4.13)、(9.4.14)、(9.4.15)可写成

$$I_{DZmax}=I_{Rmax}-I_{Lmin}=\frac{U_{Imax}-U_Z}{R}-I_{Lmin}\leq I_{ZM} \tag{9.4.18}$$

由此得出限流电阻的下限值为

$$R_{min}=\frac{U_{imax}-U_Z}{I_{ZM}+I_{Lmin}} \tag{9.4.19}$$

式中，$I_{Lmin}=U_Z/R_{Lmax}$。

R 的阻值一旦确定，根据它的电流即可算出其功率。

9.5　串联型稳压电路

稳压管稳压电路输出电流较小,输出电压不可调,不能满足很多场合下的应用。串联型稳压电路以稳压管稳压电路为基础,利用晶体管的电流放大作用,增大负载电流;在电路中引入深度电压负反馈使输出电压稳定;并且,通过改变反馈网络参数使输出电压可调。

9.5.1　电路组成及工作原理

1. 电路组成

所谓串联型稳压电路,就是在输入直流电压和负载之间串联一个晶体管,当 U_i 或 R_L 变化引起输出电压 U_o 变化时,U_o 的变化将反映到晶体管的发射结电压 U_{BE} 上,引起 U_{CE} 的变化,从而调整 U_i,以保持输出电压的基本稳定。由于晶体管在电路中起到调节输出电压的作用,所以称之为调整管。由于调整管与负载是串联关系,且工作于线性放大区,所以图 9.5.1 所示电路又称为线性串联型稳压电路。

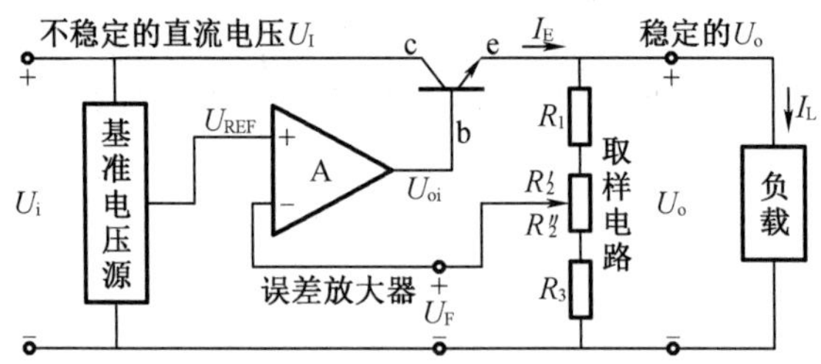

图 9.5.1　串联型稳压电路

串联型稳压电路主要由基准电压源、误差放大器、调整管和取样电路组成。基准电压源一般为能隙型基准电压源,提供高精度和高稳定性的基准电压 U_{REF}。误差放大器可以由单管放大电路、差分放大电路、集成运算放大器等构成,用于放大误差信号($U_{REF}-U_F$),其输出用于调节调整管的管压降(U_{CE})。调整管可以是单个功率管、复合管或用几个功率管并联,由于调整管工作于线性区,因而调整管的 I_E 与 U_{CE} 的变化方向相反,即当 I_E 增加时,U_{CE} 减小,反之亦然。根据"虚断"概念可知,取样电路实质上是一个分压器,取出输出电压 U_o 的一部分作为反馈电压 U_F,与基准电压 U_{REF} 比较,进而得到误差电压。

2. 稳压原理

串联型稳压电路是一种典型的电压串联负反馈调节系统。利用电压串联负反馈可以稳定输出电压的原理来维持电路输出电压的稳定。

(1)设负载阻值不变,当电网电压升高,使 U_i 上升并引起输出电压 U_o 上升时,通过下述反馈过程,可使 U_o 稳定:

$$U_i\uparrow \to U_o\uparrow \to U_F\uparrow \xrightarrow{U_{REF}\text{一定}} U_{oi}\uparrow \to U_{BE}\downarrow$$
$$U_o\downarrow \leftarrow I_L\downarrow \leftarrow I_E\downarrow \leftarrow$$

(2)设 U_i 保持不变,当负载 R_L 变小,使 U_o 下降时,通过下述反馈过程,可使 U_o 稳定:

$$R_L\downarrow \rightarrow U_o\downarrow \rightarrow U_F\downarrow \xrightarrow{U_{REF}一定} U_{oi}\uparrow \rightarrow U_{BE}\uparrow$$
$$U_o\uparrow \leftarrow U_{CE}\uparrow \leftarrow I_E\uparrow \leftarrow$$

上述调节过程不可能将输出电压的变化百分之百地调回原数值,它是一个有差调节系统,只能减小因输入电压和输出电流变化而引起的输出电压变化的数值。为确保电路的正常运行,要求 $U_i>U_o$,使调整管输出压降 $U_{CE}>U_{CES}$,否则调整管不能处于线性区,进而失去调节能力。因此,线性串联型稳压电路属于降压型稳压电路。

9.5.2 三端稳压器的应用

随着半导体工艺的发展,现在已生产并广泛应用的单片集成稳压器具有体积小、可靠性高、使加灵活、价格低廉等优点。目前,集成稳压器已发展到几百个品种,类型也很多。集成稳压,按结构形式可分为串联型、并联型和开关型;按引脚的连接方式可分为三端集成稳压器和多端稳压器;按制作工艺可分为半导体集成稳压器、薄膜混合集成稳压器;按电路的工作方式可分为线性串联型集成稳压器和开关集成稳压器;按功能可分为固定式集成稳压器和可调式集成稳压器,固定式集成稳压器的输出电压不能调节,为固定值,可调式集成稳压器可通过外安元件使输出电压得到很宽的调节范围。本节首先对型号为 W7800 的固定式集成稳压器加以简要分析,然后介绍型号为 W117 的可调式集成稳压器的特点。

从外形上看,集成串联型稳压电路有三个引脚,分别为输入端、输出端和公共端(或调整端),因而称为三项稳压器。W7800 系列三端稳压器和 W117 系列三端稳压器的外形和图形符号如图 9. 5. 2 所示。

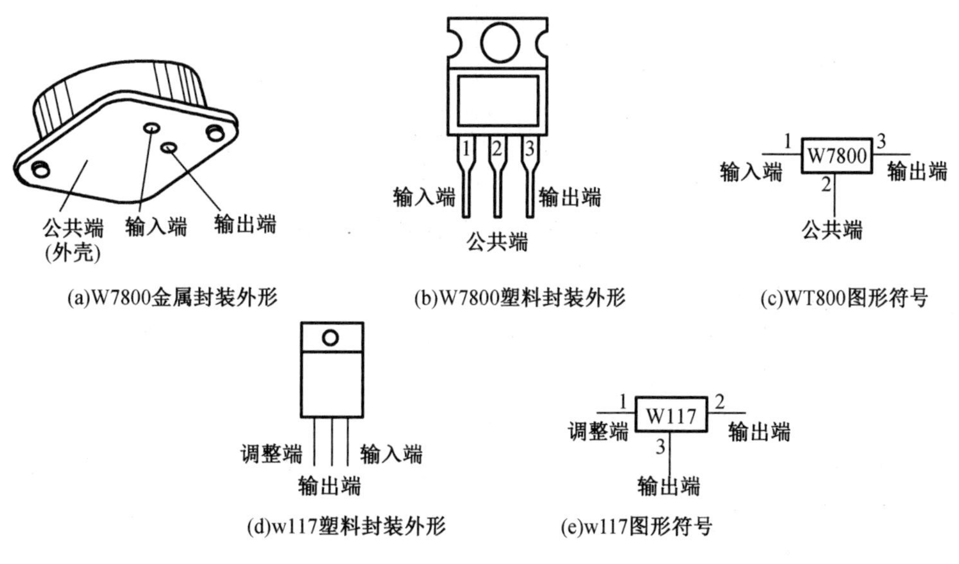

图 9. 5. 2 三端稳压器的外形和图形符号

1. W7800 系列三端稳压器的应用

(1)输出为固定电压电路

W7800 基本应用电路如图 9. 5. 3 所示。输出电压和最大输出电流决定于所选三端稳压器。图中,电容 C_i 容量较小,一般小于 C_i,用于抵消输入线较长时的电感效应,以防止电路产生自激振荡。电容 C_o 用于消除输出电压中的高频噪声，可取小于 1 μF 的电容，也可取几微法甚至几十微法的电容，以便输出较大的脉冲电流。但是若 C_o 容量较大，一旦输入端断开，C_o 将从稳压器输出端向稳压器放电，易使稳压器损坏。因此，可在稳压器的输入端和输出端之间跨接一个二极管，如图 9.5.3 中虚线所示，起保护作用。

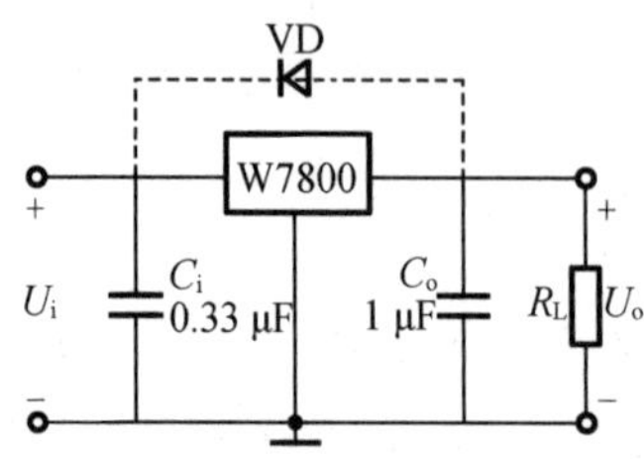

图 9.5.3　W7800 基本应用电路

(2)输出正、负电压的稳压电路

W7900 系列三端稳压器是一种输出负电压的固定式三端稳压器，输出电压有 −5 V、−6 V、−9 V、−12 V、−15 V、−18 V 和 −24 V 七个档次，输出电流也分 1.5 A、0.5 A 和 0.1 A 三个档次。使用方法与 W7800 系列稳压器相同。W7800 与 W7900 相配合，共用一个接地端，可以得到同时输出正、负电压的稳压由路。如图 9.5.4 所示。图 9.5.4 中，两只二极管 VD_5、VD_6 起保护作用，正常工作时均处于截止状态。

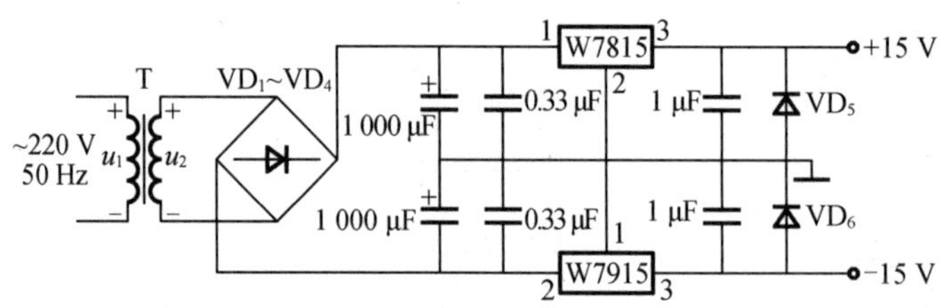

图 9.5.4　同时输出正、负电压的电路

(3)输出电压可调的稳压电路

图 9.5.5 所示电路为利用三端稳压器构成的输出电压可调的稳压电路。图中，电阻 R_2 中流过的电流为 I_{R2}，R_1 中的电流为 I_{R1}，稳压器公共端的电流为 I_W，因而

$$IR_2 = IR_1 + I_W \tag{9.5.1}$$

由于电阻 R_1 上的电压为稳压器的输出电压 U_o，$I_{R1} = U'_o / R_1$，输出电压 U_o 等于 R_1 上电压与 R_2 上电压之和，所以输出电压为

$$U_o = U'_o + \left(I_W + \frac{U'_o}{R_1}\right) R_2 \tag{9.5.2}$$

即

$$U_o = \left(1 + \frac{R_2}{R_1}\right) U'_o + I_W R_2 \tag{9.5.3}$$

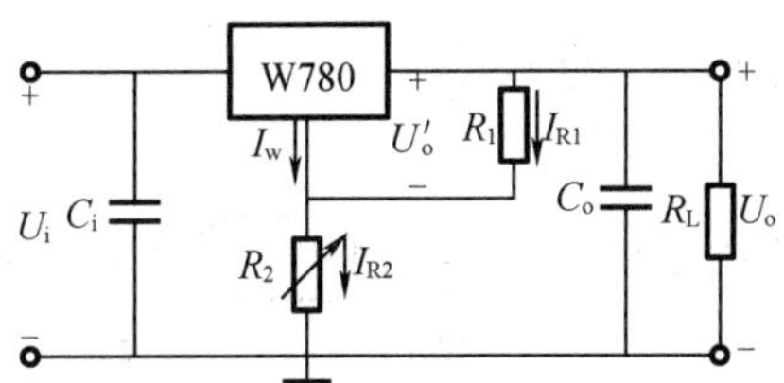

图 9.5.5　输出电压可调的稳压电路

改变 R 滑动端位置,可以调节 U_o 的大小。三端稳压器既作为稳压器件,又为电路提供基准电压。由于公共端电流 I_W 的变化将影响输出电压,所以实用电路中常加电压跟随器将稳压器与取样电阻隔离,如图 9. 5. 6 所示。

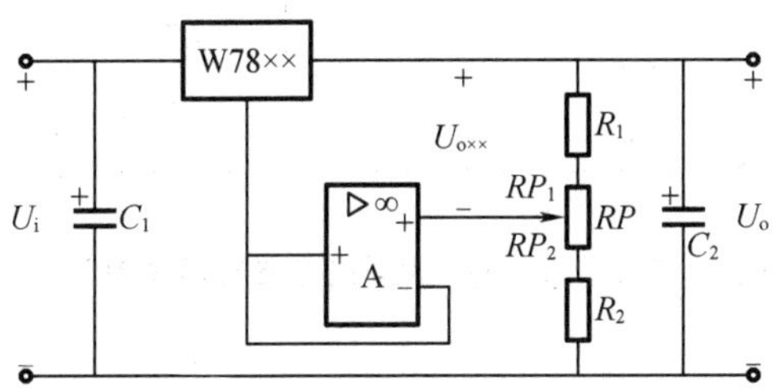

图 9.5.6　扩大输出电压的稳压电路

(4)扩大输出电压的稳压电路

因为固定式三端集成稳压器的最大输出电压为 24 V,当需要更大的输出电压时,可采用图 9. 5. 6 所示的扩大输出电压的稳压电路。

图 9. 5. 6 所示的电路利用电压跟随器实现输出电压的可调。由图 9. 5. 6 可见,$U_o+U_++U_{oxx}$,并且运算放大器同相输入端电压为

$$U_+=\frac{RP_2+R_2}{R_1+R_2+RP}U_o \tag{9.5.4}$$

所以

$$U_o=\frac{R_1+R_2+RP}{RP_1+R_1}U_{oxx} \tag{9.5.5}$$

(5)扩大输出电流的接法

因为固定式三端集成稳压器的最大输出电流为 1. 5 A,当需要更大的输出电流时,可采用图 9. 5. 7 所示的扩大输出电流的稳压电路。

图 9. 5. 7 中,VT_1 是外接的功率晶体管,起扩大输出电流的作用。VT_2 与电阻 R_0 组成功率晶体管的保护电路。扩大后的输出电流 $I_0+I_{C1}+I_{oxx}$。

2. W117 三端稳压器的应用

(1)基准电压源电路

图 9. 5. 8 所示是由 W117 组成的基准电压源电路,输出端和调整端之间的电压是非常稳定的电压,其值为 1. 25 V,输出电流可达 1. 5 A。图中,R 为泄放电阻,最小负载电流取 5 mA,可计算出 $R_{MAX}=\frac{1.25}{0.005}=250\ \Omega$,实际取值可略小于 250 Ω,如取 240 Ω。

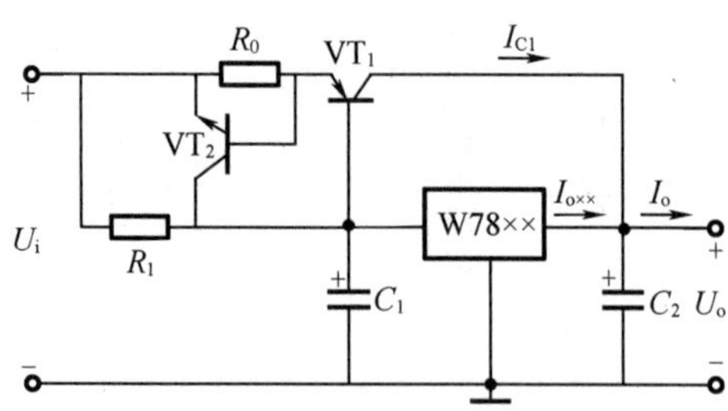

图 9.5.7　扩大输出电流的稳压电路

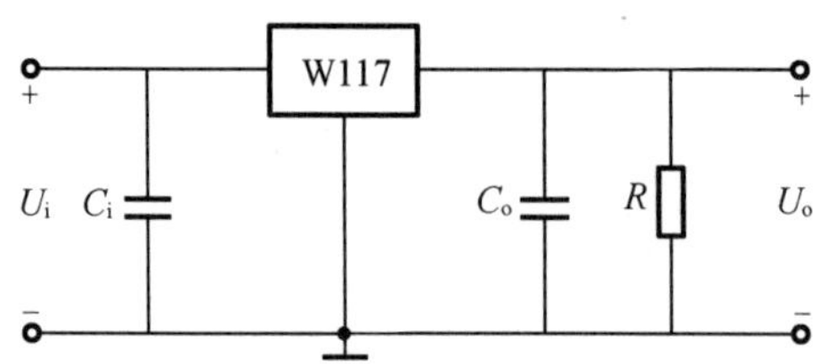

图 9.5.8　由 W117 组成的基准电压源电路

(2)典型应用电路

可调式三端集成稳压器的主要应用是要实现输出电压可调的稳压电路。W117 的典型应用电路如图 9.5.9 所示。

输出电压为

$$U_o = 1.25\times(1+\frac{R_2}{R_1}) \tag{9.5.6}$$

图 9.5.9 中,R_1 可取 240 Ω。为了减小 R_2 上的纹波电压,可在其上并联一个 10 μF 的电容 C。但是,在输出短路时,C 将向稳压器调整端放电,并使调整管发射结反偏,为了保护稳压器,可加二极管 VD_2,提供一个放电回路,如图 9.5.10 所示。VD_1 在输入端开路时,起保护作用。

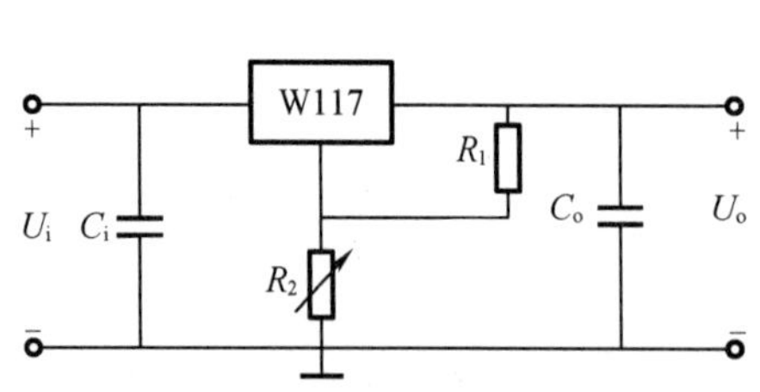

图 9.5.9　W117 外加保护电路的应用电路

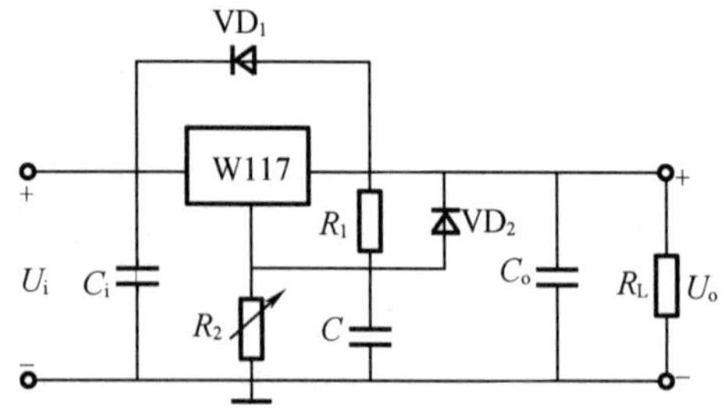

图 9.5.10　W117 的典型应用电路

(3)程序控制稳压电路

在调整端加控制电路可以实现程序控制稳压电路,如图 9.5.11(a)所示。图中,晶体管为电子开关,当基极加高电平时,晶体管饱和导通,相当于开关闭合;当基极加低电平时,晶体管截至,相当于开关断开。因此,图 9.5.11(a)所示电路可等效为图 9.5.11(b)所示电路。

四路控制信号从全部为低电平到全部为高电平，共有 16 种组合；$VT_0 \sim VT_3$ 也就有从全截止到全饱和导通，共有 16 种不同的状态；因而 R_2 将与不同阻值的电阻并联，并联电阻值用 R_2 表示。输出电压在不同控制信号下有 16 个不同的数值，其表达式为

$$U_o = 1.25\times\left(1+\frac{R_2}{R_1}\right) \tag{9.5.7}$$

W137/W237/W337 与 W7900 相类似，能够提供负的基准电压，可以构成负输出电压稳压电路，也可与 W117/W217/W317 一起组成正、负输出电压的稳压电路。

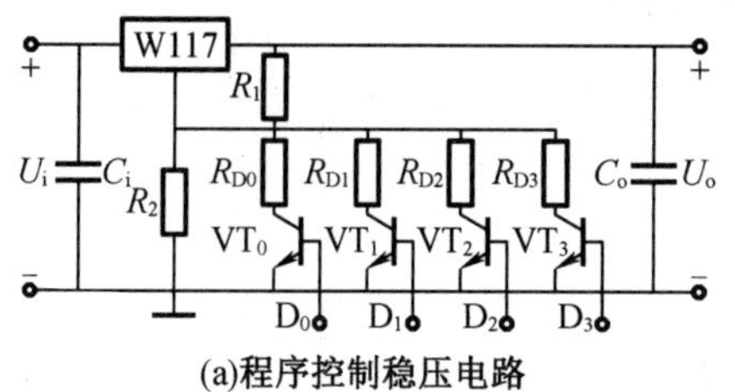

(a)程序控制稳压电路

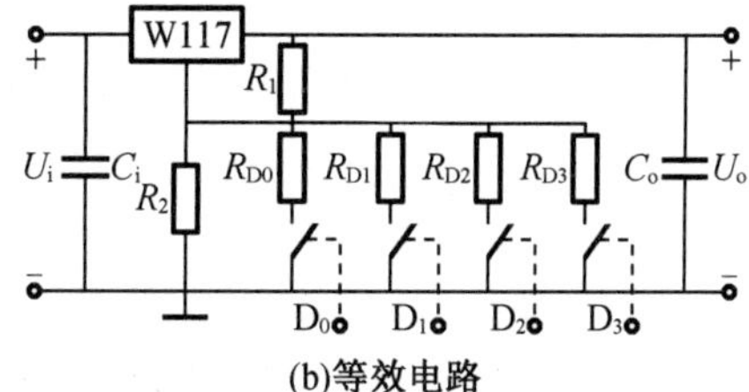

(b)等效电路

图 9.5.11 程序控制稳压电路及其等效电路

9.6 开关型稳压电路

由于串联反馈型稳压电路中的调整管工作在线性放大区，因此在负载电流较大时，调整管的集电极损耗相当大，电源效率较低，一般为 30%～40%，有时还要配备庞大的散热装置。为了克服上述缺点，可采用开关型稳压电路。开关型稳压电路中的调整管工作在开关状态，即调整管主要工作在饱和导通和截止两种状态，由于管子饱和导通时管压降 U_{CES} 和截止时管子的电流 I_{UCEO} 都很小，管耗主要发生在状态开与关的转换过程中，因此电源效率可提高到 70%～95%。因为省去了电源变压器和调整管的散热装置，所以开关型稳压电路体积小、质量小。因为调整管工作在开关状态，故称其为开关型稳压电路。

9.6.1 串联开关型稳压电路

1. 电路的组成

串联开关型稳压电路的原理图如图 9.6.1 所示。它由调整管电路、比较放大电路 A_1、开关驱动电路（电压比较器）A_2、三角波发生电路、基准电压电路、滤波电路和取样电路组成。

2. 电路的工作原理

比较放大电路 A_1 将输出电压 U_o 的采样电压 u_F 与基准电压 u_{REF} 之间的偏差放大后，输出 u_A 加至开关驱动电路 A_2 的同相输入端；随后 A_2 把 u_A 与来自三角波发生电路的信号 u_T 进行比较；当 $u_T<u_A$ 时，开关驱动电路输出高电平，即 u_B 为高电平；当 $u_T>u_A$ 时，开关驱动电路输出低电平，即 u_B 为低电平。显见，调整管 VT 的基波电压 u_B 成为高、低电平交替的矩形波。

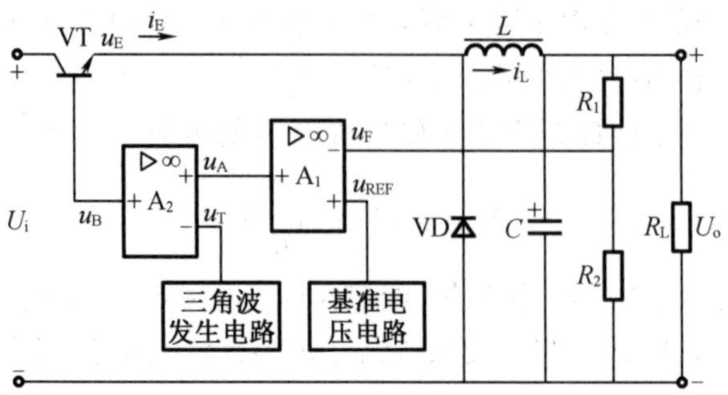

图 9.6.1 串联开关型稳压电路的原理图

当开关驱动电路的输出 u_B 为高电平时,调整管 VT 饱和导通,发射级电压 $u_E = U_i - U_{CES} \approx U_i$。$u_E$ 经电感 L 加在滤波电容 C 和负载 R_L 两端;同时发射极电流 i_E 对电感 L 充电,感应电动势方向为左正右负。VD 因承受反压而截止。

当 u_B 为低电平时,调整管 VT 截止,电感上产生的感应电动势方向为右正左负。一方面,二极管 VD 处于导通状态,便不能突变的电感电流 i_L 经 R_L 和二极管 VD 释放能量,同时滤波电容 C 也向 R_L 放电,因而 R_L 两端仍能获得连续的输出电压,负载电流方向不变;另一方面,VD 的导通使 VT 发射极电压 $u_E = -u_D \approx 0$。u_A、u_T、u_B、u_E、i_L 和 u_o 的波形如图 9.6.2 所示。

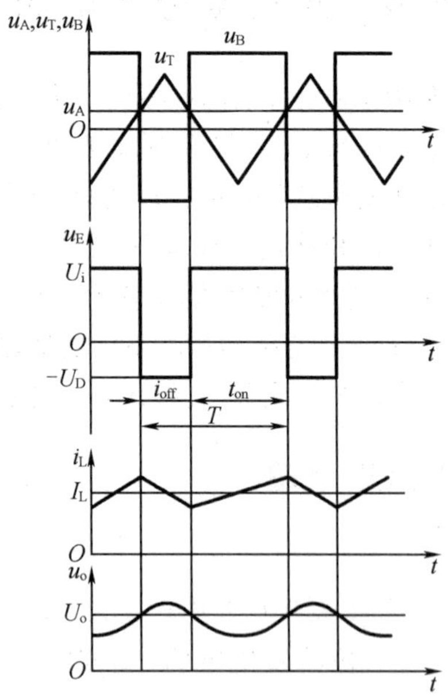

图 9.6.2 串联开关型稳压电路的电压、电流波形

由图 9.6.2 可见,u_E 也随着调整管的开关呈现高、低电平交替的矩形波。当矩形波 u_E 经过 LC 滤波电路后,在负载上可得到比较平滑的输出电压 u_o。若将 u_E 视为直流分量和交流分量之和,则输出电压的平均值等于 u_E 的直流分量,即

$$U_o = \frac{t_{on}}{T}(U_i - u_{CES}) + \frac{T_{off}}{T}(-U_D) \approx \frac{t_{on}}{t}U_i = qU_i \tag{9.6.1}$$

式中,T 为调整管开关转换周期,$T = t_{on} + t_{off}$;q 为矩形波的占空比,$q = t_{on}/T$。

式(9.6.1)表明,当 U_i 一定时,占空比 q 值越大,则输出电压越高。

3. 串联开关型稳压电路的稳压过程

当输出电压发生波动时,稳压电路要自动进行闭环调整,使输出电压保持稳定。

假设由于电网电压或负载电流的变化使输出电压 U_o 增大,则经过取样电阻得到的取样电压 u_F 也随之增大,此电压与基准电压 u_{REF} 的比较后再放大得到的电压 u_A 将减小,u_A 加至开关驱动电路 A_2 的同相输入端。由图 9.6.2 可见,当 u_A 减小时,将使控制调整管的基极电压 u_B 波形中的高电平的时间缩短,而低电平时间增长,表明调整管在一个周期中饱和导通时间减少,截止时间增大,则其发射极电压 u_E 波形的占空比 q 减小,从而使输出电压的平均值减小,最终保持输出电压基本不变。稳定过程如下:

$$U_o\uparrow \to u_F\uparrow \xrightarrow{\text{基准电压一定}} u_A\downarrow \xrightarrow{\text{三角波一定}} t_{on}\downarrow \to q\downarrow \to U_o\downarrow$$

如果输出电压因某种原因减小,则会向相反的方向调整,以保持输出电压基本稳定。

由于负载电阻变化时影响 LC 滤波电路的滤波效果,因而串联开关型稳压电路不适用于负载变化较大的场合。

对图 9.6.1 所示电路工作原理的分析可知,控制过程在保持调整管开关转换在周期不变的情况下,通过改变调整管导通时间 t_{on} 来调节脉冲占空比,从而实现稳压,故称之为脉宽调整型(pulse width modulation,PWM)开关电源。目前有多种脉宽调制型开关电源的控制器芯片,有的还将调整管也集成于芯片之中,且含有多种保护电路,使图 9.6.1 所示电路简化成图 9.6.3 所示电路。

另外,调节脉冲占空比的方式还有两种,一种是固定开关调整管的导通时间 t_{on},通过改变振荡频率 f(即周期 T)调节调整管的截止时间 t_{off} 以实现稳压的方式,称为频率调整型开关电源。另一种是同时调整导通时间 t_{on} 和截止时间 t_{off} 来稳定输出电压的方式,称为混合调制型开关电源。

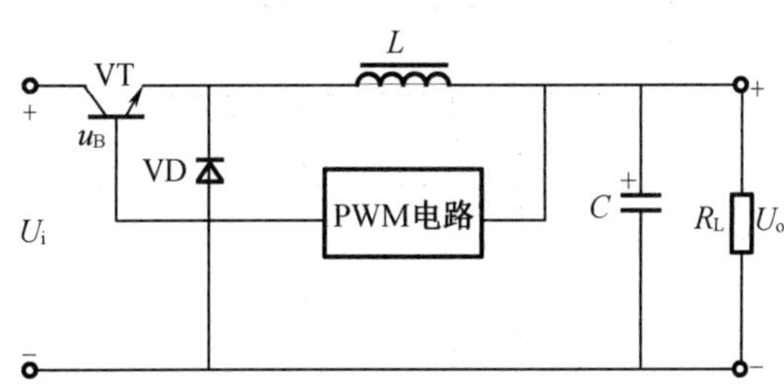

图 9.6.3 串联开关型稳压电路的简化电路

9.6.2 并联开关型稳压电路

串联开关型稳压电路调整管与负载串联,输出电压总是小于输入电压,故称为降压型稳压电路。在实际应用中,还需要将输入直流电源经稳压电路转换成大于输入电压的稳定的输出电压,称为升压型稳压电路。在这类电路中,开关管常与负载并联,故称为并联开关型稳压电路,它通过电感的储能作用,将感应电动势与输入电压相叠加后作用于负载,因而 $U_o>U_i$。

1. 电路的组成

并联开关型稳压电路的原理图如图 9.6.4 所示。输入电压 U_i 为直流供电电压，晶体管 VT 为调整管，u_B 为矩形波，电感 L 和电容 C 组成滤波电路，VD 为续流二极管。

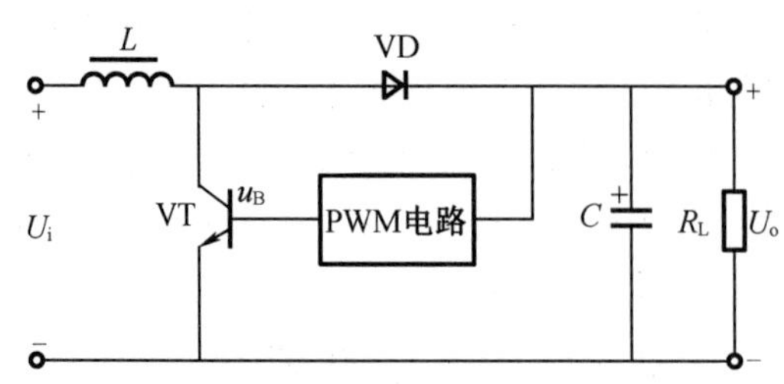

图 9.6.4　并联开关型稳压电路的原理图

2. 电路的工作原理

调整管 VT 的工作状态受 u_B 的控制。当 u_B 为高电平时，VT 饱和导通，U_i 通过 VT 给电感 L 充电储能，充电电流几乎线性增大；VD 因承受反压而截止；滤波电容 C（电容已充电）向负载电阻放电。当 u_B 为低电平时，调整管 VT 截止，L 产生感应电动势，其方向阻止电流的变化，因而与 U_i 同方向，两个电压相加后通过二极管 VD 对电容 C 充电。因此，无论 VT 和 VD 的状态如何，负载电流方向始终不变。u_B、u_L 和 u_o 的波形如图 9.6.5 所示。

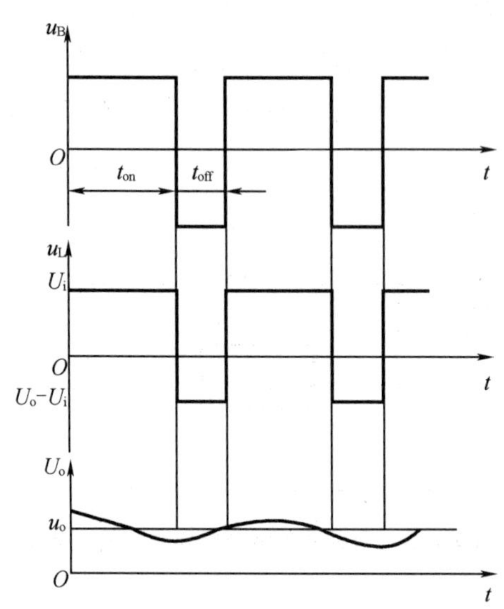

图 9.6.5　并联开关型稳压电路的电压波形

从波形分析可知，只有当 L 足够大时，才能升压；并且只有当 C 足够大时，输出电压的脉动才可能足够小；当 u_B 的周期不变时，其占空比越大，输出电压将越高。

目前，随着集成工艺水平提高，已将整流、滤波、稳压等功能电路全部集成在一起，加环氧树脂实体封装，利用其外壳散热做成了多种一体化稳压电源，有线性的、开关式、大功率直流变换器、小功率调压型和专用型等十多种类型，从电压和功率等级分有几百种之多，根据性能指标即可选用,使用十分方便。

由以上分析可以得出开关型稳压电路具有如下特点：

(1)调整管工作在开关状态,功耗大大降低,电源效率大为提高。

(2)调整管在开关状态下工作,为得到直流输出,必须在输出端加滤波电路。

(3)可通过脉冲宽度的控制方便地改变输出电压值。

(4)在许多场合可以省去电源变压器。

(5)由于开关频率较高,滤波电容和滤波电感的体积可大大减小。

9.7 本章小结

本章介绍了直流稳压电源的组成,各部分电路的工作原理和各种不同类型电路的结构及工作特点、性能指标等。主要内容可归纳如下：

(1)直流稳压电源由整流电路、滤波电路和稳压电路组成。整流电路将交流电压变为脉动的直流电压,滤波电路可减小脉动使直流电压平滑,稳压电路的作用是在电网电压波动或负载电流变化时保持输出电压基本不变。

(2)整流电路有半波和全波两种,最常用的是单相桥式整流电路。分析整流电路时,应分别判断在变压器二次电压正、负半周两种情况下二极管的工作状态(导通或截止),从而得到负载两端电压、二极管端电压及其电流波形,并由此得到输出电压和电流的平均值,以及二极管的最大整流平均电流和所承受的最高反向电压。

(3)滤波电路通常有电容滤波、电感滤波和复式滤波,本章重点介绍电容滤波电路。在$RLC=(3\text{-}5)T/2$时,滤波电路的输出电压约为$1.2U_2$。负载电流较大时,应采用电感滤波；对滤波效果要求较高时,应采用复式滤波。

(4)稳压管稳压电路结构简单,但输出电压不可调,仅适用于负载电流较小且其变化范围也较小的情况。电路依靠稳压管的电流调节作用和限流电阻的补偿作用,使得输出电压稳定。限流电阻是必不可少的组成部分,必须合理选择阻值,才能保证稳压管既能工作在稳压状态,又不至于因功耗过大而损坏。

(5)在串联型线性稳压电源中,调整管、基准电压电路、输出电压采样电路和比较放大电路是基本组成部分。电路引入深度电压负反馈,使输出电压稳定。基准电压的稳定性和反馈深度是影响输出电压稳定性的重要因素。

在集成稳压器和实用的分立元件稳压电路中,还常包含过流、过压、调整管安全区和芯片过热等保护电路。集成稳压器仅有输入端、输出端和公共端(或调整端)三个引出端(故称为三端稳压器),使用方便,稳压性能好。W7800(W7900)系列为固定式稳压器,W117/W217/W317(W137/W237/W337)为可调式稳压器。通过外接电路可扩展输出电流和电压。

由于串联型稳压电路的调整管始终工作在线性区(即放大区),功耗较大,因而电路的效率低。

(6)开关型稳压电路中的调整管工作在开关状态,因而功耗小、电路效率高,但一般输出的纹波电压较大,适用于输出电压调节范围小、负载对输出纹波要求不高的场合。串联开关型稳压电路是降压型电路,并联开关型稳压电路是升压型电路。脉冲宽度调制式

(PWM)开关型稳压电路是在控制电路输出频率不变的情况下,通过电压反馈调整其占空比,从而达到稳定输出电压的目的的。

9.8 思 考 题

(1)小功率直流稳压电源由哪几部分组成,各有什么作用?

(2)滤波电路的作用是什么? 有哪些基本形式? 其中最常用的是哪种,为什么?

(3)如果整流桥中一只二极管接反了,会出现什么情况?

(4)如果整流桥中一只二极管开路或短路时,会出现什么情况?

(5)电容滤波和电感滤波的原理是什么? 滤波效果有何不同?

(6)电容滤波对整流电路的输出有何影响? 对整流二极管有何影响?

(7)滤波后的输出电压波形已变得较为平稳,为什么其后还要连接一级稳压电路,能否不接?

(8)稳压电源有哪些常用的质量指标,能够反映哪些问题?

(9)整流之后,如果不接滤波电路而直接连接稳压电路,能否达到稳定输出电压的效果?

(10)三端集成稳压有何优点,有哪些类型?

(11)设计直流电源时,电源变压器、整流二极管和滤波电容应该如何选择?

9.9 习 题

1. 电路如图 T9.1 所示,变压器二次电压有效值为 $2U_2$。

(1)画出 u_2、u_{D1} 和 u_o 的波形;

(2)求出输出电压平均值 $U_{o(AV)}$ 和输出电流平均值 $I_{L(AV)}$ 的表达式;

(3)写出二极管的平均电流 $I_{D(AV)}$ 和所承受的最大反向电压 U_{Rmax} 的表达式。

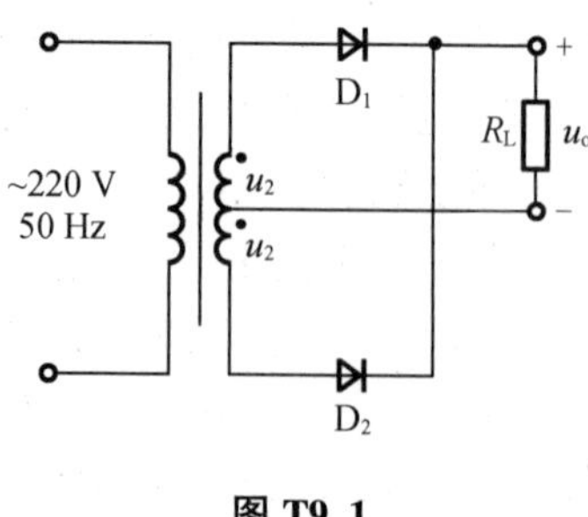

图 T9.1

2. 电路如图 T9.2 所示,变压器二次电压有效值 $U_1 = 50$ V,$U_2 = 20$ V。试问:

(1)输出电压平均值 $U_{o1(AV)}$ 和 $U_{o2(AV)}$ 各为多少?

(2)各二极管承受的最大反向电压为多少?

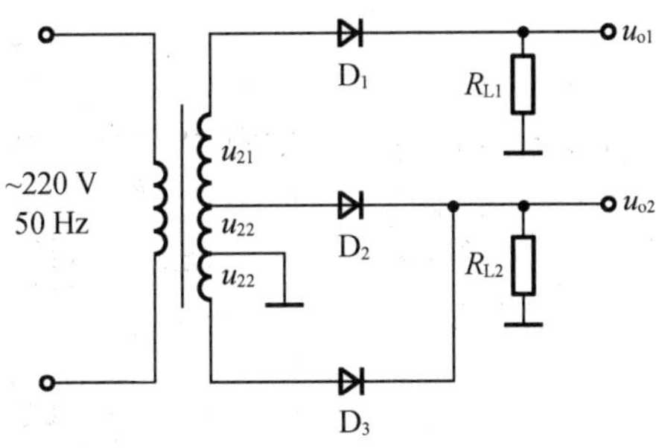

图 T9. 2

3. 电路如图 T9. 3 所示。

(1)分别标出 u_{o1} 和 u_{o2} 对地的极性；

(2)u_{o1}、u_{o2} 分别是波整流还是全波整流？

(3)当 $U_{21}=U_{22}=20$ V 时，$U_{o1(AV)}$ 和 $U_{o2(AV)}$ 各为多少？

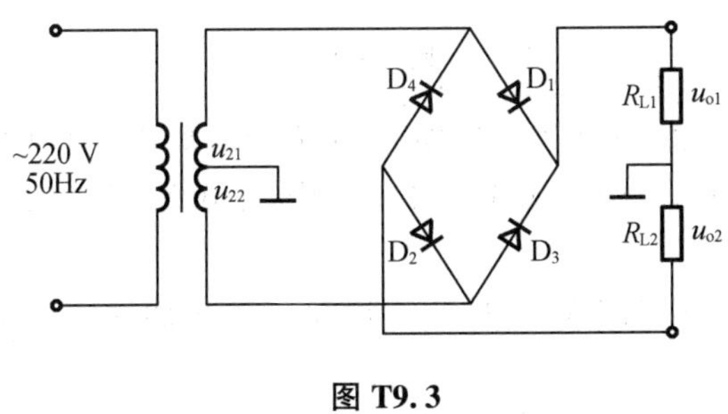

图 T9. 3

4. 分别判断图 T9. 4 所示各电路能否作为滤波电路，简述理由。

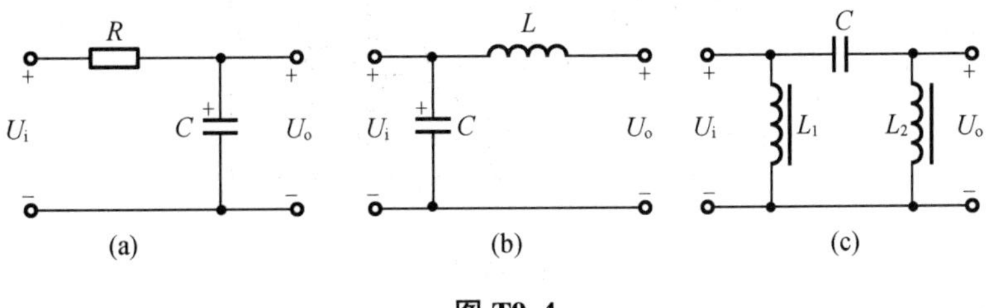

图 T9. 4

5. 试在图 T9. 5 所示电路中，标出各电容两端电压的极性和数值，并分析负载电阻上能够获得几倍压的输出。

6. 电路如图 T9. 6 所示，已知稳压管的稳定电压为 6 V，最小稳定电流为 5 mA，最大耗散功率为 240 mW，输入电压为 20~24 V，$R=360\ \Omega$。试问：

(1)为保证空载时稳压管能够安全工作，R_2 应选多大？

(2)当 R_2 按上面原则选定后，负载电阻允许的变化范围是多少？

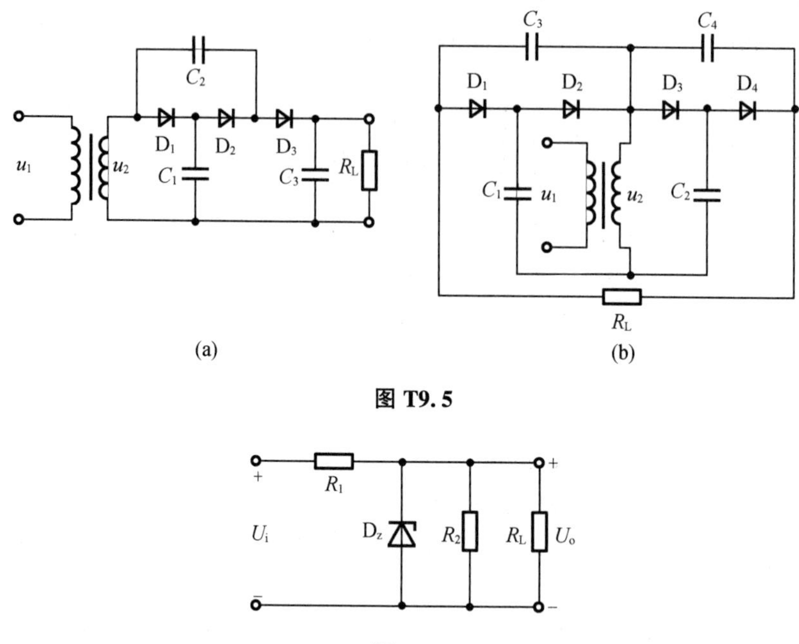

图 T9.5

图 T9.6

7. 电路如 T9.7 所示，已知稳压管的稳定电压 $U_Z = 6\ \text{V}$，晶体管的 $U_{BE} = 0.7\ \text{V}$，$R_1 = R_2 = R_3 = 300\ \Omega$，$U_1 = 24\ \text{V}$。判断出现下列现象时，分别因为电路产生什么故障(即哪个元件开路或短路)。

(1) $U_0 = 24\ \text{V}$；(2) $U_0 = 23.3\ \text{V}$；(3) $U_0 \approx 12\ \text{V}$ 且不可调；(4) $U_0 = 6\ \text{V}$ 且不可调；(5) U_0 可调范围为 6~12 V。

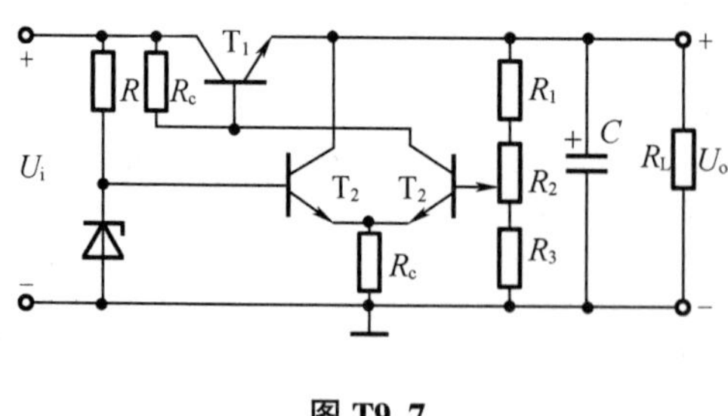

图 T9.7

8. 直流稳压电源如图 T9.8 所示。

(1)说明电路的整流电路、滤波电路、调整管、基准电压电路、比较放大电路、采样电路等部分各由哪些元件组成；

(2)标出集成运放的同相输入端和反相输入端；

(3)写出输出电压的表达式。

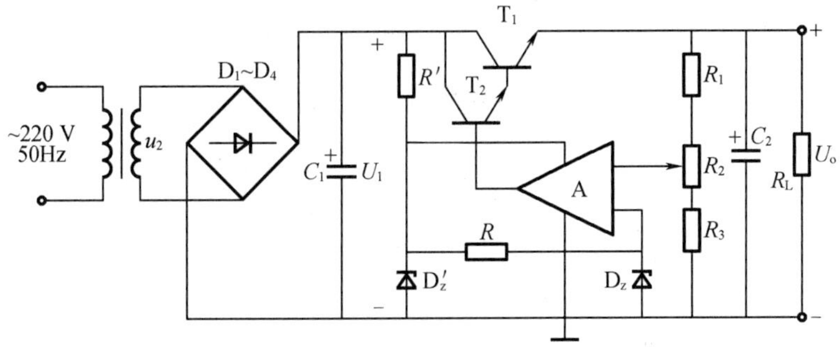

图 T9.8

9. 电路如图 T9.9 所示,设 $\dot{I}_1 \approx \dot{I}_0 = 1.5$ A,晶体管 T 的 $U_{BE} \approx U_D$,$R_1 = 1\ \Omega$,$R_2 = 2\ \Omega$,$I_D >> I_B$。求解负载电路 I_L 的最大值约为多少?

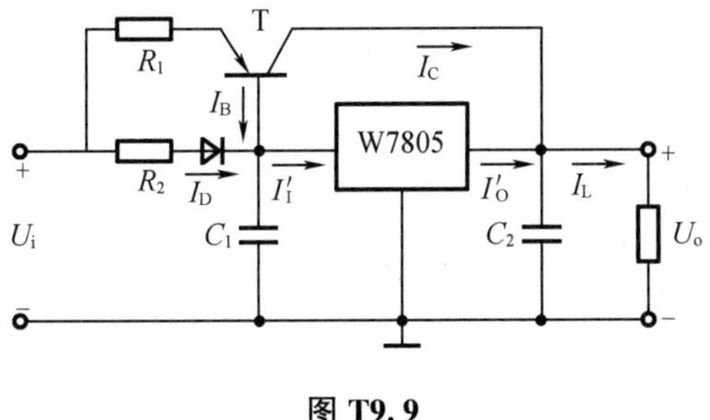

图 T9.9

10. 在图 T9.10 所示电路中 $R_1 = 240\ \Omega$,$R_2 = 3\ \text{k}\Omega$;W117 输入端和输出端电压允许范围为 3~40 V,输出端和调整端之间的电压 U_R 为 1.25 V。

试求解:

(1)输出电压的调节范围;

(2)输入电压允许的范围。

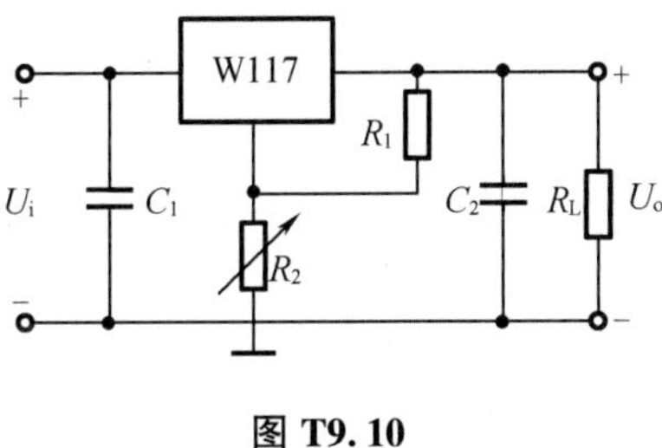

图 T9.10

11. 试分别求出图 T9.11 所示各电路输出电压的表达式。

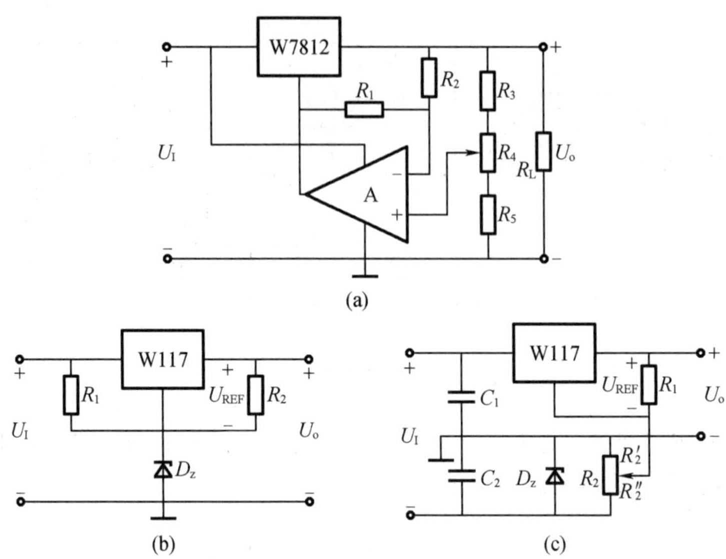

(a)

(b)　　　　(c)

图 T9.11

12. 两个恒流源电路分别如图 T9.12(a)(b)所示。

(1)求解各电路负载电流的表达式;

(2)设输入电压为 20 V,晶体管饱和压降为 3 V,b-e 间电压数值 $|U_{BE}|=0.7$ V;W7805 输入端和输出端间的电压最小值为 3 V;稳压管的稳定电压 $U_Z=5$ V,$R_1=R=50\ \Omega$。分别求出两电路负载电阻的最大值。

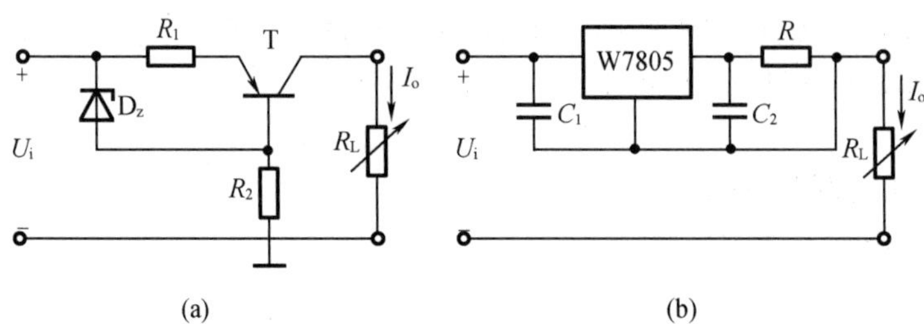

(a)　　　　(b)

图 T9.12

附录 实 验

实验一 基本放大电路测试

一、实验目的

1. 掌握放大电路静态工作点的调试方法,分析静态工作点对放大电路输出波形的影响,观察饱和失真和截止失真现象。

2. 了解放大电路电压放大倍数和最大不失真输出电压的测试方法。

3. 熟悉常用电子仪器及模拟电路实验设备的使用。

二、实验类型

验证型实验。

三、预习要求

1. 阅读教材中有关分压式共射极放大电路的工作原理。

2. 估算实验电路(图 F. 1. 1)的静态工作点 Q 和电压放大倍数 A、输入电阻 R_i 和输出电阻 R_o。假设:三极管 Q_{01} 的 $\beta=100$,$r_{be}=1.5\ \text{k}\Omega$,$U_{BE}=0.7\ \text{V}$;电路元件参数分别为 $R_{B1}=20\ \text{k}\Omega$,$R_{B2}=62\ \text{k}\Omega$,$R_C=2.4\ \text{k}\Omega$,$W_{01}=100\ \text{k}\Omega$,$R_E=1\ \text{k}\Omega$,$R_L=2.4\ \text{k}\Omega$。

3. 改变静态工作点对放大电路的输入电阻 R_i 是否有影响? 改变负载电阻 R_L 对输出电阻 R_o 是否有影响?

四、实验设备与器件

1. 模拟电路实验箱。

2. 数字存储示波器。

3. 函数/任意波形发生器。

4. 数字万用表。

五、实验内容和要求

实验电路 MD-01 实验板,晶体管共射极放大电路如图 F. 1. 1 所示。为防止干扰,各仪器的公共端必须连在一起,信号发生器和示波器的引线应采用专用电缆线或屏蔽线,如使用屏蔽线,则屏蔽线的黑夹子应接在公共接地端上。

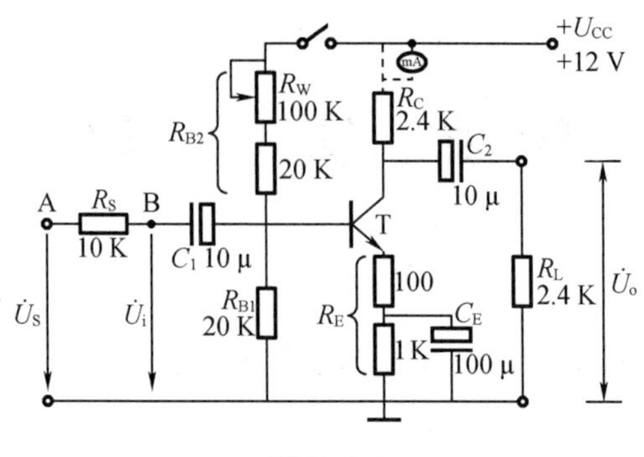

图 F.1.1

1. 调试静态工作点

将放大电路输入端 B 接地,即设置 $u_i=0$,K_4、K_1、K_2 短接,电源开关闭合,接通+12 V 电源,调节 W_{01},使 $U_E=2.0$ V,用万用表的直流电压挡测量 U_B、U_E、U_C;然后断开 K_1 用万用表的电阻挡测量 R_{B2} 值,将测量结果记入数据表 F. 1. 1 中,并计算静态工作点。

2. 测量不同负载下的电压放大倍数 A_u

K_4、K_1 短接,K_2、K_3 断开,电源开关闭合,接通+12 V 电源。在放大电路输入端 B 加入正弦信号 u_i(f=1 kHz、$U_{sP.P}=60$ mV),用示波器同时观察放大电路的输入电压 u_i 和输出电压 u_o 波形。在输出波形不失真的情况下测量数据表 F. 1. 2 中两种情况下输出电压峰-峰值 $U_{oP.P}$,观察 u_o 与 u_i 的相位关系,将测量结果记入数据表 F. 1. 2 中,并计算两种情况下的电压放大倍数 A_u。

3. 测量输入电阻 R_i 和输出电阻 R_o

K_4、K_1 短接,K_2、K_3 断开,电源开关闭合,接通+12 V 电源。在放大电路输入端 A 加入正弦信号 u_s(f=1 kHz、$U_{sP.P}=60$ mV),用示波器观察输出电压 u_o 波形。在输出波形不失真的情况下用示波器分别测出 A、B 端的电压峰-峰值 $U_{sP.P}$、$U_{iP.P}$,将测量结果记入数据表 F. 1. 3 中,并计算输入电阻 R_i;在输入信号不变的情况下,用示波器测量空载时的输出电压峰-峰值 $U_{oP.P}$,接上负载 $R_L=2.5$ kΩ,测量带载时的输出电压峰-峰值 $U_{LP.P}$,将测量结果记入数据表F. 1. 3 中,并计算输出电阻 R_o。

4. 观察静态工作点对输出波形失真的影响

K_4、K_1 短接,K_2、K_3 断开,电源开关闭合,接通+12 V 电源。在放大电路输入端 A 加入正弦信号 u_s(f=1 kHz、$U_{sP.P}=60$ mV),调节 W_{01} 到最大,调节信号 u_s 的幅度,用示波器观察输出波形,解释观察到的现象。然后调节 W_{01} 到较小(输出波形较小不失真),重复上述调节过程。

5. 测量最大不失真输出电压 U_{om}(有效值)(选做)

K_4、K_1、K_3 短接,K_2 断开,电源开关闭合,接通+12 V 电源。在放大电路输入端 A 加入正弦信号 u_s(f=1 kHz、$U_{sP.P}=60$ mV),置 $R_L=2.4$ kΩ 的幅度和电位器 W_{01},用示波器同时观察输入 u_i 和输出 u_o 波形,当输出波形同时出现削底和削顶失真时,说明静态工作点已调在交流负载线的中点。然后反复调整输入信号,使波形输出幅度最大,且无明显失真时,用示波器直接读出 U_{ip-p}、$U_{oP.P}$ 和 U_{om} 的值,将结果记入数据表 F. 1. 4 中。

6. 注意事项

(1)检测所用导线是否导通,尽量选择短导线避免干扰;接好电路检查无误再通电。

(2)测量电阻 R_{B2} 的时候需要将 R_{B2} 和电路断开(即开关 K_1 断开)。

(3)测量静态电压时,注意正确调整万用表挡位;实验中不直接测量电路电流值,通过测量两点电位得出电压,再通过计算得到电流。调节电位器时动作需轻柔些,静态工作点调好后,不要再动电位器,以免影响测量。

六、思考题

1. 怎样测量 R_{B2} 阻值?当调节偏置电阻 R_{B2}(W_{01})使放大电路输出波形出现饱和或截止失真时,三极管的管压降 U_{CE} 怎样变化?

2. 在测试 A_u、R_i 和 R_o 时,怎样选择输入信号的大小和频率?为什么信号频率一般选 1 kHz,而不选 100 kHz 或更高?

3. 放大电路中哪些元件决定静态工作点的位置?

七、实验报告

1. 整理测量结果,并把实测的静态工作点、电压放大倍数的值与理论值进行比较(取一组数据进行比较),分析产生误差原因。

2. 总结 R_C、R_L 对放大电路电压放大倍数的影响。

3. 讨论静态工作点变化对放大电路输出波形的影响。

4. 附上原始数据记录,并由指导教师签名。

实验原始数据记录:

内容 1:调试静态工作点 $U_E = 2.0$ V。

表 F.1.1

测量值				计算值		
U_B/V	U_E/V	U_C/V	R_{B2}/kΩ	U_{BE}/V	U_{CE}/V	I_C/mA

内容 2:测量不同负载下的电压放大倍数 $U_E = 2.0$ V($U_{iP\cdot P} = 60$ mV)。

表 F.1.2

R_L/kΩ	$U_{oP\cdot P}$/V	A_u	观察记录一组 u_o 和 u_i 波形
			u_i O t u_o O t

内容3:测量输入电阻 R_i 和输出电阻 R_o。

表 F.1.3

测量值		计算值	测量值		计算值
$U_{sP \cdot P}$/V	$U_{iP \cdot P}$/V	R_i/kΩ	$U_{oP \cdot P}$/V	$U_{LP \cdot P}$/V	R_o/kΩ

内容4:测量最大不失真输出电压 U_{om}(选做)。

表 F.1.4

示波器测量值		
$U_{ip \cdot p}$/mV	$U_{oP \cdot P}$/ V	U_{om}/ V

实验二　差分放大电路测试

一、实验目的

1. 加深对差动放大电路性能及特点的理解。
2. 学习差动放大电路主要性能指标的测试方法。

二、实验类型

验证型实验。

三、预习要求

1. 根据实验电路(图 F.2.1)参数,估算典型差动放大电路和具有恒流源的差动放大电路的静态工作点及差模电压放大倍数(取 $\beta_1=\beta_2=\beta_3=100$,$r_{be1}=r_{be2}=r_{be3}=2.5\ k\Omega$)。

2. 测量静态工作点时,放大电路输入端 A、B 与地应如何连接?

3. 怎样进行 U_o 的静态调零?用什么仪表测量?

四、实验设备与器件

1. 模拟电路实验箱。
2. 数字存储示波器。
3. 函数/任意波形发生器。
4. 数字万用表。

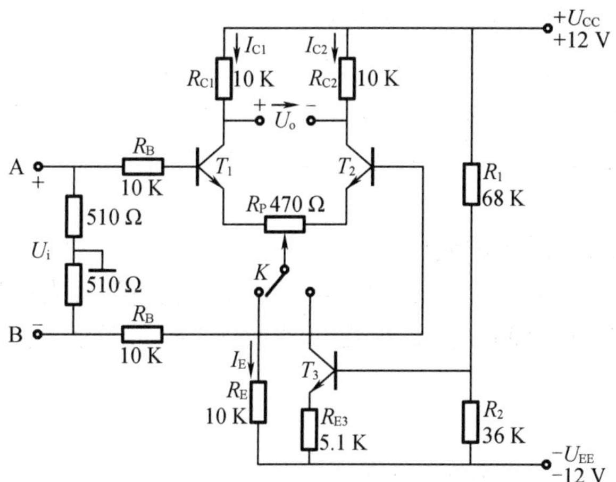

图 F. 2. 1

五、实验内容和要求

(一)典型差动放大电路性能测试

按 MD-02 实验板中差分放大器电路连接实验电路,开关 S 拨向①端构成典型差动放大电路。

1. 测量静态工作点

(1)调节放大电路零点。

将输入信号 u_i 置为"0",即将放大电路输入端 A、B 与地短接。接通±12 V 直流电源,用万用表的直流电压挡测量双端输出电压 u_o,并调节调零电位器 R_P,使 $u_o=0$。调节时要仔细,力求准确。

(2)测量静态工作点。

零点调好以后,用万用表的直流电压挡测量 T_1、T_2 管各电极电位及射极电阻 R_e 两端电压 U_{RE},将测量结果记入数据表 F. 2. 1 中,并计算 T_1、T_2 管的静态工作点。

2. 测量差模电压放大倍数

将信号发生器 CH_1 通道接放大电路输入端 A,CH_2 通道接放大电路输入端 B,构成双端输入方式。设置信号发生器使 CH_1 通道输出正弦信号 $u_A(f=1\ \text{kHz}、U_{AP\cdot P}=50\ \text{mV}、\varphi=0°)$,$CH_2$ 通道输出正弦信号 $u_B(f=1\ \text{kHz}、U_{BP\cdot P}=50\ \text{mV}、\varphi=180°)$,分别接在放大电路 A、B 两端,构成差模输入信号 U_{id}。

接通±12 V 直流电源,用示波器观察输入、输出波形,微调信号发生器 CH_1、CH_2 通道的输出幅度,用示波器测量 $U_{iP\cdot P}=100\ \text{mV}$;在输出波形无失真的情况下,用示波器测量 $U_{C1P\cdot P}$、$U_{C2P\cdot P}$,将测量结果记入数据表 F. 2. 2 中,观察 u_i、u_{C1}、u_{C2} 之间的相位关系,并记录波形。

3. 测量共模电压放大倍数

将放大电路输入端 A、B 短接,信号发生器 CH_1 通道接放大电路输入端 A 与地之间,构成共模输入方式。设置输入信号 $u_A(f=1\ \text{kHz}、U_{iP\cdot P}=1\ \text{V})$,并用示波器测量 $U_{iP\cdot P}=1$ V;在输出波形无失真的情况下,测量 $U_{C1P\cdot P}$、$U_{C2P\cdot P}$ 的值并记入数据表 F. 2. 2 中,观察 u_1、u_{C1}、u_{C2} 之间的相位关系并记录波形。

(二)具有恒流源的差动放大电路性能测试

将电路中开关 S 拨向②端,构成具有恒流源的差动放大电路。参照典型差动放大电路性能测试的步骤对具有恒流源的差动放大电路进行测试,将测得的静态工作点填入自行设计的表格中,而后测量数据表 F. 2. 2 中右侧的相关数据。

(三)注意事项

1. 注意电路中选择开关 S 的使用。

2. 观测差模输入信号 u_i 时,可用示波器的"Math"功能;信号发生器设定输出信号的值与接入放大电路的实际值之间存在偏差,数据处理时应以 u_i 的实际测量值为准。

六、思考题

1. 试说明实验电路中的电位器的作用。

2. 差动放大电路有几种接法,各有什么特点?并根据前图说明不同接法对输入电阻、输出电阻以及放大倍数的影响。

七、实验报告

1. 整理实验数据,列表比较实验结果和理论估算值,分析误差原因。

2. 计算静态工作点和差模电压放大倍数。

3. 附上原始数据记录,并由指导教师签名。

实验原始数据记录

内容 1:测量静态工作点(表 F. 2. 1)。

表 F. 2. 1

测量值	U_{C1}/V	U_{B1}/V	U_{E1}/V	U_{C2}/V	U_{B2}/V	U_{E2}/V	U_{RE}/V
计算值	I_{C1}/mA		I_{B1}/mA		U_{CE1}/V		
	I_{C2}/mA		I_{B2}/mA		U_{CE2}/V		

测量差模、共模电压放大倍数,测量 U_{C1}、U_C 的值(表 F. 2. 2),并观察相位关系,画入图 F. 2. 2。

表 F. 2. 2

	典型差动放大电路		具有恒流源差动放大电路	
	双端输入	共模输入	双端输入	共模输入
U_i	100 mVp · p	1 Vp · p	100 mVp · p	1 Vp · p
$U_{C1P\cdot P}$/V				

表 F. 2. 2(续)

	典型差动放大电路		具有恒流源差动放大电路	
	双端输入	共模输入	双端输入	共模输入
$U_{C2P\cdot P}$/V	—		—	
$A_{ud1}=\frac{U_{C1}}{U_i}$		—		—
$A_{ud}=\frac{U_o}{U_i}$	—		—	
$A_{uc1}=\frac{U_{C1}}{U_i}$	—		—	
$A_{uc}=\frac{U_{C1}}{U_i}$				
$K_{CMR}=\left\|\frac{A_{ud1}}{A_{uc1}}\right\|$				

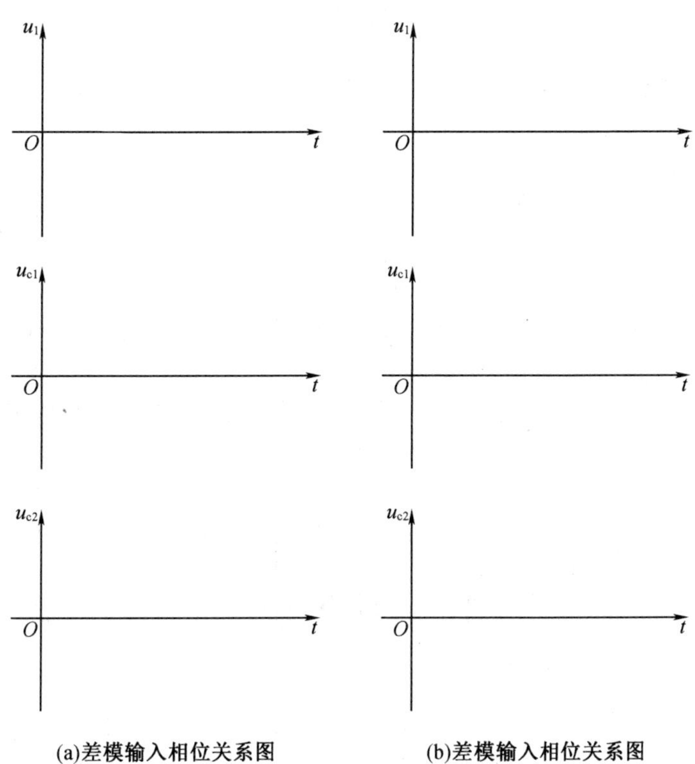

(a)差模输入相位关系图　　(b)差模输入相位关系图

图 F. 2. 2

内容 2:

测得的静态工作点填入自行设计的表格中,而后测量数据表 F. 2. 3 中右侧的相关数据。

表 F.2.3 测量静态工作点

<table>
<tr><td rowspan="2">测量值</td><td>U_{C1}/V</td><td>U_{B1}/V</td><td>U_{E1}/V</td><td>U_{C2}/V</td><td>U_{E2}/V</td><td>U_{RE}/V</td><td></td></tr>
<tr><td></td><td></td><td></td><td></td><td></td><td></td><td></td></tr>
<tr><td rowspan="4">计算值</td><td colspan="2">I_{C1}/mA</td><td colspan="2">I_{B1}/mA</td><td colspan="3">U_{CE1}/V</td></tr>
<tr><td colspan="2"></td><td colspan="2"></td><td colspan="3"></td></tr>
<tr><td colspan="2">I_{C2}/mA</td><td colspan="2">I_{B2}/mA</td><td colspan="3">U_{CE2}/V</td></tr>
<tr><td colspan="2"></td><td colspan="2"></td><td colspan="3"></td></tr>
</table>

实验三　负反馈放大电路测试

一、实验目的

1. 加深理解放大电路中引入负反馈的方法及负反馈对放大电路各项性能指标的影响。
2. 研究电压串联负反馈对放大电路性能的影响。
3. 掌握负反馈放大电路各性能指标的测试方法。

二、实验类型

验证型实验。

三、预习要求

1. 复习负反馈放大电路的组成、工作原理以及四种组态。
2. 估算放大电路(图 F.3.1)的静态工作点,设元件参数取 $\beta_1=100$、$\beta_2=50$、$R_{be1}=1.5\ \text{k}\Omega$、$r_{be2}=1.0\ \text{k}\Omega$、$R_{B1}=62\ \text{k}\Omega$、$R_{B3}=38\ \text{k}\Omega$。
3. 估算基本放大电路的 A_u、R_i 和 R_o;估算负反馈放大电路的 A_{uf}、R_{if} 和 R_{of}。

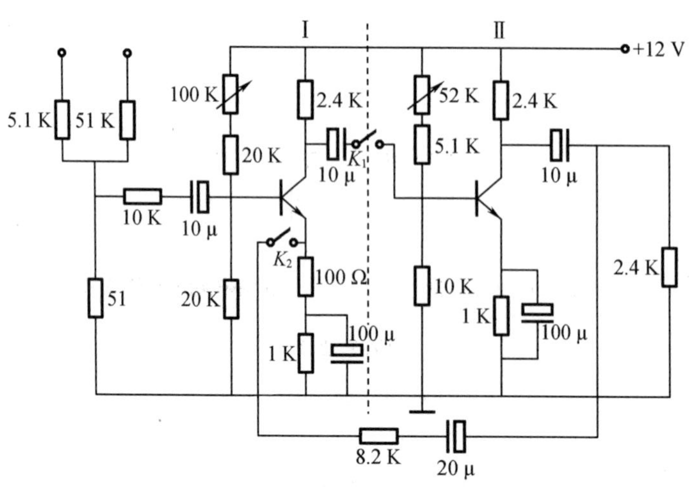

图 F.3.1

四、实验设备与器件

1. 模拟电路实验箱。
2. 数字存储示波器。
3. 函数/任意波形发生器。
4. 数字万用表。

五、实验内容和要求

1. 测量静态工作点

按 MD-03 中晶体管两级及负反馈放大电路连接实验电路，取 $V_{CC}=+12\ V$，$u_i=0$，开关 K_1、K_5 闭合，开关 K_4、K_6 断开，K_3 连接接入负载电阻 $R_L=2.4\ k\Omega$。调节电位器 W_1 使 $U_{E2}=2.3\ V$，调节电位器 W_2 使 $U_{E2}=2.3\ V$。用万用表的直流电压挡分别测量两个三极管的集电极电压 U_C，并通过 U_C 和 U_E 求出 U_{CE} 和 I_C。将各项测量结果记入数据表 F. 3. 1，并计算每一级放大电路的静态工作点。

2. 测量无级间负反馈时放大电路的动态指标

开关 K_1、K_5 闭合，开关 K_4、K_6 断开，K_3 连接加入负载电阻 $R_L=2.4\ k\Omega$，在 u_s 处加入频率 $f=1\ kHz$、峰—峰值为 20~40 mV 的正弦信号。用示波器 CH_1 和 CH_2 同时观察输入信号 u_s 和输出信号 u_o，调节输入信号 u_s 的幅度，在 u_o 不失真的情况下，用示波器测量 $U_{sP\cdot P}$、$U_{iP\cdot P}$、$U_{LP\cdot P}$，将测量结果记入数据表 F. 3. 2 中。

保持 u_s 不变，K_3 断开负载电阻 R_L，测量空载时的输出电压 $U_{oP\cdot P}$，将测量结果记入数据表 3-2 中，并计算开环电压放大倍数 A_{uo} 和输出电阻 R_o。

测量通频带。K_3 短接接上 R_L，保持(1)步骤中的 u_s 不变，然后增加和减小输入信号 u_s 的频率，找出上、下限频率 f_H 和 f_L，将测量结果记入数据表 F. 3. 3 中。

3. 测试负反馈放大电路的各项性能指标

将开关 K_4 短接闭合，即引入负反馈。适当加大输入信号 u_s，在输出波形不失真的条件下，测量负反馈放大电路的闭环电压放大倍数 A_{uf} 和输出电阻 R_{of}，将测量结果记入数据表 F. 3. 2 中；测量闭环时的 f_{Hf} 和 f_{Lf}，将测量结果记入数据表 F. 3. 3 中。

4. 观察负反馈对非线性失真的改善

实验电路改接成基本放大电路形式，在输入端加入 $f=1\ kHz$ 的正弦信号 u_s，输出端接示波器，逐渐增大输入信号 u_s 的幅度，使输出波形开始出现失真，观察此时的波形。

再将实验电路改接成负反馈放大电路形式，增大输入信号幅度 u_s，使输入电压峰-峰值达到 u_s，观察输出波形是否失真。继续增大输入信号幅度 $U_{i1P\cdot P}$，观察此时的波形。

5. 注意事项

(1)注意电路中选择开关 K_4 的使用。

(2)在用示波器观察最大不失真输出波形时，若出现信号幅度不稳定、非正弦或高频自激等现象，要加以排除后方可进行下一步实验。

六、思考题

1. 若想获得较高输入电阻的放大电路，应引入什么反馈类型？

2. 已知负反馈放大电路的开环放大倍数 $A_u = 10$，若要求获得 100 倍的闭环放大倍数，则其反馈系数 F_u 应取多大？

七、实验报告

1. 整理实验数据，列表比较实验结果和理论估算值，分析误差原因。
2. 根据实验结果，总结电压串联负反馈对放大器性能的影响。
3. 简述通过本次实验你对多级放大器和反馈放大器的理解和认识是否有所提高。
4. 附上原始数据记录，并由指导教师签名。

实验原始数据记录：

内容 1：测量静态工作点（表 F. 3. 1）。

表 F. 3. 1

	测量值					计算值		
	U_B/V	U_E/V	U_C/V	R_{b1}/kΩ	R_{b3}/kΩ	U_{BE}/V	U_{CE}/V	I_C/mA
第一级					—			
第二级				—				

内容 2：测量有无级间负反馈时放大电路的动态指标（表 F. 3. 2）。

表 F. 3. 2

电路类型	$U_{uP\cdot P}$/mA	测量值			计算值		
基本放大器	$U_{sP\cdot P}$/mA	$U_{iP\cdot P}$/mV	$U_{LP\cdot P}$/V	$U_{oP\cdot P}$/V	A_{uL}	A_{uo}	R_o/kΩ
负反馈放大器	$U_{sP\cdot P}$/mA	$U_{iP\cdot P}$/mV	$U_{LP\cdot P}$/V	$U_{oP\cdot P}$/V	A_{uL}	A_{uo}	R_o/kΩ

内容 3：测量通频带（表 F. 3. 3）

表 F. 3. 3

基本放大器	f_L/kHz	f_H/MHz	Δf/MHz
负反馈放大器	f_{Lf}/kHz	f_{Hf}/MHz	$\Delta f_f/MHz$

实验四　集成运算放大器的基本应用

一、实验目的

1. 掌握用集成运算放大器组成比例电路的性能及特点。
2. 学会上述电路的测试和分析方法。

二、实验类型

验证型、设计型实验。

三、预习要求

1. 预习集成运放在理想状态下的分析计算。
2. 预习负反馈电路的基本原理。

四、实验内容

1. 反相比例放大器

(1)假设运算放大器为理想的，理论计算此电路的电压放大倍数为

$$A_{uf}=\frac{u_o}{u_i}=-\frac{R_f}{R_1}$$

反相比例放大器(电路参考图(图 F. 4. 1)，只参考电路形式，数值由自行设计，以下同)

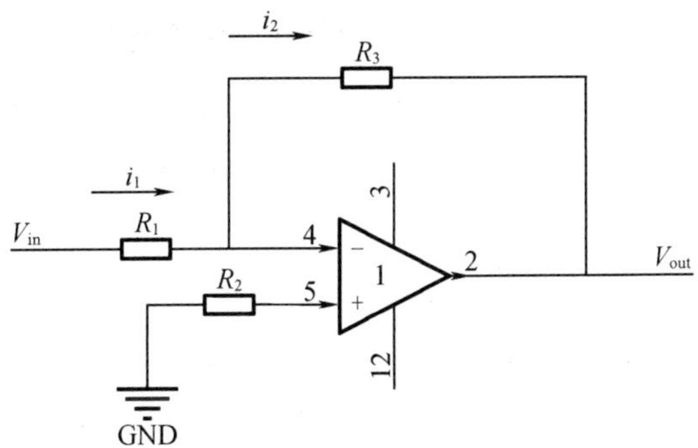

图 F. 4. 1

(2)接通+12 V、−12 V 电源(灯亮)。在输入“−”端加入 f=1 000 Hz 正弦波信号，幅值(峰峰值)如下表所示，用示波器分别测量输出电压 u_o，填入表 F. 4. 1 中，计算其电压放大倍数，并与理论值比较。用双踪示波器观察输入、输出波形是否反相。

表 F.4.1

输入电压(峰峰值)$u_i(V)$		0.1	0.2	0.3	0.4
输出电压 u_o	理论估算/V				
	实测值/V				
	误　差				

(3)“负反馈支路”接电位器。

(4)在电路输入端处,加入 f=1 000 Hz 正弦波信号,幅值(峰峰值)0.2 V,用示波器测量输出电压 u_o,改变电位器的阻值,由小到大,观察输出电压的变化。回答问题:

用双踪示波器观察输入、输出波形是否反相?

电位器由小到大调整,输出电压如何变化,为什么?

2. 同相比例放大器(图 F.4.2)

(1)参照示意电路所示其电压放大倍数为

$$A_{uf}=\frac{u_o}{u_i}=1+\frac{R_f}{R_1}$$

(2)接图接线,检查无误后,接通±12 V 电源。

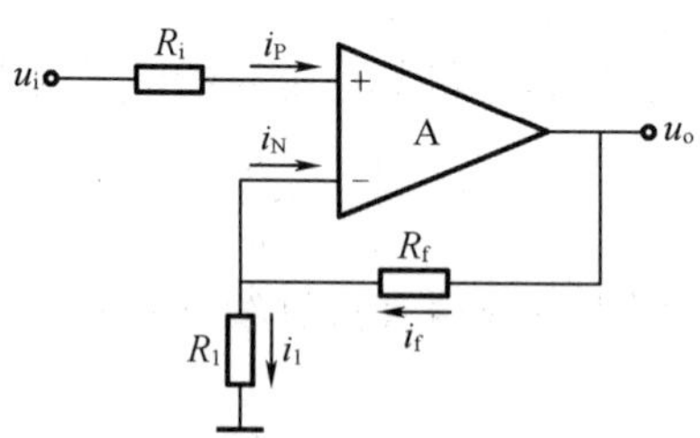

图 F.4.2　同相比例放大器(电路参考图)

(3)在电路输入端“+”处,加入 f=1 000 Hz 正弦波信号,幅值(峰峰值)如下表所示,用示波器分别测量输出电压 u_o,填入表 F.4.2 中,计算其电压放大倍数,并与理论值比较。用双踪示波器观察输入、输出波形是否同相。

表 F.4.2

输入电压(峰峰值)u_i/V		0.1	0.2	0.3	0.4
输出电压 u_o	理论估算/V				
	实测值/V				
	误　差				

(4)“R_1”短接电位器

(5)在电路输入端“+”处,加入 f=1 000 Hz 正弦波信号,幅值(峰峰值)0.2 V,用示波器测量输出电压 u_o,改变电位器的阻值,由小到大,观察输出电压的变化。回答问题:

用双踪示波器观察输入、输出波形是否同相?

电位器由小到大调整,输出电压如何变化,为什么?

3. 反相积分电路(图 F.4.3)

(1)反相积分电路如图所示。在理想化条件下,输出电压 u_o 为

$$u_o = -\frac{1}{R_1 C_F}\int_0^t u_i \mathrm{d}t + u_{cf}(0)$$

式中,$u_{cf}(0)$ 是 $t=0$ 时刻电容 C 两端的电压值,即初始值。

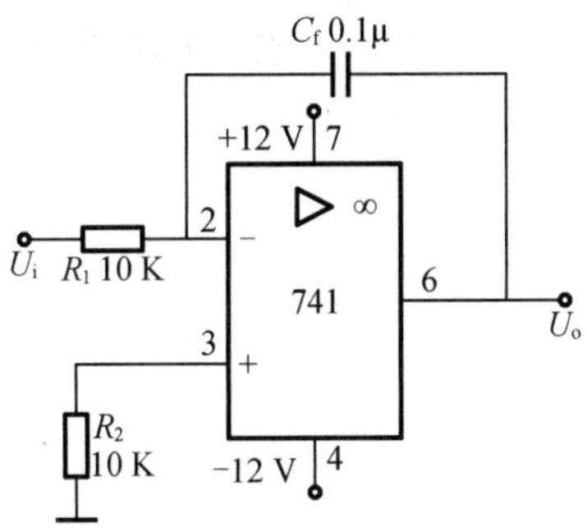

图 F.4.3　积分电路原理图

(2)参考原理图,在 MD-04 板中积分微分电路中连接电路,A 处接 1 K 电阻,B 处分别接 0.01 uf、0.1 uf、1 uf 电容。

(3)检查连线无误后,接通±12 V 电源;

(4)输入端"U_i"处接入 100 Hz,幅值为 0.5 V(峰峰值)的方波,用双踪示波器观察输入、输出波形并记录波形(表 F.4.3)。

表 F.4.3

	输入波形	输出波形
0.01 uf		
0.1 uf		
1 uf		

(5)参考原理图,在 MD-04 板中积分微分电路中连接电路,A 处接 10 K 电位器,B 处分别接 0.01 uf、0.1 uf、1 uf 电容。

(6)检查连线无误后,接通±12 V 电源;

(7)输入端"U_i"处接入 100 Hz,幅值为 0.5 V(峰峰值)的方波,由小到大调节电位器,用双踪示波器观察输入、输出波形并记录输入波形和输出波形现象(表 F.4.4)。

表 F.4.4

	输入波形	输出波形
0.01 uf		
0.1 uf		
1 uf		

(8)改变输入信号频率,观察 u_i 和 u_o 的相位,幅值关系。

五、实验报告

1. 总结本实验中反相、同相比例运算电路的特点及性能。
2. 分析理论计算与实验结果误差的原因。
3. 整理实验中的数据及波形,总结积分电路的特点。
4. 在积分电路中改变输入信号频率,说明输入和输出的相位、幅值关系。
5. 设计同相比例运算放大器,满足 $u_o = 15u_i$。